Fortschritte der Chemie organischer Naturstoffe

Progress in the Chemistry of Organic Natural Products

54

Founded by L. Zechmeister
Edited by W. Herz, H. Grisebach, G.W. Kirby, and Ch. Tamm

Authors:
T. Murakami, N. Tanaka

Springer-Verlag
Wien New York 1988

Dr. W. HERZ, Professor of Chemistry, Department of Chemistry,
The Florida State University, Tallahassee, Florida, U.S.A.

Prof. Dr. H. GRISEBACH, Biologisches Institut II, Lehrstuhl für Biochemie der Pflanzen,
Albert-Ludwigs-Universität, Freiburg i.Br., Federal Republic of Germany

G.W. KIRBY, Sc. D., Regius Professor of Chemistry, Chemistry Department,
The University, Glasgow, Scotland

Prof. Dr. CH. TAMM, Institut für Organische Chemie der Universität Basel,
Basel, Switzerland

This work is subject to copyright.
All rights are reserved, whether the whole or part of the material is concerned, specifically those
of translation, reprinting, re-use of illustrations, broadcasting, reproduction by photocopying
machine or similar means, and storage in data banks.

© 1988 by Springer-Verlag/Wien

Library of Congress Catalog Card Number AC 39-1015

Printed in Austria

ISSN 0071-7886

ISBN 3-211-82086-8 Springer-Verlag Wien-New York
ISBN 0-387-82086-8 Springer-Verlag New York-Wien

Contents

List of Contributors VII

Occurrence, Structure and Taxonomic Implications of Fern Constituents. By T. MURA-
KAMI and N. TANAKA 1
  I. Introduction 2
  II. Occurrence, Structures and Chemotaxonomic Implications 4
    1. Aromatic Compounds 4
      1.1. Acylphloroglucinols 4
      1.2. Hydroxyaromatic Acids 12
      1.3. Styrol Glycosides, Dihydrostilbenes, Lignans, Quinones and Naphthalenes 16
        1.3.1. Styrol Glycosides 16
        1.3.2. Dihydrostilbenes 17
        1.3.3. Lignans 17
        1.3.4. Quinones 19
        1.3.5. Naphthalenes 19
      1.4. Chromenes, Coumarins, Chromones, and Chromanones 20
        1.4.1. Chromenes 20
        1.4.2. Coumarins 20
        1.4.3. Chromones 21
        1.4.4. Chromanones 21
      1.5. Xanthones 21
      1.6. Flavonoids 23
        1.6.1. Flavones and Flavonols 23
        1.6.2. Flavanones and Flavanon-3-ols 29
        1.6.3. Biflavonoids 34
        1.6.4. Chalcones and Dihydrochalcones 35
        1.6.5. Flavan-3-ols and Proanthocyanidins 36
        1.6.6. Flavonoids Having the Modified B-Ring 38
        1.6.7. Neoflavonoids and Related Compounds 38
    2. Terpenoids and Steroids 50
      2.1. Monoterpenoids 50
      2.2. Sesquiterpenoids 51
      2.3. Diterpenoids 62
      2.4. Sesterterpenoids 71
      2.5. Triterpenoids 72
      2.6. Carotenoids 89
      2.7. Steroids 90
    3. Miscellaneous Compounds 94
      3.1. α-Pyrones and γ-Pyrones 94
      3.2. Alicyclic Acids 95
      3.3. Carbohydrates 95
      3.4. Lipids 96
      3.5. Nitrogen-containing Compounds 97

4. Chemotaxonomy of the Filicopsida 100
Tables (2–13) Chemical Constituents Found in the Filicopsida 104
Table 14. Groups of Pteris Ferns Based on Frond Shapes and Chemical Constituents 230
Tables (15–19) Distribution of Flavonoids, Terpenoids and Steroids in the Filicopsida 231

References 302

Author Index 331

Subject Index 339

List of Contributors

MURAKAMI, Prof. T., Faculty of Pharmaceutical Sciences, Science University of Tokyo, Funakawara 12, Shinjuku-ku, Tokyo 162, Japan.

TANAKA, Dr. N., Faculty of Pharmaceutical Sciences, Science University of Tokyo, Funakawara 12, Shinjuku-ku, Tokyo 162, Japan.

Occurrence, Structure and Taxonomic Implications of Fern Constituents

By T. MURAKAMI and N. TANAKA, Faculty of Pharmaceutical Sciences, Science University of Tokyo, Tokyo, Japan

Contents

I. Introduction	2
II. Occurrence, Structures and Chemotaxonomic Implications	4
1. Aromatic Compounds	4
1.1. Acylphloroglucinols	4
1.2. Hydroxyaromatic Acids	12
1.3. Styrol Glycosides, Dihydrostilbenes, Lignans, Quinones and Naphthalenes	16
1.3.1. Styrol Glycosides	16
1.3.2. Dihydrostilbenes	17
1.3.3. Lignans	17
1.3.4. Quinones	19
1.3.5. Naphthalenes	19
1.4. Chromenes, Coumarins, Chromones, and Chromanones	20
1.4.1. Chromenes	20
1.4.2. Coumarins	20
1.4.3. Chromones	21
1.4.4. Chromanones	21
1.5. Xanthones	21
1.6. Flavonoids	23
1.6.1. Flavones and Flavonols	23
1.6.2. Flavanones and Flavanon-3-ols	29
1.6.3. Biflavonoids	34
1.6.4. Chalcones and Dihydrochalcones	35
1.6.5. Flavan-3-ols and Proanthocyanidins	36
1.6.6. Flavonoids Having the Modified B-Ring	38
1.6.7. Neoflavonoids and Related Compounds	38
2. Terpenoids and Steroids	50
2.1. Monoterpenoids	50
2.2. Sesquiterpenoids	51
2.3. Diterpenoids	62
2.4. Sesterterpenoids	71
2.5. Triterpenoids	72
2.6. Carotenoids	89
2.7. Steroids	90

3. Miscellaneous Compounds 94
　3.1. α-Pyrones and γ-Pyrones 94
　3.2. Alicyclic Acids 95
　3.3. Carbohydrates 95
　3.4. Lipids 96
　3.5. Nitrogen-containing Compounds 97
4. Chemotaxonomy of the Filicopsida 100

Tables (2–13) Chemical Constituents Found in the Filicopsida 104
Table 14. Groups of Pteris Ferns Based on Frond Shapes and Chemical Constituents 230
Tables (15–18) Distribution of Flavonoids, Terpenoids and Steroids in the Filicopsida 231

References 302

I. Introduction

The living ferns constitute a large group in the plant kingdom, including as they do about 12,000 species (PICHI SERMOLLI 1960) (*1*). They are usually divided into three orders, Ophioglossales, Marattiales and Filicales. The Ophioglossales are sometimes regarded as a distinct class. Both the Ophioglossales and the Marattiales have sporangia which have developed from a group of initial cells (eusporangiate ferns), with the Marattiales being usually regarded as being more primitive than the Filicales whose sporangia originate from a single cell (leptosporangiate ferns). The Osmundaceae are considered to be a primitive member of the Filicales by some authorities and to belong to a separate order by others (*2*). Indeed, many different systems for classifying the ferns have been proposed, for example, by CHRISTENSEN 1938 (*3*); CHING 1940 (*4*); COPELAND 1947 (*5*); HOLTTUM 1947 (*6*); REIMERS 1954 (*7*); ALSTON 1956 (*8*) and PICHI SERMOLLI 1958 (*9*). Even today, pteridologists appear to be of different opinions as regard the grouping of fern taxa, particularly the polypodiaceous ferns, and their phylogenetic relationships. Even the number of the families to be included in the Filicopsida which are recognized by different pteridologists varies from twelve to more than fifty (*10*). Table 1 shows the relations between the three representative systems of classification of the polypodiaceous ferns (*sensu lato*) proposed by COPELAND (1947), PICHI SERMOLLI (1970) (*9*b, *11*) and HOLTTUM (1947). The tentative classification system which is refered to throughout this review is also shown in Table 1.

　Chemotaxonomic studies of ferns have been summarized recently by HEGNAUER (*12*, *19*). A review of the chemical constituents of ferns was presented by BERTI and BOTTARI in 1967 (*13*). SWAIN and COOPER-DRIVER (1973) have discussed biochemical systematics of ferns, on the basis of their aromatic constituents (acylphloroglucinols, hydroxyaro-

Table 1. *Classifications of Polypodiaceae (sensu lato)*

Copeland (1947)	Pichi-Sermolli (1970)	Holttum (1947)	Tentative
	Thyrsopteridaceae	Dicksoniaceae	
	Culcitaceae	(Dicksoniaceae)	Dicksoniaceae
Pteridaceae	Dennstaedtiaceae		
	Pteridaceae		Pteridaceae
	Taenitidaceae	Hypolepidaceae	
	Sinopteridaceae	Lindsaeaceae	
	Cryptogrammaceae	Actinopteridaceae	
		Hemionitidaceae	
		Adiantaceae	
Vittariaceae	Vittariaceae		Vittariaceae
(Parkeriaceae)	Parkeriaceae		Parkeriaceae
Davalliaceae	Davalliaceae	Dennstaedtiaceae	Davalliaceae
	Oleandraceae		
Blechnaceae	Blechnaceae	Nephrolepidaceae	Blechnaceae
Aspleniaceae	Aspleniaceae		Aspleniaceae
Aspidiaceae	Onocleaceae		Onocleaceae
	Dryopteridaceae		Aspidiaceae
	Elaphoglossaceae	Lomariopsidaceae	
	Woodsiaceae	Athyriaceae	
	Thelypteridaceae	Thelypteridaceae	Thelypteridaceae
Polypodiaceae	Cheiropleuriaceae	Dipteridaceae	
	Polypodiaceae	Polypodiaceae	Polypodiaceae
	Grammitidaceae	Loxogrammaceae	
		Grammitidaceae	

matic acids, flavonoids and xanthones), triterpenoids, polysaccharides and cyanogenic compounds (14).

Owing to recent progress in analytical procedures, isolation of fern constituents and determination of their chemical structures have become much easier and our knowledge of chemical and biochemical aspects of ferns has increased considerably. This provides us with better understanding of the taxonomic and phylogenetic relations within ferns. Acylphloroglucinols, phytoecdysones, triterpenoids and flavonoids in ferns have been studied intensively and these compounds, especially the acylphloroglucinols and flavonoids, have proved to be valuable markers for systematic studies. However, fern constituents of other types have apparently not been much investigated. MURAKAMI et al. have more recently isolated many new fern constituents, such as sesqui- and diterpenoids, sugar esters, lignans, trimeric proanthocyanidins and flavonoids including biflavonoids, flavan-4-ols and unusual flavonoids with a modified B-ring, determined their structures, and found that some of them are very valuable markers for chemotaxonomic studies in ferns.

In this review we list organic compounds isolated from ferns before the middle of 1987 and their distribution. Furthermore, chemosystematic studies of the Filicopsida of the past 15 years following the review by SWAIN and COOPER-DRIVER in 1973 (14) will be reviewed. Macromolecules, such as storage proteins, isozymes and chloroplast DNA are not included in this review, though they may provide valuable means for determining affinities between genera and for elucidating their evolutionary relationships.

II. Occurrence, Structures and Chemotaxonomic Implications

1. Aromatic Compounds

1.1. Acylphloroglucinols

Naturally occurring phloroglucinol derivatives designated as phloroglucinols or acylphloroglucinols have been reviewed by BERTI and BOTTARI (13), PENTTILÄ and SUNDMAN (15), WIDÉN et al. (16, 17) and EUW et al. (18).

Powdered dried rhizomes of various *Dryopteris* ferns, especially *Dryopteris filix-mas* and their extracts, were used formerly as remedies for helminthiasis caused by *Diphyllobothrium latum*, though they are no longer used today because of their undesirable side effects. Because they exhibit pronounced biological activities, extensive investigations have been conducted on their chemical constituents since the 19th century (20). More than fifty phloroglucinol derivatives (acylphloroglucinols) have thus been isolated. Mixtures of the acylphloroglucinols from various taxa of *Dryopteris* are called "crude filicin" or "filicin", and some of the compounds contained in the mixture have been shown to be responsible for the anthelmintic activity.

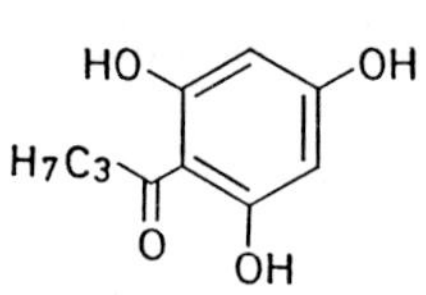

(1) Phlorobutyrophenone
(2) Desaspidinol 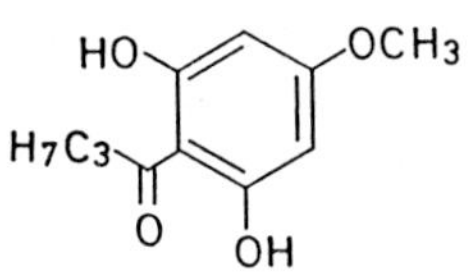
(3) Aspidinol 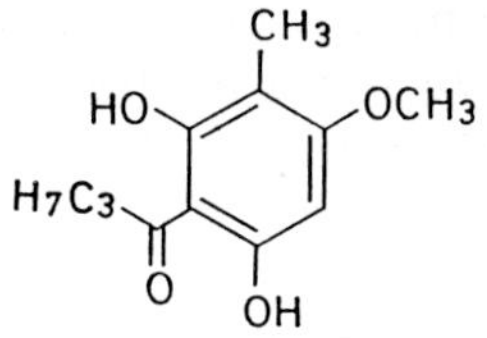
(4) Butyrylfilicinic acid 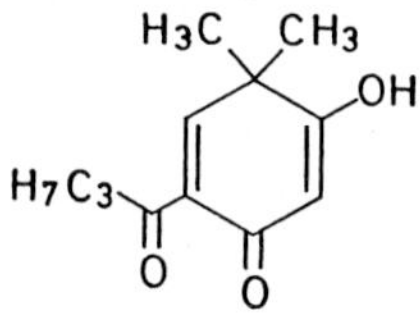
(5) 6-Propyl-3,4-dihydro-2H-pyran-2,4-dione 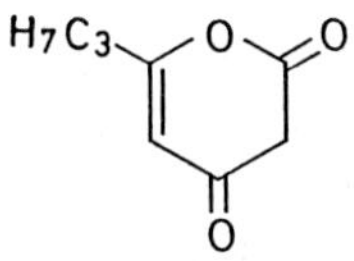

Chart 1. Monocyclic degradation products of acylphloroglucinols

The acylphloroglucinols contain two or more rings joined by methylene bridges. There are three main ring types, the acylphloroglucinol type, including its O- or/and C-methyl derivatives [e.g. $R = C_3H_7$: phlorobutyrophenone (1), desaspidinol (2) and aspidinol (3)], the acylfilicinic acid type [e.g. $R = C_3H_7$: butyrylfilicinic acid (4)] and the 6-propyl-3,4-dihydro-2H-pyran-2,4-dione type (5). Monocyclic acylphloroglucinols, which are probably degradation products formed during the isolation procedure are not included in Table 2. For further details the reader is referred to the review by BERTI and BOTTARI (13). The acyl substituent in the acylphloroglucinols is mostly the butyryl group, but derivatives with acetyl and propionyl groups have also been found and such compounds often occur as mixtures of butyryl, propionyl and acetyl homologues. Acylphloroglucinols with *n*-valeryl (28, 55-2) and with isobutyryl side chains (34, 40) are also known, the former in African *Dryopteris schimperana* (21, 22) and the latter in Japanese *D. erythrosa* (23). Most phloroglucinols are fairly stable to acids, but very sensitive to alkali. The isolation procedure (16, 18) ordinarily used by most workers inevitably brought about structural changes, decomposition and a decrease in yield. By using an improved method which avoids the use of alkaline reagents such as MgO or Ba(OH)$_2$ and the contact with unbuffered SiO$_2$, the presence of acylphloroglucinol pentamers [penta-albaspidin BBBBB (**59**)] and hexamers [hexa-albaspidin BBBBBB (**61**) and hexaflavaspidic acid BBBBBB (**60**)] in *D. aitoniana* (*24*) was established.

The distribution of phloroglucinols in ferns has been summarized by WIDÉN et al. (*17*) according to whom they occur exclusively in the family Aspidiaceae (subfamilies Dryopterioideae and Tectarioideae). Most taxa of *Dryopteris* and *Arachniodes* contain phloroglucinols and most of these acylphloroglucinol-containing ferns have been found to possess internal or external secretory glands as well (*17*). The occurrence of phloroglucinols is reported also in species of other genera, e.g. in Himalayan *Ctenitis apiciflora, C. nidus* (*25*) and *C. clarkei* (*17*), South American *C. submarginalis* (*17*), Japanese *Polystichum tsus-simense* and *P. rigens* (*26*), *Acrophorus nodosus* (*27*), *Pleocnemia conjugata, P. irregularis* (*28*), *Rumohra adiantiformis* (*17*), *Polybotrya caudata* (*17*), and Australian *Lastreopsis marginans* (*17*). *Arachniodes standishii* which is devoid of acylphloroglucinols and external glands contains the related polyphenols (*E*)-1-(2,4,6-trimethoxyphenyl)but-2-en-1-one (**7**) and 3-β-D-allosyloxy-1-(2-hydroxy-4,6-dimethoxyphenyl)-butan-1-one (**10**) (*29*). Their analogues (*E*)-1-(2,3,4,6-tetramethoxyphenyl)but-2-en-1-one (**8**) and (*E*)-1-(2,3,4,6-tetramethoxyphenyl)pent-2-en-1-one (**9**) were detected in *A. festina* and *A. nigrospinosa* (*30*).

(**6**) Pleoside

(**7**) (E)-1-(2,4,6-Trimethoxyphenyl)-but-2-en-1-one

(**8**) R=CH$_3$
(E)-1-(2,3,4,6-Tetramethoxyphenyl)but-2-en-1-one

(**9**) R=C$_2$H$_5$
(E)-1-(2,3,4,6-Tetramethoxyphenyl)pent-2-en-1-one

(**10**) 3-β-D-Allosyloxy-1-(2-hydroxy-4,6-dimethoxyphenyl)butan-1-one

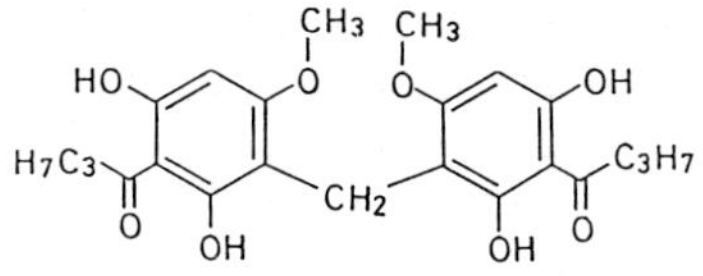

Occurrence, Structure and Taxonomic Implications of Fern Constituents

(11) Methylenebisdesaspidinol BB

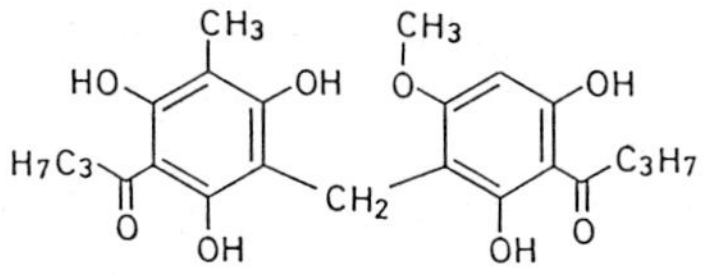

(12) Phloraspin BB

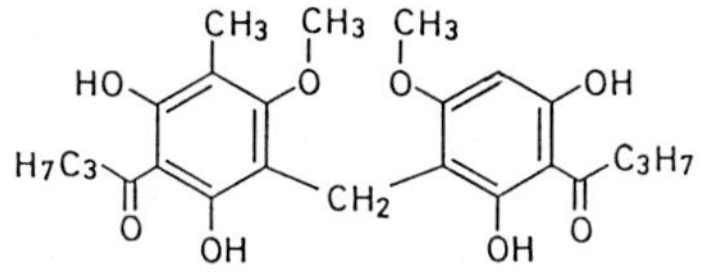

(13) Phloraspidinol BB

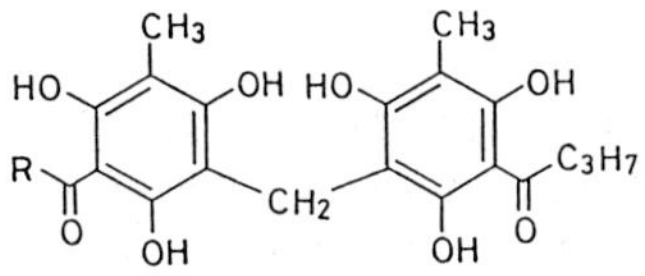

(14) R=C_2H_5 Abbreviatin PB
(15) R=C_3H_7 Abbreviatin BB

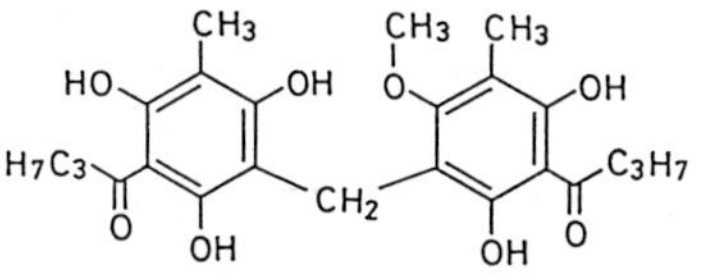

(16) Margaspidin BB

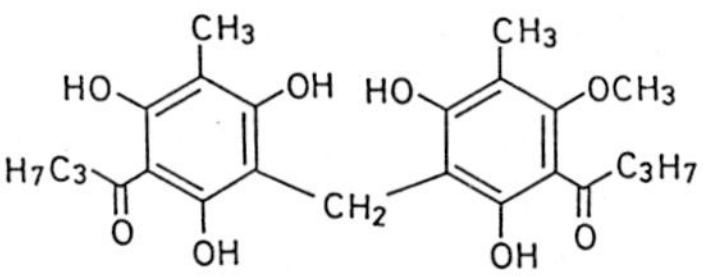

(17) Aemulin BB

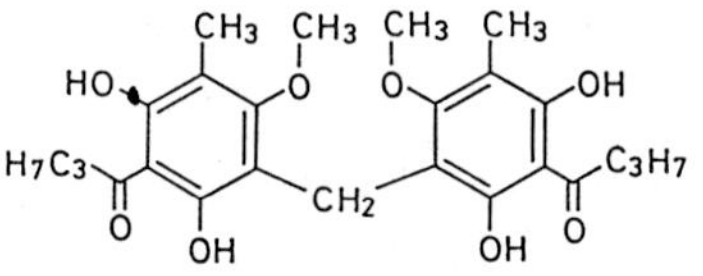

(18) Methylene-bis-aspidinol BB

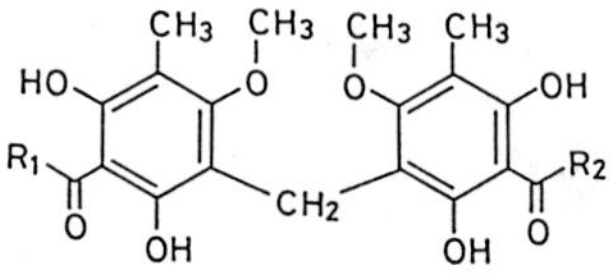

(19) Methylene-bis-aspidinol (mixture)
BB (R_1=R_2=C_3H_7)
BP (R_1=C_3H_7, R_2=C_2H_5)
PP (R_1=R_2=C_2H_5)

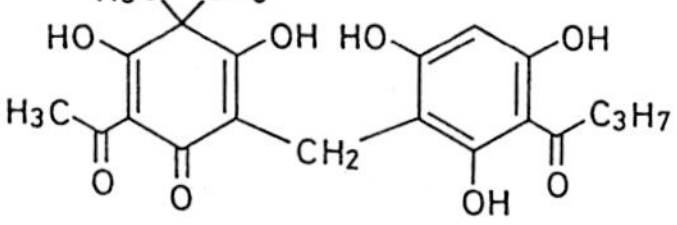

(20) Norflavaspidic acid AB

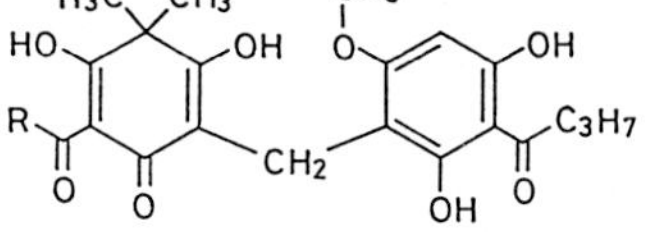

(21) R=CH_3 Desaspidin AB
(22) R=C_2H_5 Desaspidin PB
(23) R=C_3H_7 Desaspidin BB

(24) Orthodesaspidin BB

(25) R=CH$_3$ Flavaspidic acid AB
(26) R=C$_2$H$_5$ Flavaspidic acid PB
(27) R=C$_3$H$_7$ Flavaspidic acid BB

(28) Flavaspidic acid (mixture)
VV ($R_1=R_2=C_4H_9$)
BV ($R_1=C_3H_7$, $R_2=C_4H_9$)
VB ($R_1=C_4H_9$, $R_2=C_3H_7$)
BB ($R_1=R_2=C_3H_7$)

(29) R=CH$_3$ Para-aspidin AB
(30) R=C$_3$H$_7$ Para-aspidin BB

(31) $R_1=R_2=CH_3$ Aspidin AA
(32) $R_1=CH_3$, $R_2=C_3H_7$ Aspidin AB
(33) $R_1=R_2=C_3H_7$ Aspidin BB

(34) Aspidin (mixture)
BB ($R_1=R_2=C_3H_7$)
iBB ($R_1=$iso-C_3H_7, $R_2=C_3H_7$)
BiB ($R_1=C_3H_7$, $R_2=$iso-C_3H_7)
iBiB ($R_1=R_2=$iso-C_3H_7)
VB ($R_1=C_4H_9$, $R_2=C_3H_7$)
ViB ($R_1=C_4H_9$, $R_2=$iso-C_3H_7)

(35) R=CH$_3$ Iso-aspidin AB
(36) R=C$_3$H$_7$ Iso-aspidin BB

(37) $R_1=R_2=CH_3$ Albaspidin AA
(38) $R_1=R_2=C_2H_5$ Albaspidin PP
(39) $R_1=R_2=C_3H_7$ Albaspidin BB

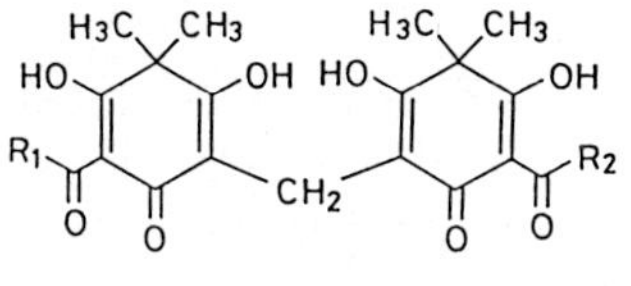

(40) Albaspidin (mixture)

BV ($R_1=C_3H_7$, $R_2=C_4H_9$)
iBV ($R_1=iso-C_3H_7$, $R_2=C_4H_9$)
BB ($R_1=R_2=C_3H_7$)
iBB ($R_1=iso-C_3H_7$, $R_2=C_3H_7$)
iBiB($R_1=R_2=iso-C_3H_7$)
BP ($R_1=C_3H_7$, $R_2=C_2H_5$)
iBP ($R_1=iso-C_3H_7$, $R_2=C_2H_5$)

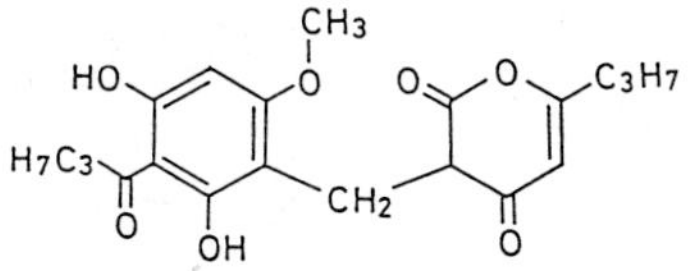

(41) Phloraspyrone

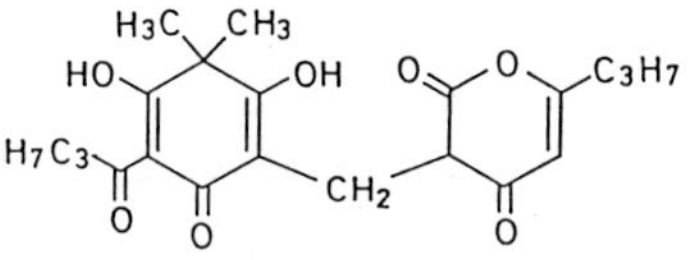

(42) Phloropyrone

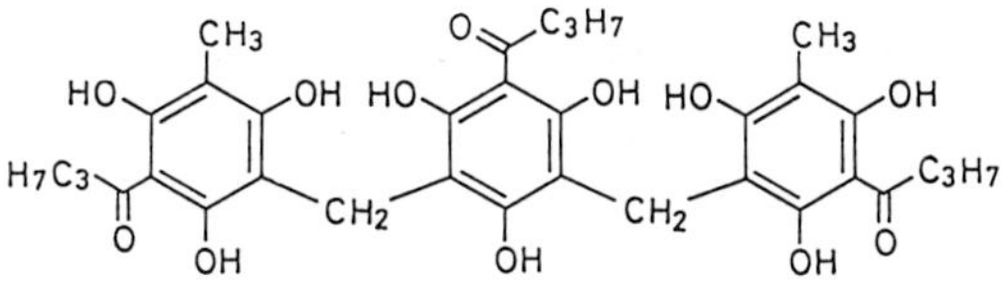

(43) Trisabbreviatin BBB

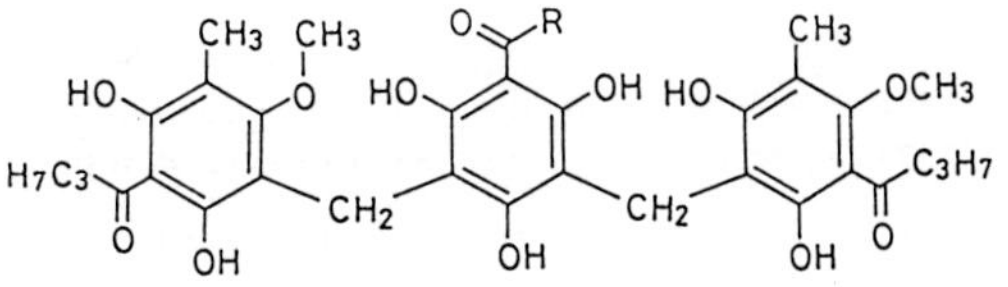

(44) R=CH_3 Trisaemulin BAB
(45) R=C_3H_7 Trisaemulin BBB

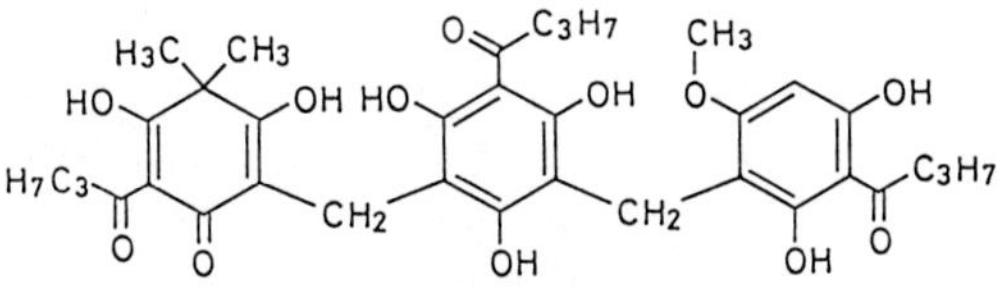

(46) Trisdesaspidin BBB(43)

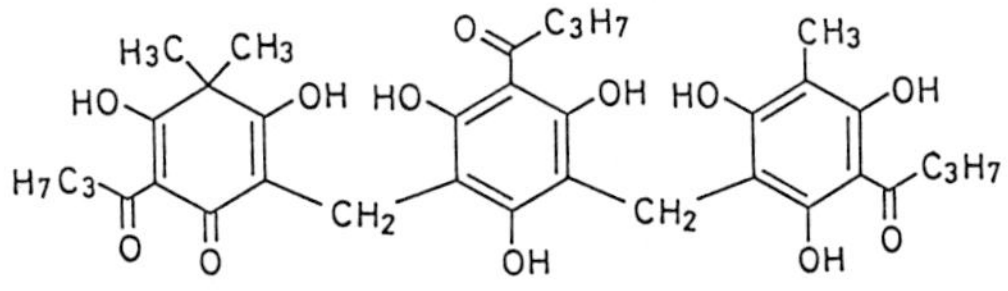

(47) Trisflavaspidic acid BBB

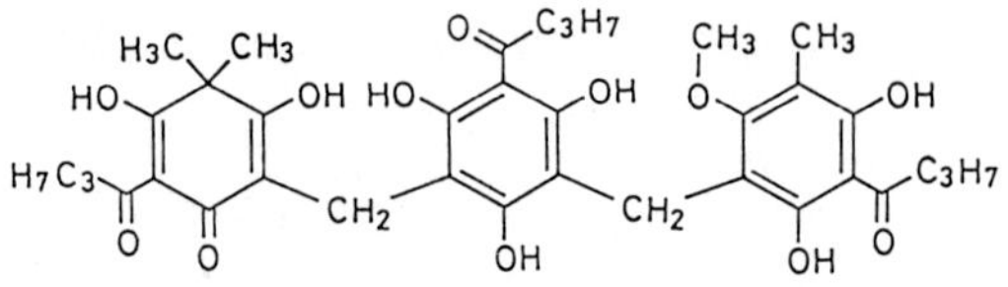

(48) Trispara-aspidin BBB

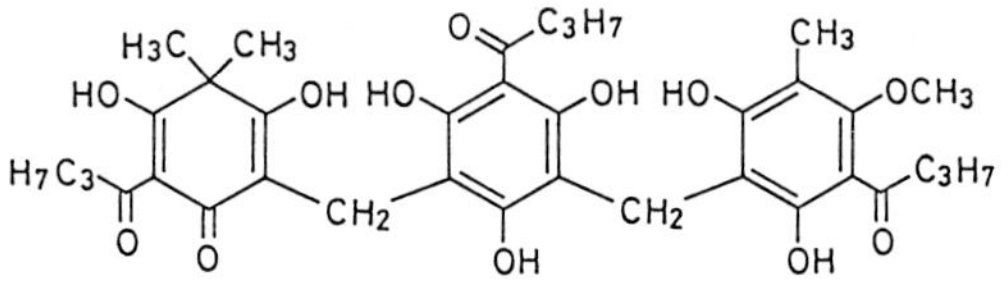

(49) Trisaspidin BBB

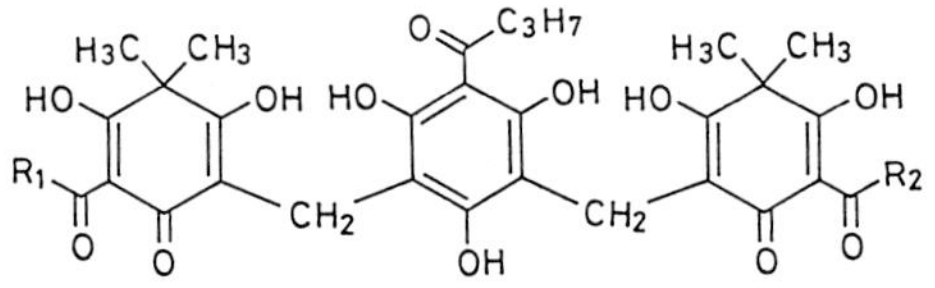

(50) $R_1=R_2=CH_3$ Filixic acid ABA
(51) $R_1=R_2=C_2H_5$ Filixic acid PBP
(52) $R_1=C_2H_5$, $R_2=C_3H_7$ Filixic acid PBB
(53) $R_1=CH_3$, $R_2=C_3H_7$ Filixic acid ABB
(54) $R_1=R_2=C_3H_7$ Filixic acid BBB

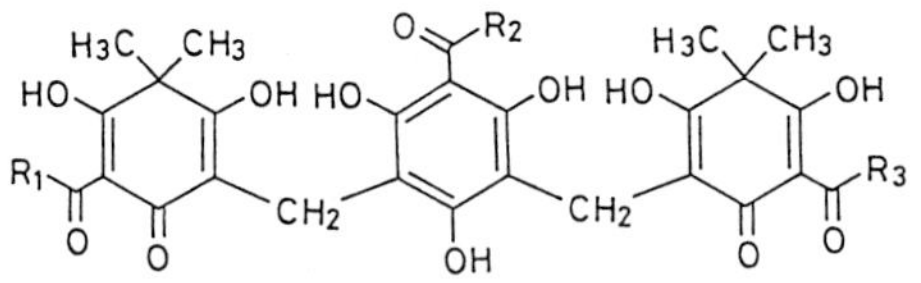

(55-1) Filixic acid (mixture)
  ABB ($R_1=CH_3$, $R_2=R_3=C_3H_7$)
  ABP ($R_1=CH_3$, $R_2=C_3H_7$, $R_3=C_2H_5$)
  ABA ($R_1=R_3=CH_3$, $R_2=C_3H_7$)
  BBB ($R_1=R_2=R_3=C_3H_7$)
  PBB ($R_1=C_2H_5$, $R_2=R_3=C_3H_7$)
  PBP ($R_1=R_3=C_2H_5$, $R_2=C_3H_7$)

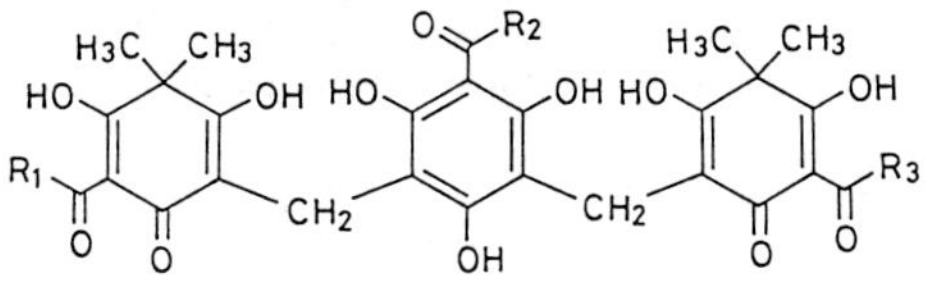

(55-2) Filixic acid (mixture)

VVV ($R_1=R_2=R_3=C_4H_9$)
VBV ($R_1=R_3=C_4H_9$, $R_2=C_3H_7$)
BBV ($R_1=R_2=C_3H_7$, $R_3=C_4H_9$)
BBB ($R_1=R_2=R_3=C_3H_7$)
BBP ($R_1=R_2=C_3H_7$, $R_3=C_2H_5$)

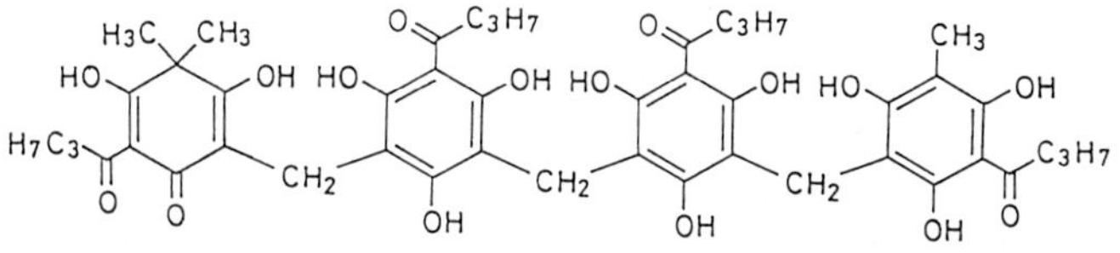

(56) Tetraflavaspidic acid BBBB

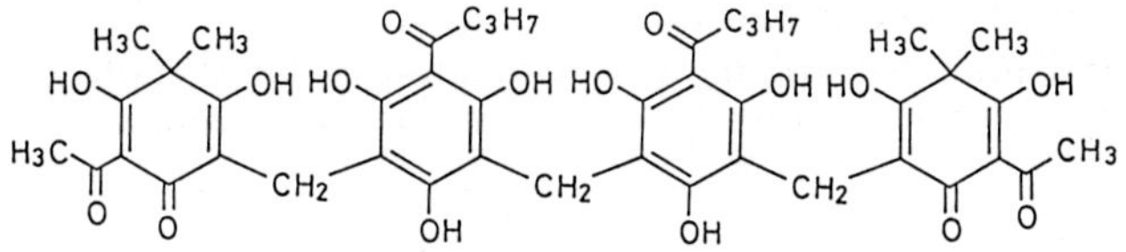

(57) Dryocrassin

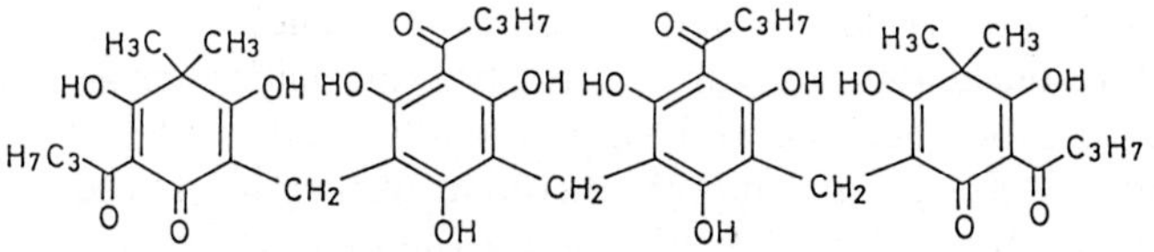

(58) Tetra-albaspidin BBBB

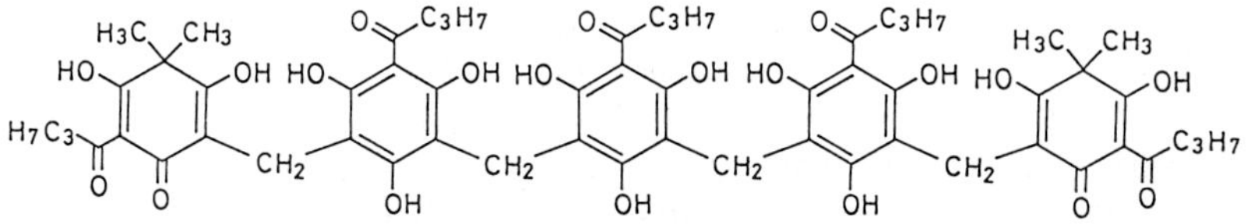

(59) Penta-albaspidin BBBBB

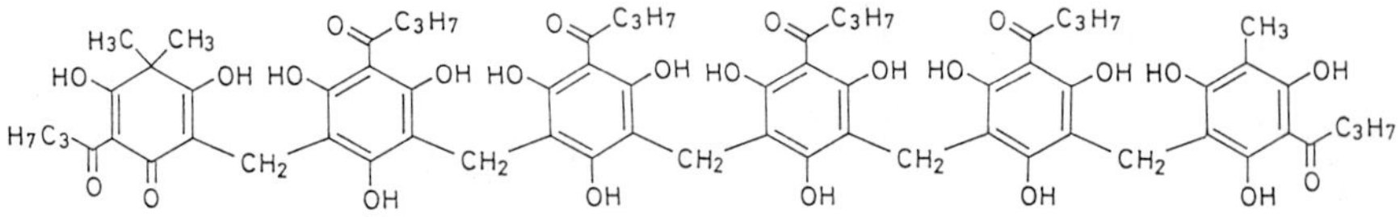

(60) Hexaflavaspidic acid BBBBBB

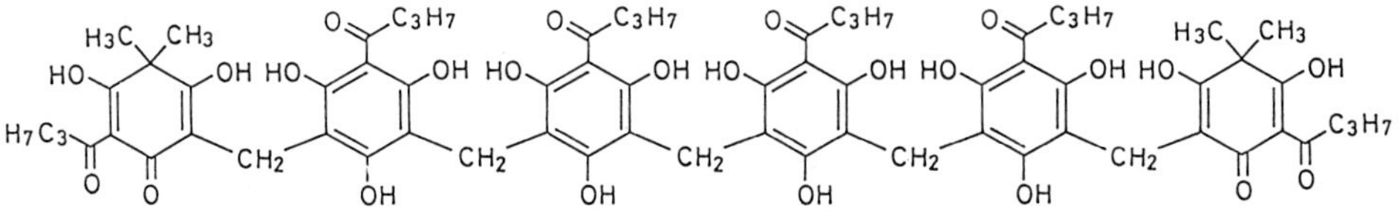

(61) Hexa-albaspidin BBBBBB

Chart 2. Acylphloroglucinols found in the filicopsida

Usually more than one acylphloroglucinols is present in one fern and each particular species seems to have its own specific acylphloroglucinol pattern. Therefore acylphloroglucinol profiles can be used as chemical markers for determining taxonomic relationships between various taxa of *Dryopteris* and related genera, and for deducing possible parents and ancestors of hybrids and allopolyploids (*14, 16, 17, 18, 19, 31, 32*).

1.2. Hydroxyaromatic Acids

Plant sources of hydroxyaromatic acids have been summarized by HERRMANN (*46*). Hydroxylated cinnamic acids such as *p*-coumaric, caffeic and ferulic acids and hydroxylated benzoic acids such as *p*-hydroxybenzoic, protocathechuic and vanillic acids occur widely (*47, 48, 49*) and seem to play an antimicrobial role in ferns (*50*). These acids often occur in combined form, such as sugar esters, acylated glycosides and various alcohol esters. The distribution of *o*-coumaric acid (**70**) in ferns is rather limited, and similarly salicylic (**62**), gentisic (**63**), syringic (**64**) and sinapic acid (**71**) are seldom detected (*47, 49*). Odontoside (**66**) is a glucoside ester in *Odontosoria gymnogrammoides,* in which the benzylic alcohol of 3,4-dihydroxybenzylalcohol 3-*O*-β-D-glucoside is esterfied with protocatechuic acid (*51*). Sugar esters (**75–84**) are very common plant constituents, but in ferns only fifteen are known and eight of them (**80–87**) are sulphate esters of hydroxycinnamic acid-sugar derivatives.

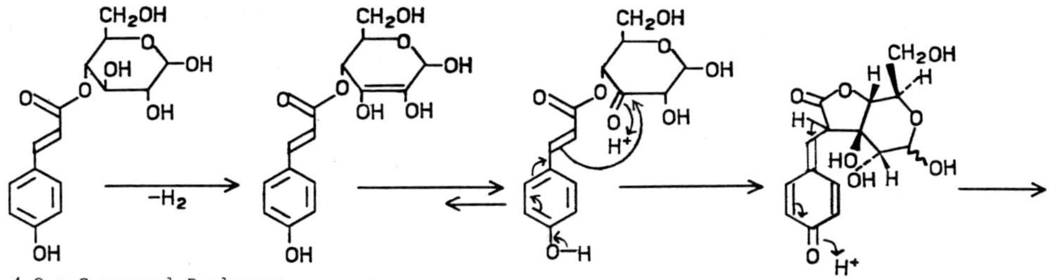

(77) 4-O-p-Coumaroyl-D-glucose

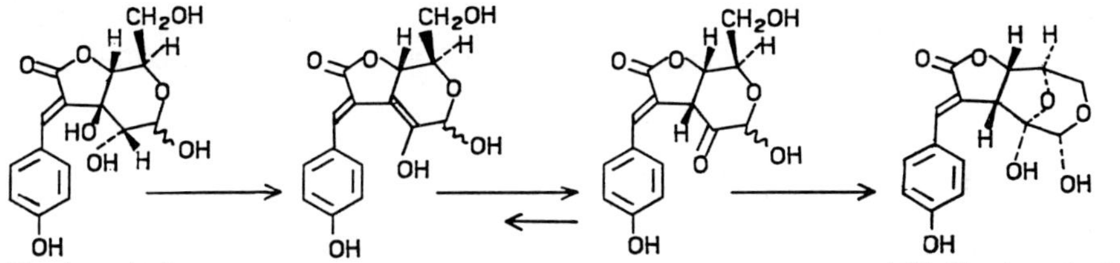

(89) Plagiogyrin B (88) Plagiogyrin A

Scheme 1. Proposed biosynthetic pathway of plagiogyrins A and B

Plagiogyrins A (**88**) (*52*) and B (**89**) (*53*) from the genus *Plagiogyria* which possess hemiketal and hemiacetal structures are compounds of a new type. They are probably biosynthesized from 4-*p*-coumaroyl-D-glucose (**77**) by the route shown in Scheme 1.

Several caffeic acid esters of hydroxyacids (**90, 91, 92, 93**) are known in ferns. Chicoric acid (**90**) is present in many ferns (*54*). *o*-Coumaric acid (**70**) and its β-D-glucoside, melilotoside (**72**) have been isolated together with coumarin (**120**) from *Polystichum gemmiferum* and *Phymatodes scolopendria* (*55*).

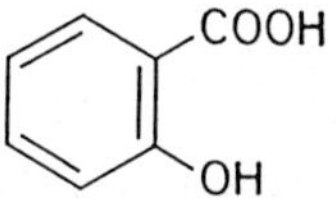

(62) Salicylic acid

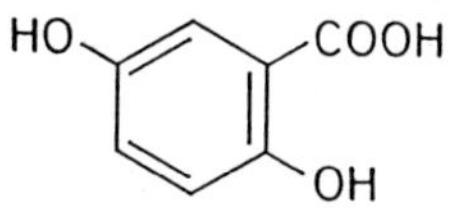

(63) Gentisic acid

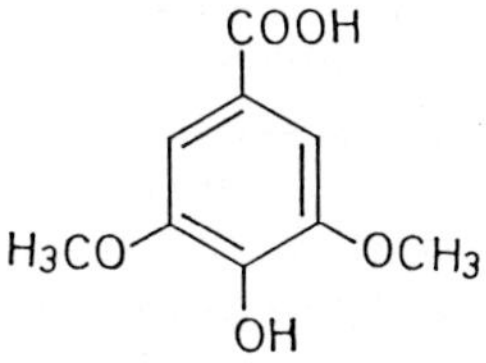

(64) Syringic acid

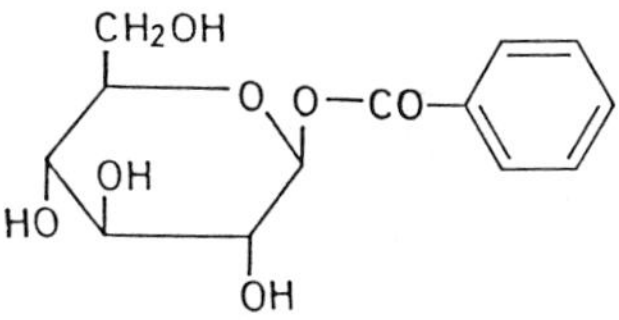

(65) Periplanetin

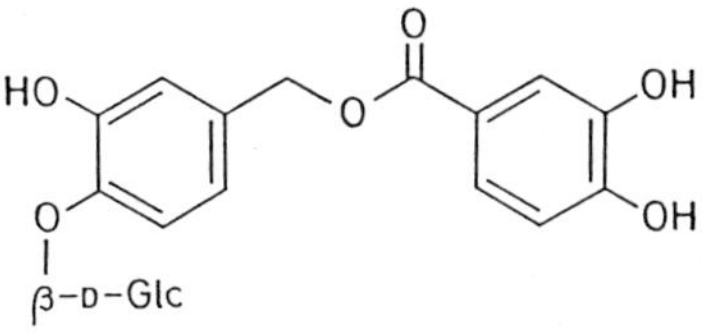

(66) Odontoside

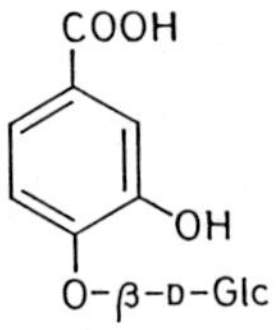

(67) Protocatechuic acid 4-O-β-D-glucoside

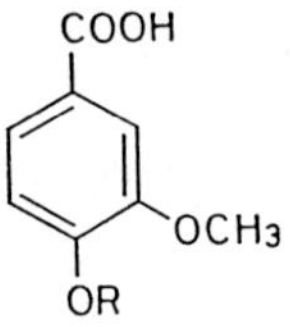

(68) R=β-D-Glc
     Picrorhizin
(69) R=2-O-Methyl-β-D-glc
     Vanillic acid 4-O-β-D-(2-O-methyl)glucoside

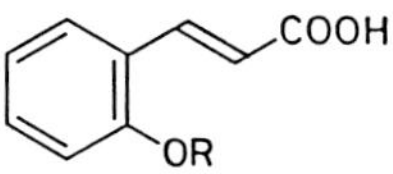

(70) R=H   o-Coumaric acid
(72) R=β-D-Glc Melilotoside

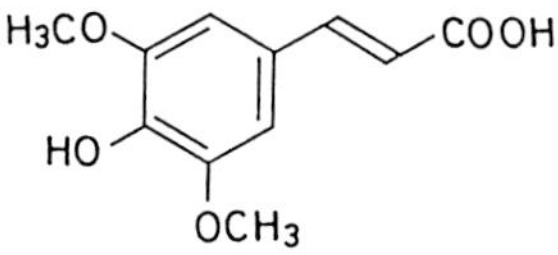

(71) Sinapic acid

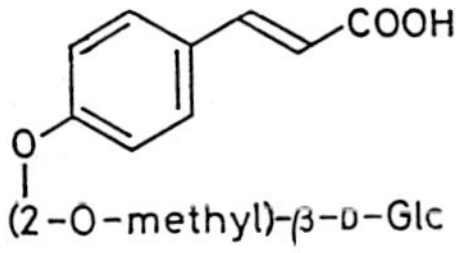

(73) p-Coumaric acid 4-O-(2-O-methyl)-β-D-glucoside

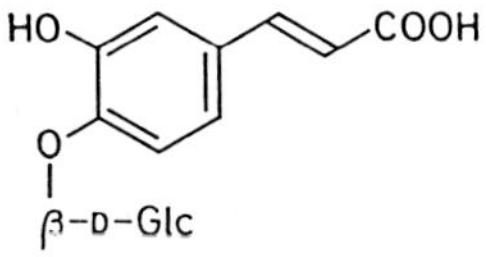

(74) Glucocaffeic acid

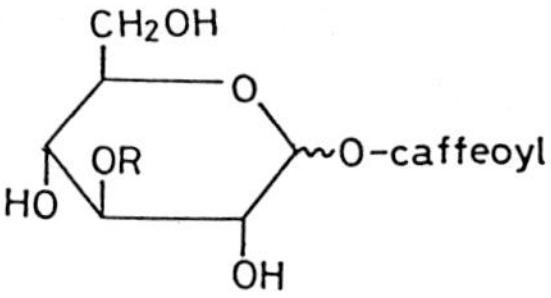

(75) R=H   1-Caffeoylglucose
(76) R=β-D-Glc 1-Caffeoyllaminaribiose

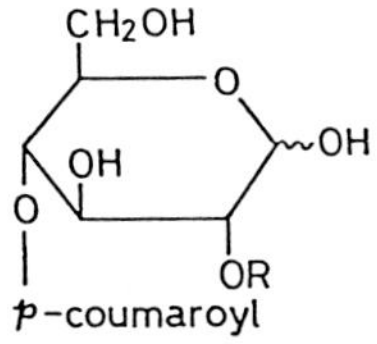

(77) R=H 4-O-p-Coumaroyl-D-glucose
(78) R=Ac 2-O-Acetyl-4-O-p-coumaroyl-D-glucose

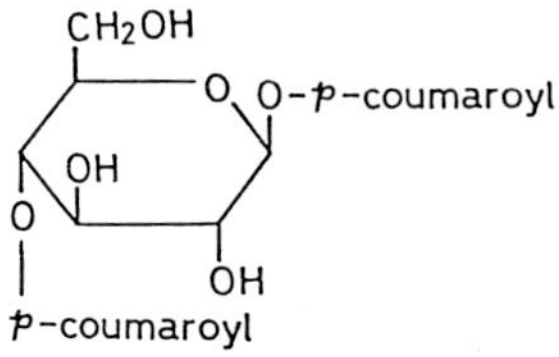

(79) 1,4-Di-O-p-coumaroyl-β-D-glucose

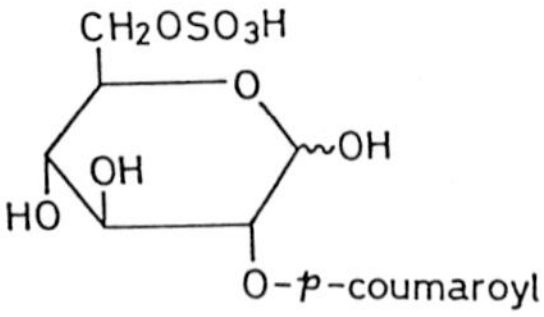

(80) 2-O-p-Coumaroyl-D-glucose 6-sulphate

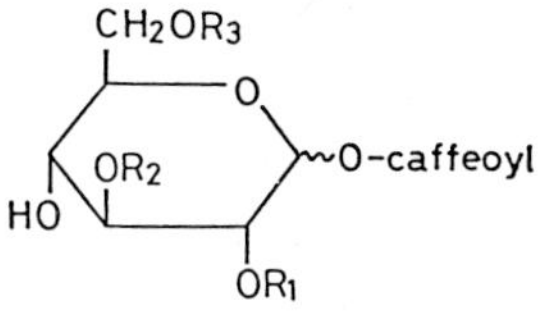

(81) $R_1=SO_3H$, $R_2=R_3=H$
1-Caffeoylglucose 2-sulphate
(82) $R_1=R_3=H$, $R_2=SO_3H$
1-Caffeoylglucose 3-sulphate
(83) $R_1=R_2=H$, $R_3=SO_3H$
1-Caffeoylglucose 6-sulphate

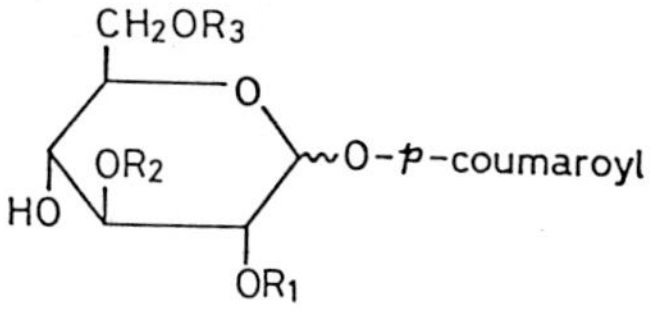

(85) $R_1=SO_3H$, $R_2=R_3=H$
1-p-Coumaroylglucose 2-sulphate
(86) $R_1=R_3=H$, $R_2=SO_3H$
1-p-Coumaroylglucose 3-sulphate
(87) $R_1=R_2=H$, $R_3=SO_3H$
1-p-Coumaroylglucose 6-sulphate

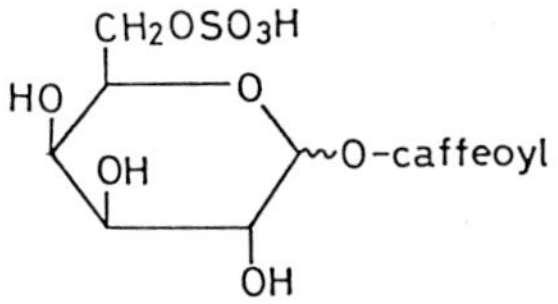

(84) 1-Caffeoylgalactose 6-sulphate

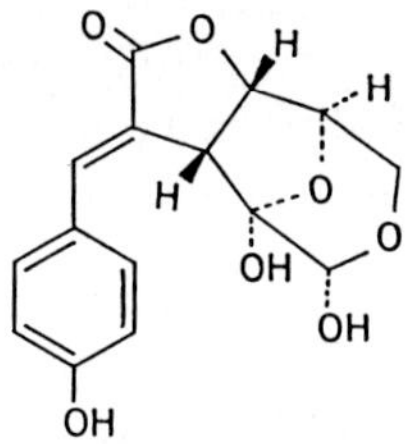

(88) Plagiogyrin A

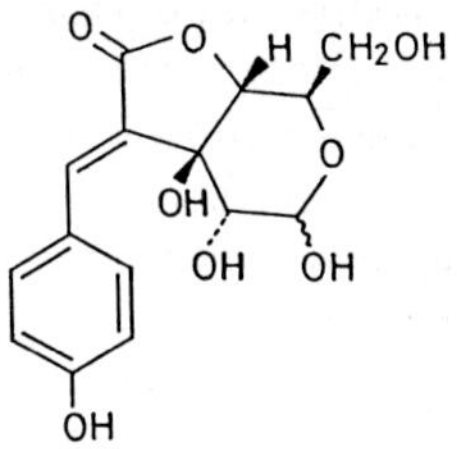

(89) Plagiogyrin B

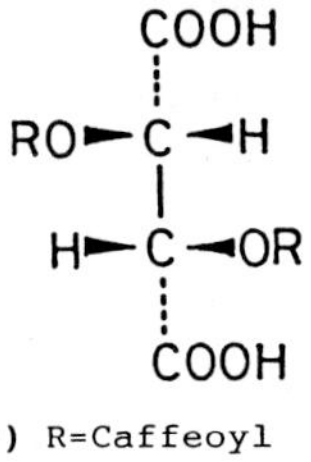

(90) R=Caffeoyl
Chicoric acid

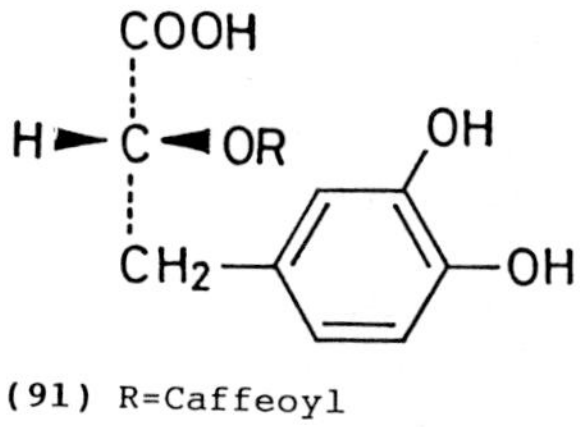

(91) R=Caffeoyl
Rosmarinic acid

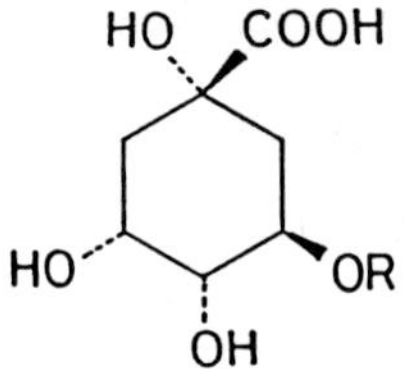

(92) R=Caffeoyl
Chlorogenic acid

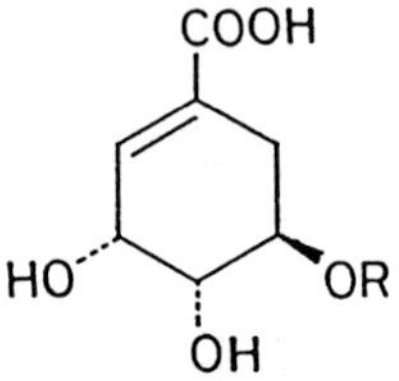

(93) R=Caffeoyl
Dattelic acid

Chart 3. Hydroxyaromatic acids found in the filicopsida

1.3. Styrol Glycosides, Dihydrostilbenes, Lignans, Quinones and Naphthalenes

1.3.1. Styrol Glycosides

p-Hydroxystyrene itself was first isolated by distillation in high vacuum of the extract of *Papaver somniferum* (*70*). A genuine natural product *p*-β-D-glucosyloxystyrene (**94**) was isolated from *Cheilanthus kuhnii* (*71*). From *Dichranopteris dichotoma* 1-(1-hydroxyethyl)-4-hydroxybenzene rutinoside (**99**) which is considered to be a possible precursor of *p*-hydroxystyrene glycoside, was isolated along with the corresponding *p*-hydroxystyrene rutinoside (**96**) (*72*).

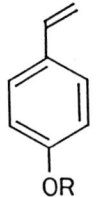
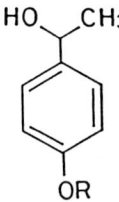

(94) R=Glc   p-β-D-Glucosyloxystyrene
(95) R=All   p-β-D-Allosyloxystyrene
(96) R=Rutinosyl
     p-β-Rutinosyloxystyrene
(97) R=β-Primeverosyl   Ptelatoside A
(98) R=β-Neohesperidosyl   Ptelatoside B

(99) R=Rutinosyl
1-(1-Hydroxyethyl)-4-β-rutinosyloxybenzene

Chart 4. Styrol glycosides found in the filicopsida

1.3.2. Dihydrostilbenes

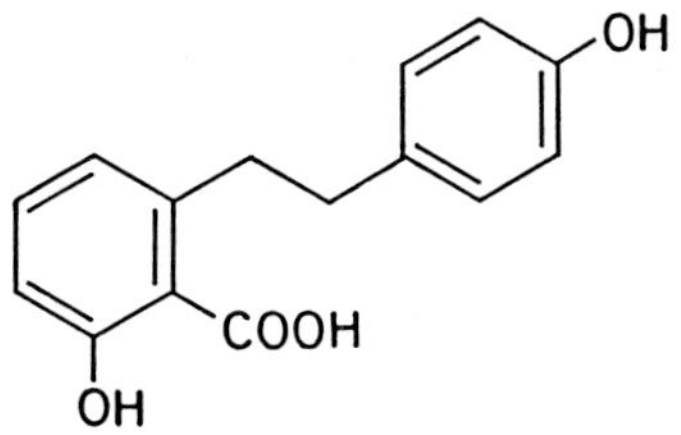

(100) Lunularic acid

Chart 5

Lunularic acid (**100**), a natural dihydrostilbene growth inhibitor found in liverworts (*74*) and also in algae (*75*), has not yet been detected in ferns. A related compound notholaenic acid (**101**) occurs as a frond exudate component of two gymnogrammoid ferns (*76*) and is reported to have photosynthesis inhibiting activity on chloroplast (*77*) and also antimicrobial activity (*78*). Ternatin (**102**), in which a benzene ring is linked to a monoterpene unit to form a chromene ring, has been isolated from *Sceptridium ternatum* (*79*) and *S. japonicum* (*80*).

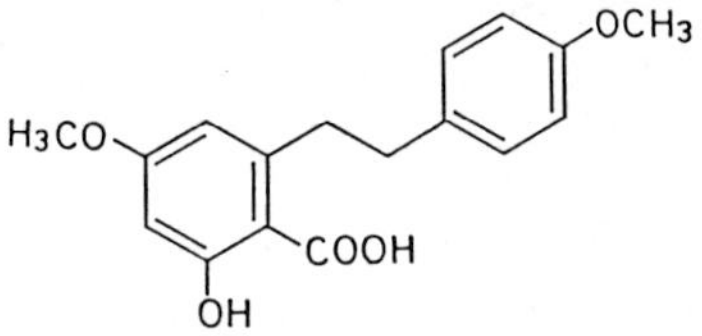

(101) Notholaenic acid

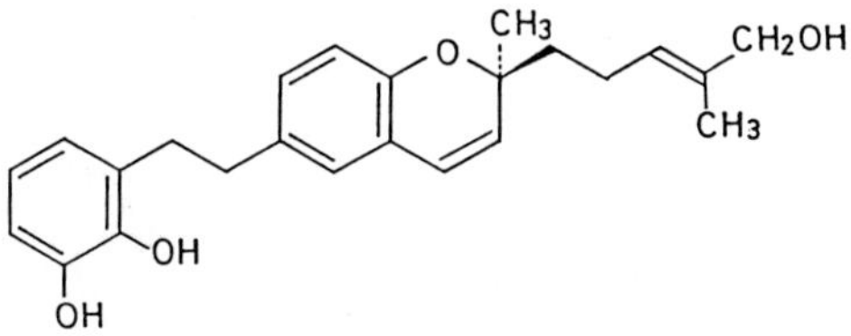

(102) Ternatin

Chart 6. Dihydrostilbenes found in the filicopsida

1.3.3. Lignans

cis-Dihydrodehydrodiconiferylalcohol 9-*O*-β-D-glucoside (**103**) and lariciresinol 9-*O*-β-D-glucoside (**104**), the first reported fern lignans were isolated from fronds of *Pteris vittata* (*82*).

Proliferic acid (**105**) and its stereoisomers (**106, 107**) from several species of the Blechnaceae, were the first $\Delta^{7'(E)}$-7,O,3',8,2'-lignans (*83*) to be reported (*68*). Lignans with no methoxy or methylendioxy groups are rather unusual and it is noteworthy that these lignans **105, 106** and **107** have free carboxyl groups. In brainic acid (**108**), isolated from *Brainea insignis*, one of the carboxyl groups is esterified with shikimic acid (**834**) (*68*).

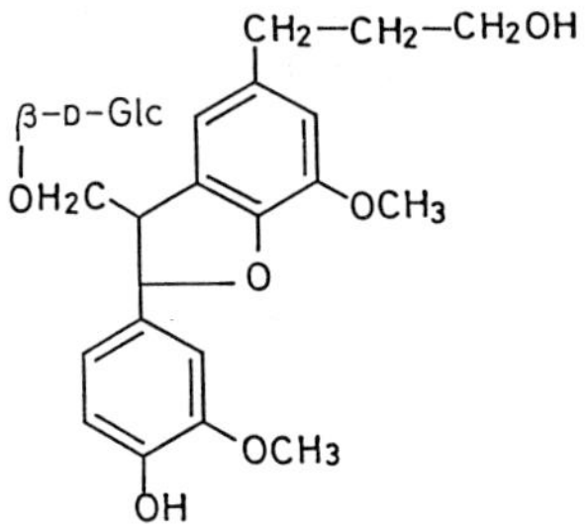

(**103**) cis-Dihydro-dehydro-diconiferyl-alcohol 9-O-β-D-glucoside

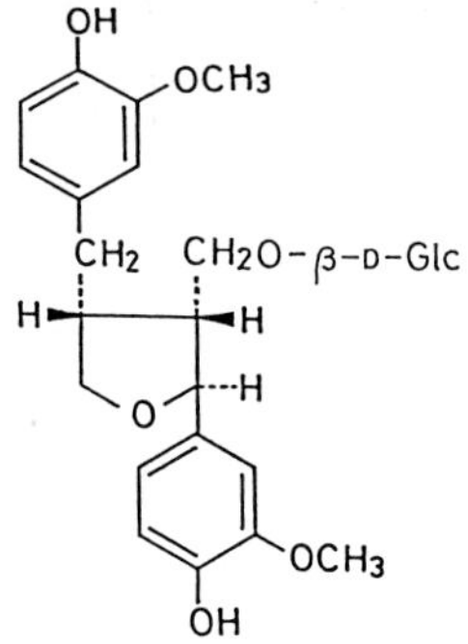

(**104**) Lariciresinol 9-O-β-D-glucoside

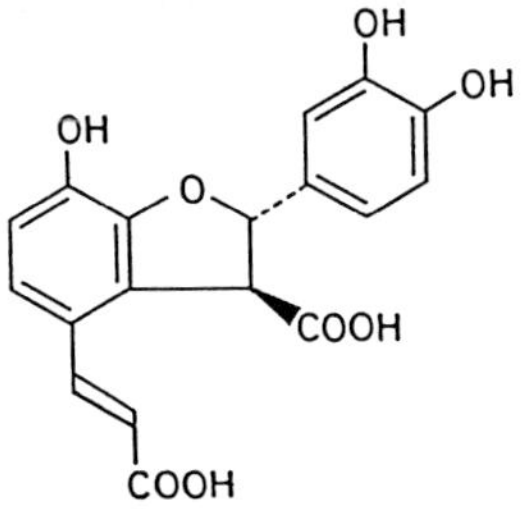

(**105**) Proliferic acid

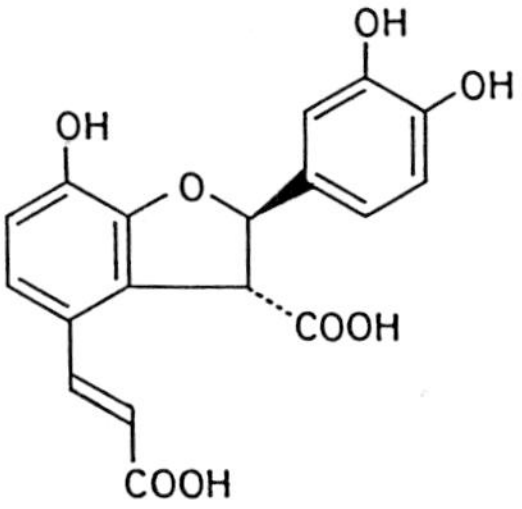

(**106**) ent-Proliferic acid

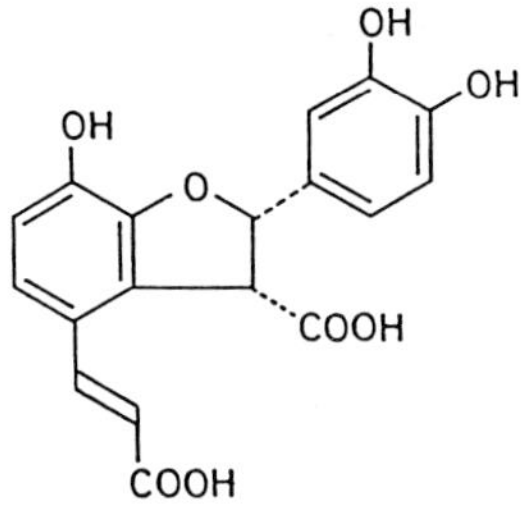

(**107**) 8-Epiproliferic acid

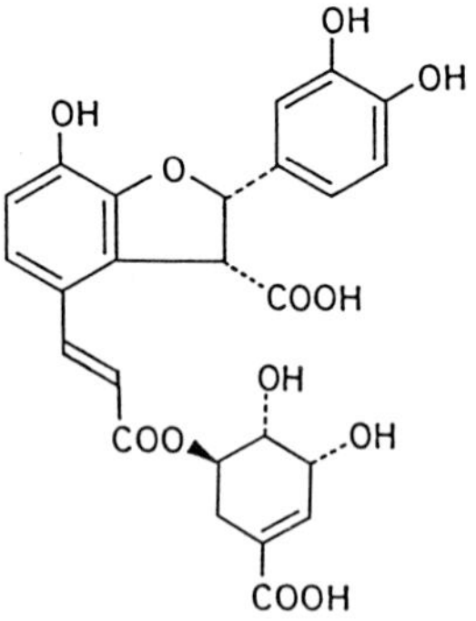

(**108**) Brainic acid

Chart 7. Lignans found in the filicopsida

1.3.4. Quinones

Vitamin K$_3$ **(110)**, phthiocol **(111)** and 3,3′-dimeric 2-methyl-1,4-naphthoquinone **(112)** were isolated from *Asplenium* species (*84, 85, 87*). Phthiocol **(111)** is known to be an oxidation product of the K-vitamins (*88*) and vitamin K$_3$ **(110)** is known to produce photochemically a trace of **112** (*89*). The presence of these compounds in freshly prepared extracts of ferns was demonstrated by TLC (*85*).

2,6-Dimethoxybenzoquinone **(109)** (*57*) and 2-methylanthraquinone [tectoquinone **(113)** (*90*)] have also been isolated from ferns.

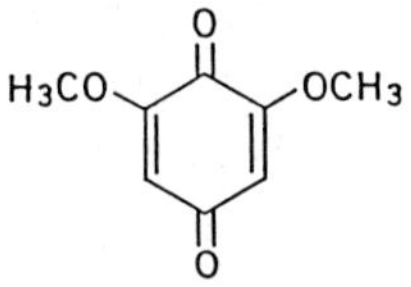

(109) 2,6-Dimethoxybenzoquinone

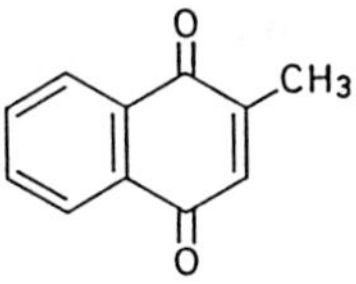

(110) Vitamin K$_3$

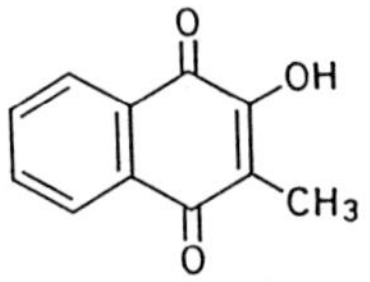

(111) Phthiocol

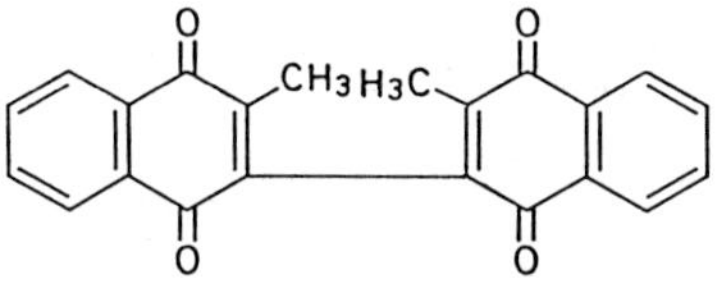

(112) 3,3′-Bi-(2-methyl-1,4-naphthoquinone)

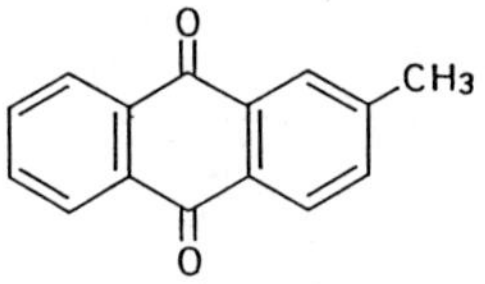

(113) Tectoquinone

Chart 8. Quinones found in the filicopsida

1.3.5. Naphthalenes

From *Asplenium wilfordii* asplenoside **(114)** which is a tetrahydronaphtalene glycoside has been isolated (*55*).

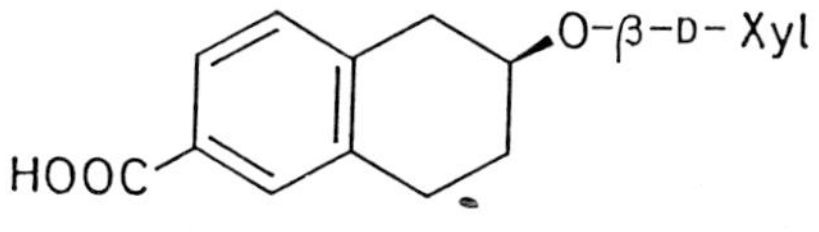

(114) Asplenoside

Chart 9. A naphthalene derivative found in the filicopsida

1.4. Chromenes, Coumarins, Chromones, and Chromanones

1.4.1. Chromenes

Several 2,2,8-trimethylchromenes (**115**–**118**) have been isolated from *Pteris longipinna* (*91*).

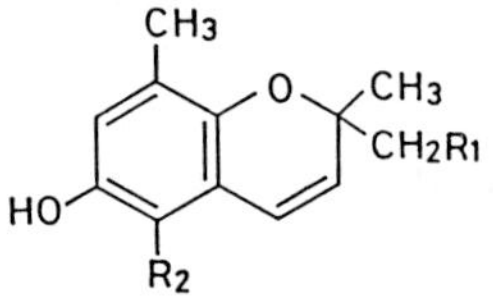

(**115**) $R_1=R_2=H$ Pterochromene L_1
(**116**) $R_1=H$, $R_2=OCH_3$ Pterochromene L_2
(**117**) $R_1=OH$, $R_2=OCH_3$ Pterochromene L_4

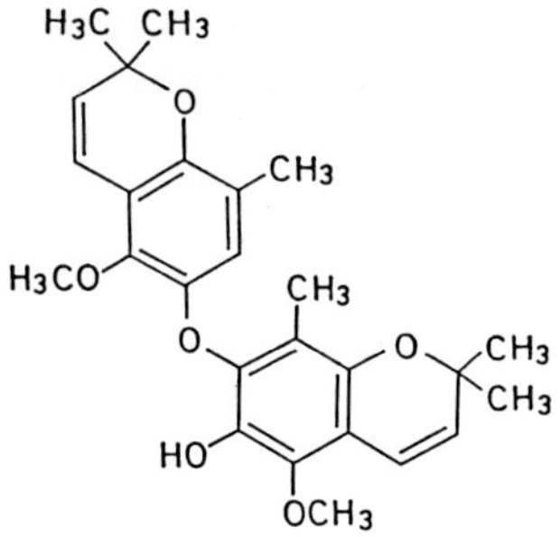

(**118**) Pterochromene L_3

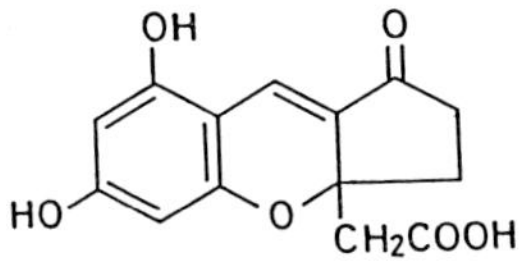

(**119**) Lindsaeic acid

Chart 10. Chromenes found in the filicopsida

1.4.2. Coumarins

3-Carboxyesculetin (**123**) (*94*) and 4-isopropyl-6-methylcoumarins (**124**, **125**) (*86*) have been isolated from ferns. However, the biosynthetic pathways leading to these compounds are not known.

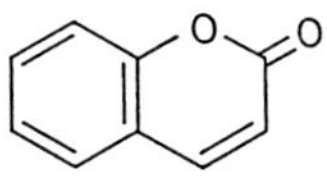

(**120**) Coumarin

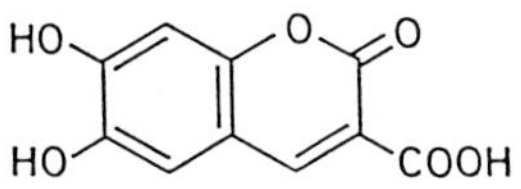

(**123**) 3-Carboxyesculetin

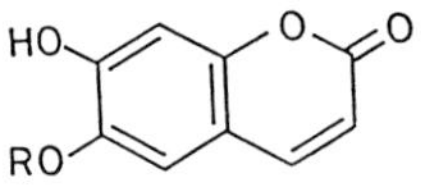

(**121**) R=H   Esculetin
(**122**) R=3-Glucosylcaffeoyl
       6-(3'-Glucosylcaffeoyl)-esculetin

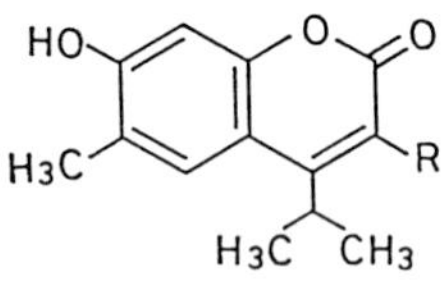

(**124**) R=H   7-Hydroxy-4-isopropyl-6-methylcoumarin

(**125**) R=OCH_3 7-Hydroxy-4-isopropyl-3-methoxy-6-methylcoumarin

Chart 11. Coumarins found in the filicopsida

1.4.3. Chromones

Leptorumol (**126**) is the only chromone so far isolated from ferns (*98*).

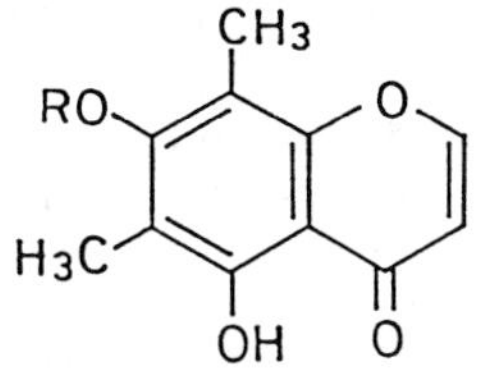

(**126**) R=H   Leptorumol
(**127**) R=Glc Leptorumol 7-O-β-glucoside
(**128**) R=4-O-Methyl-β-D-glc Leptorumolin

Chart 12. Chromones found in the filicopsida

1.4.4. Chromanones

2-Methyl- (**129**) and 2-ethyl-5,7-dimethoxychromanone (**130**) have been isolated from *Arachniodes standishii* (*29*).

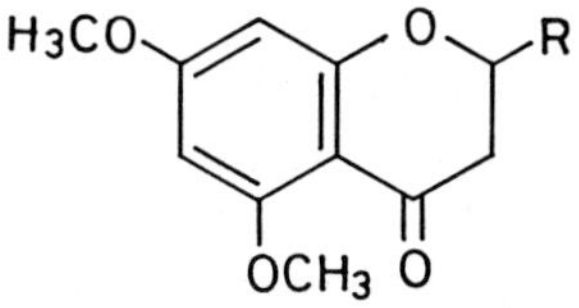

(**129**) R=CH$_3$ 5,7-Dimethoxy-2-methylchromanone
(**130**) R=C$_2$H$_5$ 2-Ethyl-5,7-dimethoxychromanone

Chart 13. Chromanones found in the filicopsida

1.5. Xanthones

Recently, RICHARDSON has reviewed the occurrence of xanthone *O*- and *C*-glycosides in ferns and discussed their significance in fern taxonomy (*101*). The first xanthones to be reported in ferns were mangiferin (**132**), athyriol (**144**), isoathyriol (**145**) and norathyriol (**146**) from *Athyrium mesosorum* (*102*, *103*). By now, mangiferin (**132**) has been isolated from 17 genera of the following six families – Hymenophyllaceae, Aspidiaceae, Marsileaceae, Davalliaceae, Aspleniaceae and Polypodiaceae. It normally occurs together with its 4-*C*-glucosyl-isomer, isomangiferin (**133**). The presence of isomangiferin (**133**) in *A. mesosorum* was reported subsequently (*104*). There seems to be no definite rule governing the occurrence of these compounds in ferns. Some species contain only mangiferin (**132**) (*105, 106, 107*). *Gymnocarpium robertianum* from the Himalayas, Sweden, and Siberia contains no xanthone derivatives (*108*), but the same fern from Japan contains mangiferin

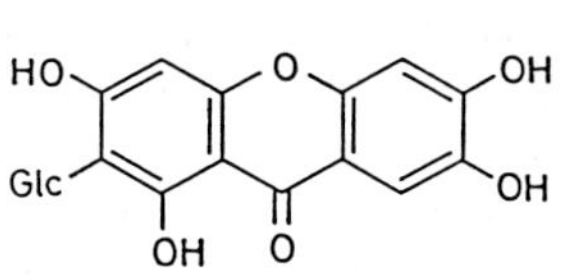

(**132**) Mangiferin

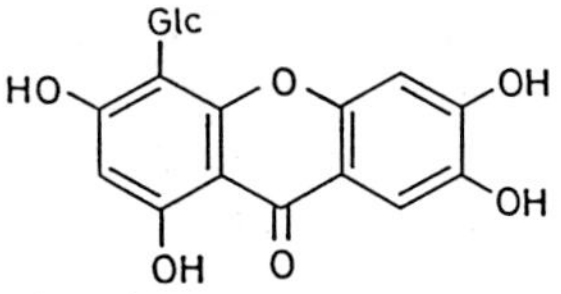

(**133**) Isomangiferin

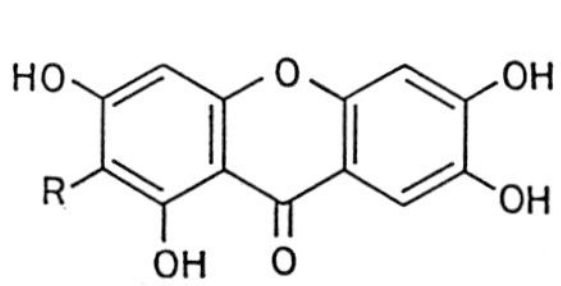

(**137**) R=6-O-Acetyl-β-D-glc
6'-O-Acetylmangiferin
(**138**) R=2-O-Benzoyl-β-D-glc
2'-O-Benzoylmangiferin
(**139**) R=4-O-Benzoyl-β-D-glc
4'-O-Benzoylmangiferin
(**140**) R=6-O-Benzoyl-β-D-glc
6'-O-Benzoylmangiferin

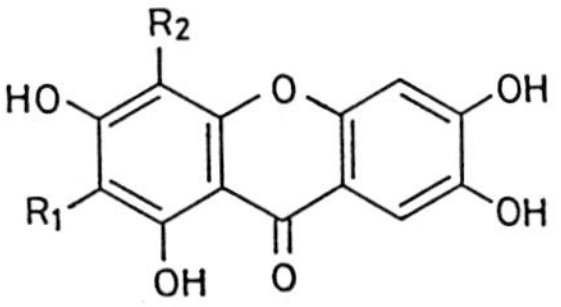

(**142**) R_1=β-D-All, R_2=H
Dilatatin
(**143**) R_1=H, R_2=D-All
Isodilatatin

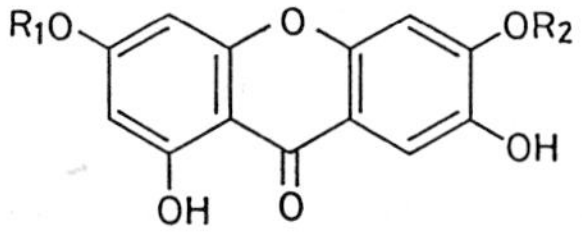

(**144**) R_1=CH_3, R_2=H   Athyriol
(**145**) R_1=H, R_2=CH_3 Isoathyriol
(**146**) R_1=R_2=H   Norathyriol

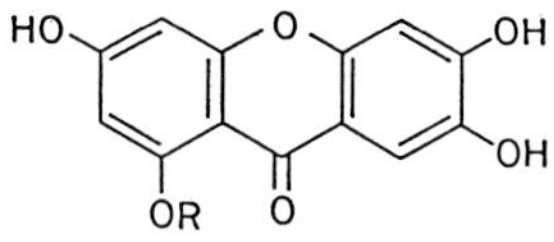

(**147**) R=Quinovosyl
Norathyriol 1-O-β-D-quinovoside

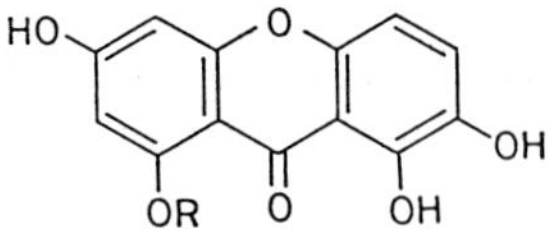

(**148**) R=Laminaribiosyl
1,3,7,8-Tetrahydroxyxanthone
1-O-β-laminaribioside

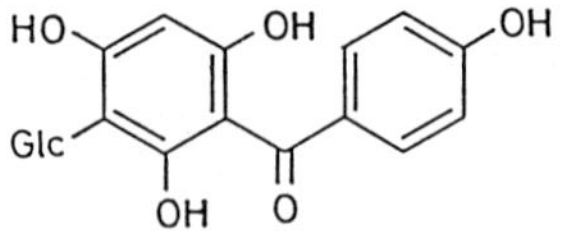

(**149**) Iriflophenone 3-C-β-D-glucoside

Chart 14. Xanthones found in the filicopsida

(132) along with norathyriol (146) and its 1-*O*-β-D-quinovoside (147) (*105*). Thus there seem to be some geographical variations in xanthone composition. *Hymenophyllum dilatum* (*109*) contains *C*-allosyl-1,3,6,7-tetrahydroxyxanthones, dilatatin (142) and isodilatatin (143). *Asplenium montanum* contains mangiferin (132) and isomangiferin (133) as well as their *O*-glucosides (135, 136) in which another glucose molecule is attached to a not yet determined position of the *C*-glucosyl moiety (*110*). These xanthones are present in all *A. montanum* hybrids and are therefore useful in revealing the relationships between diploids and allopolyploids (*110, 111*). A parallel situation occurs in the chemistry of the *Asplenium adiantum-nigrum* complex (*112*).

Only two xanthone *O*-glycosides are known in ferns so far 1,3,7,8-tetrahydroxyxanthone 1-*O*-β-laminaribioside (148) and 1,3,6,7-tetrahydroxyxanthone 1-*O*-β-D-quinovoside (gymnocarposide) (147) have been isolated from *Asplenium adiantum-nigrum* (*113*) and *Gymnocarpium robertianum* (*105*), respectively. The only free xanthone derivatives known so far are athyriol (144), isoathyriol (145) and norathyriol (146) (*102, 103*). The first report of the benzophenones in ferns deals with the occurrence of iriflophenone 3-*C*-β-D-glucoside (149) in *Hypodematium fauriei* and *H. crenatum* (*105*). This suggests that *C*-glycosylation may also take place in iriflophenone (*114, 115*).

Generally speaking, xanthones including *C*-glycosylxanthones are of little taxonomic value because they seem to occur randomly.

1.6. Flavonoids

Since the first review on flavonoids of the Filicopsida by SWAIN and COOPER-DRIVER (*14*), a considerable number of papers have been published on the chemistry and distribution of flavonoids in ferns. The farina flavonoids of gymnogrammoid ferns have been reviewed by WOLLENWEBER (*81, 132, 141, 245*).

1.6.1. Flavones and Flavonols

Except for the farina flavonoids on the frond surface of gymnogrammoid ferns almost all the flavones and flavonols occur as glycosides. However, flavone *O*-glycosides are far less common in ferns and occur mostly in pteridaceaeous ferns (*sensu* Coplandi). On the other hand, flavonol *O*-glycosides are very common in ferns; the most common ones are glycosides of kaempferol (176) and quercetin (196).

In the *Pityrogramma*, flavones and flavonols are minor constituents of the farina flavonoids (*147, 162, 245*). In *Notholaena* and *Cheilanthes* species, *O*-metylated flavones and flavonols are predominant (*81*). In certain *Notholaena* species flavonols which are methoxylated at C-7 and esterified at C-8 with acetate or butyrate are the main constituents (**171, 172, 174, 175, 192, 193, 194, 195, 208, 209**), and in most cases esters of both types occur together (*81*).

In *Helminthostachys zeylanica* ugonins A (**163**) and B (**164**), which are isoprenylated flavones having a 3,4-cyclohexanotetrahydrooxepin skeleton (*133*), and ugonin C (**187**), which is a furanoflavonol (*151*), occur. In *Wagneriopteris nipponica* 3-allosides (**327, 363**) of kaempferol and quercetin have been found (*213*). The former compound (**327**) occurs also in *Osmunda cinnamomea* var. *asiatica* (*216*) and *Acystopteris japonica* (*80*). The disaccharide, 2-*O*-(β-D-glucopyranosyl)-D-galactose (*163*), which is part of a kaempferol glycoside brainoside (**348**), has been fully characterized (*246, 247*).

C-Glycosylflavones are the only *C*-glycosylflavonoids found in ferns. They are *C*-glycosides of apigenin (**152**) and luteolin (**157**) and are distributed in the families Marattiaceae, Hymenophyllaceae, Cyatheaceae, Pteridaceae, Aspidiaceae, and Marsileaceae. Tricetin *C*-glycoside (**320**) is seldom found in the plant kingdom (*116*). *Polypodium vulgare* is the sole taxon of Polypodiaceae (*sensu stricto*) (*202*) which contains a *C*-glycosylflavone.

(**150**) R=H   Chrysin
(**151**) R=CH_3 Strobochrysin

(**152**) R=H   Apigenin
(**153**) R=CH_3 Acacetin

(**154**) R=H   Genkwanin
(**155**) R=CH_3 Apigenin 7,4'-dimethyl ether

(**156**) Scullkapflavone-I

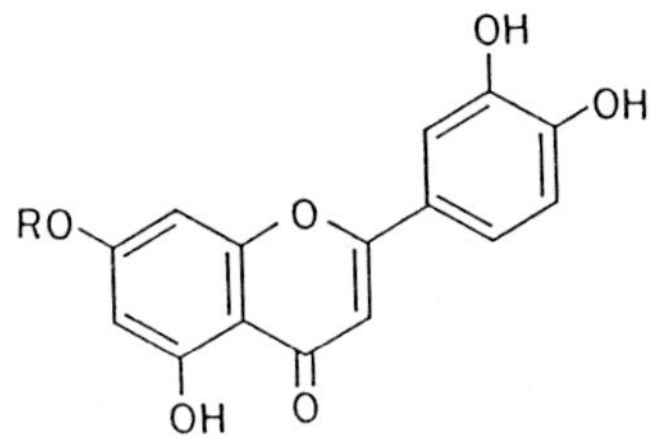

(157) R=H   Luteolin
(158) R=CH$_3$ Luteolin 7-methyl ether

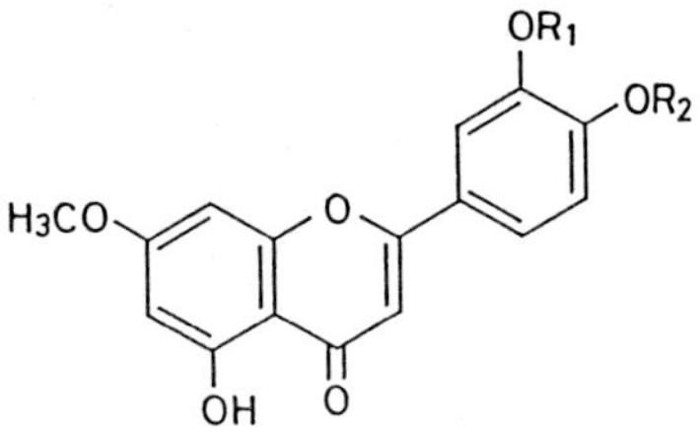

(159) R$_1$=H, R$_2$=CH$_3$ Pilloin
(160) R$_1$=CH$_3$, R$_2$=H   Velutin

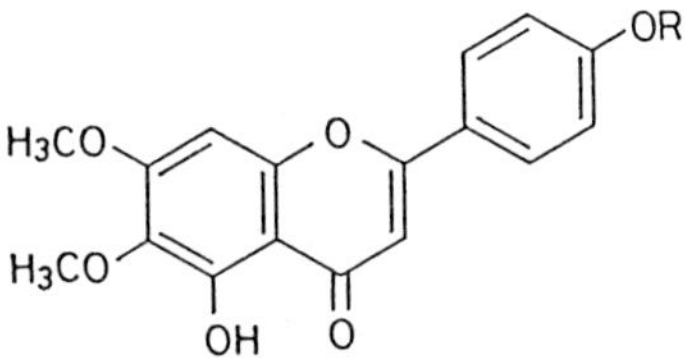

(161) R=H
    Scutellarein 6,7-dimethyl ether
(162) R=CH$_3$
    Scutellarein 6,7,4'-trimethyl ether

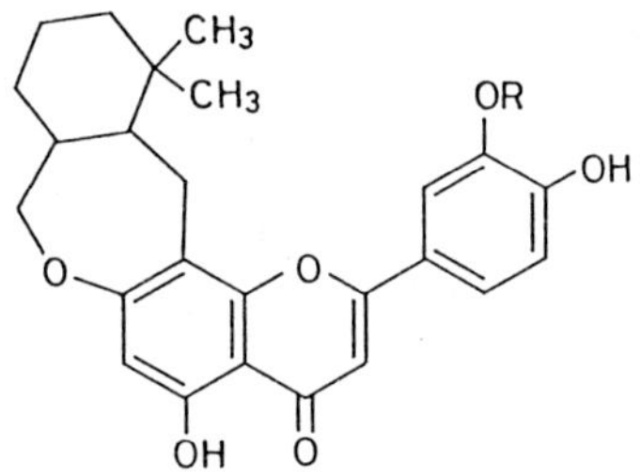

(163) R=H   Ugonin A
(164) R=CH$_3$ Ugonin B

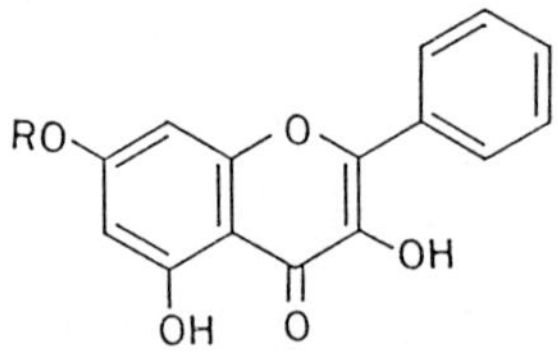

(165) R=H   Galangin
(166) R=CH$_3$ Izalpinin

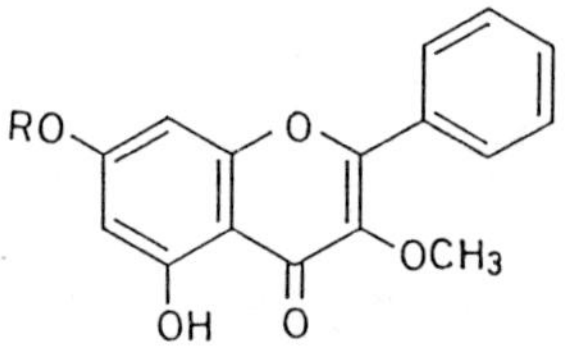

(167) R=H
    Galangin 3-methyl ether
(169) R=CH$_3$
    Galangin 3,7-dimethyl ether

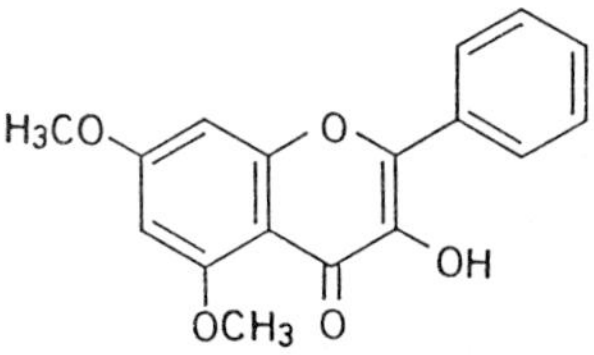

(168) Galangin 5,7-dimethyl ether

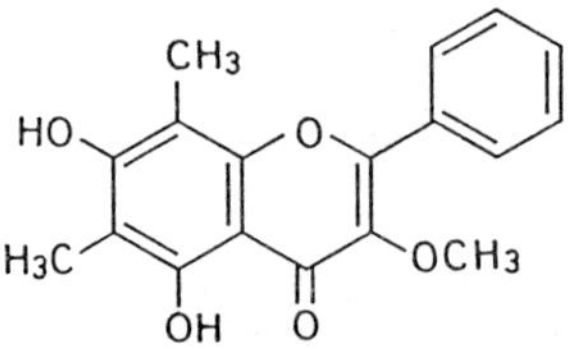

(170) 5,7-Dihydroxy-3-methoxy-6,8-dimethylflavone

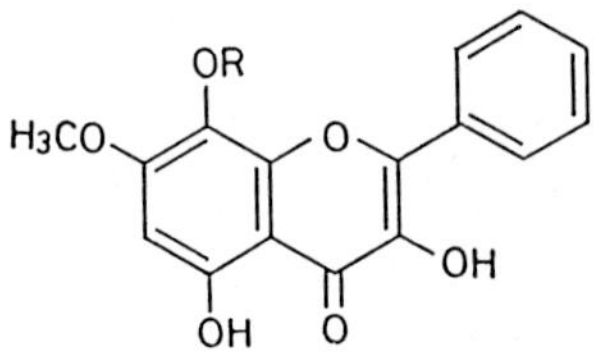

(171) R=COCH₃
8-Hydroxygalangin 8-acetate
7-methyl ether

(172) R=COC₃H₇
8-Hydroxygalangin 8-butyrate
7-methyl ether

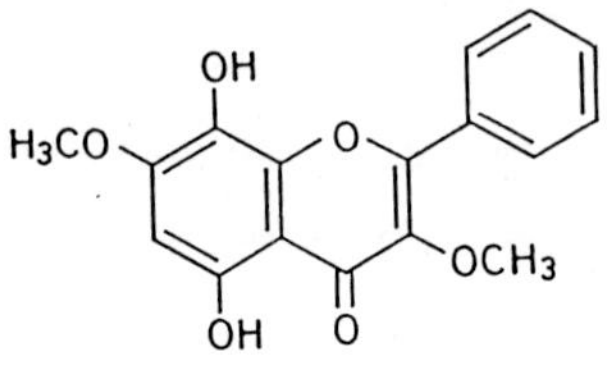

(173) Isognaphalin

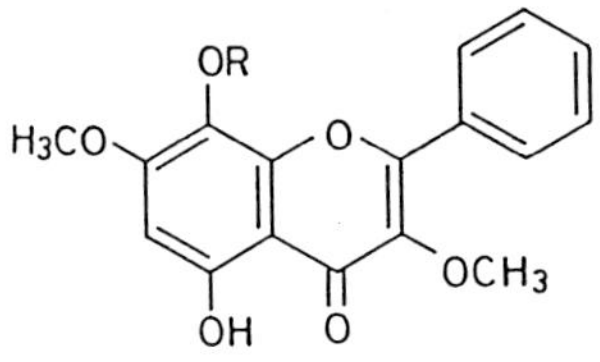

(174) R=COCH₃
Isognaphalin 8-acetate

(175) R=COC₃H₇
Isognaphalin 8-butyrate

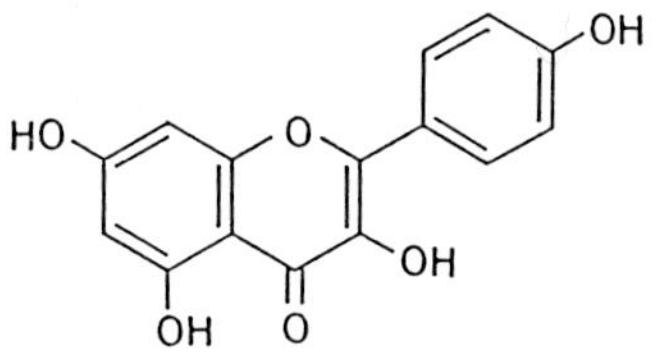

(176) Kaempferol

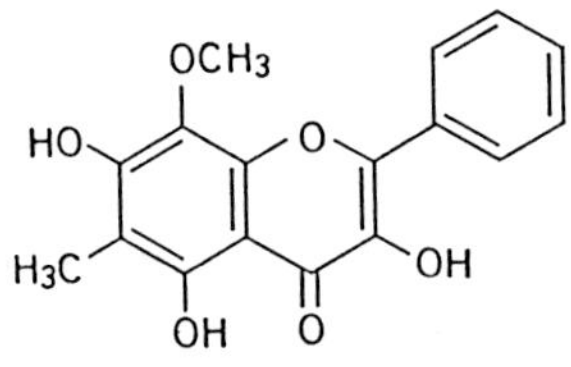

(177) Pityrogrammin

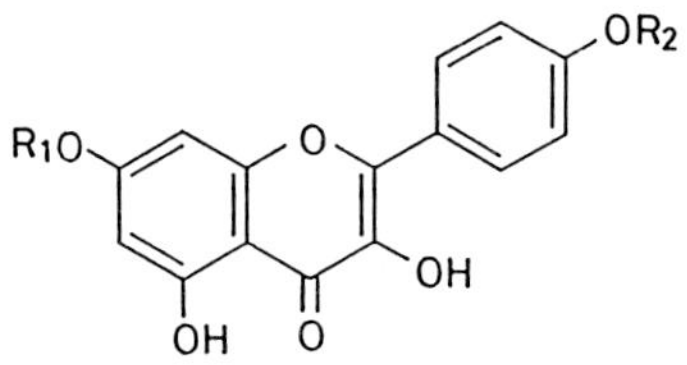

(178) R₁=H, R₂=CH₃   Kaempferide
(179) R₁=CH₃, R₂=H   Rhamnocitrin

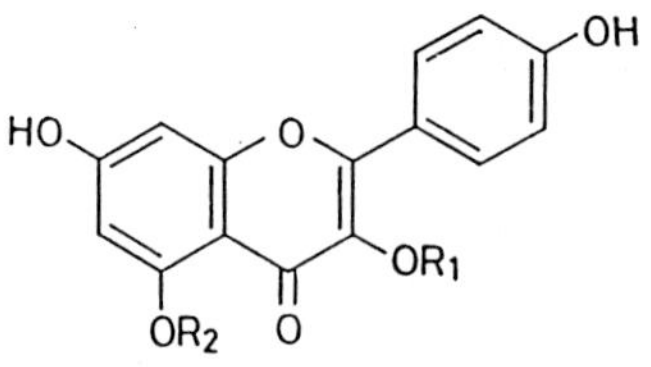

(180) R₁=CH₃, R₂=H
Kaempferol 3-methyl ether

(181) R₁=H, R₂=CH₃
Kaempferol 5-methyl ether

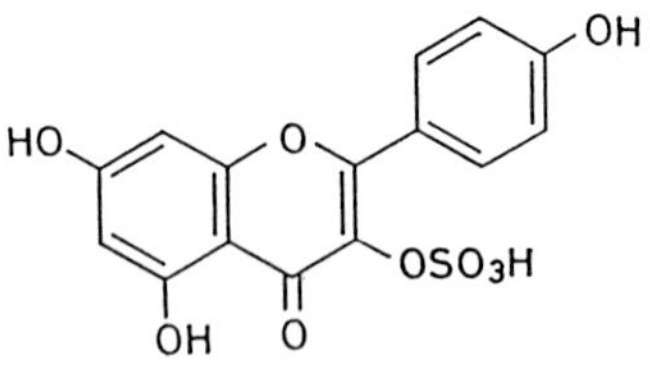

(182) Kaempferol 3-sulfate

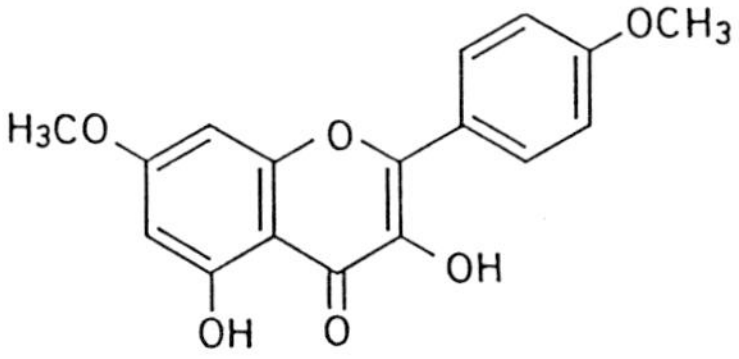

Occurrence, Structure and Taxonomic Implications of Fern Constituents

(183) Kaempferol 7,4'-dimethyl ether

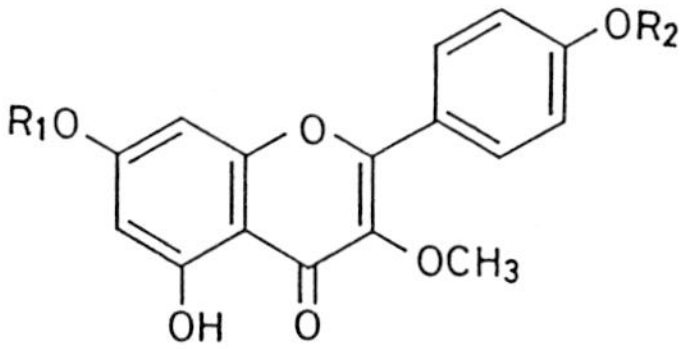

(184) R_1=H, R_2=CH$_3$
Kaempferol 3,4'-dimethyl ether
(185) R_1=CH$_3$, R_2=H   Kumatakenin

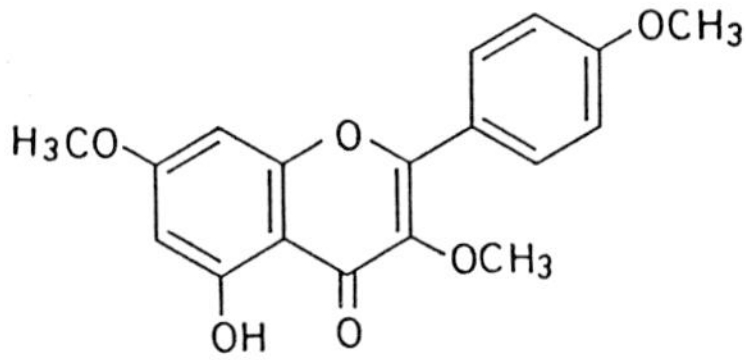

(186) Kaempferol 3,7,4'-trimethyl ether

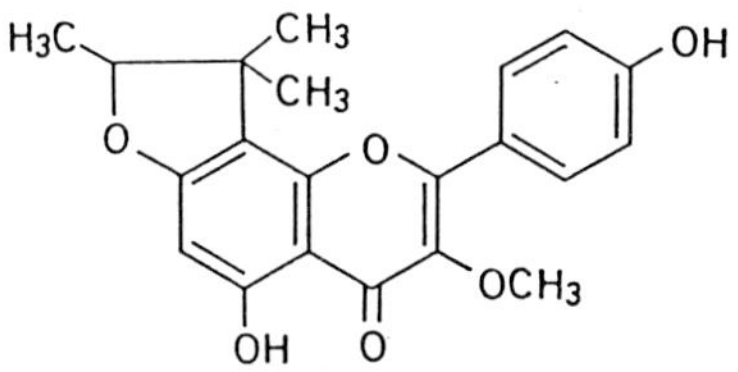

(187) Ugonin C

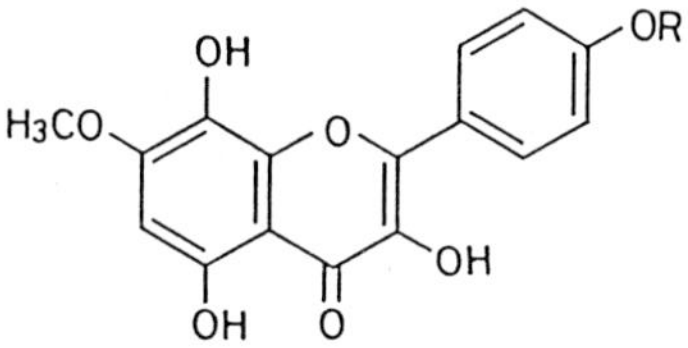

(188) R=H
Herbacetin 7-methyl ether
(191) R=CH$_3$
Herbacetin 7,4'-dimethyl ether

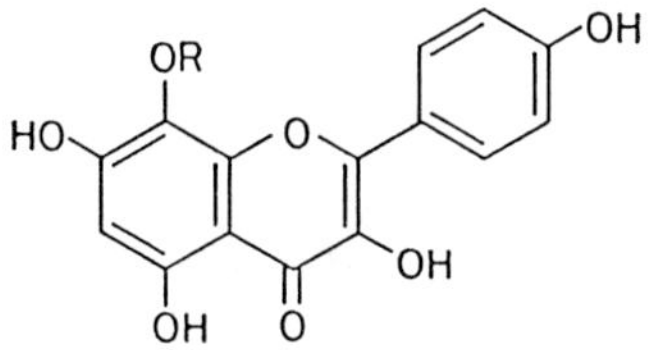

(189) R=COCH$_3$
Herbacetin 8-acetate
(190) R=COC$_3$H$_7$
Herbacetin 8-butyrate

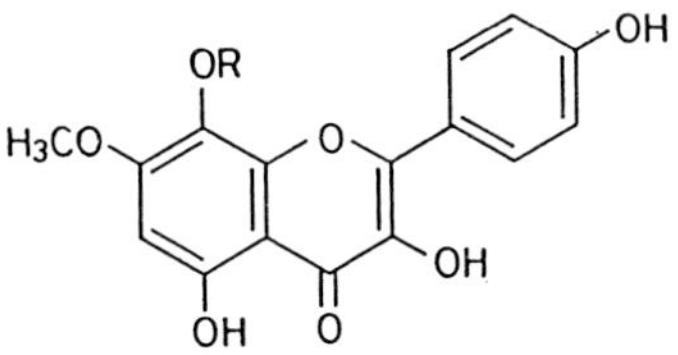

(192) R=COCH$_3$
Herbacetin 8-acetate 7-methyl ether
(193) R=COC$_3$H$_7$
Herbacetin 8-butyrate 7-methyl ether

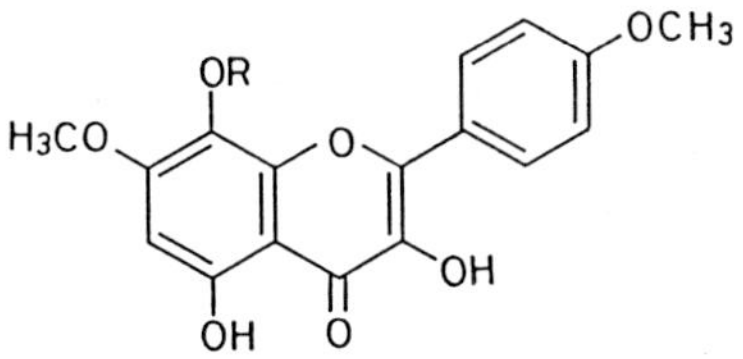

(194) R=COCH$_3$
Herbacetin 8-acetate 7,4'-dimethyl ether
(195) R=COC$_3$H$_7$
Herbacetin 8-butyrate 7,4'-dimethyl ether

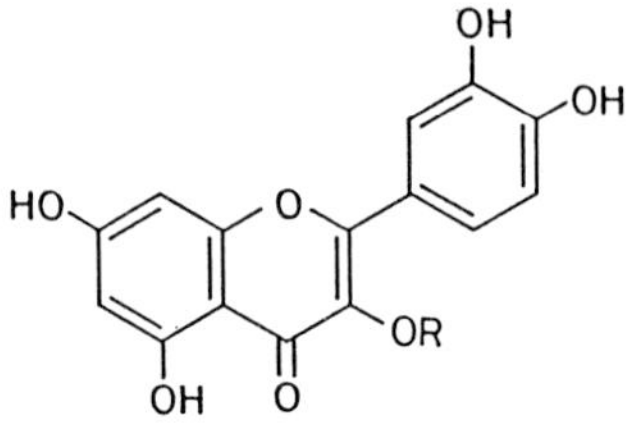

(196) R=H   Quercetin
(197) R=CH₃
       Quercetin 3-methyl ether

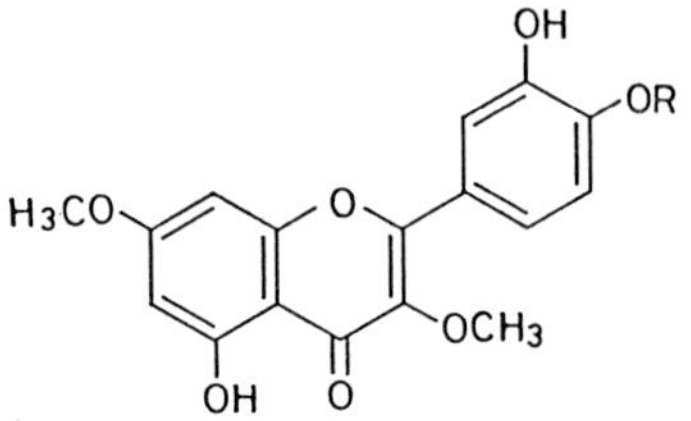

(198) R=H   Quercetin 3,7-dimethyl ether
(200) R=CH₃ Ayanin

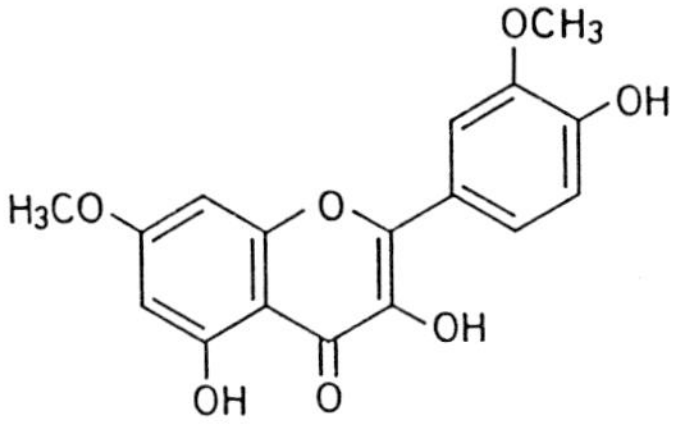

(199) Quercetin 7,3'-dimethyl ether

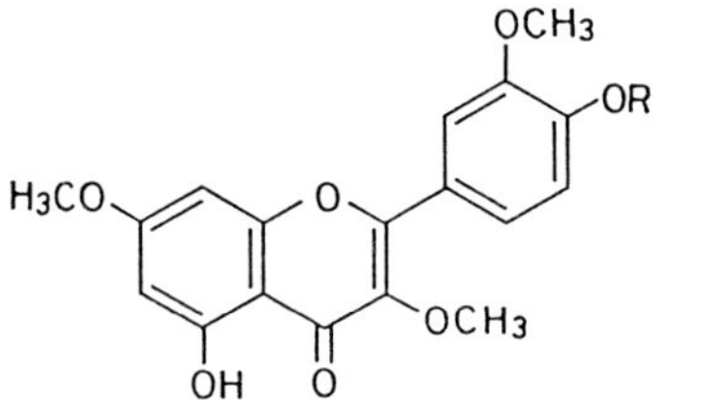

(201) R=H   Pachypodol
(202) R=CH₃
       Quercetin 3,7,3',4'-tetramethyl ether

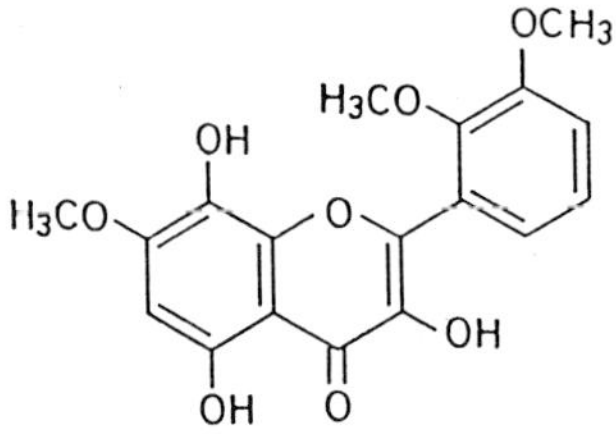

(203) 3,5,8-Trihydroxy-7,2',3'-trimethoxyflavone

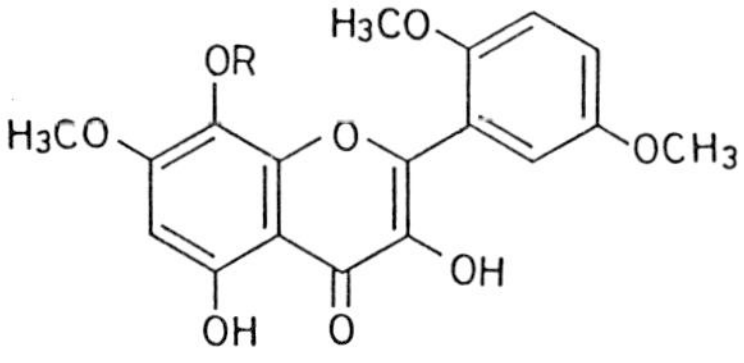

(204) R=H
       3,5,8-Trihydroxy-7,2',5'-trimethoxyflavone
(205) R=COCH₃
       8-Acetoxy-3,5-dihydroxy-7,2',5'-trimethoxyflavone

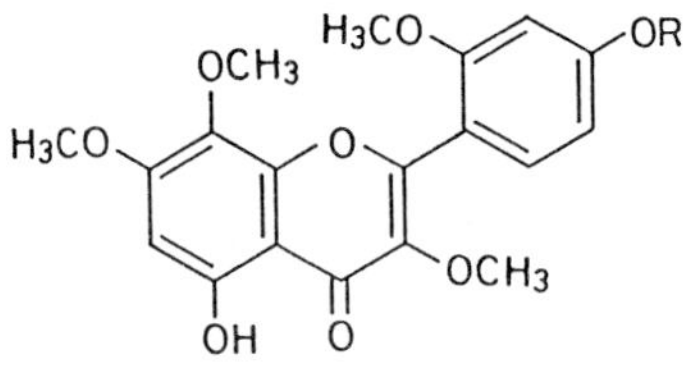

(206) R=H
       5,4'-Dihydroxy-3,7,8,2'-tetramethoxyflavone
(207) R=CH₃
       5-Hydroxy-3,7,8,2',4'-pentamethoxyflavone

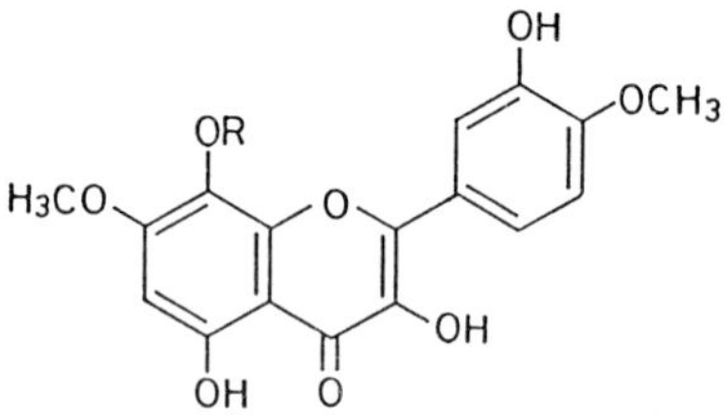

(208) R=COCH₃
       Gossypetin 8-acetate 7,4'-dimethyl ether
(209) R=COC₃H₇
       Gossypetin 8-butyrate 7,4'-dimethyl ether

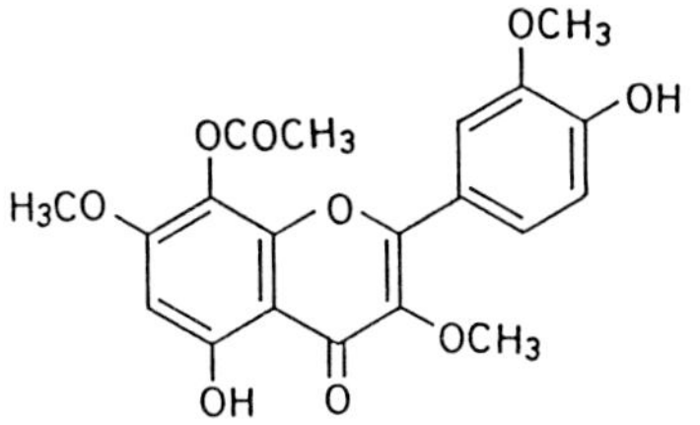

(210) Gossypetin 8-acetate 3,7,3'-trimethyl ether

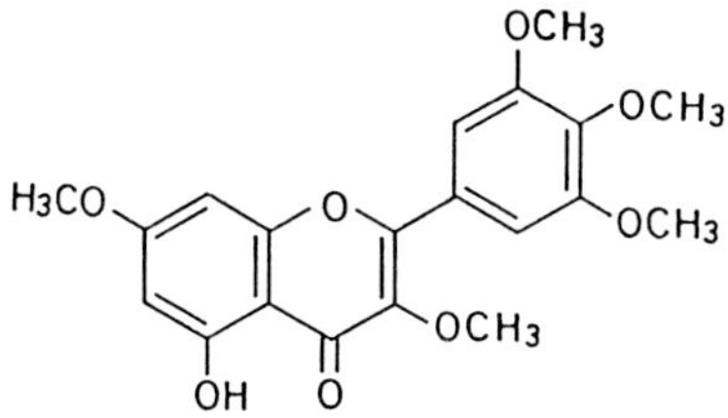

(211) Combretol

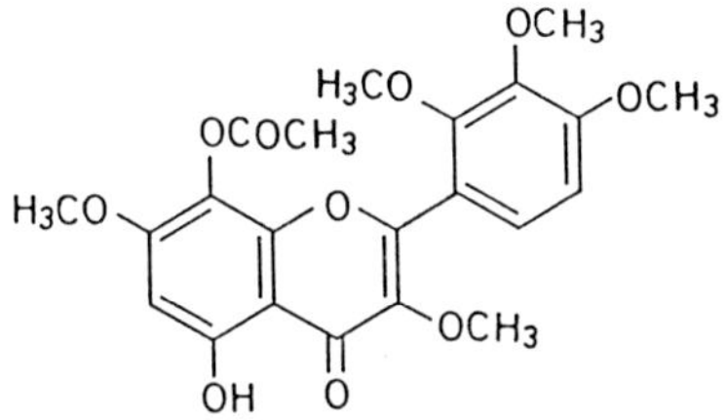

(212) 8-Acetoxy-5-hydroxy-3,7,2',3',4'-pentamethoxyflavone

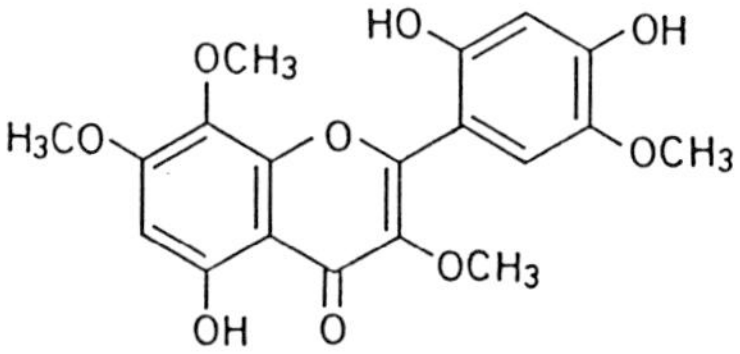

(213) 5,2',4'-Trihydroxy-3,7,8,5'-tetramethoxyflavone

Chart 15. Flavones and flavonols found in the filicopsida

1.6.2. Flavanones and Flavanon-3-ols

Free flavanones in ferns occur normally as minor constituents of the farina flavonoids of gymnogrammoid ferns. However, the farina of *Pityrogramma triangularis* var. *pallida* contains strobopinin (**218**) as its major component, along with other *C*-methylated flavanones (**219, 220, 221, 222, 223**) (*160, 161*) and the farina of *Cheilanthes argentea* contains a series of flavanones (**235, 236, 238, 239, 247, 248, 249**) (*125*). The farina of *Notholaena fendleri* contains mainly *O*-methyl derivatives of the flavanones naringenin (**228**) and eriodictyol (**240**) (*124*). Eriodictyol methyl ethers are not very common compounds and one of them, eriodictyol 7-methyl ether (**242**), is distinct in that it gives red colour on TLC with "Naturstoffreagenz A" [β-aminodiethyl ether of diphenylboric acid (*248*)] (*124*). Its 3'-*O*-D-glucoside (**386**) was found in the fronds of *Pseudocyclosorus* species (*210*). Ugonin D (**232**), isolated from *Helminthostachys zeylanica* (*151*), is a flavanone bearing an isoprene unit. Isoceroptene (**254**), isolated from the farina of *Pityrogramma triangularis* var. *triangularis* (*170*), possesses the structure of a flavanone tautomer produced by ring closure of the chalcone ceroptene (**275**) (*147*). Hariganetin (**255**), a flavanone with an "isoceroptene-type" tri-*C*-methylated A-ring co-occurs along with *C*-methylated flavanones, matteucinol (**234**), demethoxymatteucinol (**223**) and matteucin (**227**) in the fronds of *Wagneriopteris japonica* (*166*). *C*-Methylation apparently takes place in all types of flavonoids, but more frequently in flavanones. More than ten *C*-methylated flavanones are known in ferns. COOPER-DRIVER (*249*) mentioned that flavanone glycosides are distributed in two families, Pteridaceae (*Adiantum, Dennstaedtia*), and Aspidiaceae (*195*) (*Crytomium, Matteucia, Dryopteris*). Flavanones are also reported to occur in nine genera representing five families Ophioglossaceae (*Helminthostachys*) (*151*), Aspidiaceae (*Diplazium*) (*239*), Marsileaceae (*Marsilea*) (*233*), Aspleniaceae (*Ceterach*) (*237*), and Thelypteridaceae [*Christella* (*80*), *Thelypteris* (*163*), *Pronephrium* (*238*), *Pseudocyclosorus* (*210*), *Wagneriopteris* (*166*)].

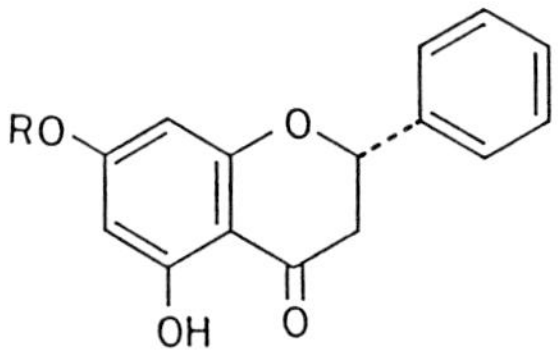

(**214**) R=H   Pinocembrin
(**215**) R=CH$_3$ Pinostrobin

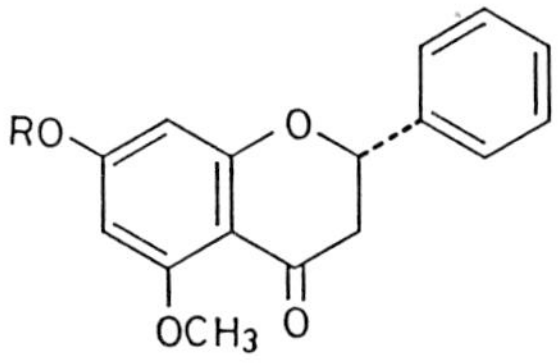

(**216**) R=H   Alpinetin
(**217**) R=CH$_3$
         Pinocembrin 5,7-dimethyl ether

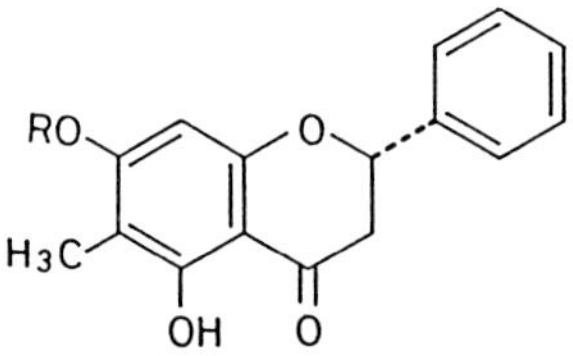

(**218**) R=H   Strobopinin
(**219**) R=CH$_3$
         Strobopinin 7-methyl ether

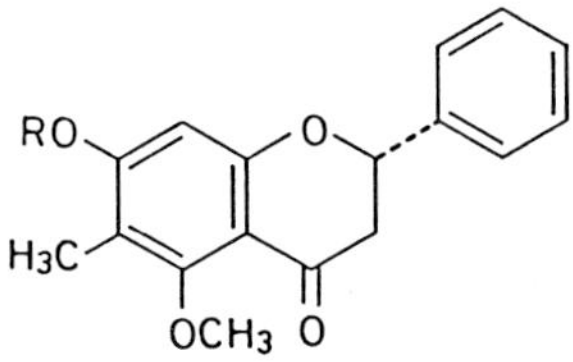

(**220**) R=H
         Strobopinin 5-methyl ether
(**221**) R=CH$_3$
         Strobopinin 5,7-dimethyl ether

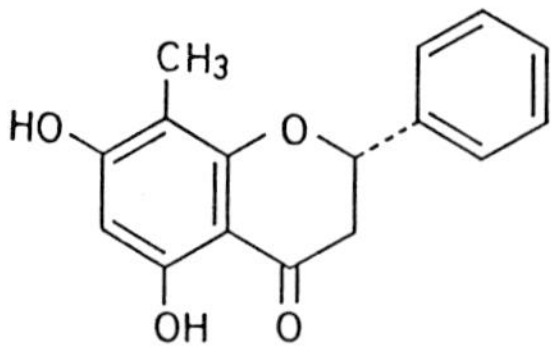

(**222**) Cryptostrobin

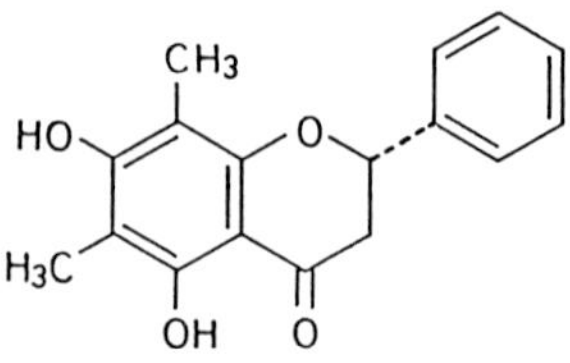

(**223**) Desmethoxymatteucinol

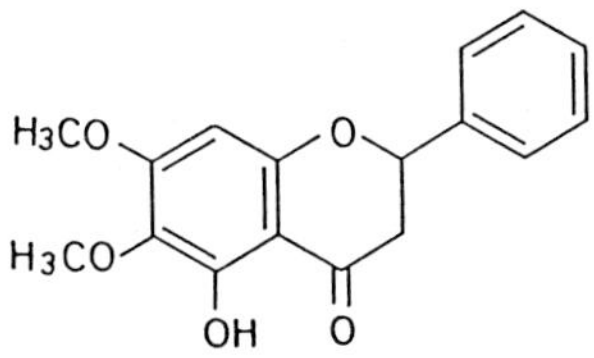

(224) Onysilin

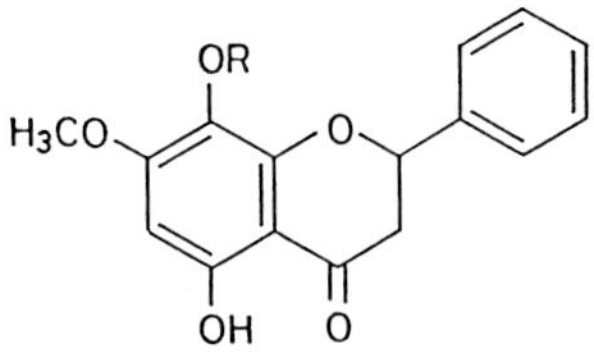

(225) R=H
5,8-Dihydroxy-7-methoxyflavanone

(226) R=COCH$_3$
8-Acetoxy-5-hydroxy-7-methoxy-flavanone

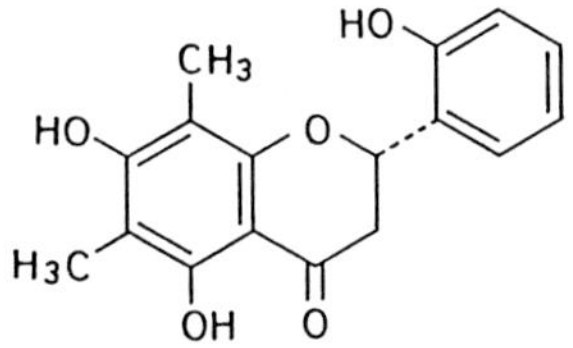

(227) Matteucin

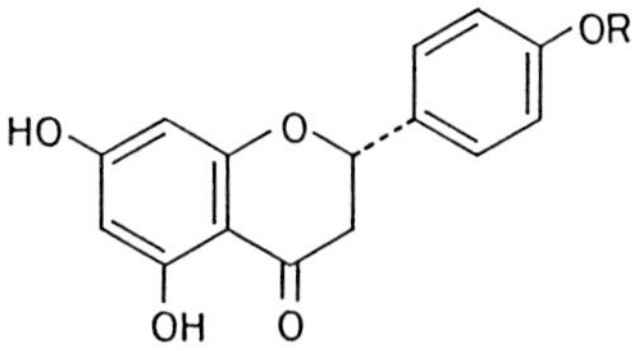

(228) R=H   Naringenin
(229) R=CH$_3$ Isosakuranetin

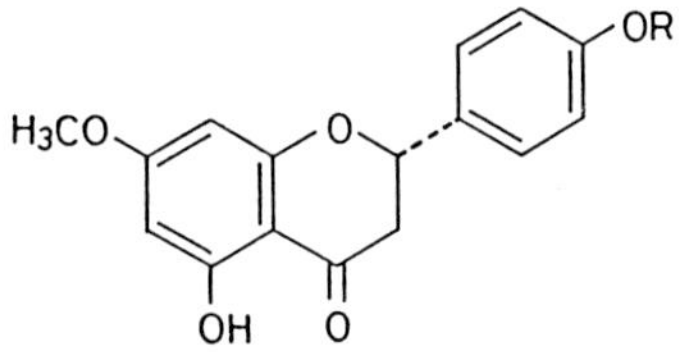

(230) R=H   Sakuranetin
(231) R=CH$_3$
Naringenin 7,4'-dimethyl ether

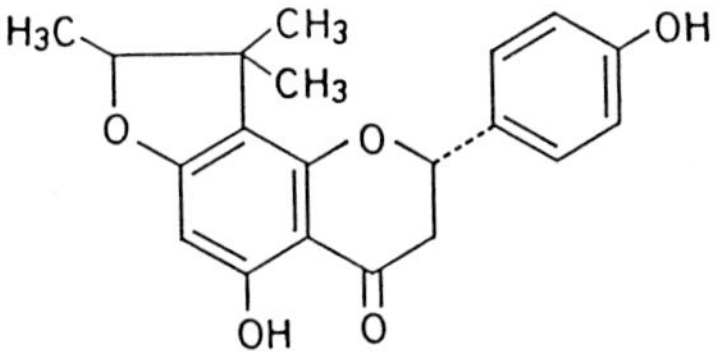

(232) Ugonin D

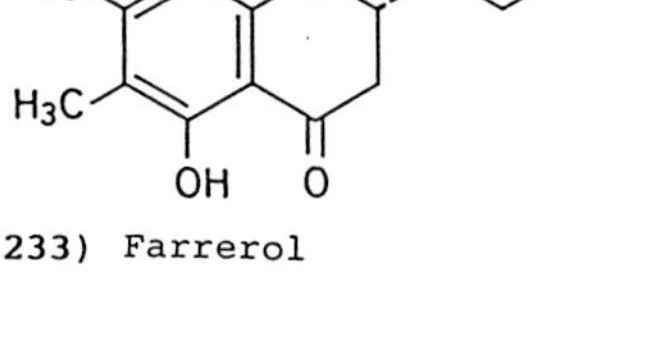

(233) Farrerol

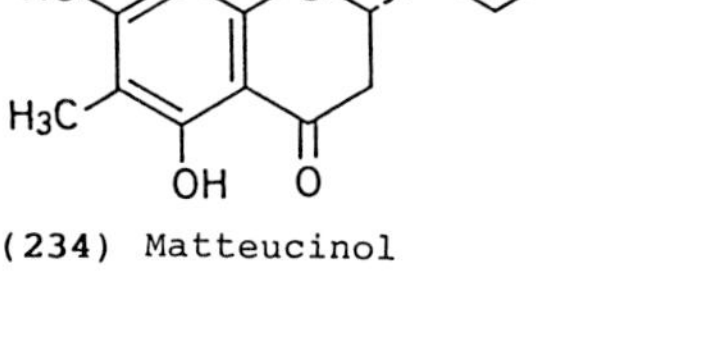

(234) Matteucinol

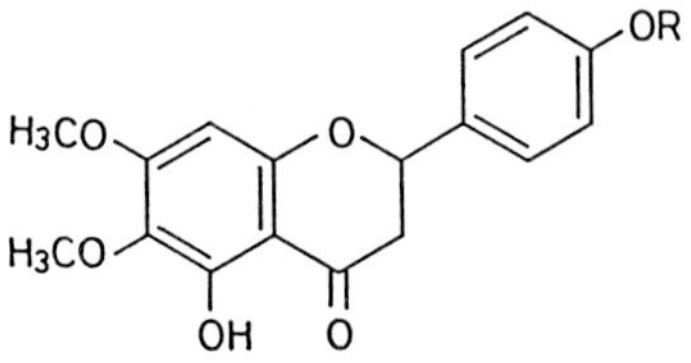

(235) R=H
5,4'-Dihydroxy-6,7-dimethoxy-
flavanone
(236) R=CH$_3$
5-Hydroxy-6,7,4'-trimethoxy-
flavanone

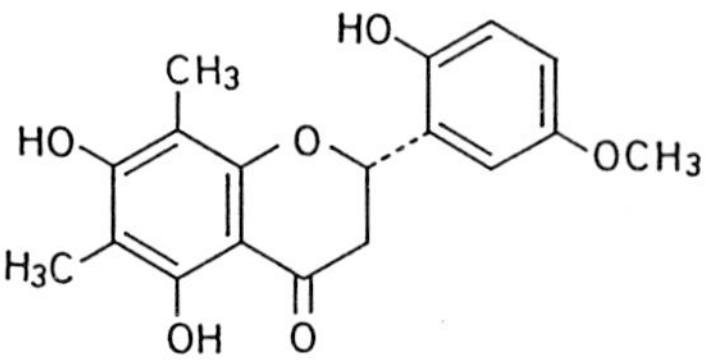

(237) Methoxymatteucin

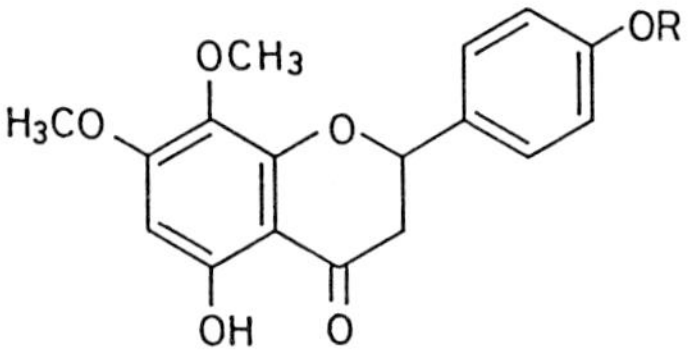

(238) R=H
5,4'-Dihydroxy-7,8-dimethoxy-
flavanone
(239) R=CH$_3$
5-Hydroxy-7,8,4'-trimethoxy-
flavanone

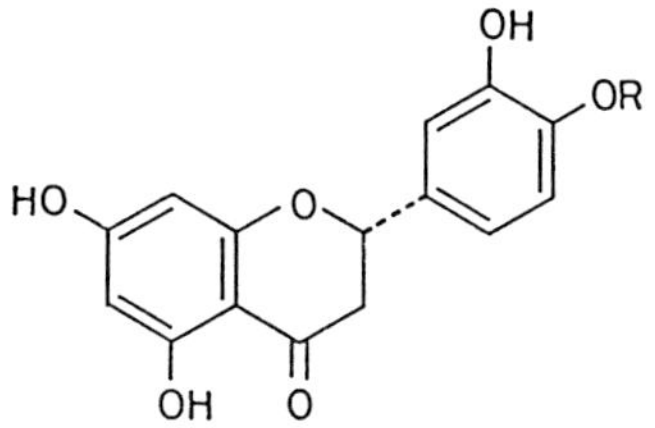

(240) R=H   Eriodictyol
(241) R=CH$_3$ Hesperetin

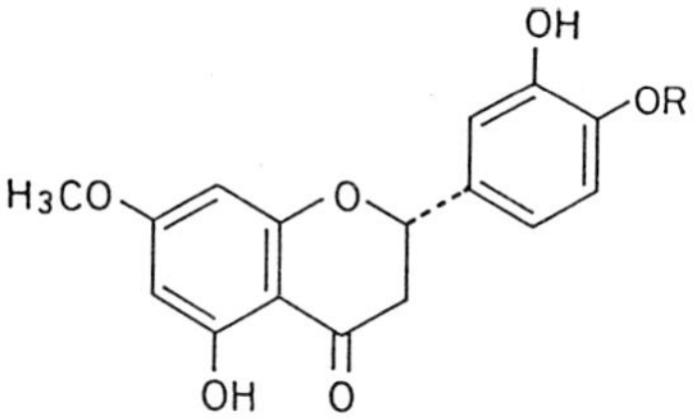

(242) R=H
Eriodictyol 7-methyl ether
(243) R=CH$_3$ Persicogenin

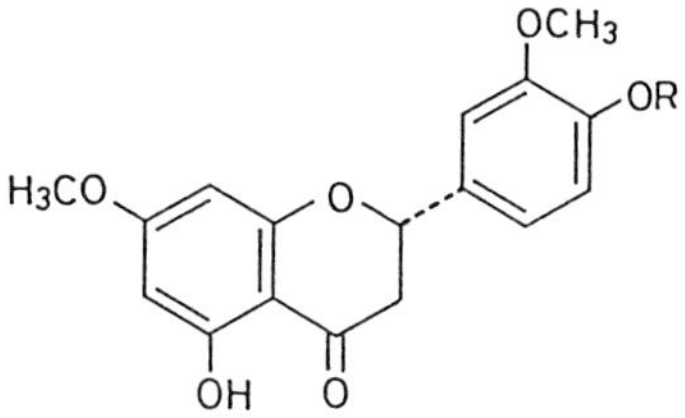

(244) R=H
Eriodictyol 7,3'-dimethyl
ether
(245) R=CH$_3$
Eriodictyol 7,3',4'-trimethyl
ether

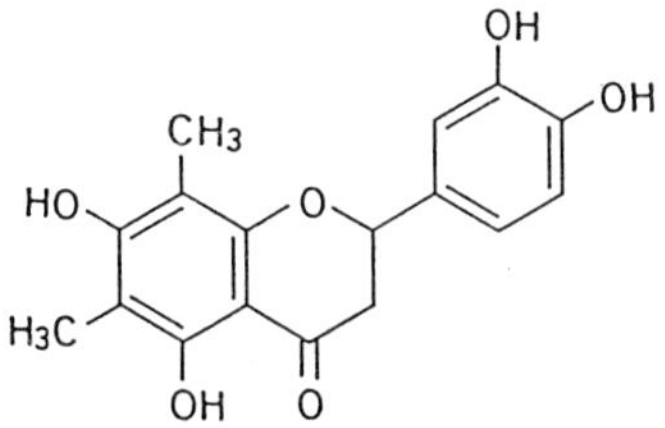

(246) Cyrtominetin

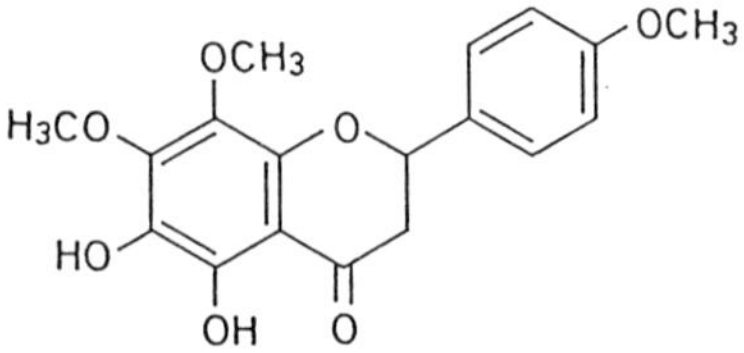

(247) 5,6-Dihydroxy-7,8,4'-tri-
methoxyflavanone

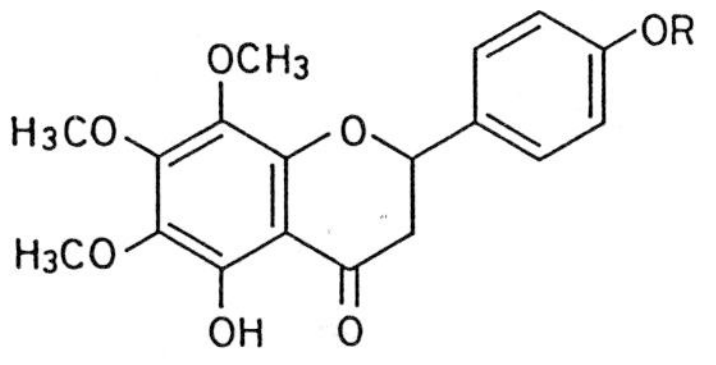

(248) R=H
5,4'-Dihydroxy-6,7,8-trimethoxy-
flavanone

(249) R=CH₃
5-Hydroxy-6,7,8,4'-tetramethoxy-
flavanone

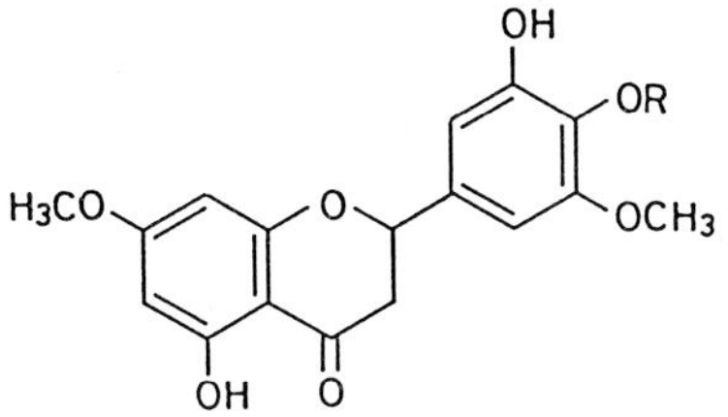

(250) R=H
5,3',4'-Trihydroxy-7,5'-
dimethoxyflavanone

(251) R=CH₃
5,3'-Dihydroxy-7,4',5'-
trimethoxyflavanone

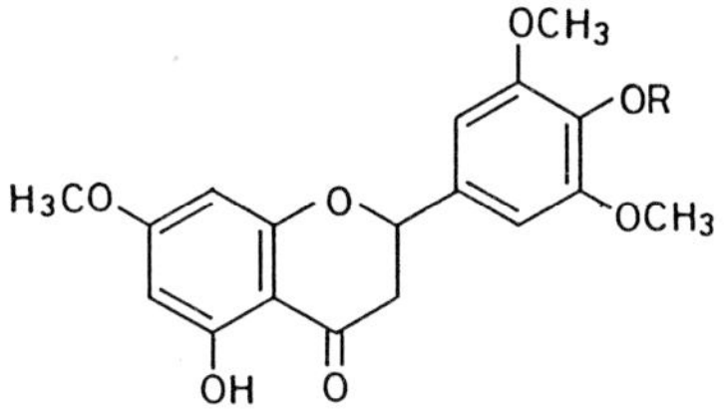

(252) R=H
5,4'-Dihydroxy-7,3',5'-
trimethoxyflavanone

(253) R=CH₃
5-Hydroxy-7,3',4',5'-tetra-
methoxyflavanone

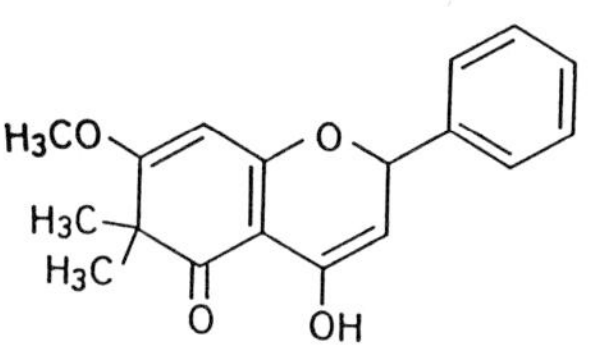

(254) Isoceroptene

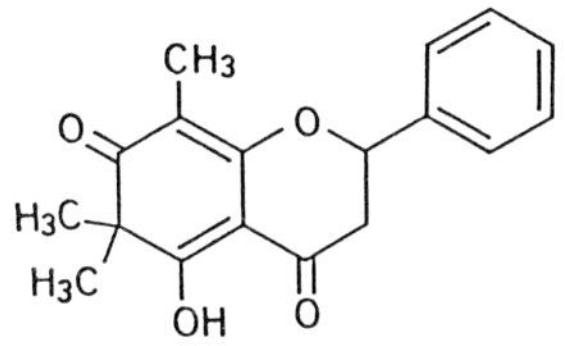

(255) Hariganetin

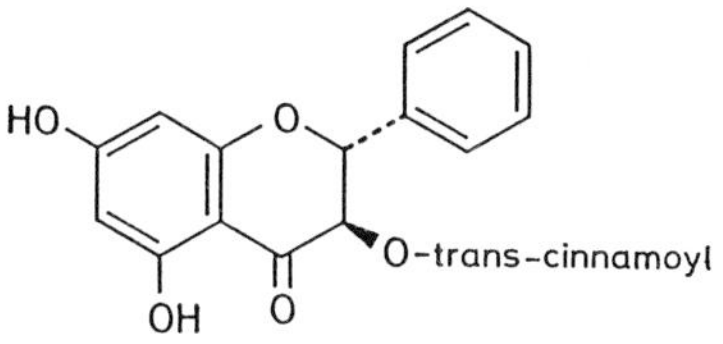

(256) Pinobanksin 3-cinnamate

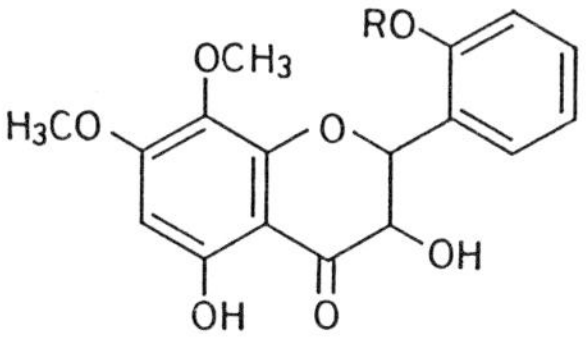

(257) R=H
3,5,2'-Trihydroxy-7,8-dimethoxy-
flavanone

(258) R=COCH₃
2'-Acetoxy-3,5-dihydroxy-7,8-
dimethoxyflavanone

Chart 16. Flavanones and flavanon-3-ols found in the filicopsida

1.6.3. Biflavonoids

The occurrence of biflavonyl compounds in ferns had not been documented before 1979 when partially methylated amentoflavone derivatives isoginkgetin (**259**), sciadopitysin (**260**) and others (**261, 262**), were isolated from *Osmunda japonica* (*171*). Hegoflavones A (**263**) and B (**264**) isolated from *Alsophila spinulosa* are the first examples of a new type of biflavonoid linked by a 6,6'''-bond (*172*).

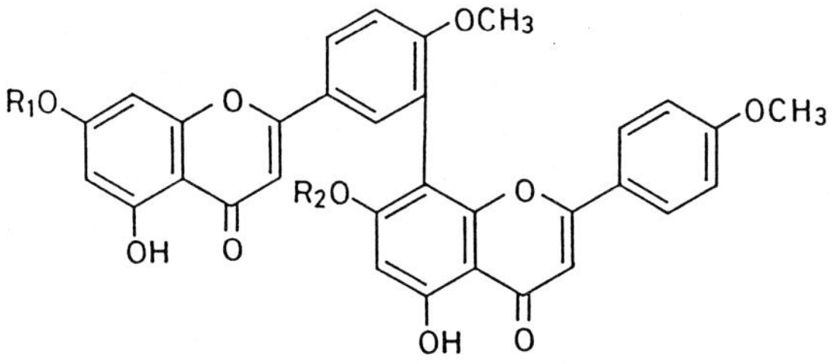

(**259**) $R_1=R_2=H$ Isoginkgetin
(**260**) $R_1=CH_3$, $R_2=H$ Sciadopitysin
(**262**) $R_1=R_2=CH_3$ 4',4''',7,7''-Tetra-O-methylamentoflavone

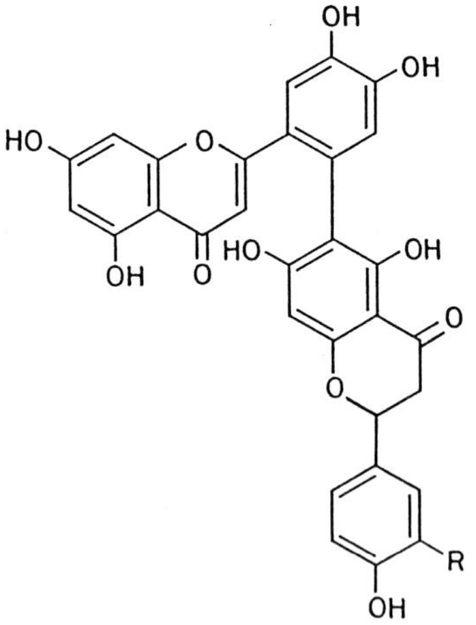

(**263**) R=H   Hegoflavone A
(**264**) R=OH   Hegoflavone B

Chart 17. Biflavonoids found in the filicopsida

1.6.4. Chalcones and Dihydrochalcones

All the chalcones and dihydrochalcones in ferns are found as constituents of the farina flavonoids of gymnogrammoid ferns. The farinose exudate of the *Pityrogramma* contains chalcones and dihydrochalcones as major constituents. The yellow farina of this genus mostly consists of two chalcones, 2',6'-dihydroxy-4'-methoxy- (**267**) and 2',6'-dihydroxy-4,4'-dimethoxychalcone (**274**) (*81*), while the white farina consists of the two corresponding dihydrochalcones with the same substitution pattern. The distribution of chalcones and dihydrochalcones in the *Pityrogramma* has been summarized by BOHM (*250*). In *Notholaena* and *Cheilanthes*, chalcones and dihydrochalcones occur only occasionally (*81*). *Adiantum sulphureum* (*121, 123*) contains chalcones (**265, 267**) and dihydrochalcone (**276**). *Onychium siliculosum* (*174, 175*), and *Platyzoma microphyllum* (*137*) produce a rare chalcone, pashanone (**272**), and some species of *Pterozonium* (*121*) contain 2',6'-dihydroxy-4',4-dimethoxychalcone (**274**). The yellow farina of a chemotype of *Pityrogramma triangularis* var. *triangularis* (ceroptene-chemotype) consists mainly of ceroptene (**275**) (*147*).

(**265**) R=H
2',4',6'-Trihydroxychalcone

(**267**) R=CH$_3$
2',6'-Dihydroxy-4'-methoxy-chalcone

(**266**) R=H   Cardamonin
(**268**) R=CH$_3$ Flavokawin B

(**269**) R=H
2',4'-Dihydroxy-6'-methoxy-5'-methylchalcone

(**271**) R=CH$_3$ Aurentiacin

(**270**) Triangularin

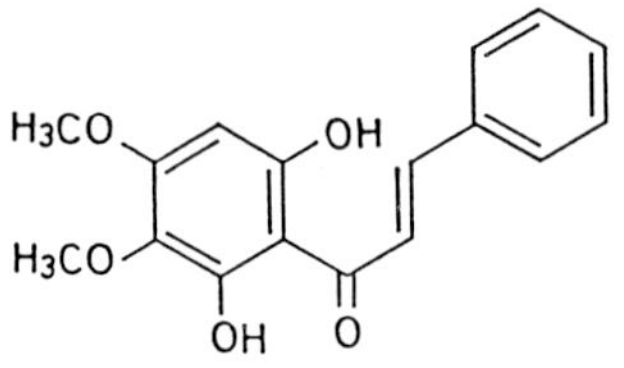

(272) Pashanone

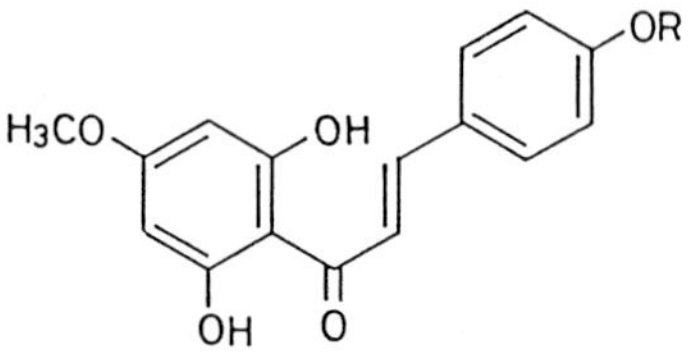

(273) R=H Neosakuranetin
(274) R=CH₃
2',6'-Dihydroxy-4',4-dimethoxy-chalcone

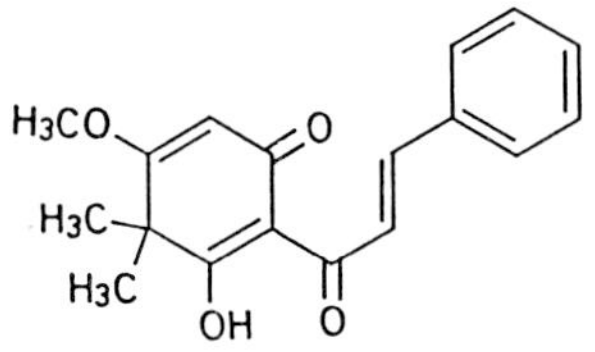

(275) Ceroptin(Ceroptene)

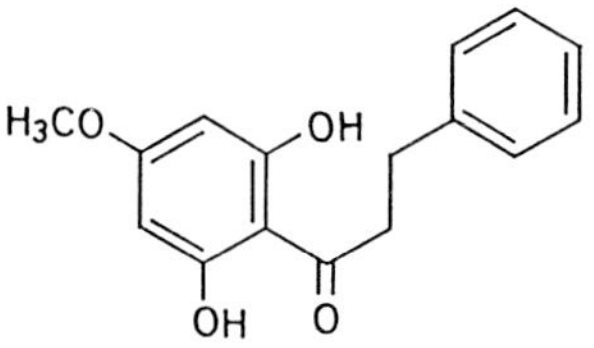

(276) 2',6'-Dihydroxy-4'-methoxy-dihydrochalcone

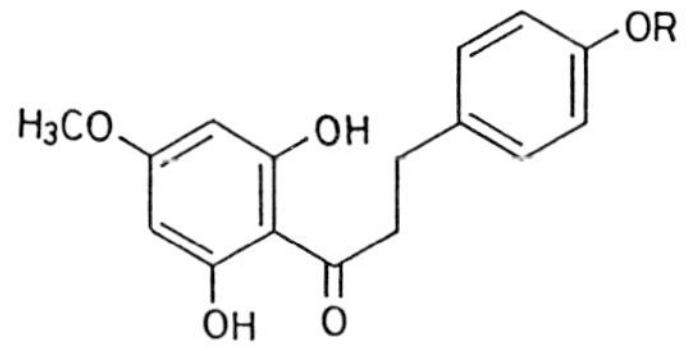

(277) R=H Asebogenin
(278) R=CH₃
      Asebogenin 4-O-methyl ether

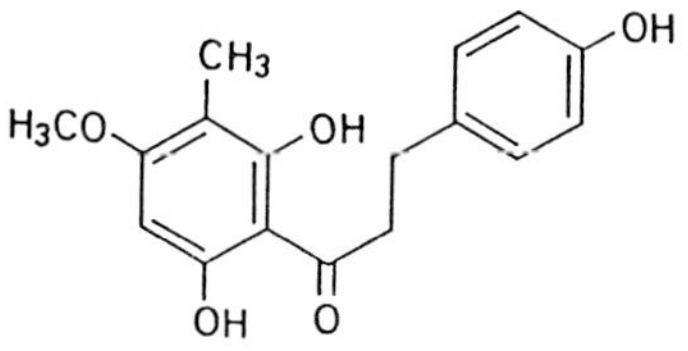

(279) 2',6',4-Trihydroxy-4'-methoxy-3'-methyldihydrochalcone

Chart 18. Chalcones and dihydrochalcones found in the filicopsida

1.6.5. Flavan-3-ols (Catechins) and Proanthocyanidins

Flavan-3-ols are widely distributed in the Filicopsida and are almost invariably accompanied by condensed tannins. Several flavan-3-ol glycosides (**389–394**) have been isolated from ferns (*202, 207, 240, 241*). Dryopterin (**280**) found in *Dryopteris filix-mas* is a new type of flavan-3-ol which contains an additional α-pyrone ring (*181*). Trimeric proanthocyanidins, arachnitannins 1 (**282**), 2 (**283**) and 3 (**284**), which contain dryopterin as the terminating unit were isolated from *Arachniodes* species (*183*). Proanthocyanidin polymers from *Cyathea dealbata* are composed of procyanidin and prodelphinidin in the ratio 6:4 (*251*).

Leucoanthocyanidins, especially those producing delphinidin on acids treatment, are present in almost all members of the Filicopsida (*14, 252*). A flavan-3,4-diol having *C*-methyl groups (**281**) was first isolated from *Bolbitis subcordata* (*182*).

3-Deoxyanthocyanidins have been found in several species of ferns (*97, 242, 243*). The occurrence of compounds having the properties of flavan-4-ols has been suggested in seed plants though they have never been actually isolated (*253, 254, 255*). Recently, MURAKAMI et al. isolated eruberins A (**398**) and B (**395**) from *Glaphyropteridopsis erubescens* (*217*) and triphyllins A (**397**) and B (**396**) from *Pronephrium triphyllum* (*238*), which on acid hydrolysis gave *C*-methylated 3-deoxyanthocyanidins. Compounds **396** and **397** are the first flavonoids having a hydroxymethyl group.

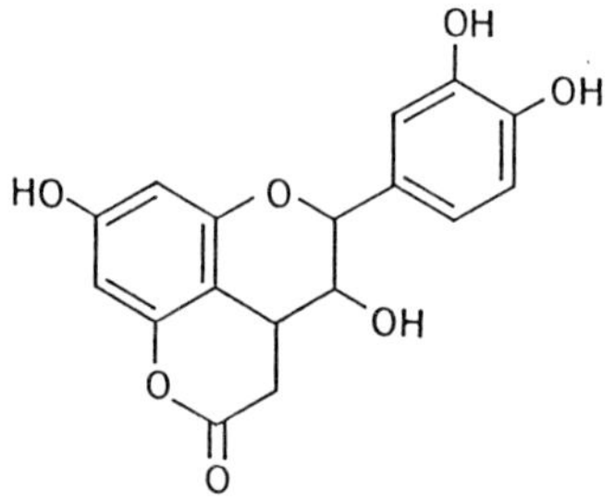

(280) (2,3-cis, 3,4-trans)-Dryopterin

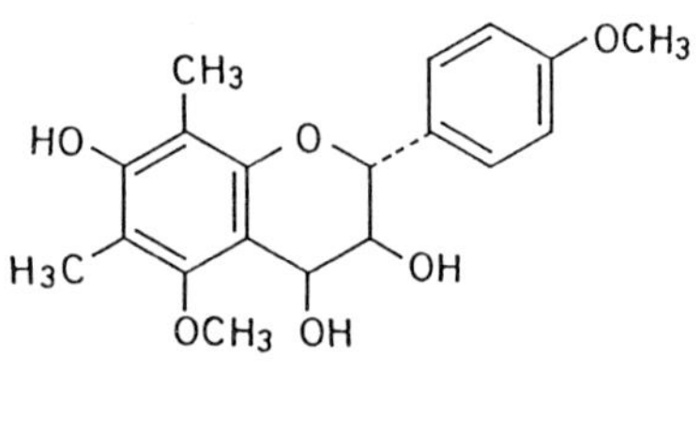

(281) (2R,3S,4S)-3,4,7-Trihydroxy-5,4'-dimethoxy-6,8-dimethyl-flavan

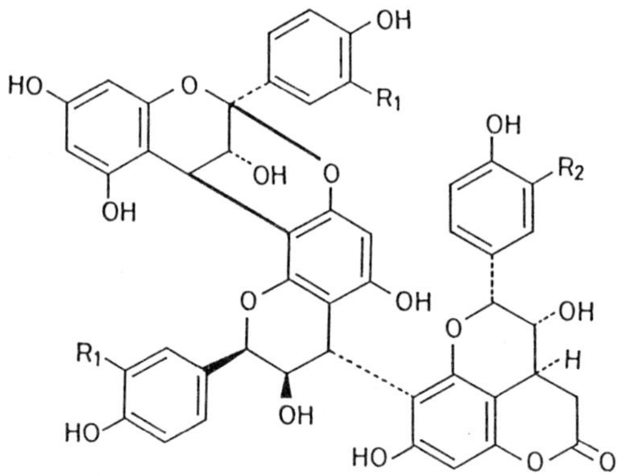

(282) $R_1 = R_2 = H$ Arachnitannin 1
(283) $R_1 = R_2 = OH$ Arachnitannin 2
(284) $R_1 = H$, $R_2 = OH$ Arachnitannin 3

Chart 19. Flavan-3-ols and proanthocyanidins found in the filicopsida

1.6.6. Flavonoids Having the Modified B-Ring

Protofarrerol (**288**), which is a flavanone having a modified B-ring and was originally isolated from *Leptorumohra miqueliana*, (*98, 184*), has also been found in *Monachosorum henryi* (*100*). Protogenkwanin 4′-*O*-β-D-glucoside (**402**) isolated from *Equisetum arvense* (*244*) is another flavonoid having a non-aromatic B-ring. Novel flavonoids related to protogenkwanin (**406**), protogenkwanone (**285**), tetrahydroprotogenkwanone (**286**) and tetrahydroprotogenkwanin (**287**) have been isolated from *Pseudophegopteris* species along with protogenkwanin 4′-*O*-β-D-glucoside (**402**) and their acylated glucosides (**403, 404**) (*130*).

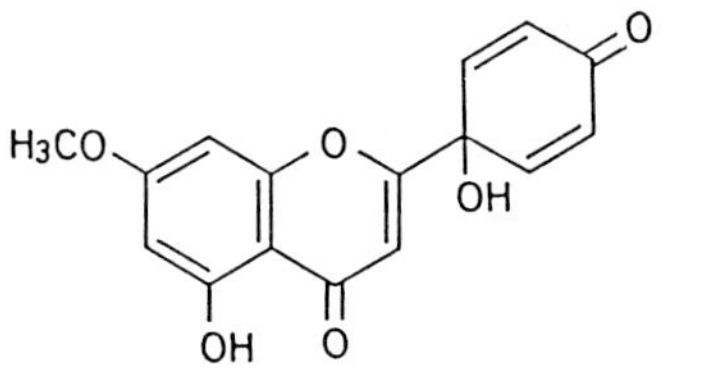

(**285**) Protogenkwanone

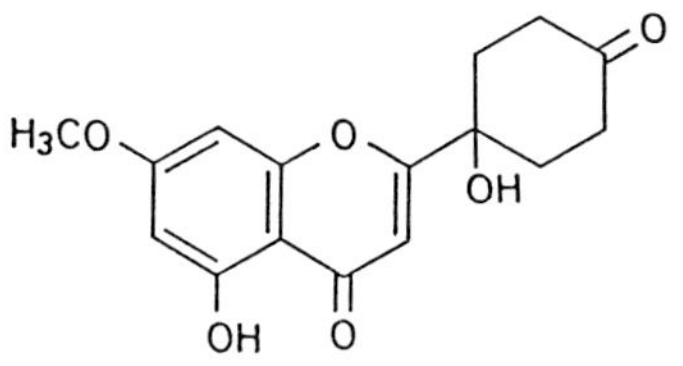

(**286**) Tetrahydroprotogenkwanone

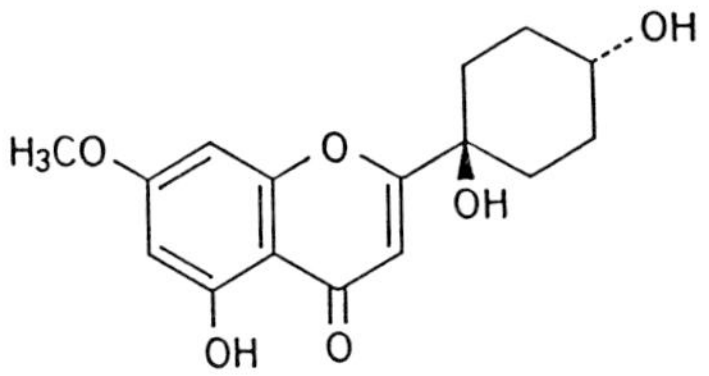

(**287**) Tetrahydroprotogenkwanin

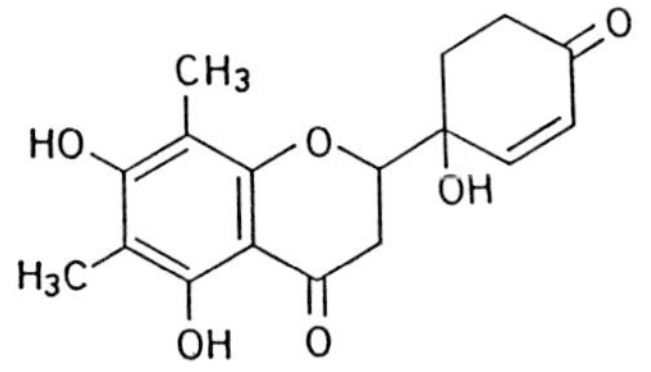

(**288**) Protofarrerol

Chart 20. Flavonoids having a modified B-ring found in the filicopsida

1.6.7. Neoflavonoids and Related Compounds

Novel type flavonoids composed of a flavonoid or phenyldihydrocoumarin moiety and a C_6-C_3 unit were isolated from the farinose frond exudates of *Pityrogramma* ferns (*186*). The compounds, designated as D-1 (**289**), D-2a (**290**), and D-2b (**291**), are characteristic constituents of *P. calomelanos* (*132, 178, 186*). D-1 (**289**) contains a dihydrochalcone moiety, while D-2a (**290**) and D-2b (**291**) contain a flavone and flavonol moiety, respectively. The compounds designated as T-1 (**292**), T-2 (**293**) and T-3 (**294**) are characteristic constituents of *P. trifoliata* (*187*). A hybrid of this species with *P. calomelanos* contains these compounds together with D-1 (**289**), D-2a (**290**) and D-2b (**291**). *P. sulphurea* (*187*) and *P. williamsii* (*187*) produce yellow farina which consists mainly of T-1 (**292**). T-1 (**292**), T-2 (**293**) and T-3 (**294**) contain a chalcone moiety or a phenyl dihydrocoumarin moiety and a C_6-C_3 unit. D-1 (**289**) is a reduction product of T-1 (**292**). From *P. calomelanos* var. *aureoflava* (*189*), X-1 (**295**) and X-2 (**296**) were isolated in which apigenin and dihydrocinnamic acid molecules are linked by C(8) and C(β), respectively.

T-1 (**292**), T-2 (**293**) and T-3 (**294**) as well as X-1 (**295**) and X-2 (**296**) have been synthesized by IINUMA et al. (*186, 188*).

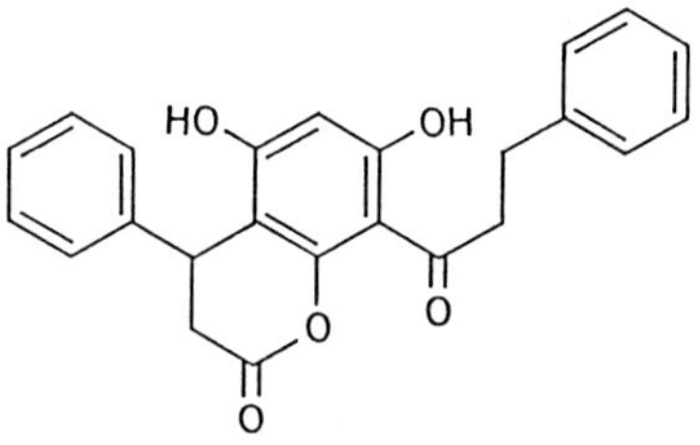

(**289**) D-1

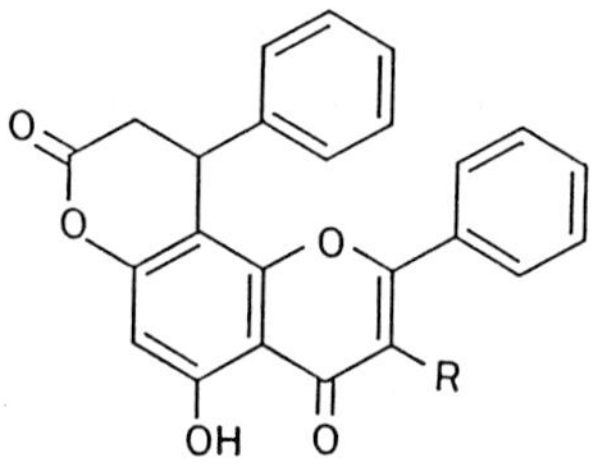

(**290**) R=H   D-2a
(**291**) R=OH D-2b

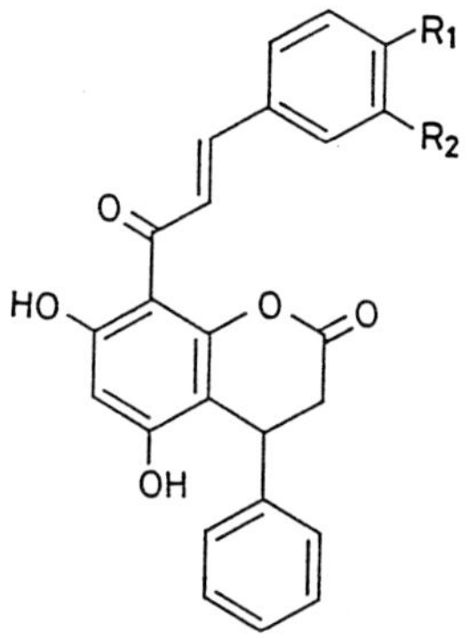

(**292**) R_1=R_2=H   T-1
(**293**) R_1=OH, R_2=H   T-2
(**294**) R_1=R_2=OH   T-3

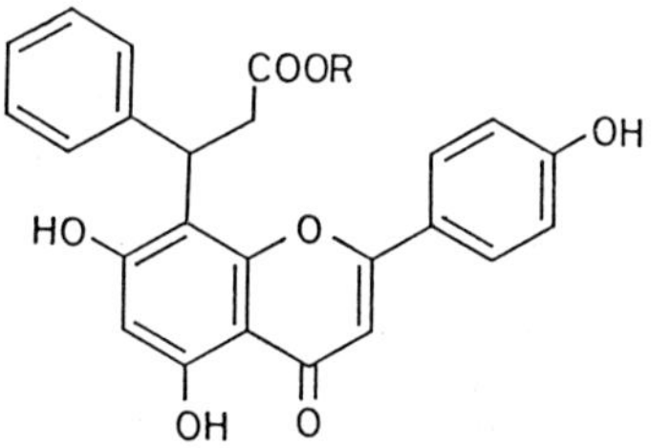

(**295**) R=CH_3 X-1
(**296**) R=H   X-2

Chart 21. Neoflavonoids and related compounds found in the filicopsida

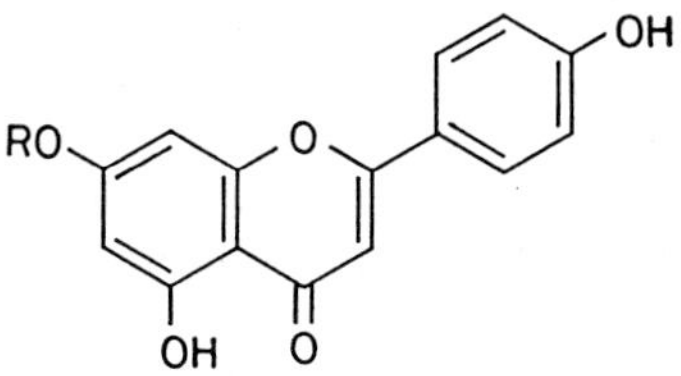

(**297**) R=Glc   Apigenin 7-O-β-D-glucoside
(**298**) R=Gal   Apigenin 7-galactoside
(**299**) R=Rha   Apigenin 7-O-α-L-rhamnoside

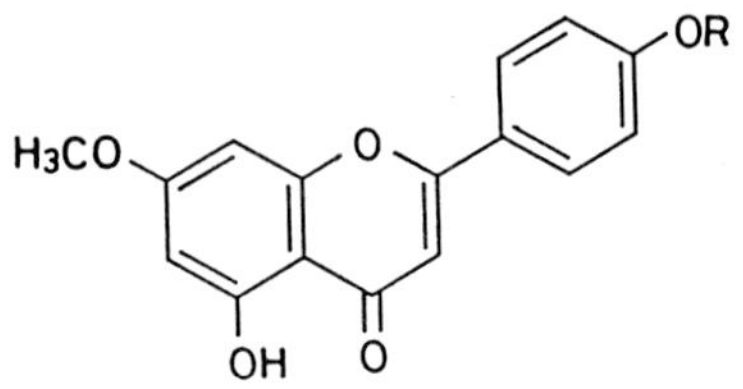

(300) R=Glc   Phegopolin
(301) R=Gal   Genkwanin 4'-O-D-galactoside
(302) R=Xyl-(3-1)-Glc
              Genkwanin 4'-O-(3-O-β-D-glucosyl)-β-D-xyloside

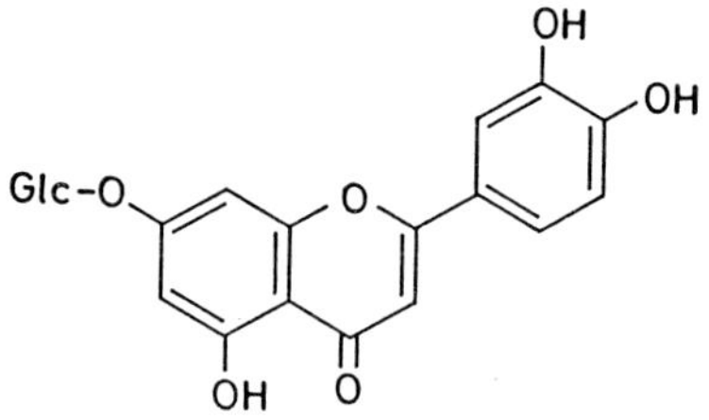

(303) Luteolin 7-O-β-D-glucoside

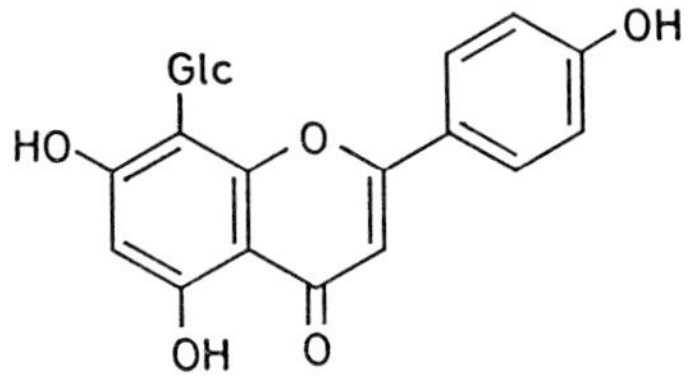

(304) Vitexin

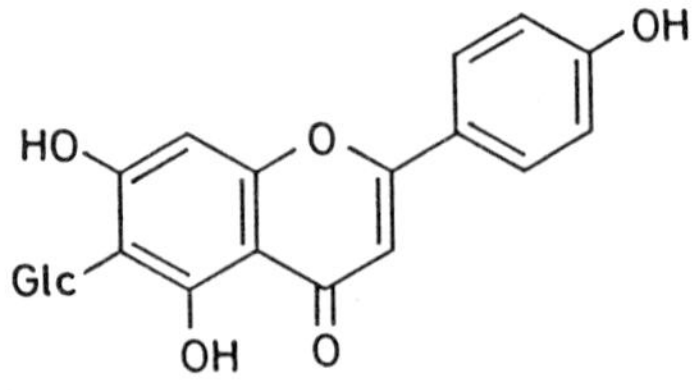

(305) Isovitexin

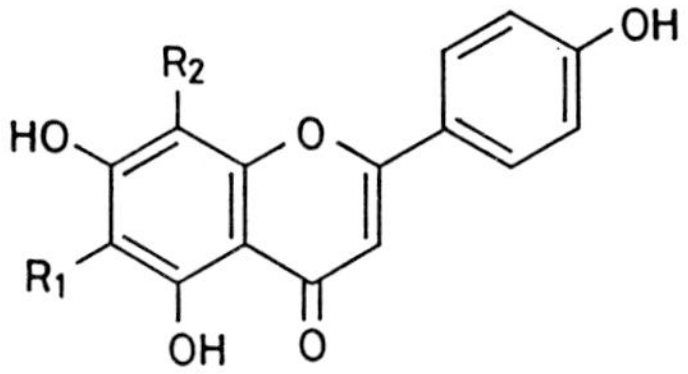

(306) R_1=Xyl, R_2=Glc Vicenin-1
(307) R_1=R_2=Glc Vicenin-2
(308) R_1=Glc, R_2=Xyl Vicenin-3
(309) R_1=Glc, R_2=Rha Violantin
(310) R_1=Rha, R_2=Glc Isoviolantin
(311) R_1=R_2=Ara 6,8-Di-C-arabinosylapigenin
(312) R_1=Glc, R_2=Ara Schaftoside
(313) R_1=Ara, R_2=Glc Isoschaftoside

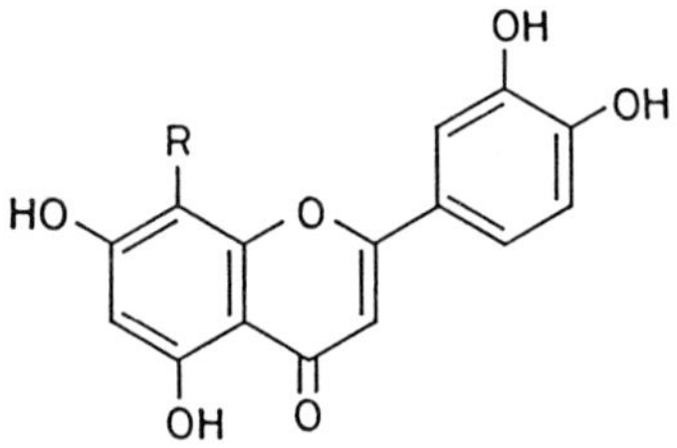

(314) R=β-D-Glc Orientin
(315) R=β-D-Glc-(2-1)-Ara
      Orientin 2"-O-β-L-arabinoside
(317) R=6-O-acetyl-β-D-Glc 6"-O-Acetylorientin

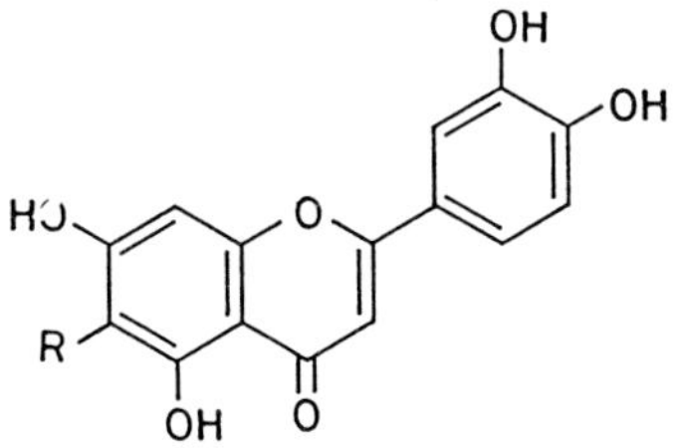

(316) R=β-D-Glc Isoorientin
(318) R=Glc-(2-1)-Ara
      Isoorientin 2"-O-β-L-arabinoside

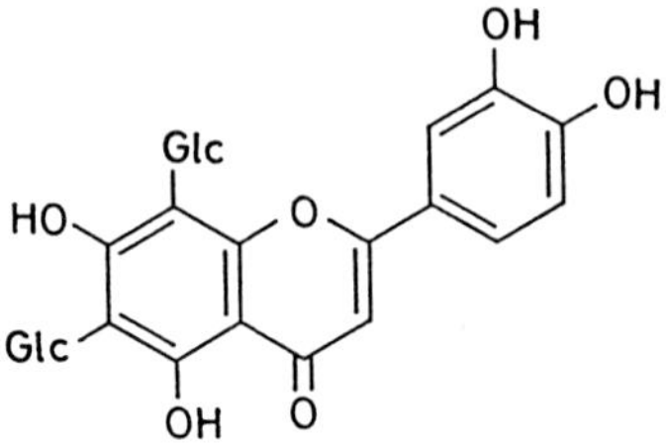

(319) Lucenin-2

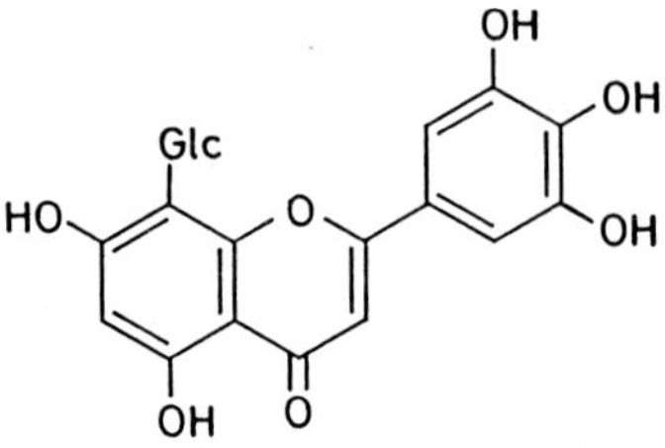

(320) Tricetin 8-C-glucoside

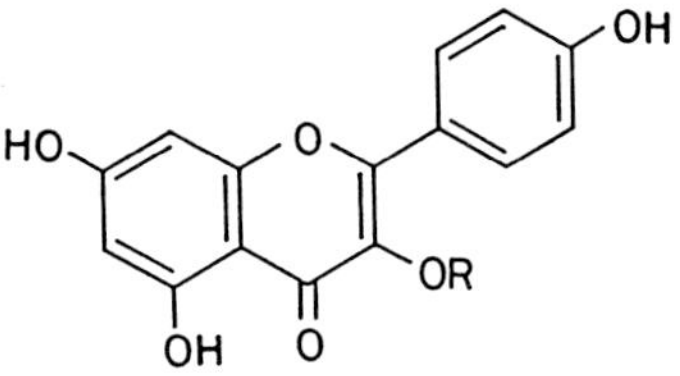

(321) R=β-D-Glc   Astragalin
(322) R=α-D-Glc   Kaempferol 3-O-α-D-glucoside
(323) R=6-Malonyl-glc   Kaempferol 3-(6-O-malonyl)-D-glucoside
(324) R=3-O-Sulfo-β-D-glc   Kaempferol 3-O-(3-O-sulfo)-β-D-glucoside
(325) R=6-O-Sulfo-β-D-glc   Kaempferol 3-O-(6-O-sulfo)-β-D-glucoside
(326) R=6-O-Sulfo-α-D-glc   Kaempferol 3-O-(6-O-sulfo)-α-D-glucoside
(327) R=β-D-All   Kaempferol 3-O-β-D-alloside
(328) R=β-D-Gal   Kaempferol 3-O-β-D-galactoside
(329) R=α-D-Gal   Kaempferol 3-O-α-D-galactoside
(330) R=6-Malonyl-gal   Kaempferol 3-O-(6-O-malonyl)-D-galactoside
(331) R=GlcU   Kaempferol 3-glucuronide
(332) R=α-L-Rha   Afzelin

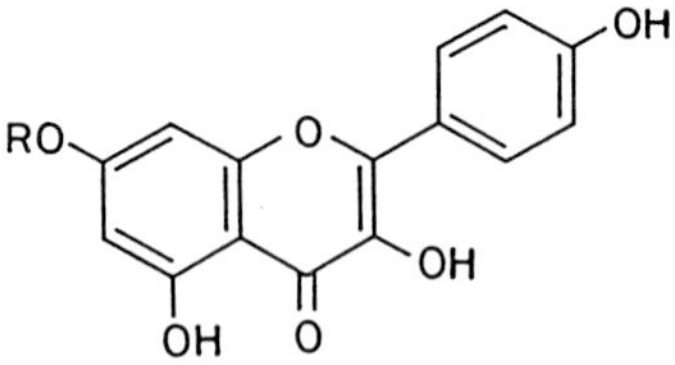

(333) R=6-Succinyl-glc   Pteroflavonoloside
(334) R=Ara   Kaempferol 7-arabinoside

(335) $R_1=R_2=$Glc   Kaempferol 3,7-diglucoside
(336) $R_1=$Glc, $R_2=$Gal   Kaempferol 3-glucoside-7-galactoside
(337) $R_1=$Rha, $R_2=$Glc   Kaempferol 3-O-rhamnoside-7-O-glucoside
(338) $R_1=R_2=\alpha$-L-Rha   Kaempferitin
(339) $R_1=$Rha, $R_2=$Ara   Kaempferol 3-O-rhamnoside-7-O-arabinoside
(340) $R_1=$Ara, $R_2=$Rha   Kaempferol 3-O-α-L-arabinoside-7-O-α-L-rhamnoside
(341) $R_1=$3-O-Acetyl-ara $R_2=$Rha
      Kaempferol 3-O-(3-O-acetyl)-α-L-arabinoside-7-O-α-L-rhamnoside

(342) Kaempferol 3,4'-diglucoside

(343) R=Glc-(2-1)-Glc   Kaempferol 3-sophoroside
(344) R=Glc-(6-1)-Glc   Kaempferol 3-O-β-gentiobioside
(345) R=Glc-(6-1)-6-Sulfo-glc
                         Kaempferol 3-O-(6'-O-sulfo)gentiobioside
(346) R=β-D-Glc-(6-1)-α-L-Rha   Nicotiflorin
(348) R=β-D-Gal-(2-1)-6-O-Caffeoyl-β-D-glc   Brainoside

(352) R_1=Glc-(3-1)-4-O-Caffeoyl-glc, R_2=Rha
Kaempferol 3-O-[3-O-(4-O-caffeoyl)-β-D-glucosyl]-β-D-glucoside-7-O-rhamnoside

(353) R_1=Glc-(2-1)-Glc-(2-1)-Glc, R_2=Glc
Kaempferol 3-O-sophorotrioside-7-O-glucoside

(354) R_1=R_2=Glc   Kaempferide 3,7-diglucoside

(355) R_1=Glc, R_2=Rha   Kaempferide 3-O-glucoside-7-O-rhamnoside

(356) R_1=Rha, R_2=Glc   Kaempferide 3-rhamnoside-7-glucoside

(357) Kaempferol 3-O-gentiobioside-7,4'-diglucoside

(358) Kaempferol 3,4'-dimethyl ether 7-glucoside

(359) Kaempferol 3,5-dimethyl ether 4'-O-β-D-glucoside

(360) 8-Methoxykaempferol 3-O-D-glucoside

(361) R=β-D-Glc   Isoquercitrin
(362) R=3-O-Sulfo-glc Quercetin 3-O-(3-O-sulfo)-glucoside
(363) R=β-D-All   Nikkoshidin
(364) R=β-D-Gal   Hyperin
(365) R=6-Malonyl-Gal Quercetin 3-O-(6-Malonyl)-D-galactoside
(366) R=GlcU   Querciturone
(367) R=α-L-Rha   Quercitrin
(368) R=3-O-Acetyl-α-L-rha 3"-O-Acetylquercitrin
(369) R=4-O-Acetyl-α-L-rha 4"-O-Acetylquercitrin

(370) Quercetin 3-O-α-L-rhamnoside-7-O-β-D-glucoside

(371) R=Glc-(6-1)-Glc   Quercetin 3-O-β-gentiobioside
(372) R=β-D-Glc-(6-1)-α-L-Rha   Rutin

(375) 8-Methoxyquercetin 3-O-glucoside

(376) Myricetin 7-O-galactoside-3-O-glucoside

(377) R=Glc   Pinocembrin 7-O-β-D-glucoside
(378) R=Glc-(2-1)-Rha   Pinocembrin 7-O-neohesperidoside

(379) (2S)-Strobopinin 7-O-β-D-glucoside

(380) R=Glc   Prunin
(381) R=β-D-Glc-(2-1)-α-L-Rha   Naringin
(383) R=Glc-(6-1)-Ara   Naringenin 7-O-(6-O-L-arabinosyl)-
                             D-glucoside

(385) Triphyllin C

(386) (2S)-Eriodictyol 7-O-methyl ether 3'-O-β-D-glucoside

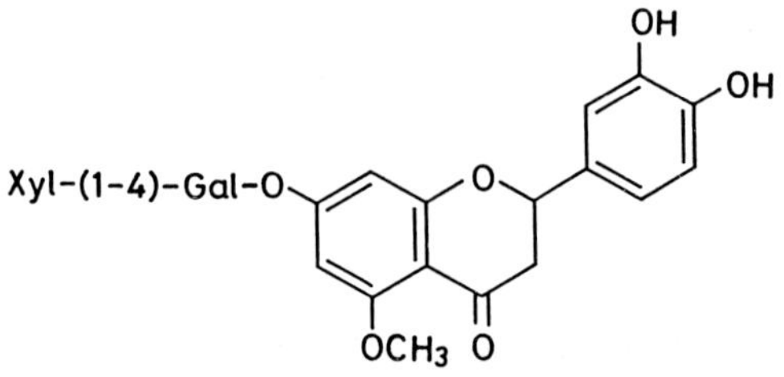

(387) 5-O-Methyleriodictyol 7-O-(4-O-D-xylosyl)-β-D-galactoside

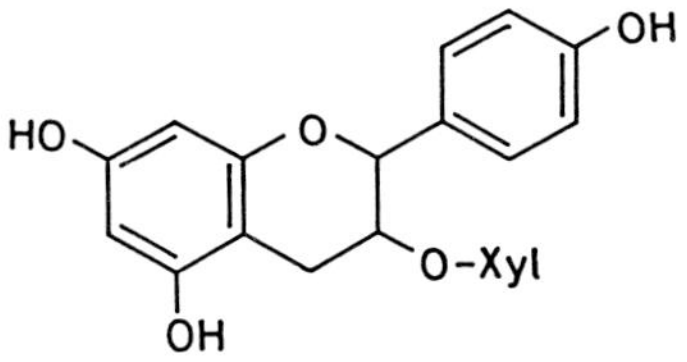

(389) Feulledine

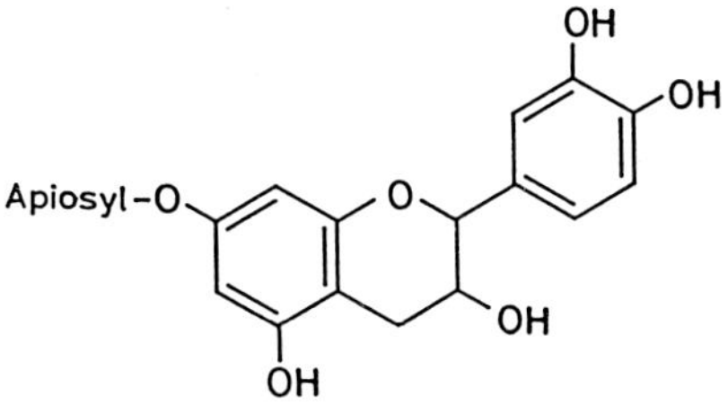

(390) Catechin 7-O-D-apioside

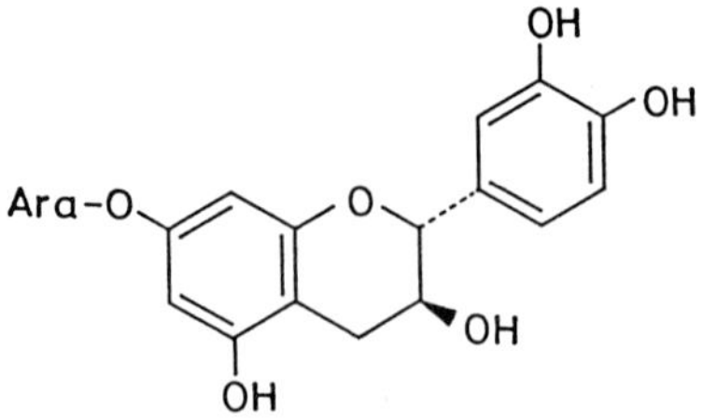

(391) Polydin

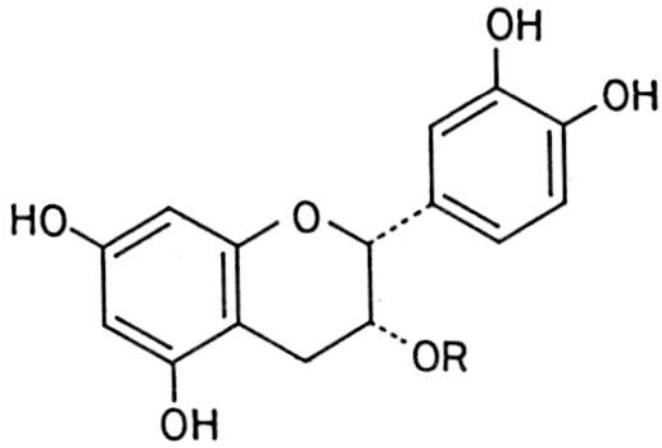

(392) R=All   (-)-Epicatechin 3-O-β-D-alloside
(393) R=2-trans-Cinnamoyl-all
        (-)-Epicatechin 3-O-(2-trans-cinnamoyl)-β-D-alloside
(394) R=3-trans-Cinnamoyl-all
        (-)-Epicatechin 3-O-(3-trans-cinnamoyl)-β-D-alloside

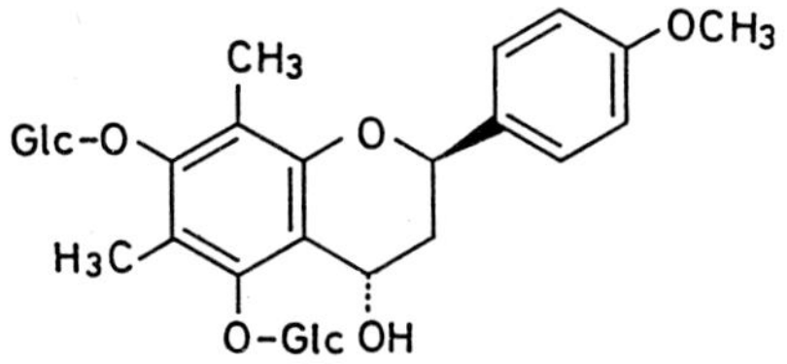

(395) Eruberin B

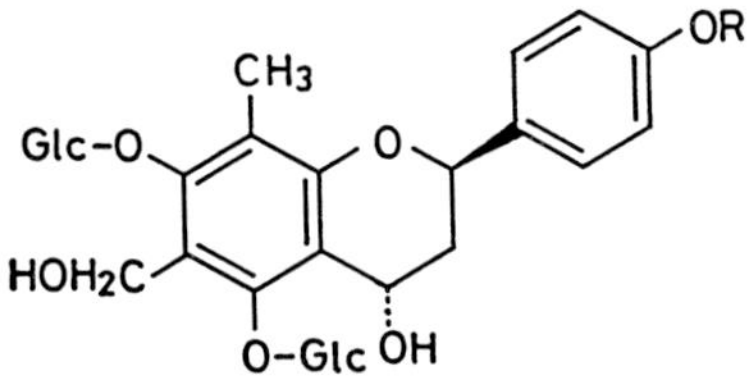

(396) R=H   Triphyllin B
(397) R=CH_3 Triphyllin A

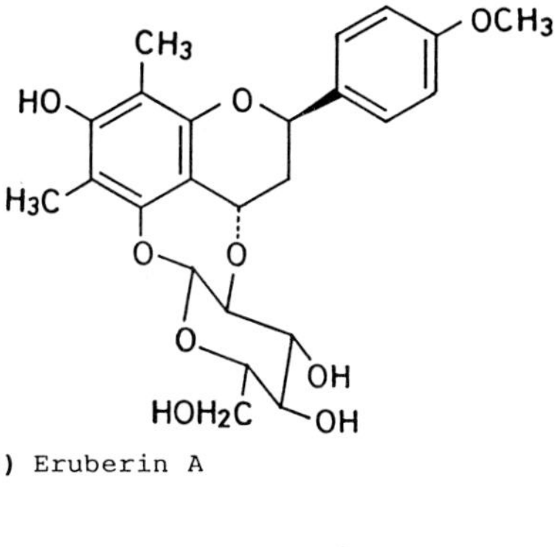

(398) Eruberin A

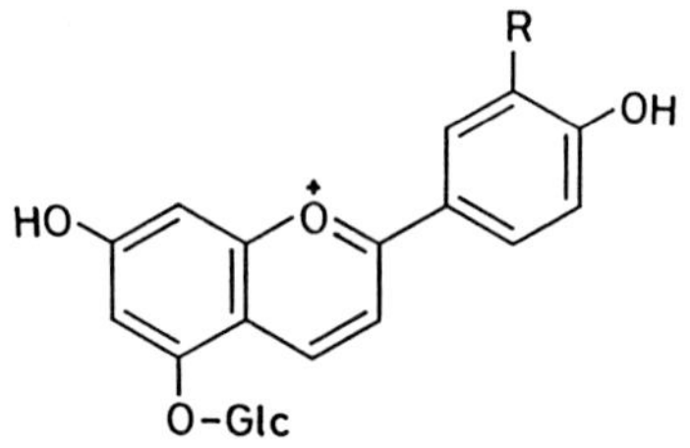

(399) R=H   Gesnerin
(400) R=OH   Luteolinidin 5-glucoside

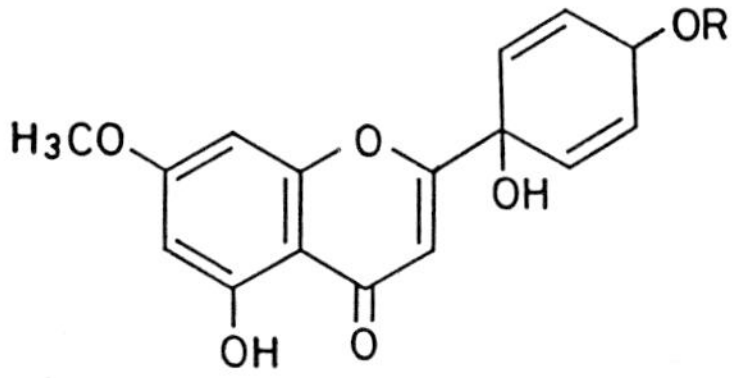

(402) R=Glc Protogenkwanin 4'-O-β-D-glucoside
(403) R=2-O-Acetyl-glc
             Protogenkwanin 4'-O-(2-O-acetyl)-β-D-glucoside
(404) R=6-O-Acetyl-glc
             Protogenkwanin 4'-O-(6-O-acetyl)-β-D-glucoside
(406) R=H   Protogenkwanin

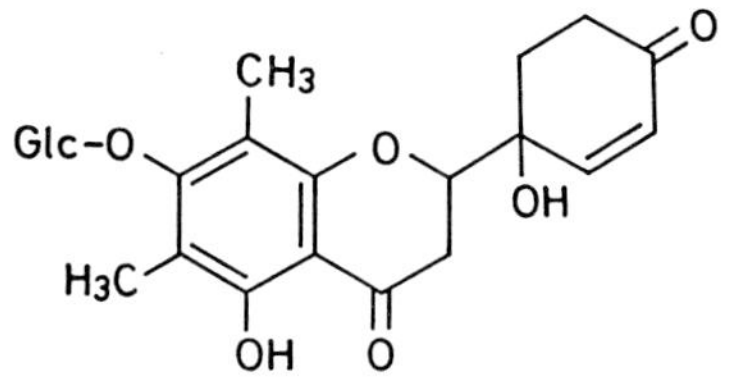

(405) Protofarrerol 7-O-β-D-glucoside

Chart 22. Flavonoid glycosides found in the filicopsida

2. Terpenoids and Steroids

2.1. Monoterpenoids

Monoterpenoids occur seldom in ferns. Only two, the (3 S)-linalool glycosides (**407, 408**), have been reported, both from *Arachniodes maximowiczii* (*256*).

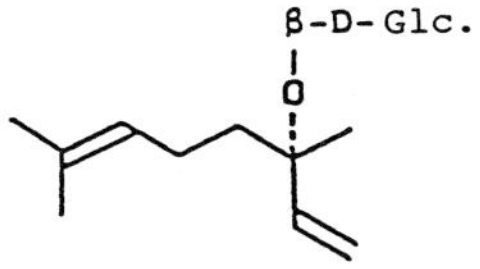

(407) (3S)-Linalool β-D-glucoside

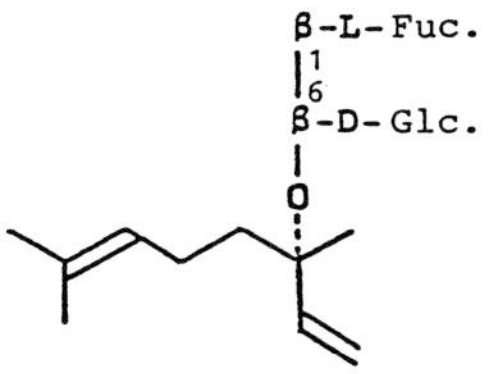

(408) (3S)-Linalool (6 -O-β-L-fucosyl)-β-D-glucoside

Chart 23. Monoterpenoids found in the filicopsida

2.2. Sesquiterpenoids

The first report on the occurrence of sesquiterpenoids in ferns appeared as early as 1947 and concerned a bicyclic sesquiterpene alcohol of unknown structure (*301*). However sesquiterpenoids of ferns were not investigated systematically until 1970.

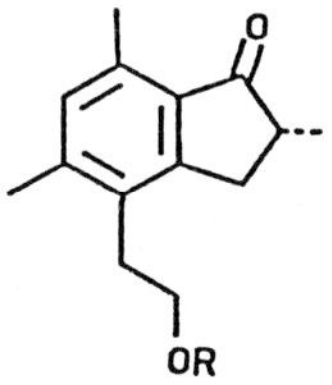

(409) R=β-D-Glucosyl Pteroside B
(410) R=H   Pterosin B

Chart 24. Structures of pteroside B proposed by HIKINO et al. (*283*)

In 1970 HIKINO et al. (*283*) isolated a sesquiterpene glycoside, pteroside B, from bracken, *Pteridium aquilinum* var. *latiusculum*, and assigned structures **409** and **410** to it and its aglycone. NATORI et al. (*302*) isolated an indanone derivative from the same source, showed that it was identical with the aglycone of pteroside B and revised the earlier structures to **472** and **467**. Since then, more than a hundred related compounds have been isolated, all from pteridaceous ferns with the sole exception of (2 R)-onitisin 14-O-β-D-glucoside (**452**) which was isolated from *Plagiogyria matsumureana*. Onitin (**432**) is known to occur in *Equisetum arvense* (*303, 304*).

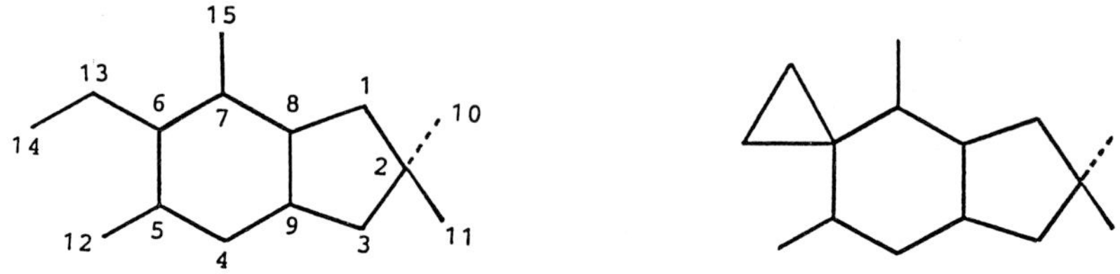

(413) Illudalane   (414) Illudane

Chart 25. Carbon skeletons of illudalane and illudane

The 1-indanone derivatives isolated from ferns are designated as pterosins and their glycosides as pterosides (*305*). Pterosins belong to the so-called illudalane type of sesquiterpenes which possess carbon skeleton **413**. Illudalanes are seco-illudanes and illudanes possess carbon skeleton **414**.

Pterosins in ferns are classified into two main types, the pterosin Z type (C_{15}) (**419–464**) and the pterosin B type (C_{14}) (**467–514**), according to the number of the carbon units attached to C-2.

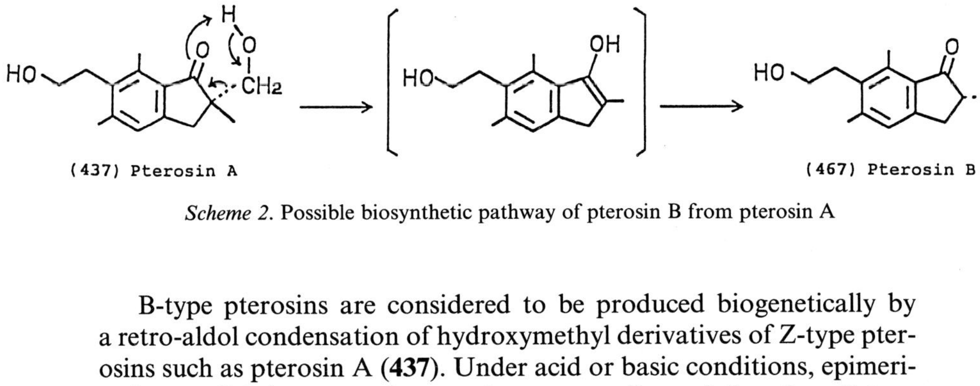

(437) Pterosin A   (467) Pterosin B

Scheme 2. Possible biosynthetic pathway of pterosin B from pterosin A

B-type pterosins are considered to be produced biogenetically by a retro-aldol condensation of hydroxymethyl derivatives of Z-type pterosins such as pterosin A (**437**). Under acid or basic conditions, epimerization at C-2 by way of an enol occurs easily and therefore B-type pterosins are often obtained as epimeric mixtures at C-2 (*259*).

Norpterosin C (**521**) which has a hydroxymethyl group in place of the hydroxyethyl group at C-6 was isolated from *Pteris semipinnata* (*265*), while mukagolactone (**522**), which has no carbon substituent at C-2 was found in *Dennstaedtia scandens* (*297*) and *Monachosorum* species such as *M. arakii* (*296*) and *M. flagellare* (*297*). Isopterosins or 4,6-dimethyl-1-indanone derivatives (**515–518**) were isolated from *Pteris wallichiana* (*266*) and *Histiopteris incisa* (*272*) together with other common pterosins or 5,7-dimethyl-1-indanone derivatives. An indanol type glucoside, pterisol C-*O*-β-D-glucoside (**520**) is produced by *P. wal-*

lichiana (*265*). An indanollactone, calomelanolactone (**465**), was obtained from silver fern, *Pityrogramma calomelanos* (*263*). Dimeric pterosins, monachosorins A (**523**), B (**524**), and C (**525**), were first isolated from *Monachosorum arakii* (*296*), and, later from *Dennstaedtia scandens* and other *Monachosorum* species, such as *M. henryi*, *M. flagellare* and *M. maximowiczii* (*297*). From *M. flagellare* methylmonachosorin A (**526**) was also isolated (*297*). Recently, distentoside, monachosorin B β-D-glucoside (**527**) was found in *Denstaedtia distenta* (*298*).

For a long time bracken fern has been known to cause chronic hematuria in cattle probably caused by bone marrow damage, a disease, which is known as cattle bracken poisoning (*306*). It is accompanied by granulocytopenia, thrombocytopenia and a haemorhage syndrome. *Cheilanthes sieberi* is also known to induce a cattle disease in cattle which is clinically, haematologically, and pathologically very similar to bracken poisoning (*307*). The carcinogenicity of bracken was demonstrated by EVANS and MASON (*308*) who showed that rats fed with bracken developed intestinal adenocarcinomas. Later, induction of urinary bladder tumor by the fern was reported by PAMUKCU and PRICE (*309*) and by HIRONO et al. (*310*). As the carcinogen was quite unstable and its acute toxicity in small test animals was not obvious, the causative principles were not known until recently, in spite of intensive studies conducted by many workers (*311, 312, 313, 314, 463*). In 1983, YAMADA et al. (*278, 279*) isolated ptaquiloside (**466**) from bracken and identified it as the causative of bracken poisoning (*315*) and carcinogenicity (*316*). Its structure (**466**) was determined by X-ray analysis (*279*). In 1983, VAN DER HOEVEN and LEEUVEN (*280, 281*) isolated a mutagenic compound from a methanol extract of bracken, named it aquilide A, and assigned it structure **466**.

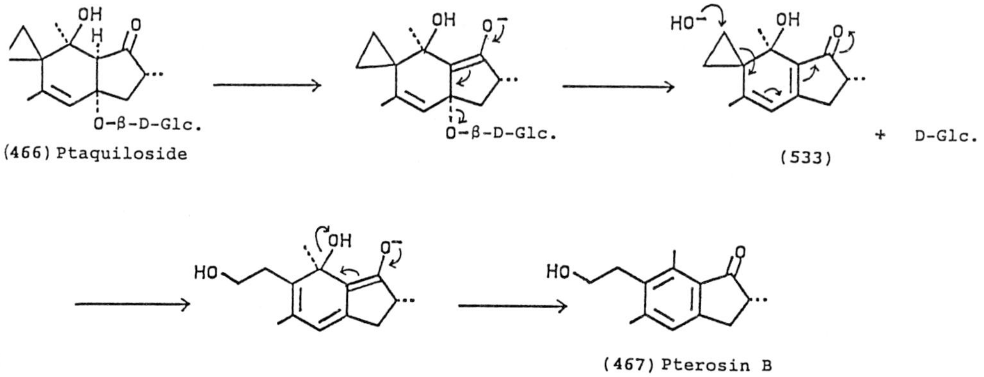

Scheme 3. Transformation of ptaquiloside to pterosin B

Ptaquiloside (=aquilide A) (**466**) is quite unstable at room temperature under both acidic and basic conditions, when it decomposes to D-glucose and pterosin B (**467**) and its biological activities disappear. At pH 11, ptaquiloside (**466**) is converted to a conjugated dienone (**533**), which is extremely unstable under weakly acidic conditions and is immediately transformed into pterosin B (**467**) (*278*).

Using the modified Ames mutagenic test and two-dimensional thin-layer chromatography (*317*), NATORI's group found that many of the pterosin- and pteroside-containing pteridaceous ferns contained ptaquiloside-like compounds as well (*282*). Ptaquiloside (**466**) itself was found also in *Pteris cretica* L. (*282*) and the mutagenic hypolosides A (**416**), B (**417**), and C (**418**) were isolated from *Hypolepis punctata*. These compounds easily produce pterosin Z (**419**) when treated with alkali (*258*).

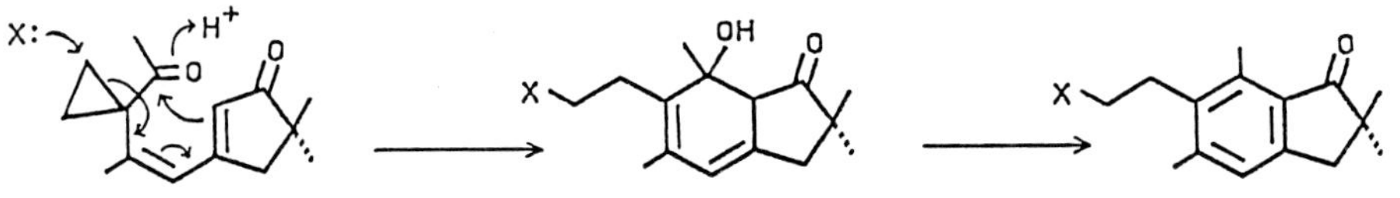

(**415**) Hypacrone

(**419**) X=OH Pterosin Z
(**423**) X=Cl Pterosin H

Scheme 4. Transformation of hypacrone to pterosins

Hypacrone (**415**) is a bitter principle of *Hypolepis punctata*. It gives pterosin H (**423**) and pterosin Z (**419**) by treatment with 4N-HCl and pterosin Z (**419**) when treated with 10% H_2SO_4 (*257*).

Ptaquiloside and hypacrone easily produce pterosins *in vitro* and may be considered to be biogenetic precursors of the pterosins. TAKEMOTO's group has demonstrated incorporation of three [2-^{14}C]-mevalonolactone molecules into pteroside B (**472**) *in vivo* and proposed a possible biosynthetic pathway involving humulene type intermediates (*318*).

Scheme 5 shows a possible biosynthetic pathway leading to the pterosins from farnesyl pyrophosphate via humulene (**411**), protoilludane (**412**), illudane (**414**) or illudalane (**413**) as intermediates. Biogenetically related sesquiterpenes have been obtained as metabolites of basidiomycetes (*319, 320*) and ascomycetes (*321*). Pterosin C (**480**), for example, is produced by one of the bird's nest fungi, *Cyathus bulleri* (*322*).

Pterosin E (*323*), B (*324*) D (*325*), F (*324*), H (**423**) (*260, 324*), Z (**419**) (*260, 324*), I (**420**) (*260*), onitin (**432**) (*325*) and hypacrone (**415**) (*326*) have been synthesized. A basidiomycetes sesquiterpene illudine M (**534**) can be converted into a pterosin, onitin (**432**) (*324*).

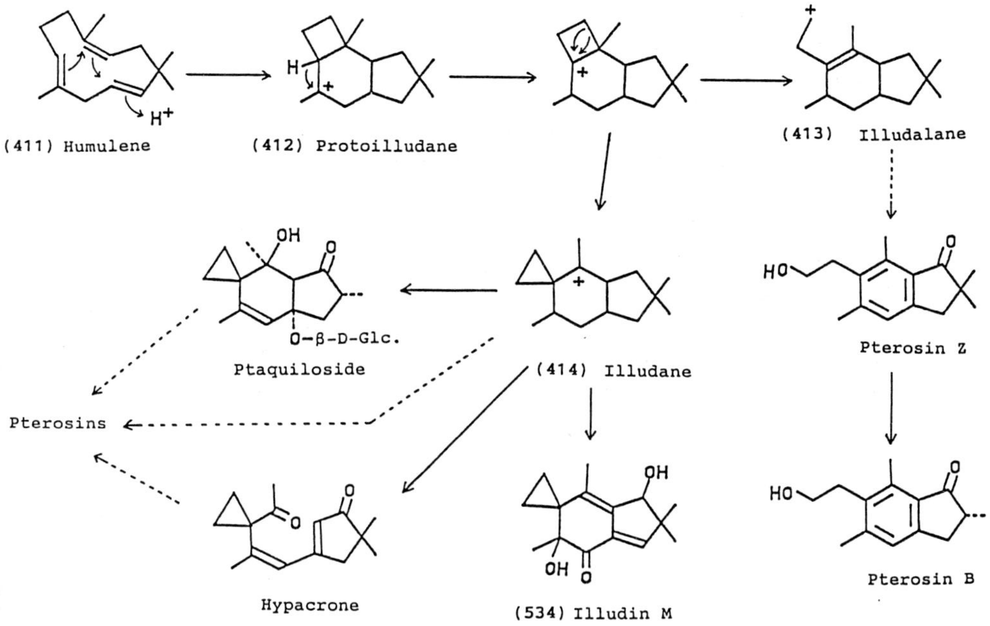

Occurrence, Structure and Taxonomic Implications of Fern Constituents   55

(411) Humulene
(412) Protoilludane
(413) Illudalane
Ptaquiloside
(414) Illudane
Pterosin Z
Pterosins
Hypacrone
(534) Illudin M
Pterosin B

Scheme 5. Possible biosynthetic pathway of pterosins and related compounds

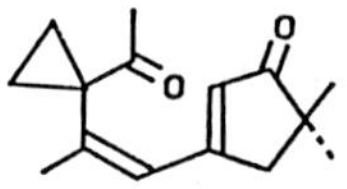

(415) Hypacrone

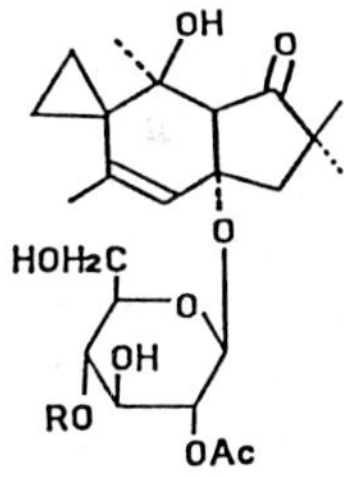

(416) R=H   Hypoloside A
(417) R=cis-p-coumaroyl   Hypoloside B
(418) R=trans-p-coumaroyl   Hypoloside C

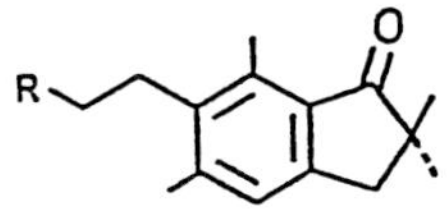

(419) R=OH   Pterosin Z
(420) R=OCH$_3$ Pterosin I
(421) R=OAc   Acetylpterosin Z
(422) R=β-D-glucosyloxy   Pteroside Z
(423) R=Cl   Pterosin H

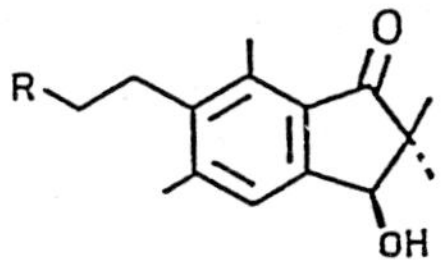

(424) R=OH   (3S)-Pterosin D
(425) R=OCH$_3$ Dennstopterosin
(426) R=β-D-glucosyloxy   (3S)-Pterosin D 14-O-β-D-glucoside

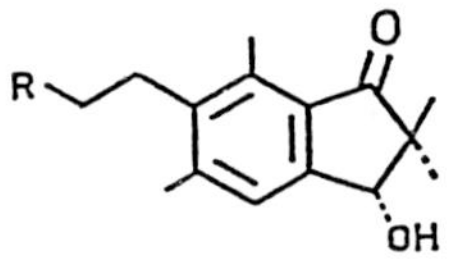

(427) R=OH (3R)-Pterosin D
(428) R=β-D-glucosyloxy (3R)-Pterosin D 14-O-β-D-glucoside

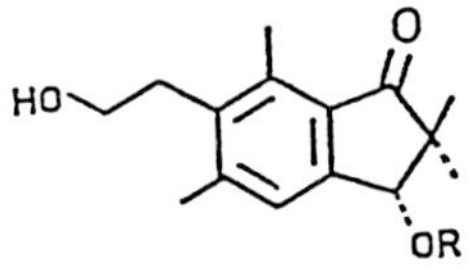

(429) R=β-D-glucosyl (3R)-Pterosin D 3-O-β-D-glucoside
(430) R=α-L-arabinosyl (3R)-Pterosin D 3-O-α-L-arabinoside

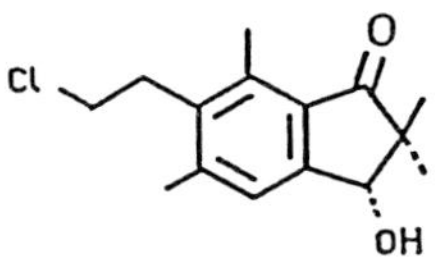

(431) (3R)-Hydroxypterosin H

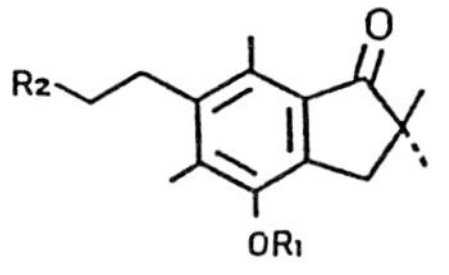

(432) R_1=H, R_2=OH Onitin
(433) R_1=H, R_2=β-D-glucosyloxy Onitin 14-O-β-D-glucoside
(434) R_1=H, R_2=β-D-allosyloxy Onitin 14-O-β-D-alloside
(435) R_1=β-D-glucosyl, R_2=OH Onitinoside
(436) R_1=H, R_2=Cl Pterosin R

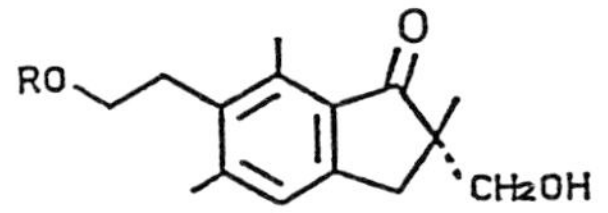

(437) R=H (2S)-Pterosin A
(438) R=palmityl (2S)-Palmitylpterosin A
(439) R=CH_3 (2S)-Pterosin V
(440) R=β-D-glucosyl (2S)-Pteroside A

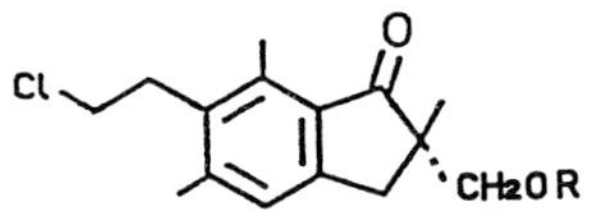

(441) R=H (2S)-Pterosin K
(442) R=β-D-glucosyl (2S)-Pteroside K

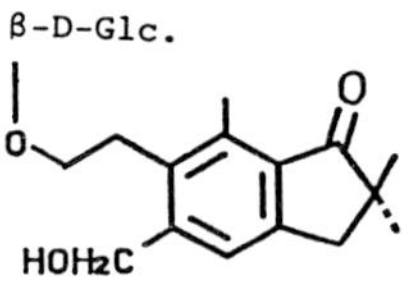

(443) Cryptogrammin

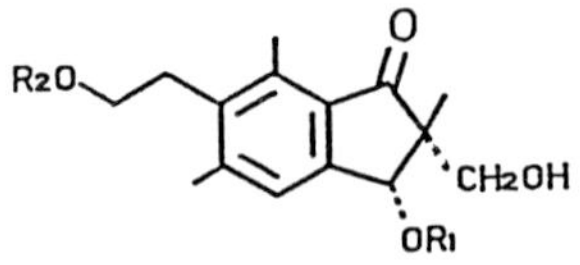

(444) R_1=R_2=H (2R,3R)-Pterosin L
(445) R_1=α-L-arabinosyl, R_2=H (2R,3R)-Pterosin L 3-O-α-L-arabinoside
(446) R_1=H, R_2=β-D-glucosyl (2R,3R)-Pterosin L 14-O-β-D-glucoside

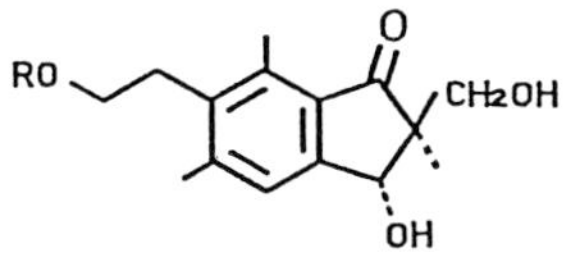

(447) R=H   (2S,3R)-Pterosin L
(448) R=β-D-glucosyl   (2S,3R)-Pterosin L 14-O-β-D-glucoside

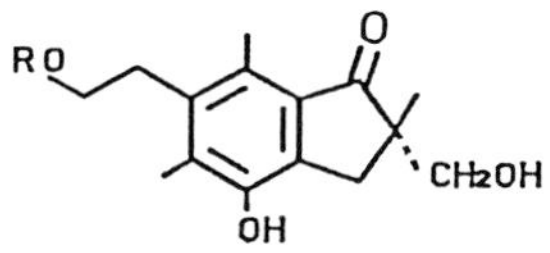

(449) R=H   (2S)-Onitisin
(450) R=β-D-glucosyl   (2S)-Onitisin 14-O-β-D-glucoside

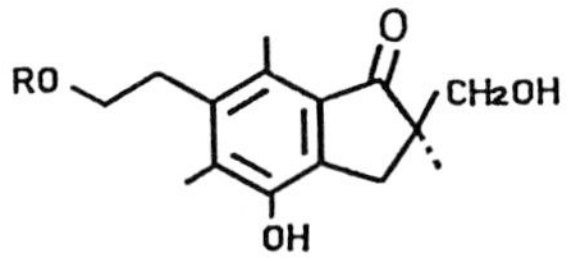

(451) R=H   (2R)-Onitisin
(452) R=β-D-glucosyl   (2R)-Onitisin 14-O-β-D-glucoside

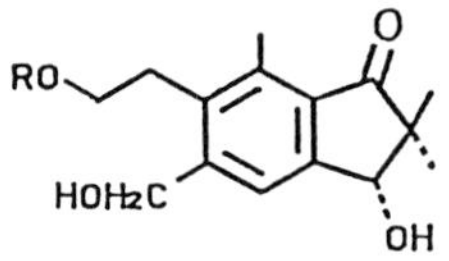

(453) R=H   (3R)-Pterosin X
(454) R=β-D-glucosyl   (3R)-Pteroside X

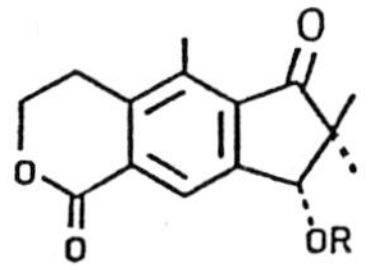

(455) R=H   Pterolactone A
(456) R=β-D-glucosyl   Pterolactone A 3-O-β-D-glucoside
(457) R=4-p-coumaroyl-β-D-glucosyl   Pterolactone A 3-O-(4'-p-coumaroyl)-β-D-glucoside

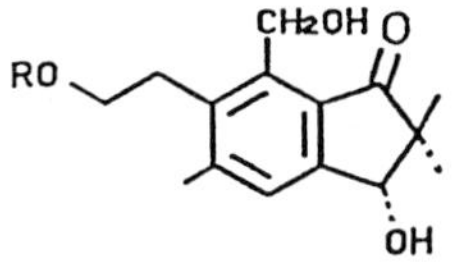

(458) R=H   (3R)-Pterosin W
(459) R=β-D-glucosyl   (3R)-Pteroside W

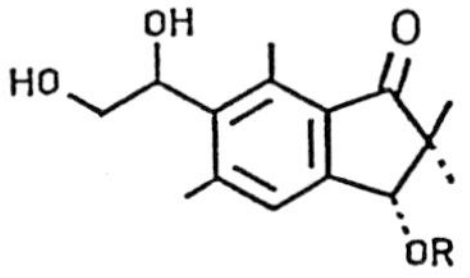

(460) R=H   Spelosin
(461) R=α-L-arabinosyl   Spelosin 3-O-α-L-arabinoside

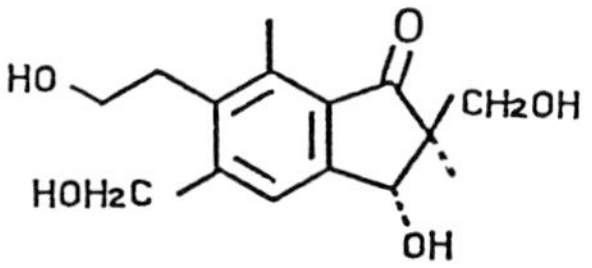

(462) (2S,3R)-Pterosin Y

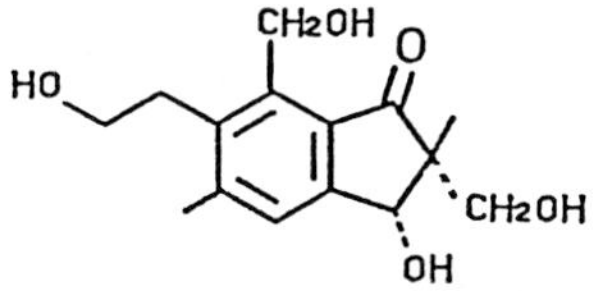

(463) Jamesonin

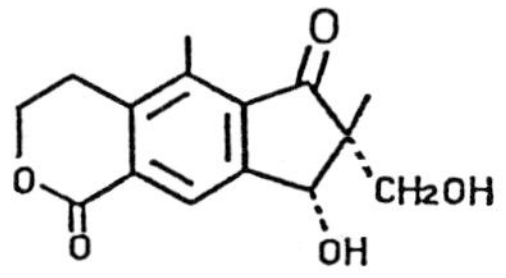

(464) Pterolactone B

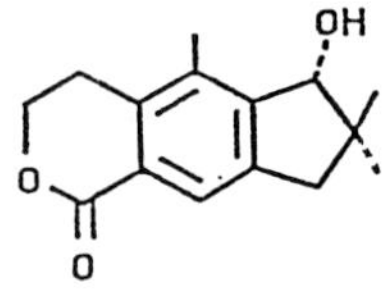

(465) Calomelanolactone

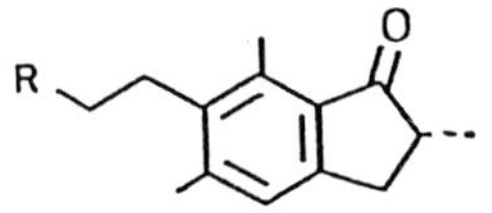

(466) Ptaquiloside (O-β-D-Glc.)

(467) R=OH (2R)-Pterosin B
(468) R=benzoyloxy (2R)-Benzoylpterosin B
(469) R=isocrotonyloxy (2R)-Isocrotonylpterosin B
(470) R=palmityloxy (2R)-Palmitylpterosin B
(471) R=OCH$_3$ (2R)-Pterosin O
(472) R=β-D-glucosyloxy (2R)-Pteroside B
(473) R=Cl (2R)-Pterosin F

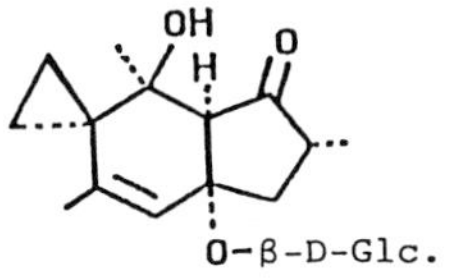

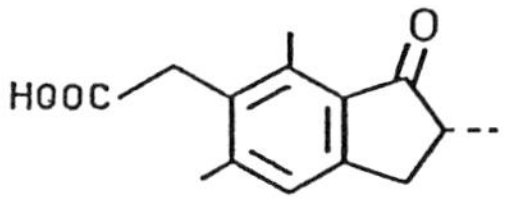

474) (2R)-Pterosin E

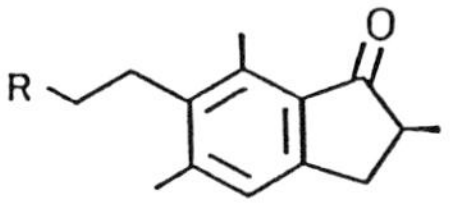

(475) R=OH (2S)-Pterosin B
(476) R=β-D-glucosyloxy (2S)-Pteroside B

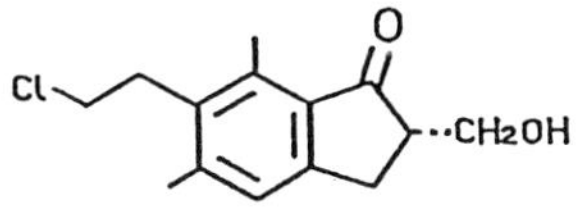

(477) (2S)-6-(2-Chloroethyl)-2-hydroxymethyl-5,7-dimethyl-indan-1-one

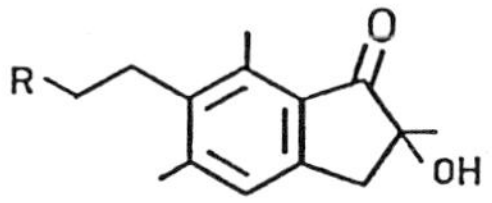

(478) R=OH Pterosin N
(479) R=Cl Histiopterosin B

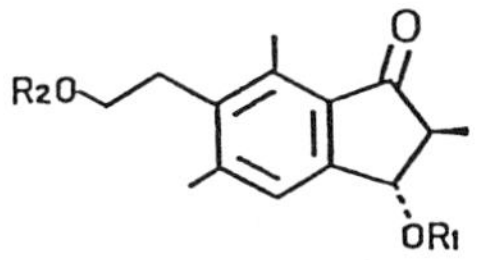

(480) R$_1$=R$_2$=H (2S,3S)-Pterosin C
(481) R$_1$=H, R$_2$=Ac (2S,3S)-Acetylpterosin C
(482) R$_1$=H, R$_2$=palmityloxy (2S,3S)-Palmitylpterosin C
(483) R$_1$=H, R$_2$=phenylacetyl (2S,3S)-Phenylacetylpterosin C
(484) R$_1$=β-D-glucosyl, R$_2$=H (2S,3S)-Pterosin C 3-O-β-D-glucoside
(485) R$_1$=α-L-arabinosyl, R$_2$=H (2S,3S)-Pterosin C 3-O-α-L-arabinoside

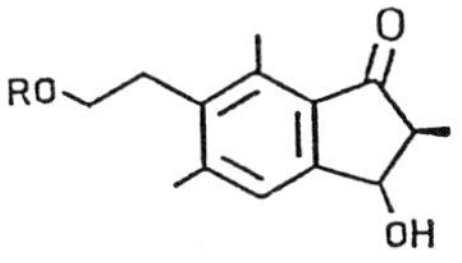

(486) R=H (2S,3R)-Pterosin C
(487) R=β-D-glucosyl (2S,3R)-Pterosin C 14-O-β-D-glucoside

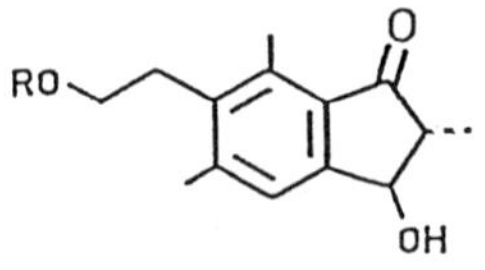

(488) R=H (2R,3R)-Pterosin C
(489) R=β-D-glucosyl (2R,3R)-Pterosin C 14-O-β-D-glucoside

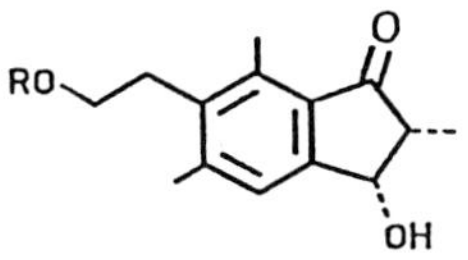

(490) R=H   (2R,3S)-Pterosin C
(491) R=β-D-glucosyl   (2R,3S)-Pterosin C 14-O-β-D-glucoside

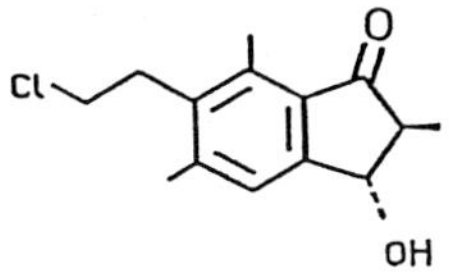

(492) (2S,3S)-Pterosin J

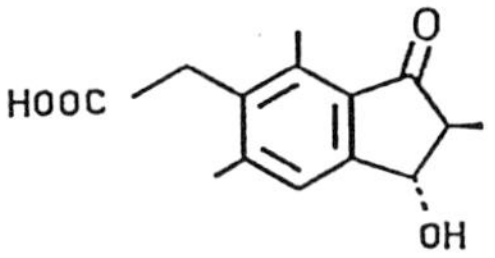

(493) Histiopterosin A

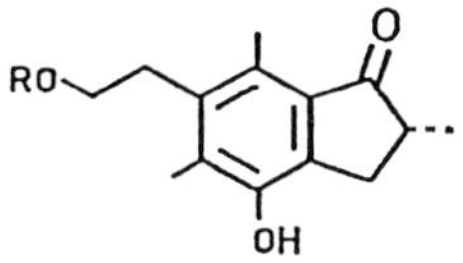

(494) R=H   (2R)-Pterosin M
(495) R=β-D-glucosyl   (2R)-Pteroside M

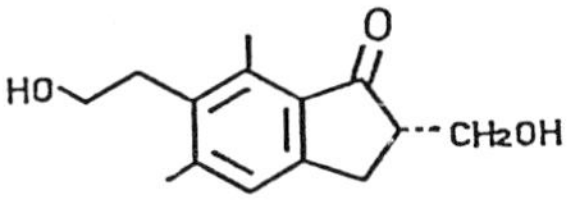

(496) (2S)-Pterosin G

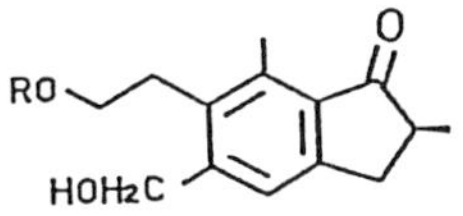

(497) R=H   (2S)-Pterosin P
(498) R=β-D-glucosyl   (2S)-Pteroside P

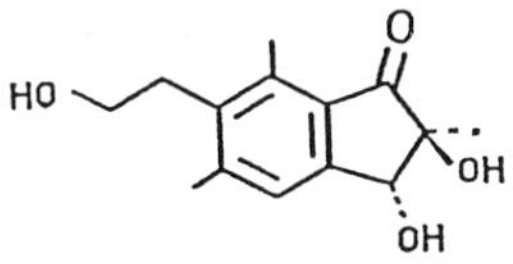

(499) (2S,3R)-2-Hydroxypterosin C

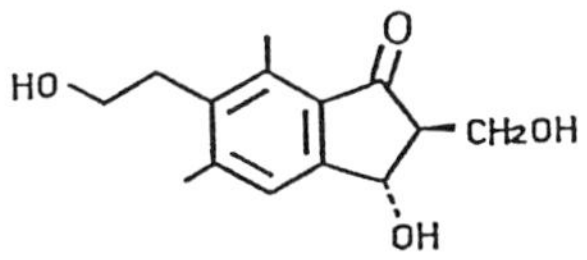

(500) (2S,3S)-11-Hydroxypterosin C

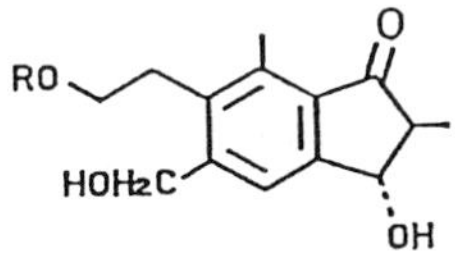

(501) R=H   (2S,3S)-Pterosin T
(502) R=β-D-glucosyl   (2S,3S)-Pteroside T

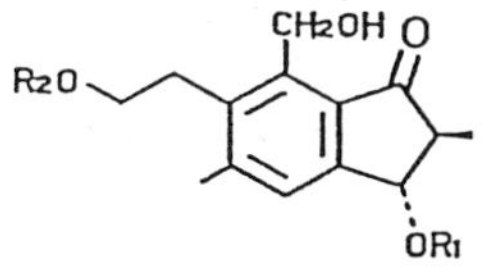

(503) $R_1=R_2=H$ (2S,3S)-Pterosin S
(504) R_1=β-D-glucosyl, R_2=H   (2S,3S)-Pterosin S 3-O-β-D-glucoside
(505) R_1=4-caffeoyl-β-D-glucosyl, R_2=H   (2S,3S)-Pterosin S 3-O-(4'-O-caffeoyl)-β-D-glucoside
(506) R_1=H, R_2=β-D-glucosyl   (2S,3S)-Pterosin S 14-O-β-D-glucoside

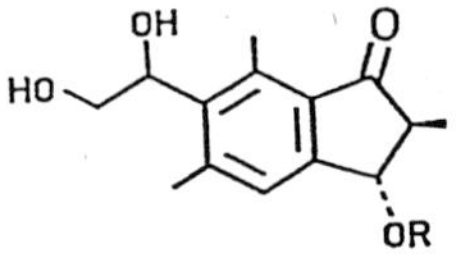

(507) R=H (2S,3S)-Pterosin Q
(508) R=β-D-glucosyl (2S,3S)-
      Pterosin Q 3-O-β-D-glucoside
(509) R=α-L-arabinosyl (2S,3S)-
      Pterosin Q 3-O-α-L-arabinoside

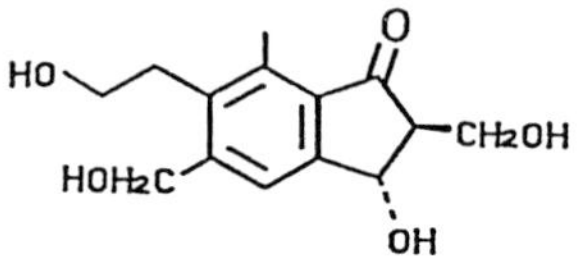

(512) (2S,3S)-11-Hydroxypterosin T

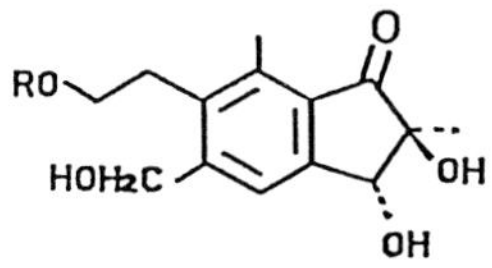

(510) R=H (2S,3R)-Setulosopterosin
(511) R=β-D-glucosyl (2S,3R)-
      Setulosopteroside

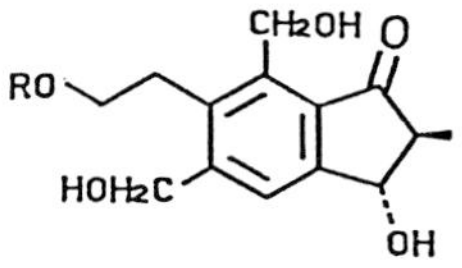

(513) R=H (2S,3S)-Pterosin U
(514) R=β-D-glucosyl (2S,3S)-
      Pteroside U

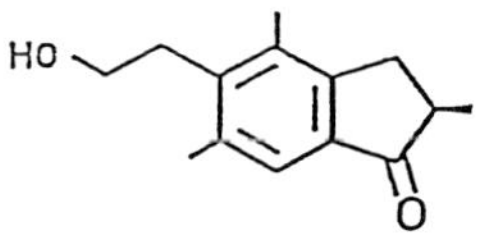

(515) (2R)-Isopterosin B

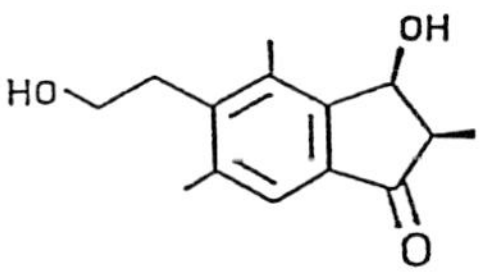

(516) (1S,2R)-Isopterosin C

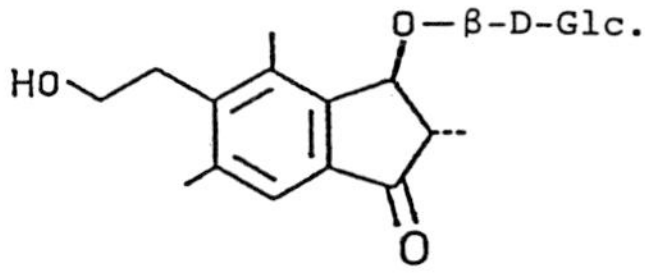

(517) (1S,2S)-Isopteroside C

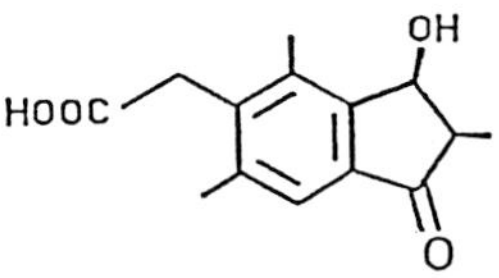

(518) Isohistiopterosin A

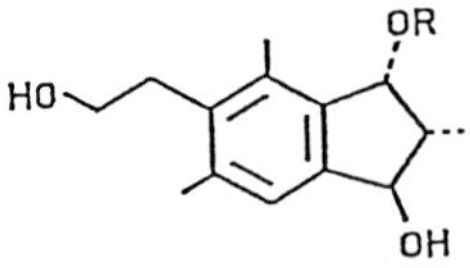

(519) R=H (1R,2R,3R)-Pterisol C
(520) R=β-D-glucosyl (1R,2R,3R)-
      Pterisol C 1-O-β-D-glucoside

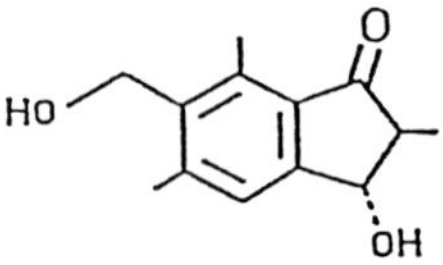

(521) (2S,3S)-Norpterosin C

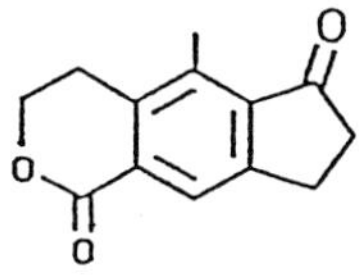

(522) Mukagolactone

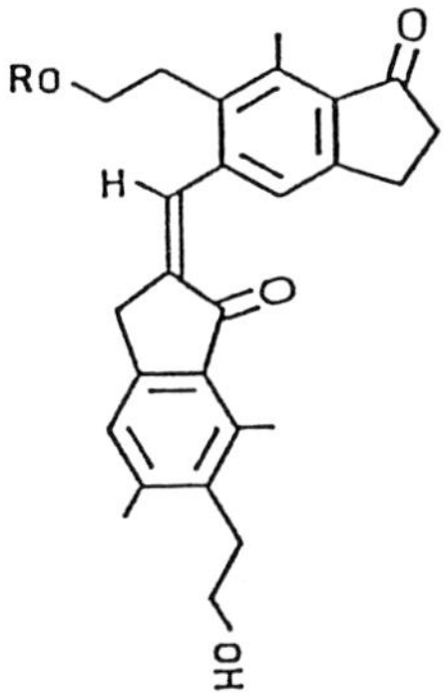

(523) R=H   Monachosorin A
(526) R=CH$_3$ Methylmonachosorin A

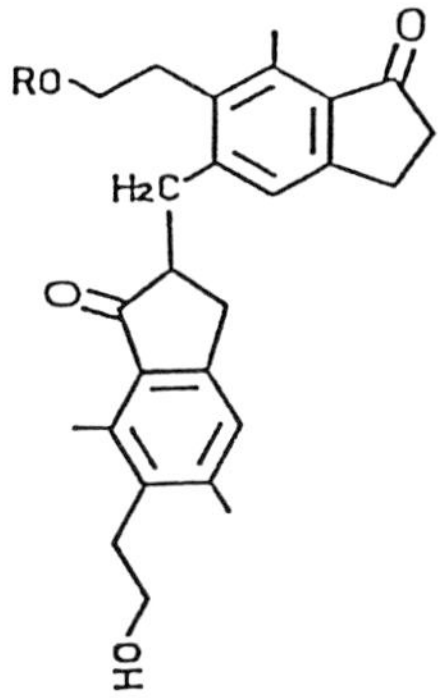

(524) R=H   Monachosorin B
(527) R=β-D-glucosyl   Distentoside

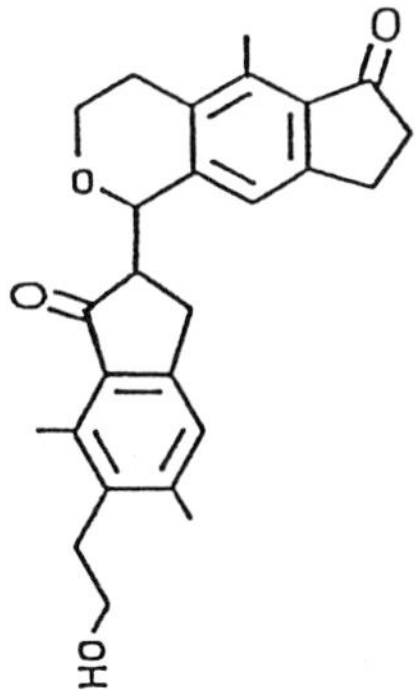

(525) Monachosorin C

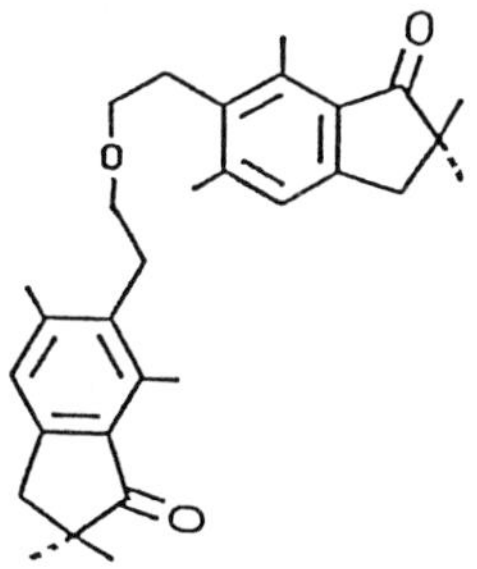

(528) Myriopterosin

Chart 26. Pterosins and related compounds found in the filicopsida

Besides the pterosins and related compounds, four sesquiterpenes (**529**–**532**) are known from ferns. Ryomenin (**531**) isolated from *Arachniodes standishii* (*29*) and *A. mutica* (*30*) has a new skeleton, which is related to that of the cadinanes.

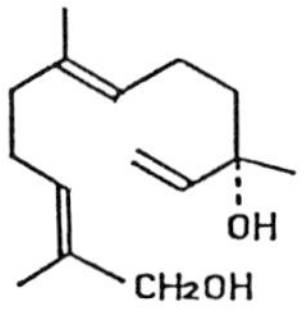

(529) 12-Hydroxynerolidol

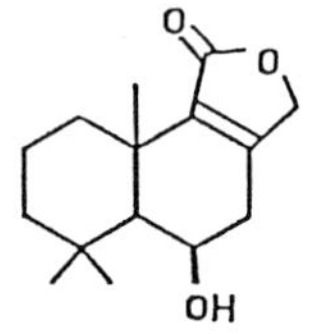

(530) 6β-Hydroxyisodrimenin

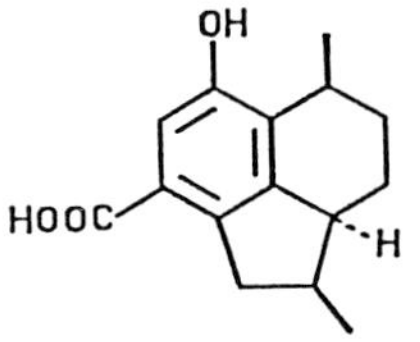

(531) Ryomenin

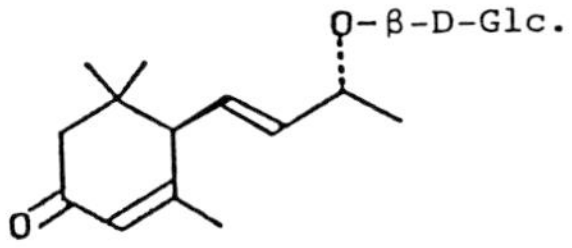

(532) (6R,7E,9R)-9-Hydroxymegastigma-4,7-dien-3-one 9-O-β-D-glucoside

Chart 27. Miscellaneous sesquiterpenoids found in the filicopsida

2.3. Diterpenoids

More than eightly diterpenes have been isolated, mainly from pteridaceaus ferns. The acyclic diterpenes (**535**), (**536**) isolated from *Arachniodes maximowiczii* are unstable, and may exist only as glycosides (*256*).

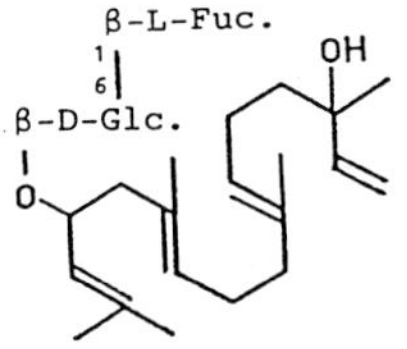

(535) 13-Hydroxygeranyllinalool 13-O-(6'-O-β-L-fucosyl) β-D-glucoside

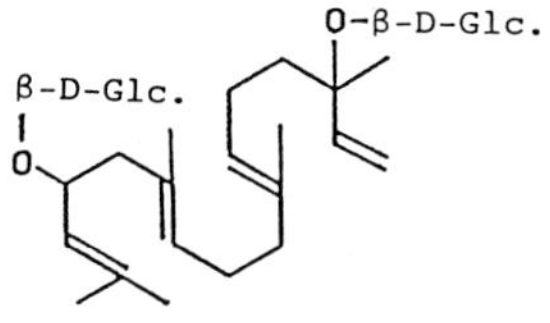

(536) 13-Hydroxygeranyllinalool 3,13-O-β-D-diglucoside

Chart 28. Acyclic diterpenes found in the filicopsida

ent-Labdanetype diterpenes **537** and **539** are major farina constituents of two chemical races of *Cheilanthes argentea* (*327*). Compounds **540** and **541** were isolated from the fronds of *Polypodium amamianum* (*329*). Kolavenic acid (**543**), isolated from *Cheilanthes kaulfussi* (*80*), is the only neoclerodane type diterpene so far isolated from ferns.

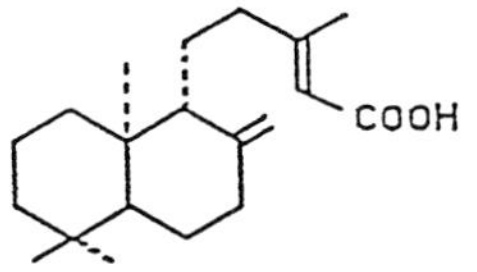

(537) ent-(E)-8(17),13-Labdadien-15-oic acid

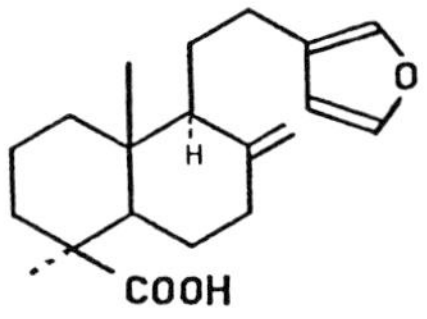

(538) Lambertianic acid

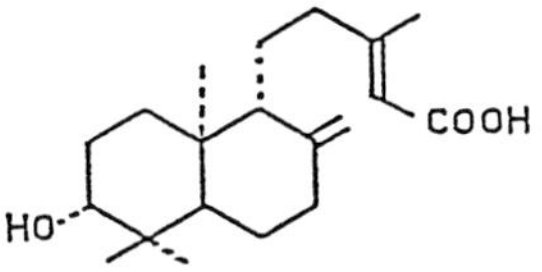

(539) Alepterolic acid

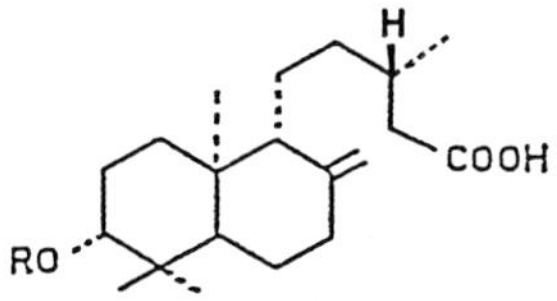

(540) R=H (13S)-13,14-Dihydro-alepterolic acid
(541) R=Ac (13S)-13,14-Dihydro-alepterolic acid acetate

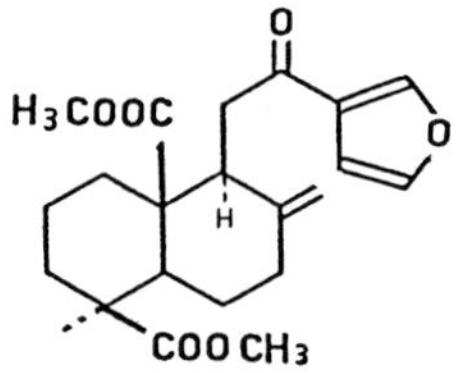

(542) Dimethylsciadinonate

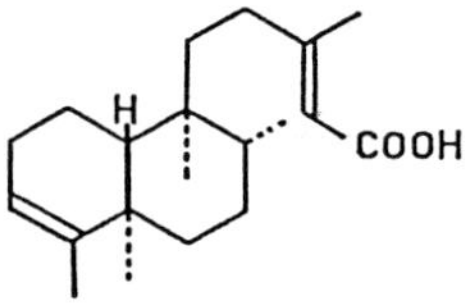

(543) Kolavenic acid

Chart 29. Bicyclic diterpenes found in the filicopsida

Glycosides of *ent*-pimarane type diterpenes (**544–552**) were obtained from *Scypholepia hookeriana* (*331*) and *Microlepia tenera* (*332*). One of them, hookeroside D (**548**), is an example of the rare diterpene tetrosides.

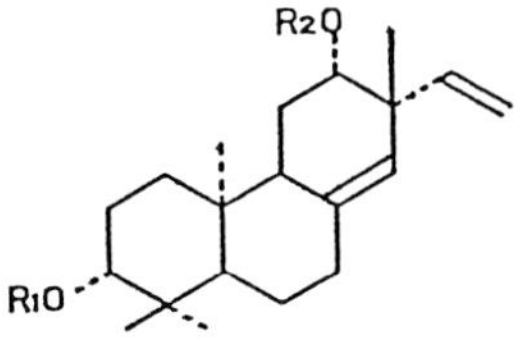

(544) $R_1=R_2=H$ 3α,12α-Dihydroxy-ent-pimara-8(14),15-diene
(545) R_1=2-(3-O-methyl-α-L-rhamnosyl)-α-L-arabinosyl,
      R_2=3-O-methyl-β-D-quinovosyl   Hookeroside A
(546) R_1=2-(3-O-methyl-α-L-rhamnosyl)-α-L-arabinosyl,
      R_2=β-D-fucosyl   Hookeroside B
(547) R_1=2-(3-O-methyl-β-D-glucosyl)-α-L-arabinosyl,
      R_2=β-D-fucosyl   Hookeroside C
(548) R_1=2-[(3-β-D-fucosyl)-β-D-fucosyl]-α-L-arabinosyl,
      R_2=β-D-fucosyl   Hookeroside D
(549) R_1=2-(β-D-fucosyl)-α-L-arabinosyl,
      R_2=β-D-fucosyl   Teneroside

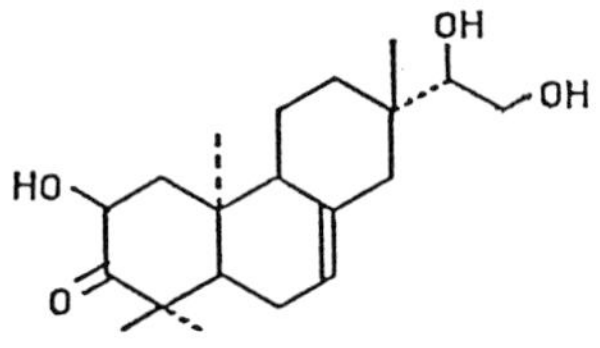

(550) Fumotoshidin A

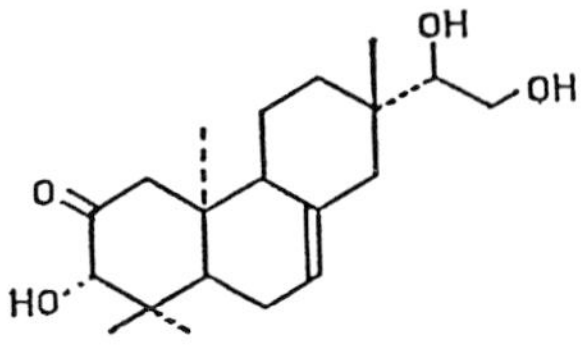

(551) Fumotoshidin B

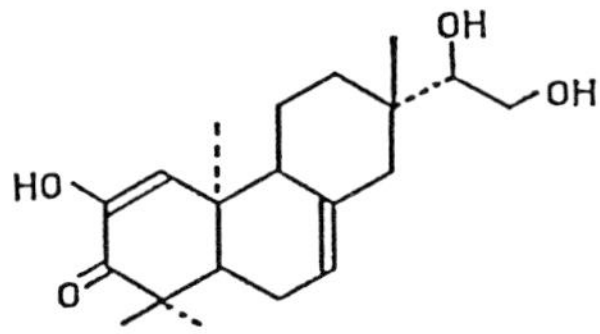

(552) Fumotoshidin C

Chart 30. *ent*-Pimarane type diterpenes found in the filicopsida

ar-Maximic acid (**553**) and *ar*-maximol (**554**) isolated from *Arachniodes maximowiczii* (*256*) have unique structures incorporating an *ent*-norrosane type skeleton and an aromatized A-ring. Normal rosane type diterpenes are known as fungal metabolites of *Trichothecium* spp. (e.g. *T. roseum* L.) (*349*). Compounds **553** and **554** are the first naturally occurring *ent*-rosane type diterpenes reported.

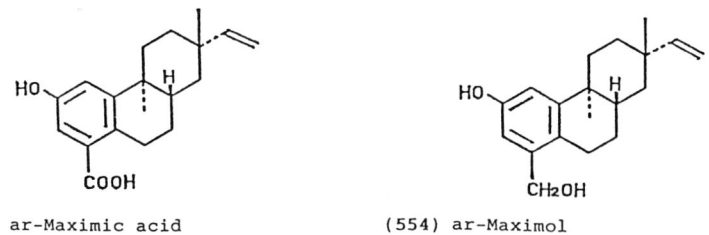

(553) ar-Maximic acid

(554) ar-Maximol

Chart 31. *ent*-Rosane type diterpenes found in the filicopsida

ent-Kaurane type diterpenes constitute the largest group among the diterpenes of ferns. Many of the compounds belonging to this group have been isolated from the genus *Pteris*; these may be devided into two groups depending on their structural features.

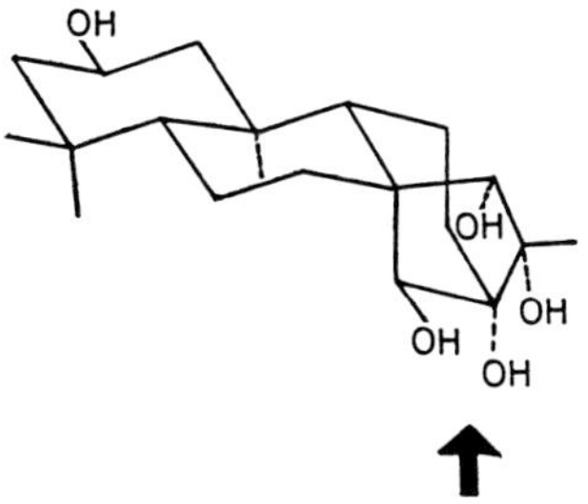

2β-Hydroxy-ent-kaurane

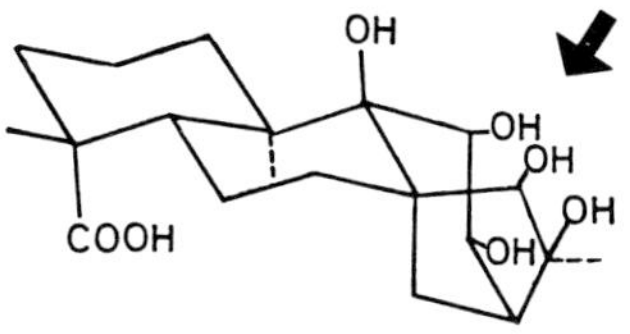

ent-Kaur-19-oic acid

Chart 32. Oxidation pattern of C- and D-rings in *ent*-kauranes found in the filicopsida

One of the two groups consists of 2β-hydroxy-*ent*-kauranes. In these compounds, the glycosidic linkages are formed only with the 2β-hydroxyl group and the C- and D-rings are oxygenated exclusively on the α-side. They have been isolated from *Pteris cretica (334, 335, 336, 337), P. plumbea (342), P. multifida (191), P. dactylina (191)* and *P. ryukyuensis (91)*.

The other group consists of *ent*-kauran-19-oic acids. The glycosidic linkages are formed exclusively with the carboxylic group at C-19 and the oxygenation in the C- and D-rings takes place from the β-side. They have been isolated from *Pteris dispar (288, 340), P. longipes (339), P. livida (192), P. altissima (192),* and *P. tremula (191)*.

ent-Kaurane type diterpenes have been isolated also from ferns not belonging to the genus *Pteris*. For example, *Microlepia marginata (333, 338)* gave microlepin (**569**) and 4-epimicrolepin (**572**) having an equatorial hydroxymethyl group at C-4, together with the microlepin acetates (**570, 571**), 4-epimicrolepin 6′-rhamnoside (**573**) and *ent*-pimaranes (**550, 551, 552**). From *Lindsaea chienii (92)* and *L. javanensis (57)* 2-β-D-glucosides (**557, 588, 590**) of 2β-hydroxy-*ent*-kauranes and 19-glucosides (**561, 566, 568, 576**) of 19-hydroxy-*ent*-kauranes have been isolated. As 2β-hydroxy-*ent*-kaurane glycosides are characteristic constituents of the genus *Pteris*, this indicates that *L. chienii* and *L. javanensis* are closely related to *Petris*. *ent*-Kauranes (**555, 558, 559**) having no oxygen substituents at C-2 and C-19 or C-18 have been isolated from *Jamesonia scammanae (223)* along with *ent*-kaurane or *ent*-kaurene 19-oic acids (**578, 598, 615**). *ent*-Kaur-16-en-19-oic acid (**598**) is the major exudate constituent of two *Notholaena* species *(343)* and is excreted along with small amounts of flavonoids. Three *ent*-kauranes (**583, 584, 586**) have been isolated from *Dipteris conjugata (341)*; these are the only examples of the occurrence of *ent*-kauranes in ferns not belonging to the Pteridaceae (*sensu* Copelandi).

(555) 16α-Hydroxy-ent-kaurane

(556) R=H   2β,16α-Dihydroxy-ent-kaurane
(557) R=β-D-glucosyl   2β,16α-Dihydroxy-ent-kaurane 2-O-β-D-glucoside

(558) 16α,17-Dihydroxy-ent-kaurane

(559) 16β,17-Dihydroxy-ent-kaurane

(560) R=H   16α,19-Dihydroxy-ent-kaurane
(561) R=β-D-glucosyl   16α,19-Dihydroxy-ent-kaurane 19-O-β-D-glucoside

(562) R=H   2β,6β,16α-Trihydroxy-ent-kaurane
(563) R=β-D-glucosyl   2β,6β,16α-Trihydroxy-ent-kaurane 2-O-β-D-glucoside

(564) 2β,16α,18-Trihydroxy-ent-kaurane

(565) R=H   12β,16α,19-Trihydroxy-ent-kaurane
(566) R=β-D-glucosyl   12β,16α,19-Trihydroxy-ent-kaurane 19-O-β-D-glucoside

(567) $R_1=R_2=H$ 16α,17,19-Trihydroxy-ent-kaurane
(568) $R_1=H$, $R_2=β$-D-glucosyl   16α,17,19-Trihydroxy-ent-kaurane 19-O-β-D-glucoside
(569) $R_1=H$, $R_2=$4-O-methyl-β-D-glucosyl   Microlepin
(570) $R_1=Ac$, $R_2=$4-O-methyl-β-D-glucosyl   17-O-Acetylmicrolepin
(571) $R_1=H$, $R_2=$6-O-acetyl-4-O-methyl-β-D-glucosyl   6'-O-Acetylmicrolepin

(572) R=4-O-methyl-β-D-glucosyl
4-epi-Microlepin

(573) R=4-O-methyl-6-(α-L-rhamnosyl)-
β-D-glucosyl
4-epi-Microlepin 6'-O-α-L-
rhamnoside

(574) 2β,15α,16α,17-Tetrahydroxy-ent-
kaurane

(575) R=H   12β,16α,17,19- Tetrahydroxy-
ent-kaurane

(576) R=β-D-glucosyl   12β,16α,17,19-
Tetrahydroxy-ent-kaurane 19-O-
β-D-glucoside

(577)
2β,14β,15α,16α,17-Pentahydroxy-
ent-kaurane

(578) 16α-Hydroxy-ent-kauran-19-
oic acid

(579) 11β,16β-Epoxy-ent-kauran-19-
oic acid

(580) R=H   (16R)-11β-Hydroxy-15-oxo-
ent-kauran-19-oic acid

(581) R=β-D-glucosyl   (16R)-11β-
Hydroxy-15-oxo-ent-kauran-19-
oic acid 19-β-D-glucoside

(582) (16S)-11β-Hydroxy-15-oxo-ent-
kauran-19-oic acid

(583) 16β,17-Dihydroxy-ent-kauran-
19-oic acid

(584) 16β,17,18-Trihydroxy-ent-kauran-
19-oic acid

(585) (16R)-7β,9-Dihydroxy-15-oxo-ent-kauran-19,6β-olide

(586) 16β,17-Dihydroxy-19-nor-ent-kauran-18-oic acid

(587) R=H 2β,13-Dihydroxy-ent-kaur-16-ene
(588) R=β-D-glucosyl 2β,13-Dihydroxy-ent-kaur-16-ene 2-O-β-D-glucoside

(589) R=H 2β,15α-Dihydroxy-ent-kaur-16-ene
(590) R=β-D-glucosyl 2β,15α-Dihydroxy-ent-kaur-16-ene 2-O-β-D-glucoside

(591) R=H 2β,6β,15α-Trihydroxy-ent-kaur-16-ene
(592) R=β-D-glucosyl 2β,6β,15α-Trihydroxy-ent-kaur-16-ene 2-O-β-D-glucoside

(593) R=H 2β,14β,15α-Trihydroxy-ent-kaur-16-ene
(594) R=β-D-glucosyl 2β,14β,15α-Trihydroxy-ent-kaur-16-ene 2-O-β-D-glucoside

(595) 2β,6β,14β,15α-Tetrahydroxy-ent-kaur-16-ene

(596) 2β,13,14β,15α-Tetrahydroxy-ent-kaur-16-ene

(597) 2β,14β,15α,19-Tetrahydroxy-ent-kaur-16-ene

(598) ent-Kaur-16-en-19-oic acid

(599) 15-Oxo-ent-kaur-16-en-19-oic acid

(600) 9-Hydroxy-ent-kaur-16-en-19-oic acid

(601) R=H   9-Hydroxy-15-oxo-ent-kaur-16-en-19-oic acid
(602) R=β-D-glucosyl   9-Hydroxy-15-oxo-ent-kaur-16-en-19-oic acid 19-β-D-glucoside

(603) R=H   11β-Hydroxy-15-oxo-ent-kaur-16-en-19-oic acid
(604) R=β-D-glucosyl   11β-Hydroxy-15-oxo-ent-kaur-16-en-19-oic acid 19-β-D-glucoside

(605) R=H   12β-Hydroxy-15-oxo-ent-kaur-16-en-19-oic acid
(606) R=β-D-glucosyl   12β-Hydroxy-15-oxo-ent-kaur-16-en-19-oic acid 19-β-D-glucoside

(607) 9,15β-Dihydroxy-ent-kaur-16-en-19-oic acid

(608) 11β,15β-Dihydroxy-ent-kaur-16-en-19-oic acid

(609) 12β,15β-Dihydroxy-ent-kaur-16-en-19-oic acid

(610) R=H   6β,9-Dihydroxy-15-oxo-ent-kaur-16-en-19-oic acid
(611) R=β-D-glucosyl   6β,9-Dihydroxy-15-oxo-ent-kaur-16-en-19-oic acid 19-β-D-glucoside

(612) R=H   6β,11β-Dihydroxy-15-oxo-ent-kaur-16-en-19-oic acid
(613) R=β-D-glucosyl   6β,11β-Dihydroxy-15-oxo-ent-kaur-16-en-19-oic acid 19-β-D-glucoside

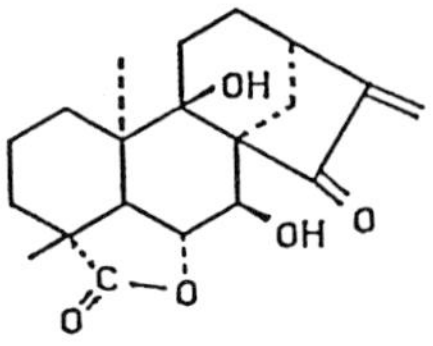

(614) 7β,9-Dihydroxy-15-oxo-ent-kaur-16-en-19,6β-olide

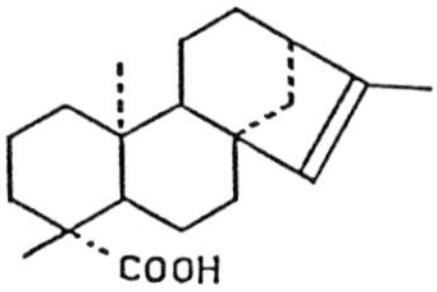

(615) ent-Kaur-15-en-19-oic acid

Chart 33. *ent*-Kaurane type diterpenes found in the filicopsida

ent-Atisanes (**616–620**) have been isolated from *Pteris purpureorachis* (*344, 345*).

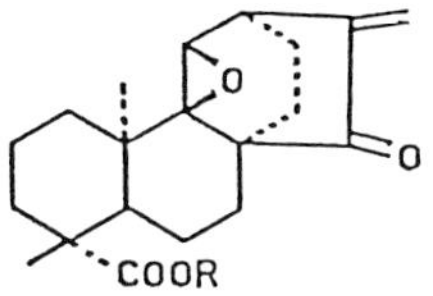

(616) R=H 9,11β-Epoxy-15-oxo-ent-atis-16-en-19-oic acid

(617) R=β-D-glucosyl 9,11β-Epoxy-15-oxo-ent-atis-16-en-19-oic acid 19-β-D-glucoside

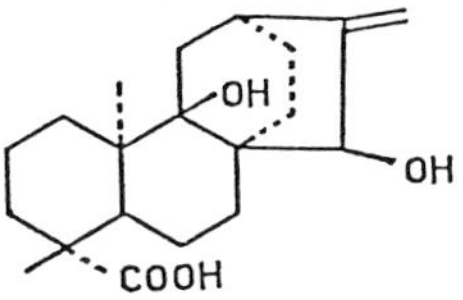

(618) 9,15β-Dihydroxy-ent-atis-16-en-19-oic acid

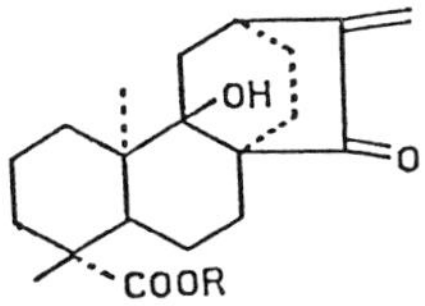

(619) R=H 9-Hydroxy-15-oxo-ent-atis-16-en-19-oic acid

(620) R=β-D-glucosyl 9-Hydroxy-15-oxo-ent-atis-16-en-19-oic acid 19-β-D-glucoside

Chart 34. *ent*-Atisane type diterpenes found in the filicopsida

The prothalli of *Pteridium aquilinum* produce a phytohormone (A_{Pt}) which induces the development of antheridia (the male reproductive organs) in many, if not all, polypodiaceous ferns *sensu lato* (*350*); such hormones are called antheridogens or antheridiogens. The physiology and chemistry of such fern antheridiogens have been reviewed by NÄF, NAKANISHI, and ENDO (*351*). From the prothalli of *Anemia* phyllitidis (*346, 347, 352, 353*), *Lygodium japonicum* (*354*) (Schizaeaceae) and *Onoclea sensibilis* (*355*) (Onocleaceae) antheridiogens A_{An}, A_{Ly}, and A_{On} were also isolated, respectively. A_{Pt}, A_{An}, A_{Ly}, and A_{On} are distinct from each other (*355*). A_{An}, having structure **621** (*346, 347*), induces the development of antheridia at a concentration of 10 microgram per liter. It also stimulates spore germination at 0.3 microgram per liter (*353*).

Onychiol B (**623**) was isolated from rhizomes of *Onychium japonicum* (*348*). All known compounds with the cyathane skeleton except onychiol B (**623**) have been isolated from bird's nest fungi, *Cyathus* species (*356*).

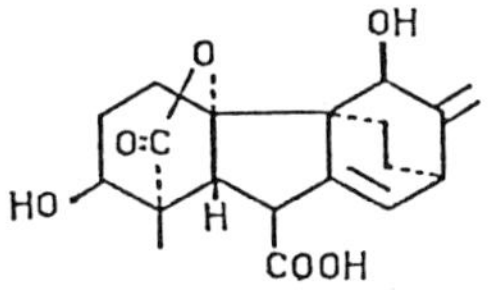

(621) Antheridiogen-An

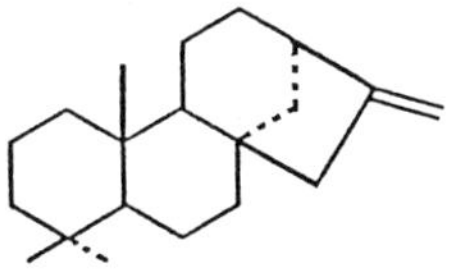

(622) Phyllocladene

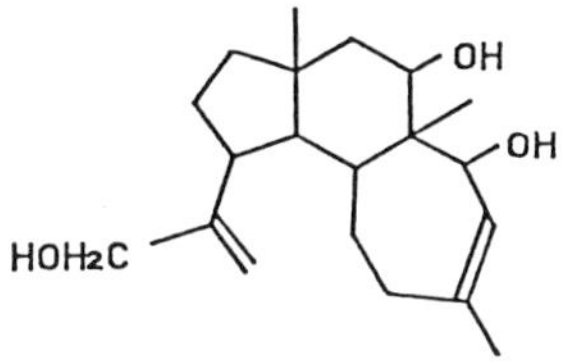

(623) Onychiol B

Chart 35. Miscellaneous diterpenoids found in the filicopsida

2.4. Sesterterpenoids

Three sesterterpenes (**624, 625, 626**) have been isolated from the genus *Cheilanthes* (*357, 358, 359*). Cheilarinosin (**624**) has the same ophiobolane skeletone as the ophiobolins, which are phytotoxins produced by plant pathogens, *Helminthosporium* (*360*) and *Cochliobolus* (*361*).

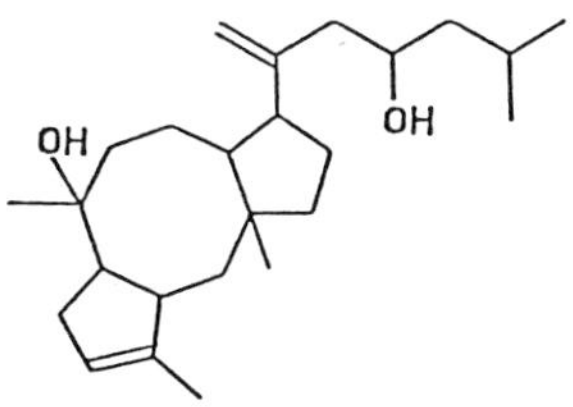

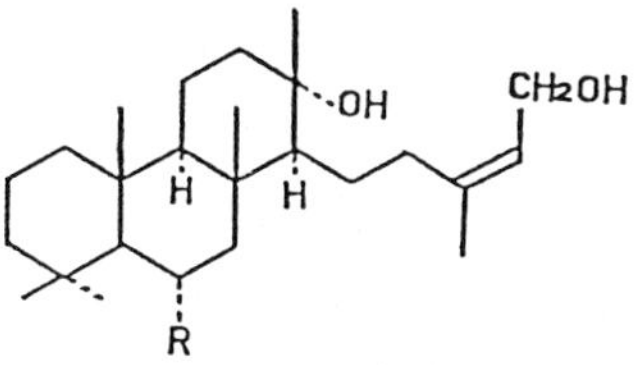

(624) Cheilarinosin

(625) R=H   Cheilanthenediol
(626) R=OH Cheilanthatriol

Chart 36. Sesterterpenoids found in the filicopsida

2.5. Triterpenoids

Diplopterol, $C_{30}H_{50}O$, is the first fern triterpenoid reported. It was isolated from the dry fronds of *Gleichenia japonica* by AGETA et al. (*421*) and was identified as hydroxyhopane (**659**) (*422*) in 1963. Early

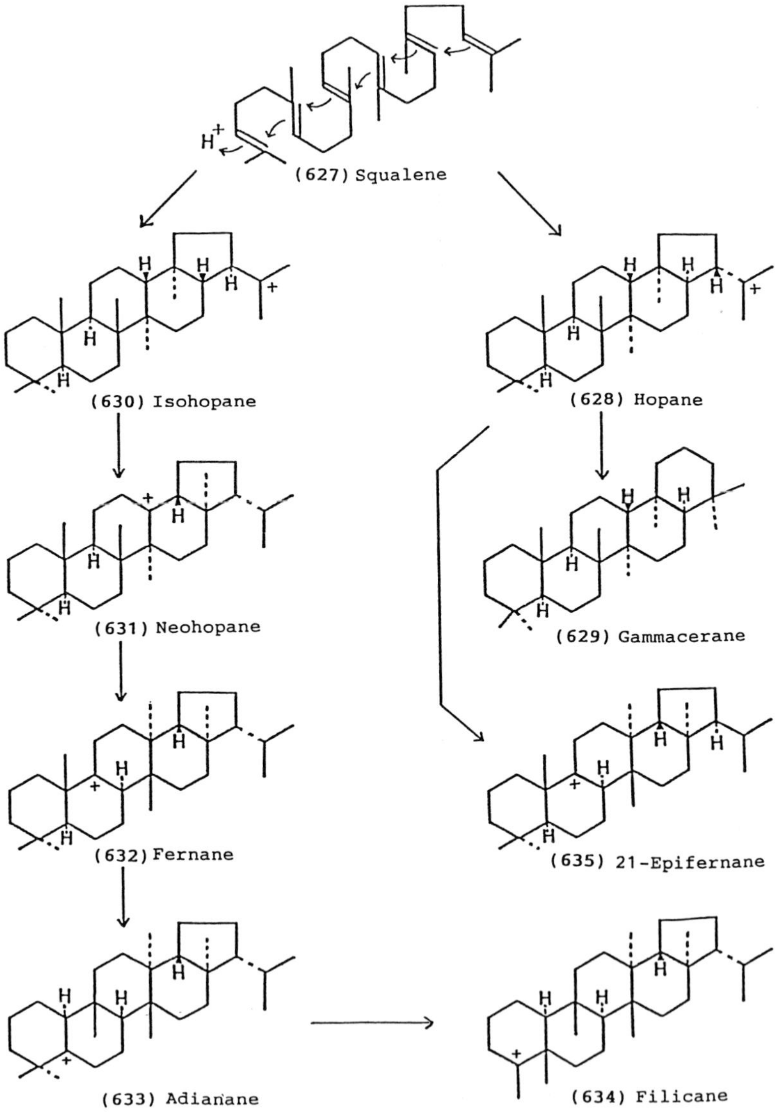

Scheme 6. Biosynthetic pathway of triterpenes (Group I)

fern triterpenoid chemistry has been reviewed by BERTI and BOTTARI (*13*). By now, more than 140 triterpenes have been isolated from ferns and their structures identified. Fern triterpenes may be classified into four groups biogenetically (*423*).

The first group contains hopanes (**628**), isohopanes (**630**), gammaceranes (**629**), neohopanes (**631**), fernanes (**632**), adiananes (**633**), filicanes (**634**) and 21-epifernanes (**635**). These are pentacyclic triterpenes derived from squalene (**627**) in the all-chair conformation by concerted cyclization to give isohopenyl (**630**) or hopenyl (**628**) cations, followed in some cases (**631, 632, 633** and **634**) by concerted backbone rearrangement of the isohopenyl cation. Gammaceranes (**629**) are derived from hopenyl cations by expansion of the E-ring.

The compounds included in this group are representative triterpenes of ferns and are widely distributed in the Filicopsida. Hop-22(29)-ene (diploptene) (**655**) and fern-9(11)-ene (**696**) occur most frequently in ferns (*423*). Many hopanes and migrated hopanes have been isolated from *Adiantum* species (*13, 363, 377, 393, 394, 395, 396, 397, 401*). Glycosides **681, 682** and **683** have been isolated from *Diplazium subsinuatum* though the occurrence of triterpene glycosides in ferns is rather uncommon (*390*). Compound **678**, isolated from *Cheiropleuria bicuspis* (Cheilopleuriaceae) together with **674** and **675**, is unique in that it is oxygenated at sterically hindered positions, C-1, 11, and 25 (*391*). Hop-17(21)-ene ozonide A (**673**) isolated from *Plagiogyria formosana* (*379*), and adian-5-ene ozonide (**721**) isolated from fresh fronds of *Adiantum monochlamys* and *Oleandra wallichii* (*401*) are relatively stable compounds. When various mono-enes of hopane- and migrated hopane-type triterpenes are subjected to ozone treatment (*424*), only

(**655**) Diploptene

(**656**) Hop-21-ene

(**657**) Hop-17(21)-ene

(**658**) 17β,21β-Epoxyhopane

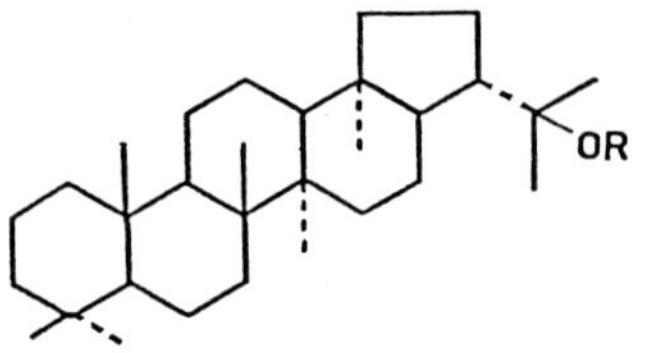

(659) R=H   Diplopterol
(660) R=Ac   22-Acetoxyhopane

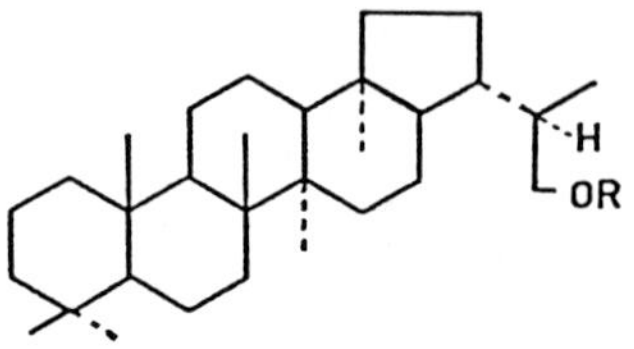

(661) R=H   Hopan-29-ol
(662) R=Ac   Hopan-29-yl acetate

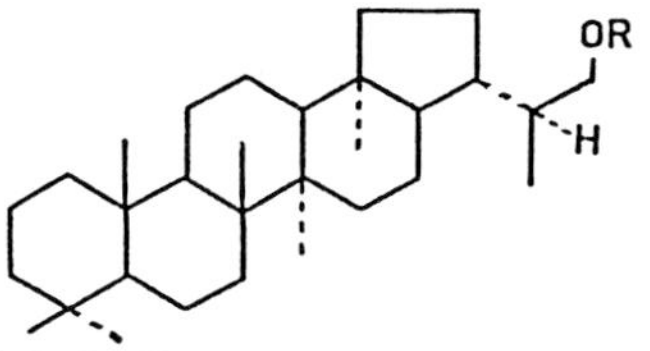

(663) R=H   Hopan-30-ol
(664) R=Ac   30-Acetoxyhopane
(664') R=p-coumaroyl   30-p-Coumaroyl-
              dryocrassol

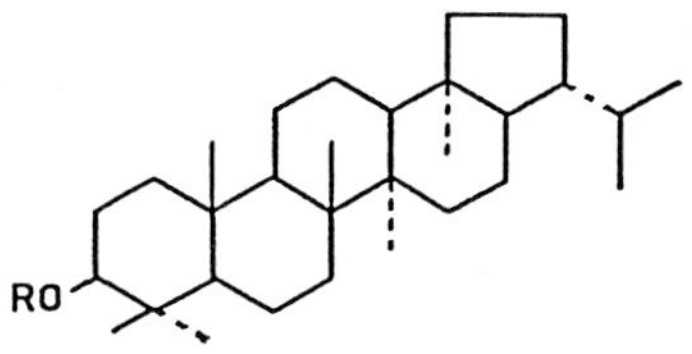

(665) R=H   Hopan-3β-ol
(666) R=Ac   Hopan-3β-yl acetate

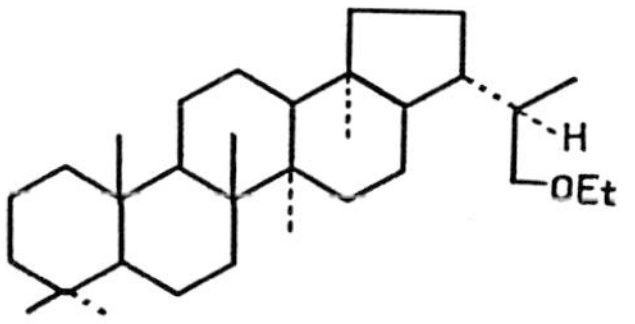

(667) 29-Ethoxyhopane

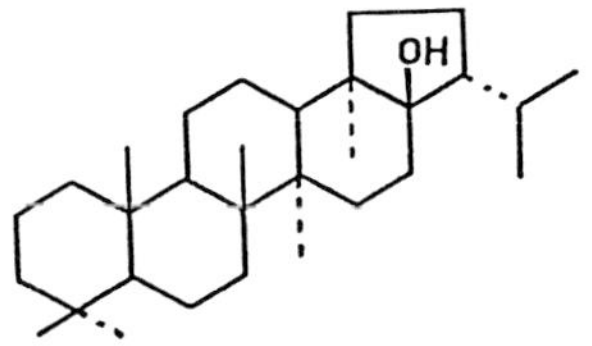

(668) Hopan-17β-ol

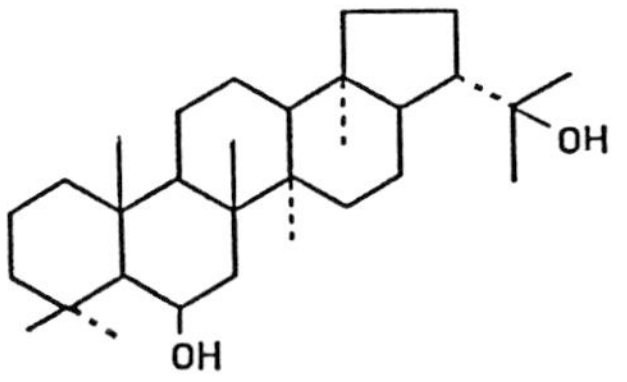

(669) Hopan-6β,22-diol

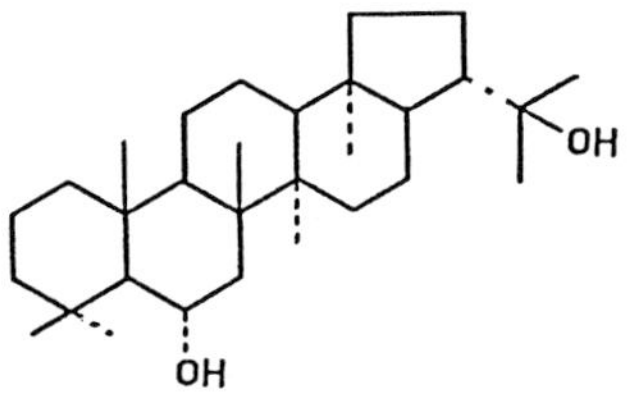

(670) Zeorin

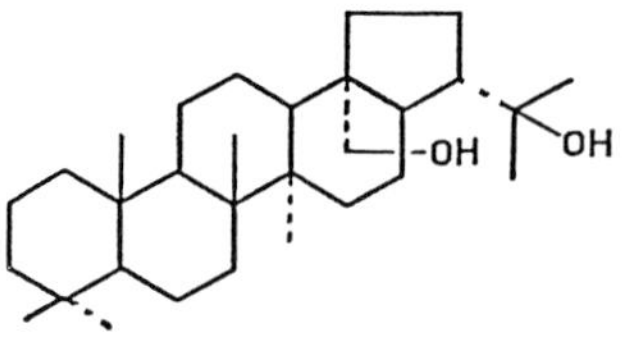

(671) Hopan-22,28-diol

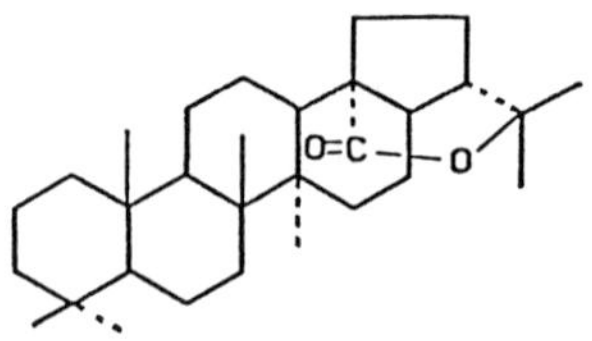

(672) Hopan-28,22-olide

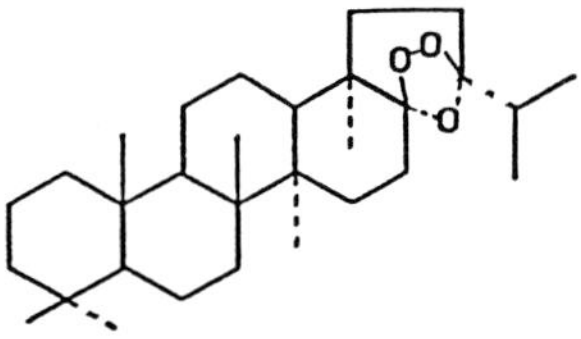

Occurrence, Structure and Taxonomic Implications of Fern Constituents   75

(673) Hop-17(21)-ene ozonide A

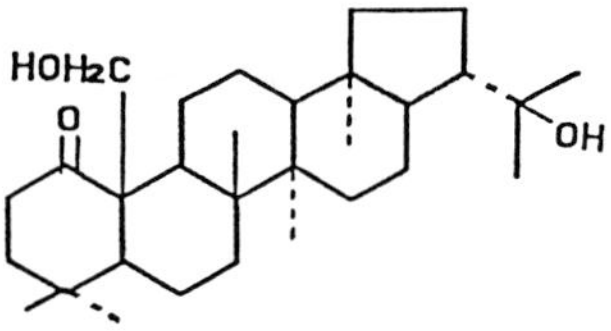

(674) 22,25-Dihydroxyhopan-1-one

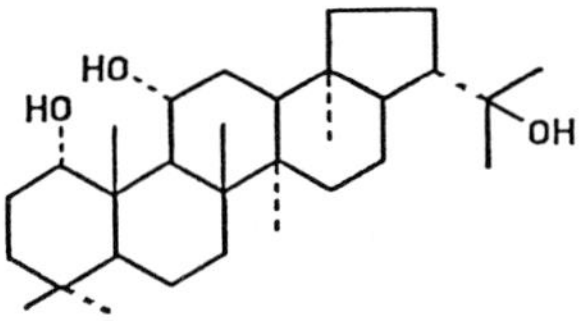

(675) Hopan-1α,11α,22-triol

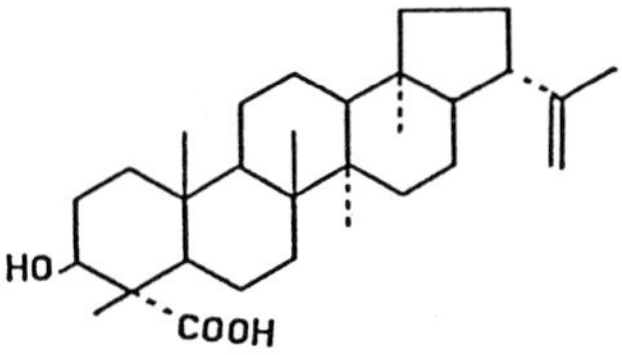

(676) 3β-Hydroxyhop-22(29)-en-23-oic acid

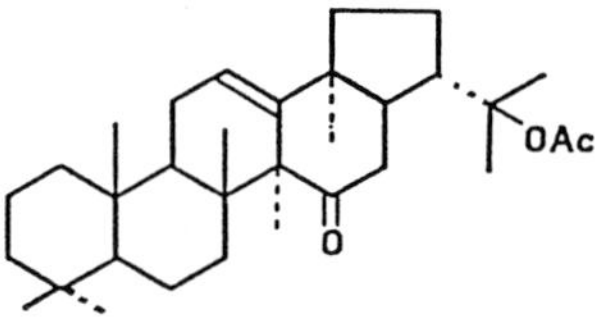

(677) 22-Acetoxyhop-12-en-15-one

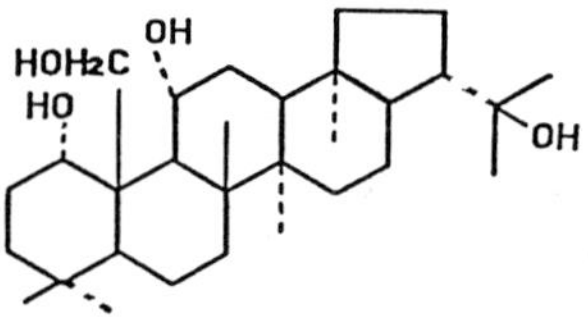

(678) Hopan-1α,11α,22,25-tetraol

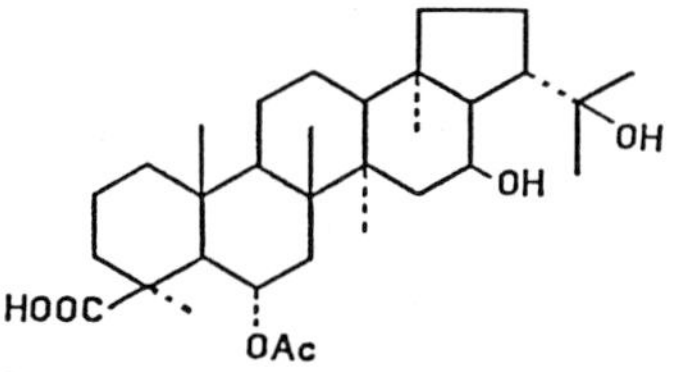

(679) 6α-Acetoxy-16β,22-dihydroxy-hopan-24-oic acid

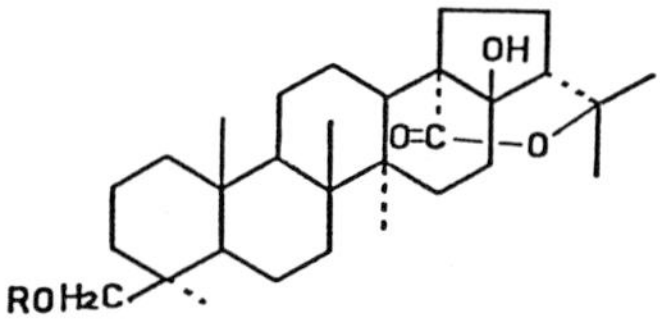

(680) R=H   17,24-Dihydroxyhopan-28,22-olide
(681) R=β-D-glucosyl   17-Hydroxy-24-O-β-D-glucosyl-hopan-28,22-olide
(682) R=2-(α-L-arabinosyl)-β-D-glucosyl   17-Hydroxy-24-O-[2-(α-L-arabinosyl)-β-D-glucosyl]-hopan-28,22-olide
(683) R=2-(α-L-arabinosyl)-6-(β-D-glucosyl)-β-D-glucosyl   17-Hydroxy-24-O-[2-(α-L-arabinosyl)-6-(β-D-glucosyl)-β-D-glucosyl]hopan-28,22-olide

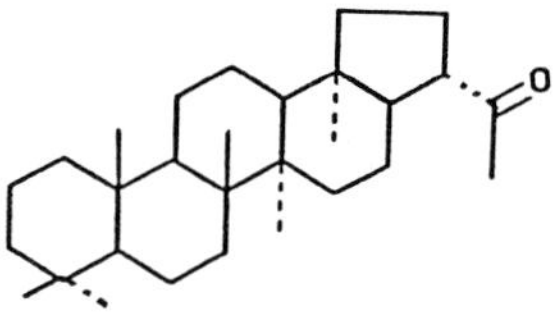

(684) Adiantone

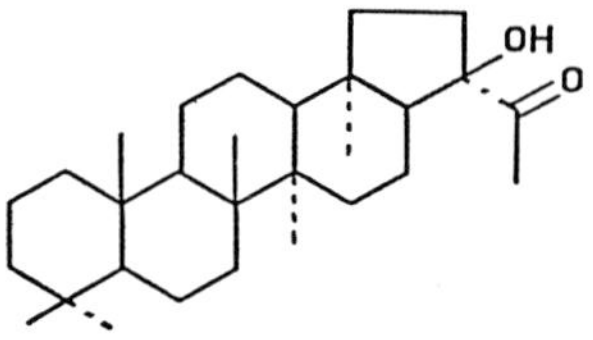

(685) 21β-Hydroxyadiantone

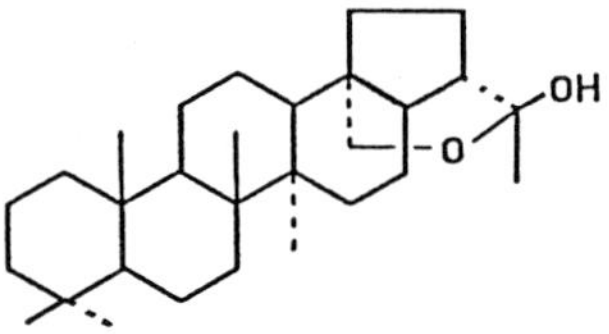

(686) Adipedatol

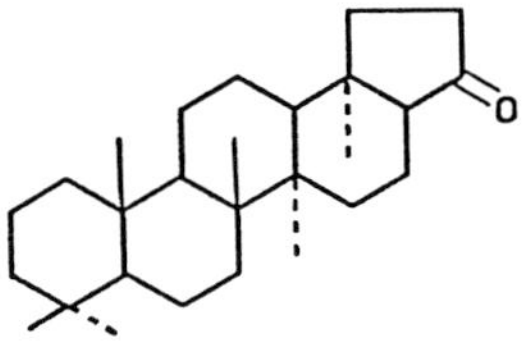

(687) 17αH-Trisnorhopan-21-one

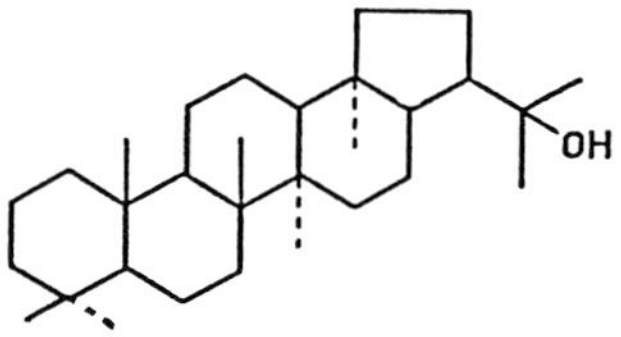

(688) 21αH-Hopan-22-ol

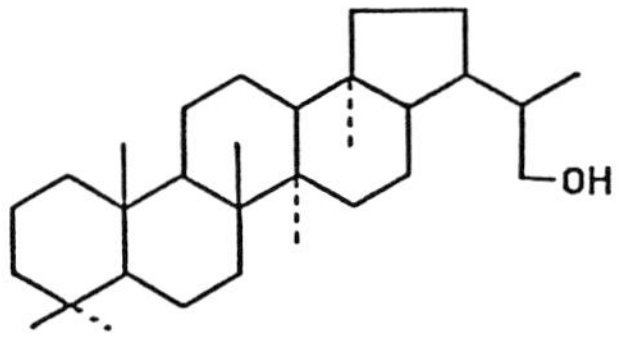

(689) 21αH-Hopan-29-ol

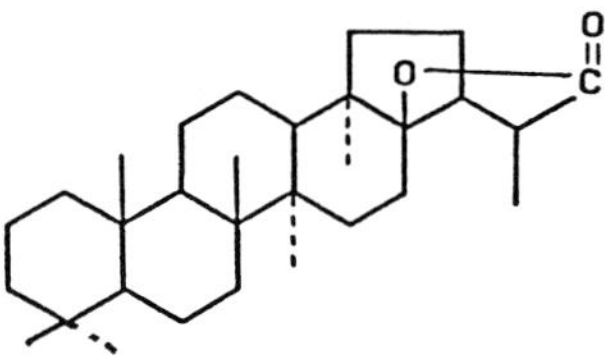

(690) 21αH-Hopan-29,17β-olide

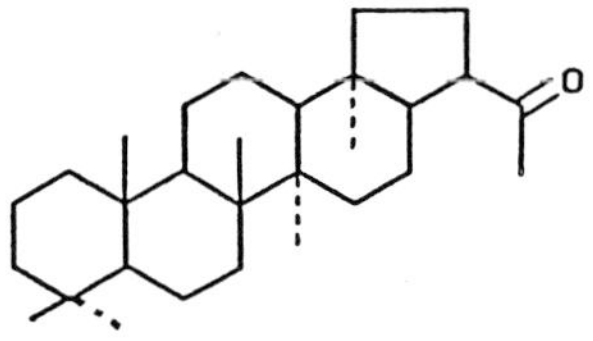

(691) Isoadiantone

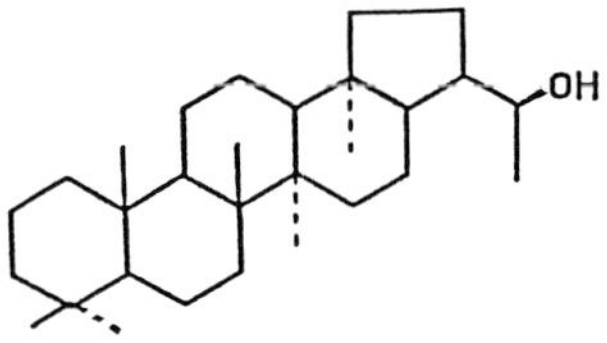

(692) Isoadiantol B

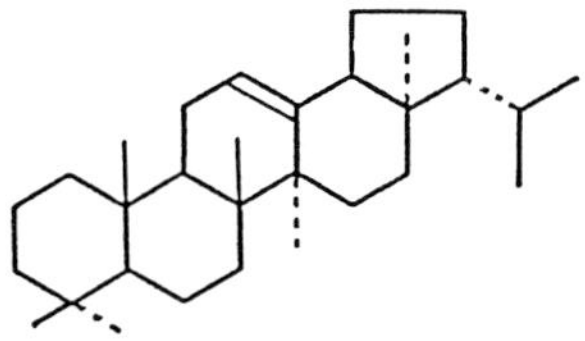

(693) Neohop-12-ene

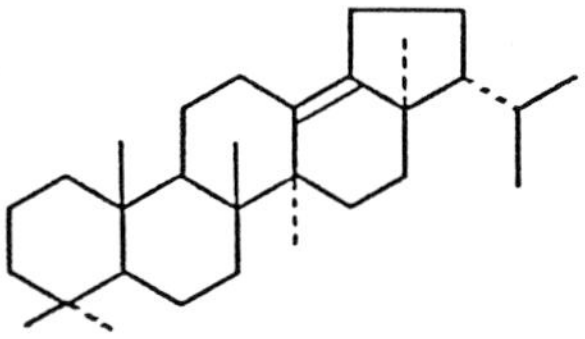

(694) Neohop-13(18)-ene

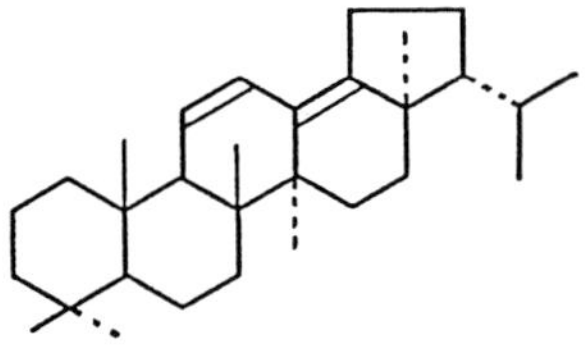

(695) Neohopa-11,13(18)-diene

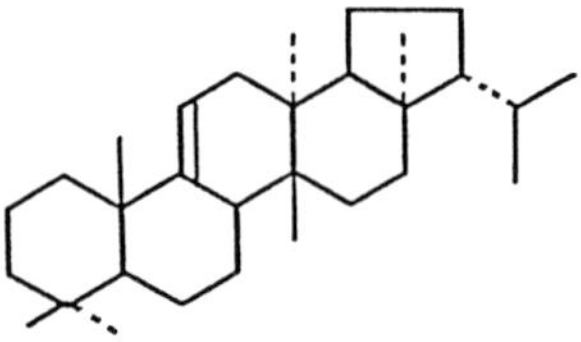

(696) Fern-9(11)-ene

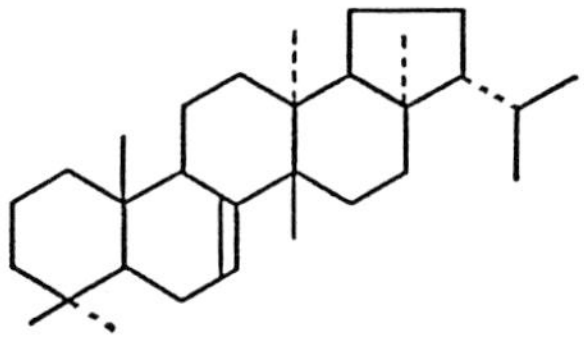

(697) Fern-7-ene

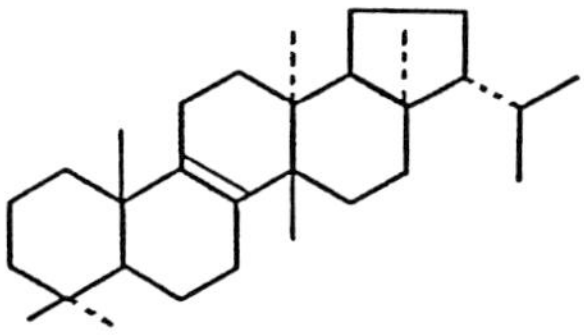

(698) Fern-8-ene

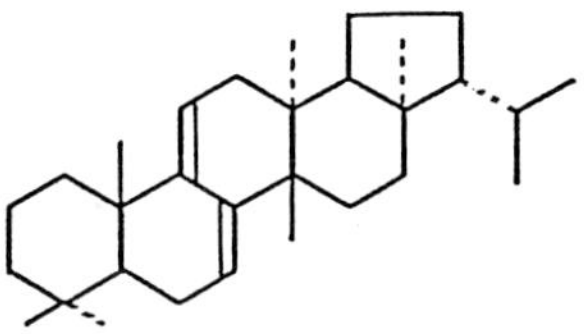

(699) Ferna-7,9(11)-diene

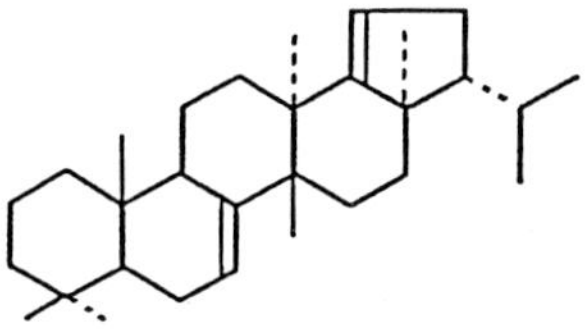

(700) Ferna-7,18-diene

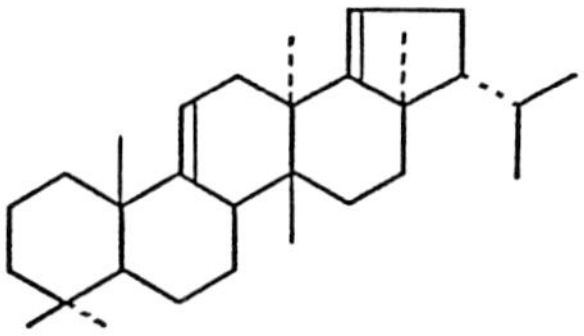

(701) Ferna-9(11),18-diene

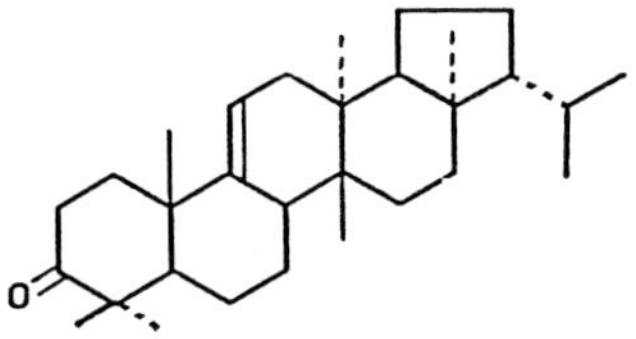

(702) Fern-9(11)-en-3-one

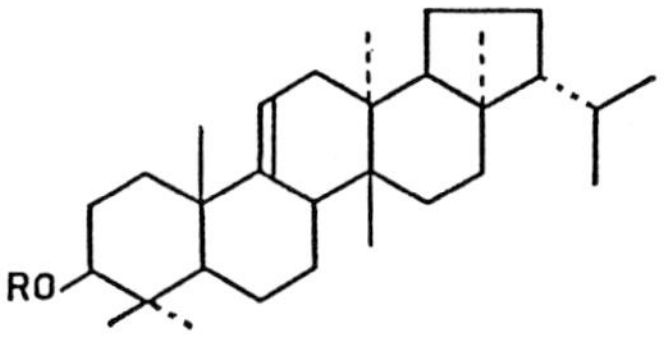

(703) R=H   Fern-9(11)-en-3β-ol
(704) R=Ac   Fern-9(11)-en-3β-yl acetate
(705) R=palmitoyl Fern-9(11)-en-3β-yl palmitate
(706) R=CH$_3$ 3β-Methoxyfern-9(11)-ene

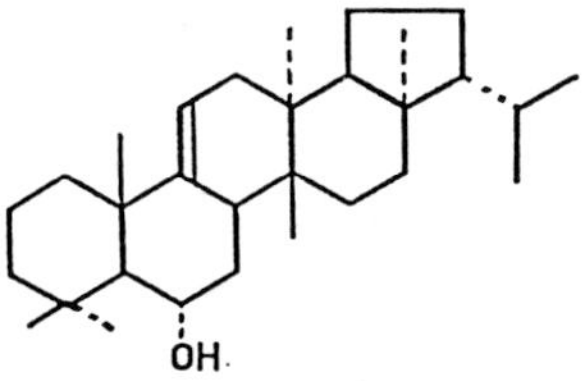

(707) Fern-9(11)-en-6α-ol

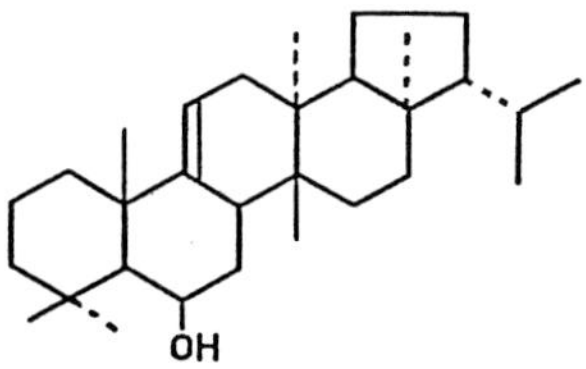

(708) Fern-9(11)-en-6β-ol

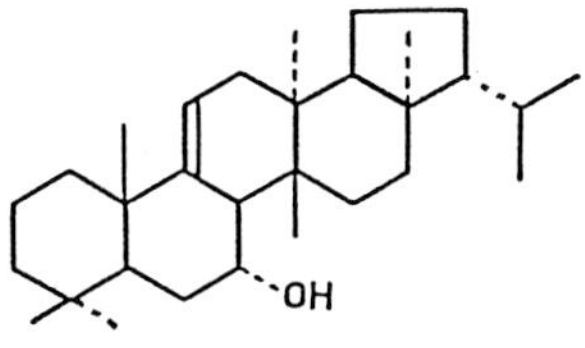

(709) Fern-9(11)-en-7α-ol

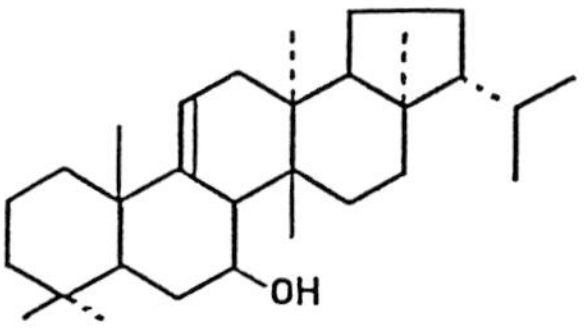

(710) Fern-9(11)-en-7β-ol

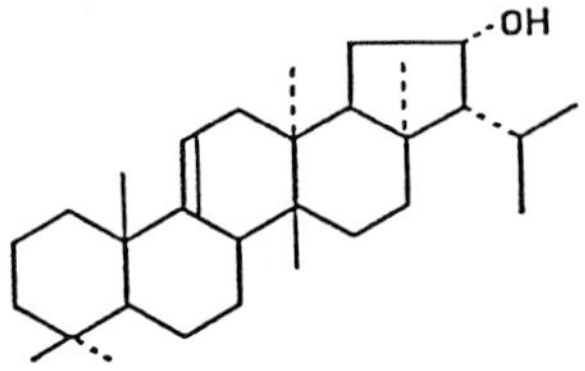

(711) Fern-9(11)-en-20α-ol

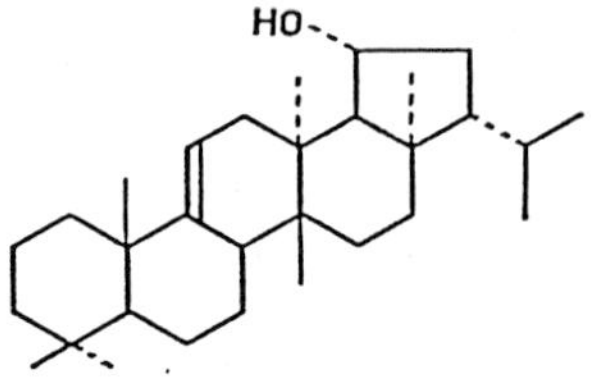

(712) Fern-9(11)-en-19α-ol

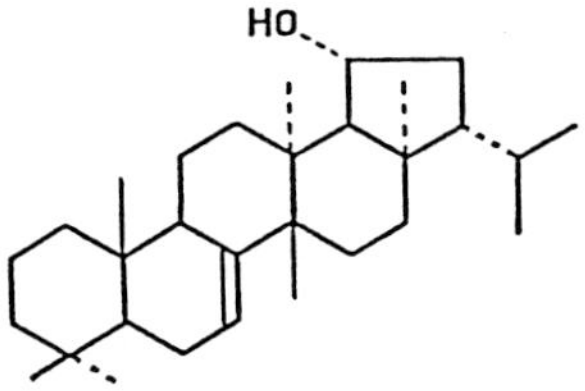

(713) Fern-7-en-19α-ol

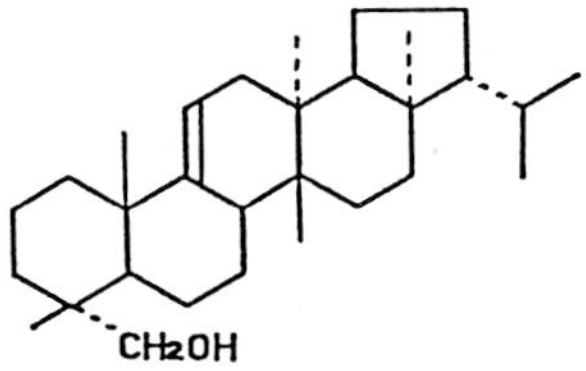

(714) Fern-9(11)-en-23-ol

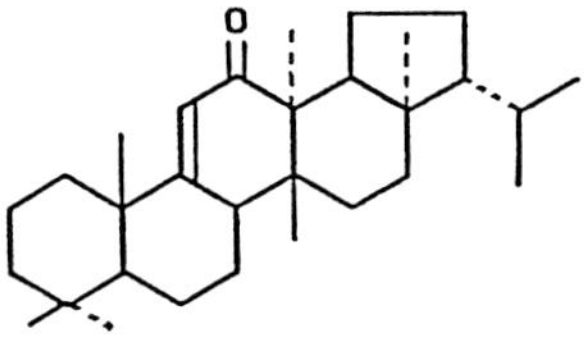

(715) Fern-9(11)-en-12-one

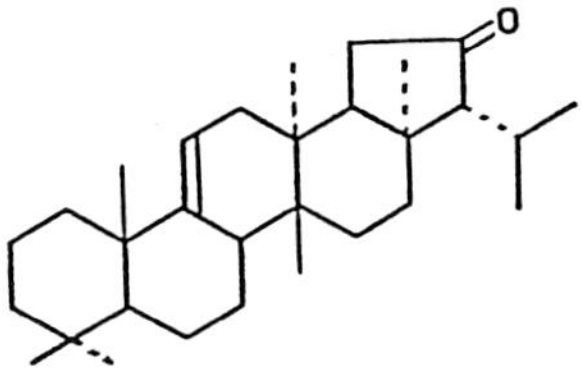

(716) Fern-9(11)-en-20-one

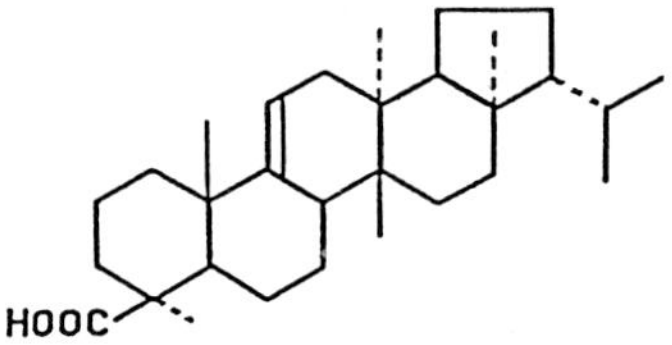

(717) Davallic acid

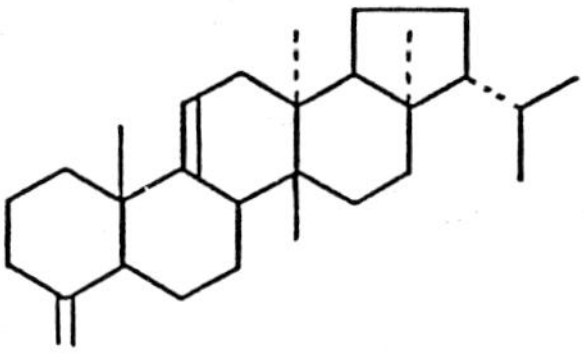

(718) 24-Norferna-4(23),9(11)-diene

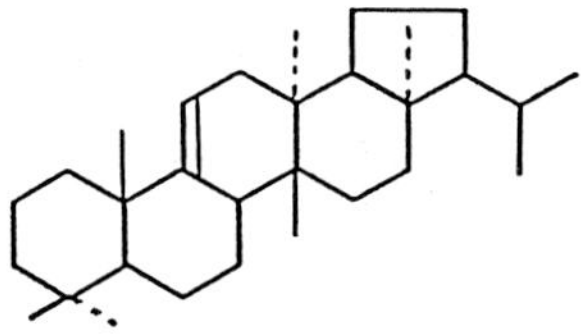

(719) 21-Epifern-9(11)-ene

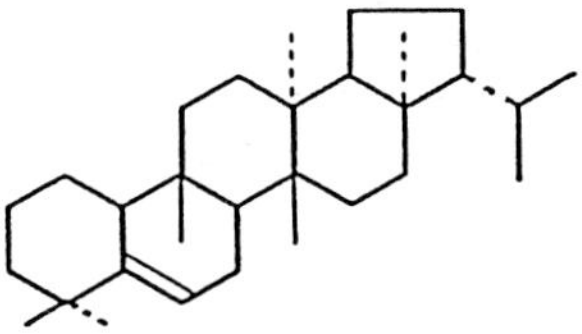

(720) Adian-5-ene

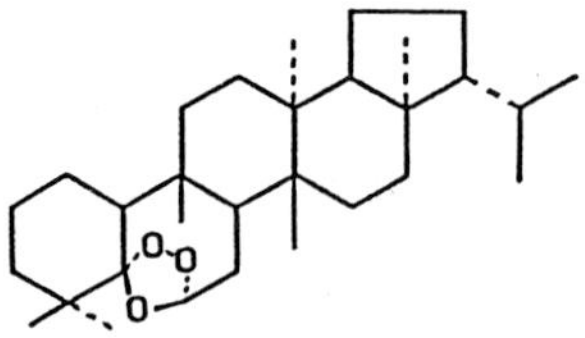

(721) Adian-5-ene ozonide

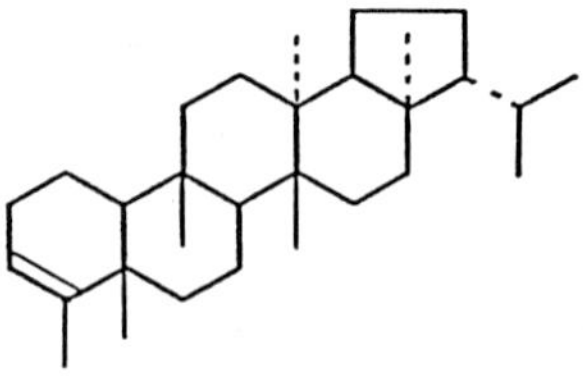

(722) Filic-3-ene

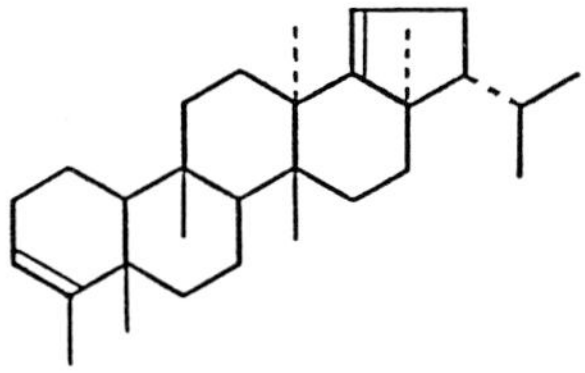

(723) Filica-3,18-diene

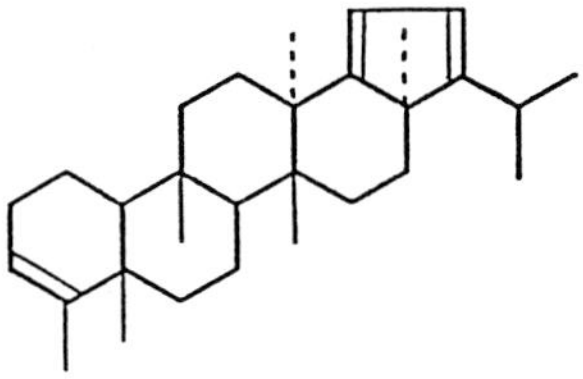

(724) Filica-3,18,20-triene

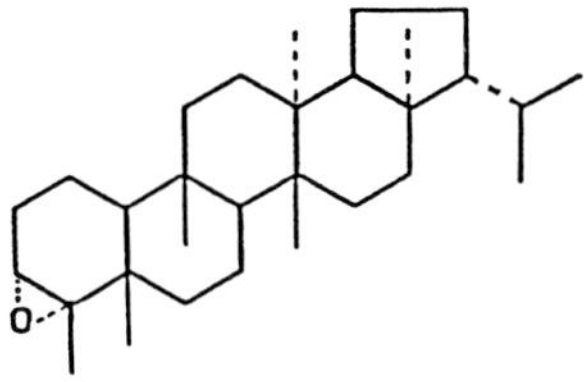

(725) Adiantoxide

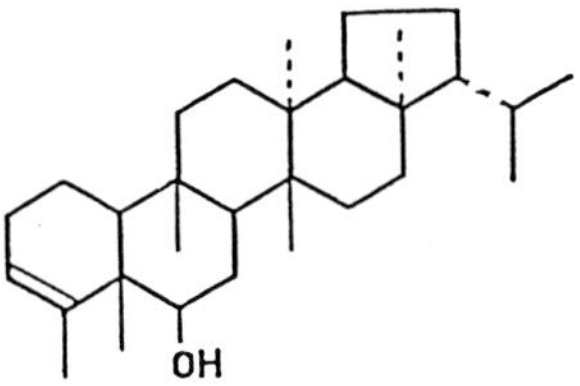

(726) Filic-3-en-6β-ol

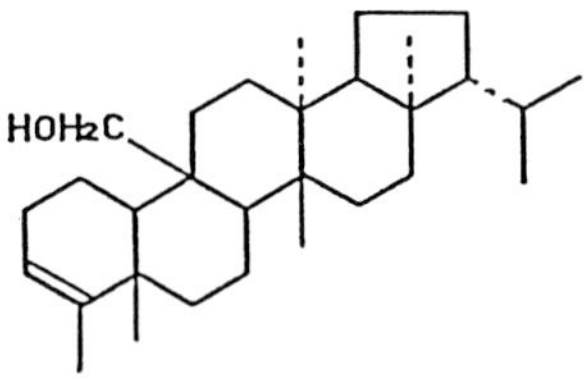

(727) Filic-3-en-25-ol

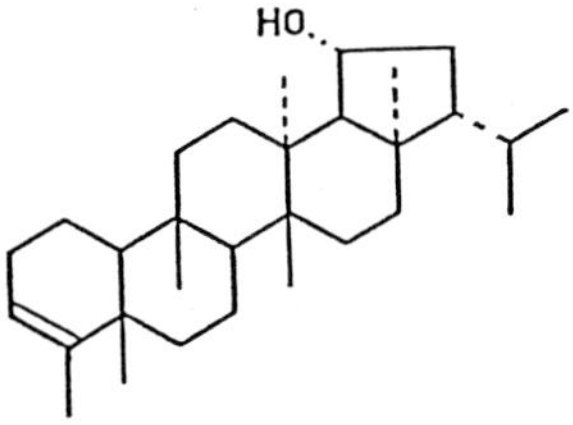

(728) Filic-3-en-19α-ol

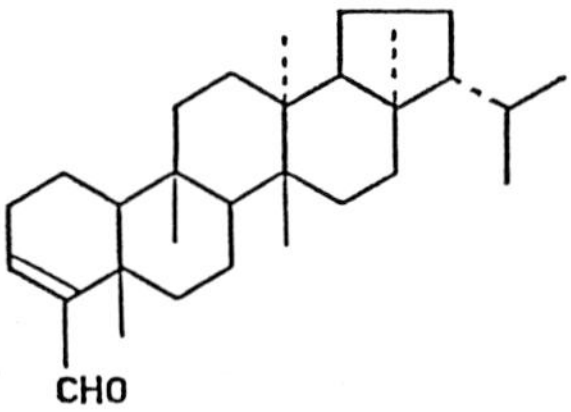

(729) Filic-3-en-23-al

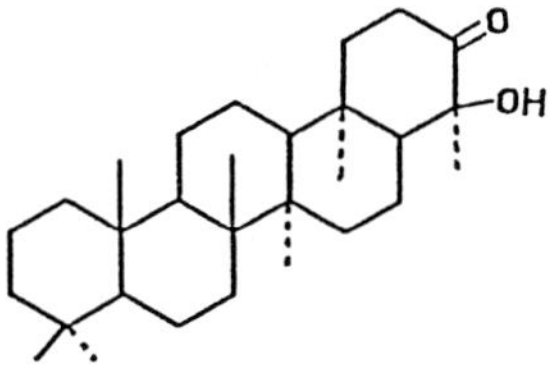

(730) 22β-Hydroxy-29-norgammaceran-21-one

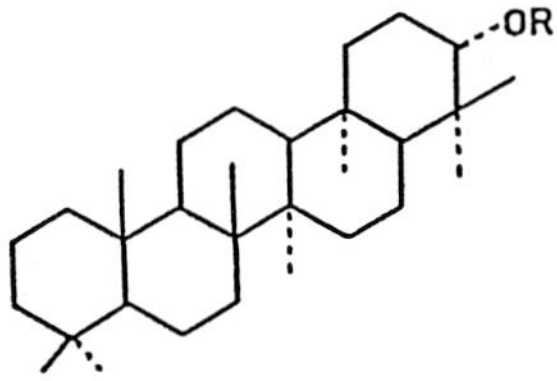

(731) R=H   Tetrahymanol
(732) R=Ac Tetrahymanyl acetate

Chart 37. Triterpenoids (Group I) found in the filicopsida

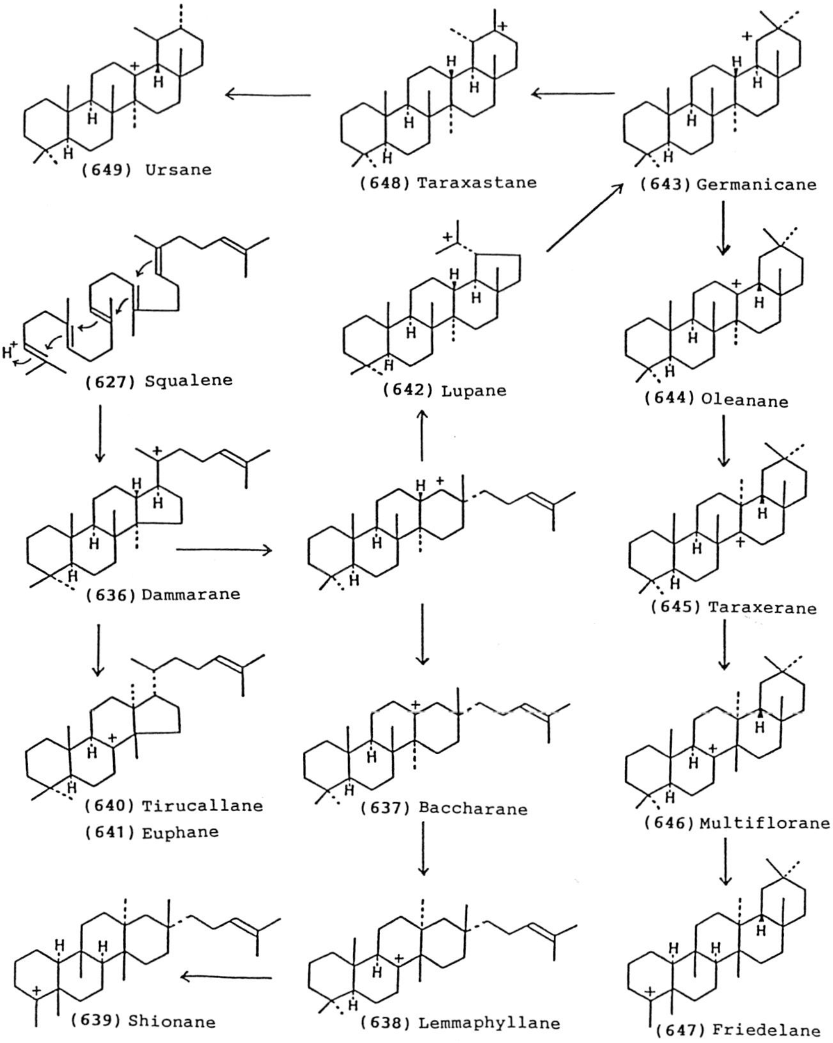

Scheme 7. Biosynthetic pathway of triterpenes (Group II)

hop-17(21)-ene (**657**) and adian-5-ene (**720**) gave stable ozonides as might be expected on the basis of their occurrence **673** and **721** in nature.

The second group contains oleananes (**644**), ursanes (**649**), friedelanes (**647**), dammaranes (**636**), shionanes (**639**) and others. They are derived from squalene (**627**) in the chair-chair-chair-boat conformation by concerted cyclization to give the protosterol carbonium ion II (dammarenyl cation) **(636)** *(425)*, followed in some cases by ring expansion and/or further cyclization **(637, 642, 643)**. Successive backbone rearrangements in **637** and **643** produce other rearranged carbon skeletons.

Such triterpenes are quite commonly observed in seed plants, but, in contrast to seed plant triterpenes which have an oxygen function at C-3, fern triterpenes with a few exceptions lack the C-3 oxygen. It is not known whether the oxygen function at C-3 is originally derived from the oxygen of 2,3-oxidosqualene or is introduced after cyclization.

Oleanane type and migrated oleanane type triterpenes appear to be restricted to some species of *Polypodium* [*P. niponicum*, *P. formosanum* *(365)* and *P. amamianum* *(329)*] indicating that these three ferns are closely related to each other.

Marsileagenin A **(750)** which is a hexahydroxylated oleanane type triterpene is a major sapogenol of the saponins obtained from *Marsileaminuata* (Marsileaceae) *(409)*. Such highly oxidized triterpenes are quite unusual in ferns though they occur frequently in seed plants.

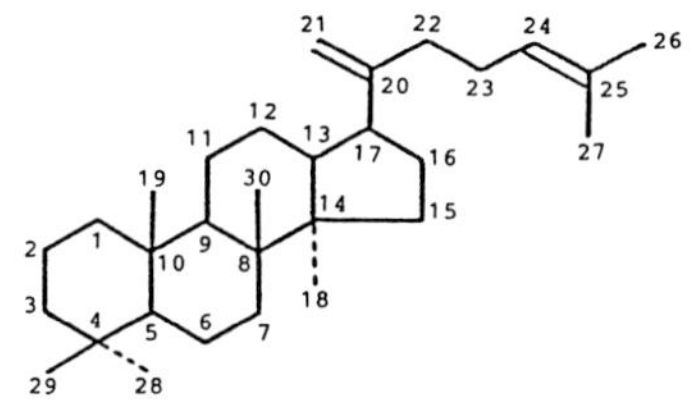

(733) Dammara-20(21),24-diene

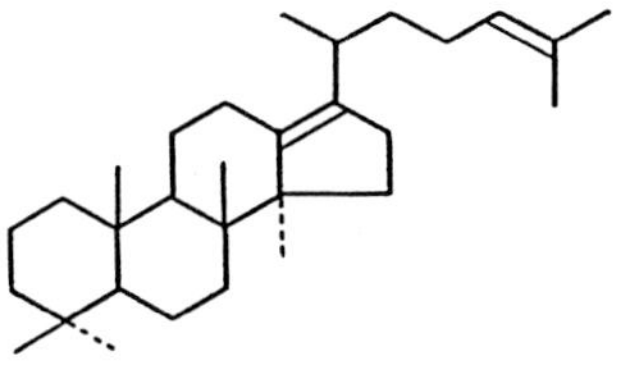

(734) (20R)-Dammara-13(17),24-diene

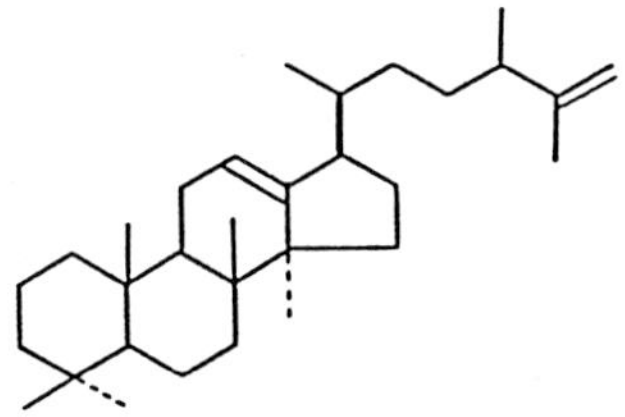

(735) 24-Methyldammara-12,25-diene

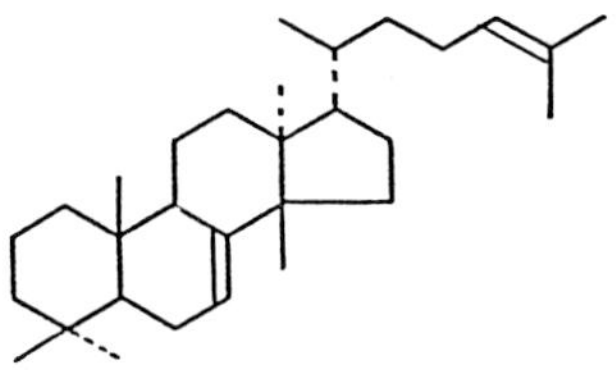

(736) Tirucalla-7,24-diene

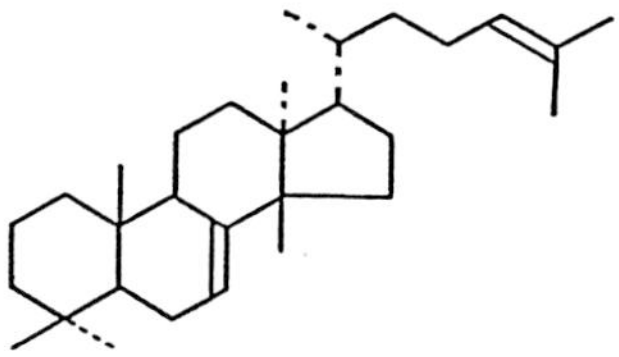

(737) Eupha-7,24-diene

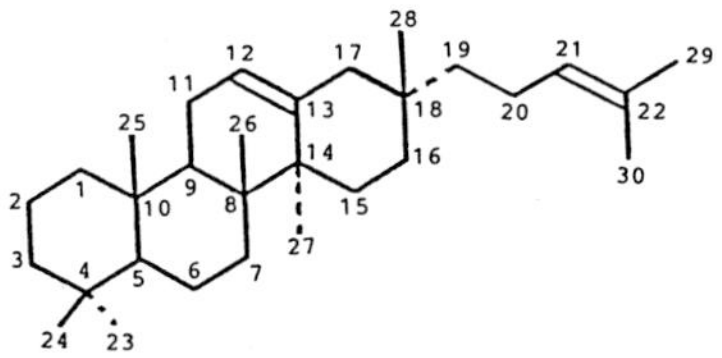

(738) Racchara-12,21-diene

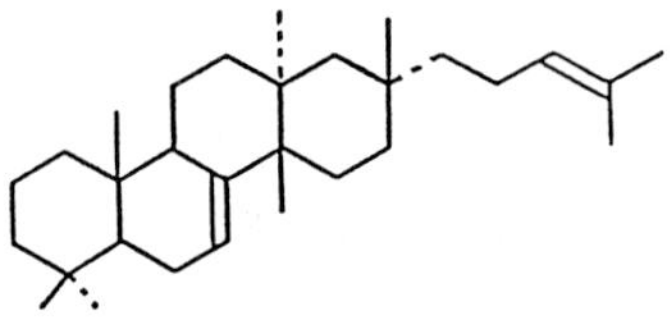

(739) Lemmaphylla-7,21-diene

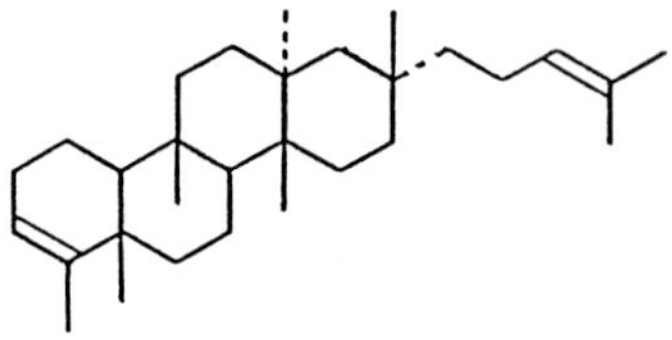

(740) Shiona-3,21-diene

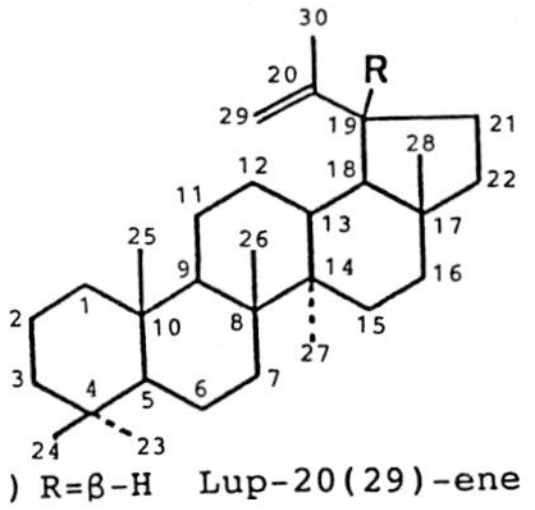

(741) R=β-H Lup-20(29)-ene
(742) R=α-H 19αH-Lup-20(29)-ene

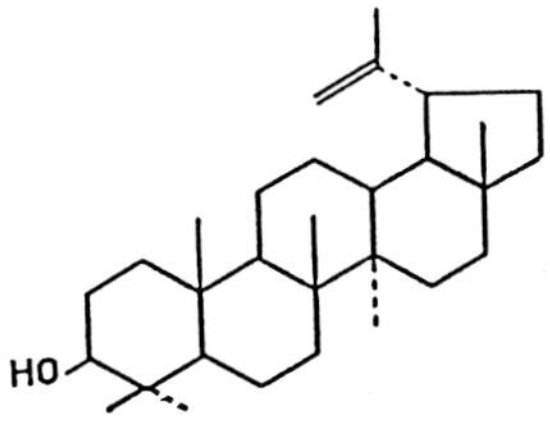

(743) Lupeol

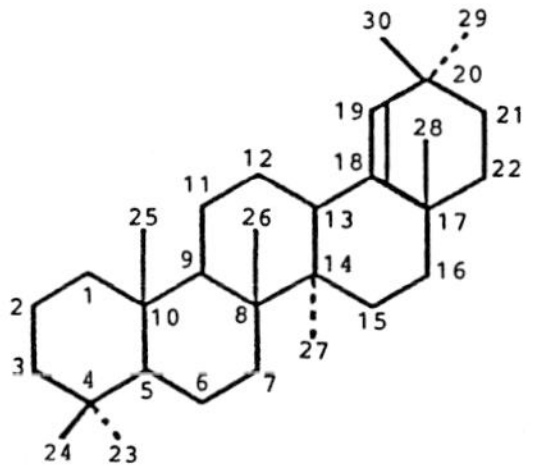

(744) Germanic-18-ene

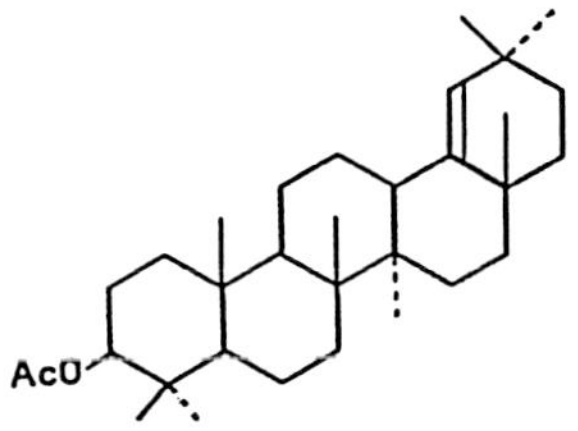

(745) Germanicyl acetate

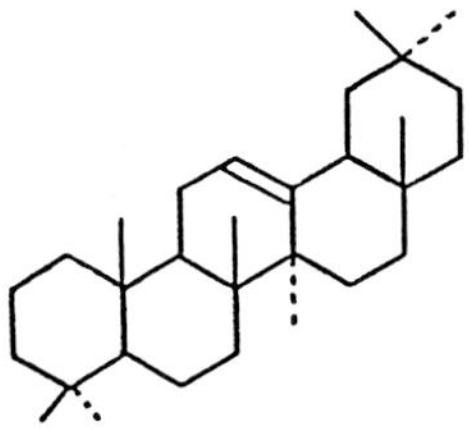

(746) Olean-12-ene

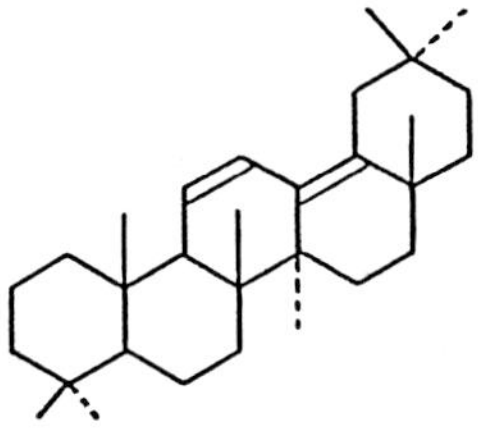

(747) Oleana-11,13(18)-diene

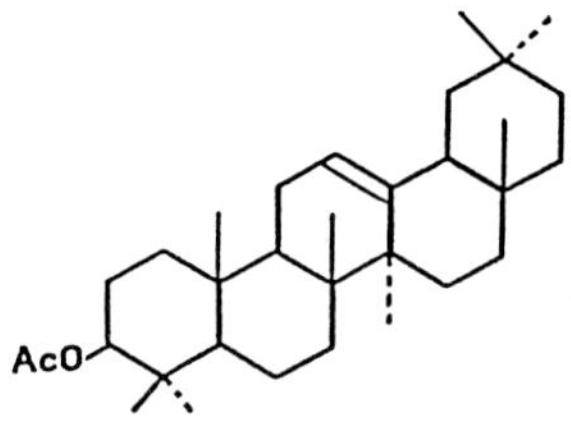

(748) β-Amyrin acetate

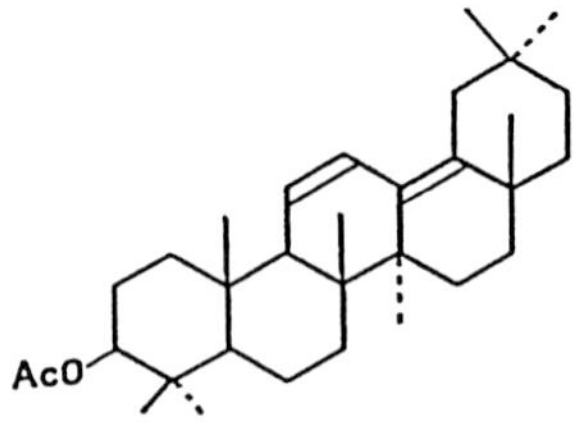

(749) Oleana-11,13(18)-dien-3β-yl acetate

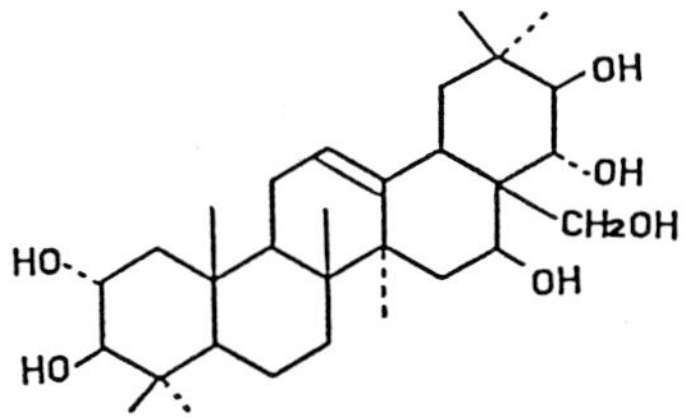

(750) Marsileagenin A

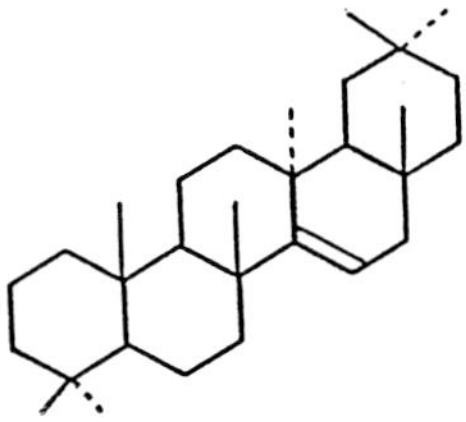

(751) Taraxer-14-ene

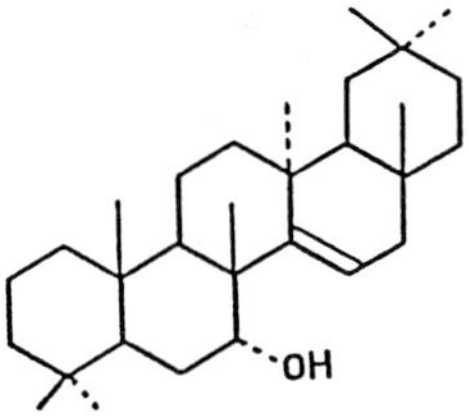

(752) Taraxer-14-en-7α-ol

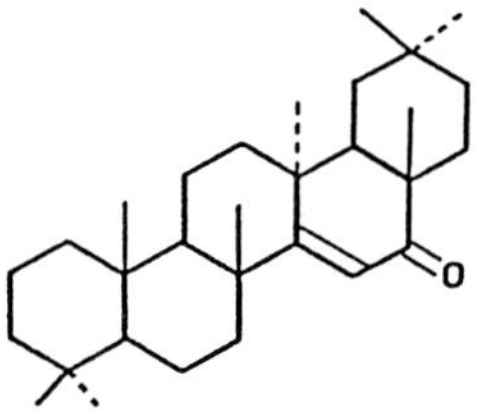

(753) Taraxer-14-en-16-one

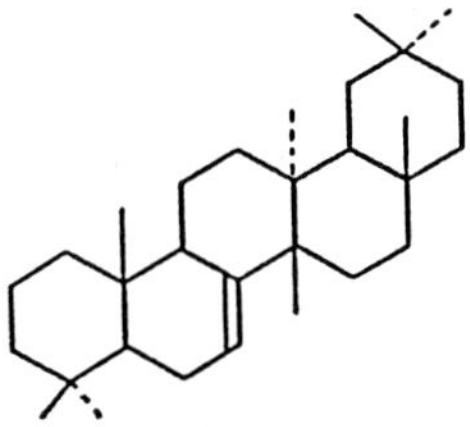

(754) Multiflor-7-ene

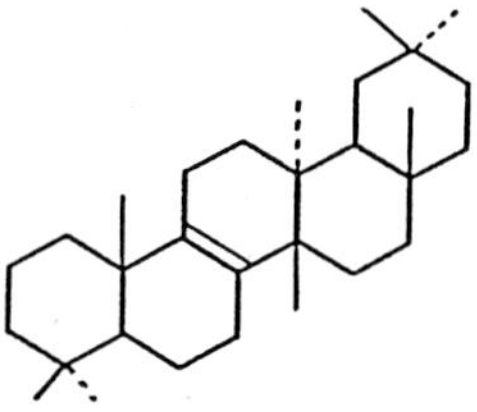

(755) Multiflor-8-ene

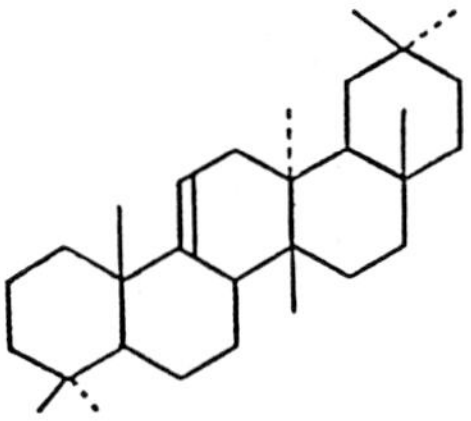

(756) Multiflor-9(11)-ene

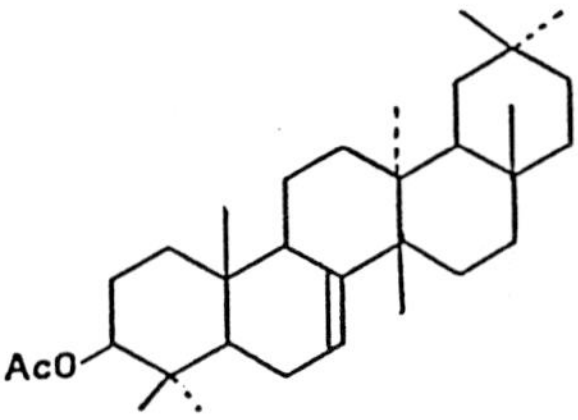

(757) Multiflor-7-en-3β-yl acetate

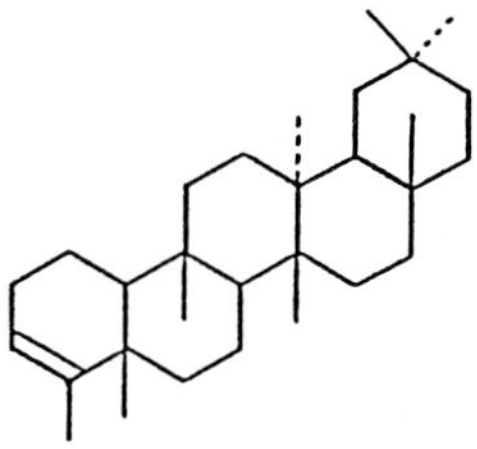

(758) Friedel-3-ene

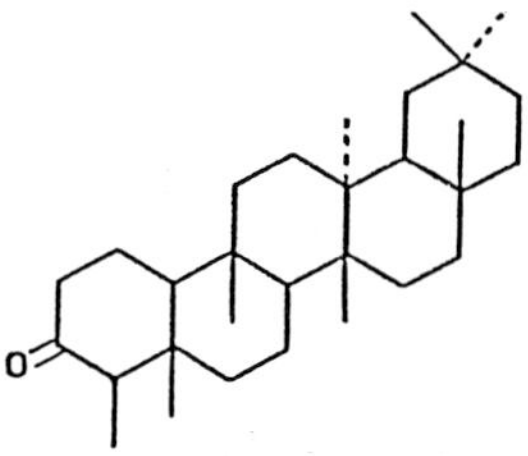

(759) Friedelin

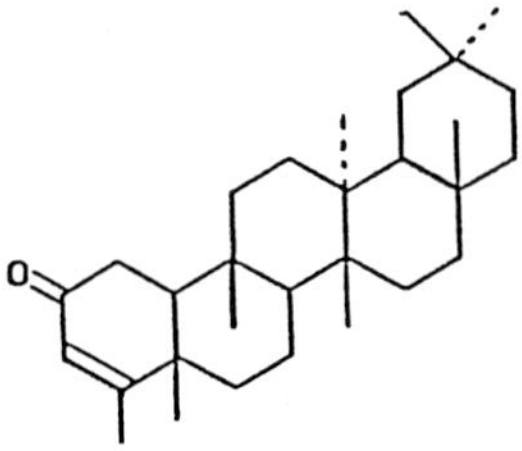

(760) 2-Oxofriedel-3-ene

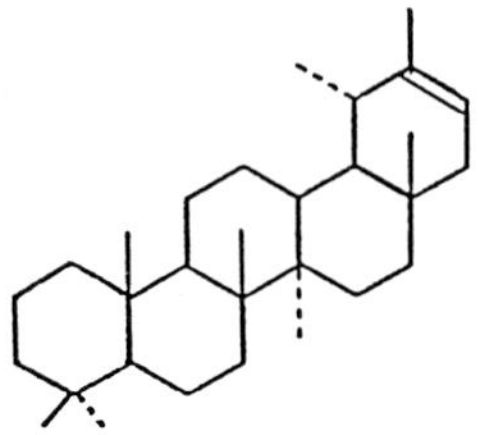

(761) ψ-Taraxastene

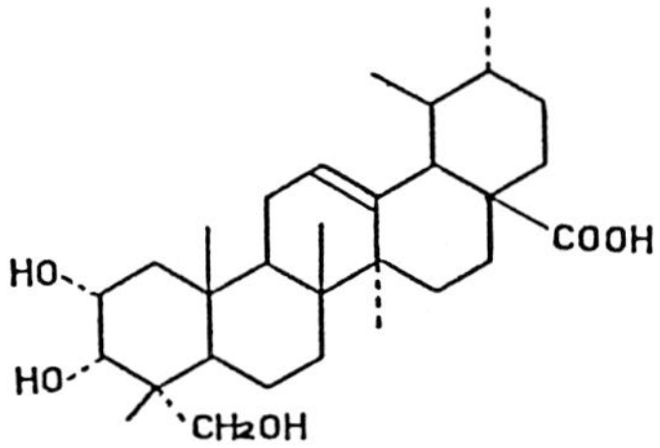

(762) Esculentic acid

Chart 38. Triterpenoids (Group II) found in the filicopsida

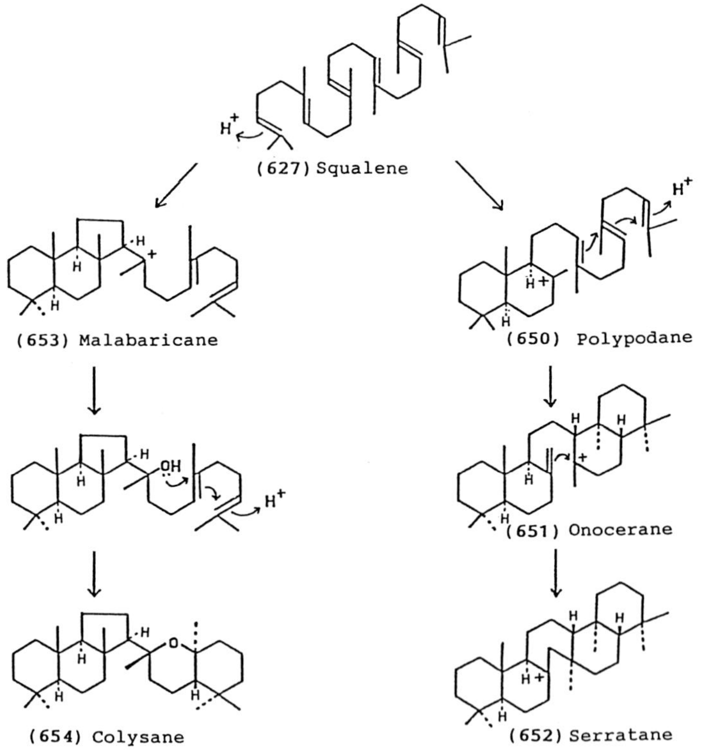

(627) Squalene

(653) Malabaricane

(650) Polypodane

(651) Onocerane

(654) Colysane

(652) Serratane

Scheme 8. Biosynthetic pathway of triterpenes (Group III)

The third group contains polypodanes (**650**), onoceranes (**651**), serratanes (**652**), malabaricanes (**653**) and colysanes (**654**). Polypodanes (**650**) and malabaricanes (**653**) are derived from squalene by cyclizations which form bicyclic and tricyclic skeletons, respectively. Terminal cyclizations of the open chain of **650** and **653** gives onoceranes (**651**) and colysanes (**654**), respectively. Colysanoxide (**768**) is a tetracyclic triterpene oxide with an unsymmetrical onoceroid (*364*) skeleton, and seems to be restricted to several species of the genus *Colysis* (Polypodiaceae) (*412*). Serratanes (**652**) are produced by cyclization of the central portion of the onocerenyl cation to form a cycloheptane ring. Most of these compounds are unstable and may be isolated only from fresh fern material (*364*).

The fresh leaves of *Lemmaphyllum microphyllum* varieties contain various kinds of triterpenoid hydrocarbons acyclic [squalene (**627**)], bicyclic [polypodanes (**650**) (*411*)], tricyclic [malabaricanes (**653**) (*411*)], tetracyclic [dammaranes (**636**), baccharanes (**637**) and their rearrangement products (*405*)] and pentacyclic [hopanes (**628**), lupanes (**642**) and their rearrangement products (*364*)] and onoceranes (**651**) (*364*). Chemotaxonomically, Japanese and Formosan species of *Polypodium* can be classified into three groups (*366*). The first group (*P. formosanum, P. niponicum, P. amamianum*) is characterized by the presence of oleananes (**644**) and their rearrangement products, the second (*P. vulgare, P. virginianum, P. fauriei*) by the occurrence of serratenes and the third (*P. someyae*) by containing neither of these triterpenes. *P. amamianum* is different from *P. niponicum* and *P. formosanum*, in that *P. amamianum* contains *ent*-labdane type diterpenes (*329*).

(**763**) α-Polypodatetraene

(**764**) γ-Polypodatetraene

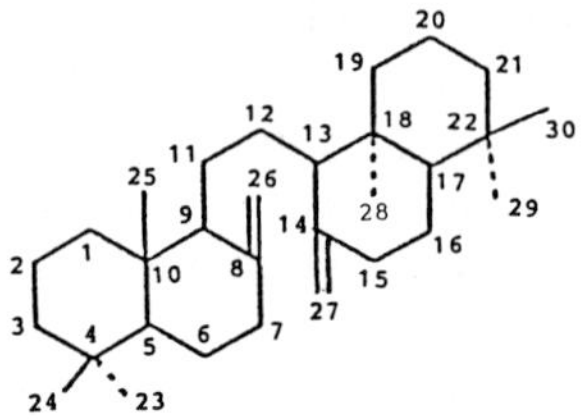

(765) α-Onoceradiene

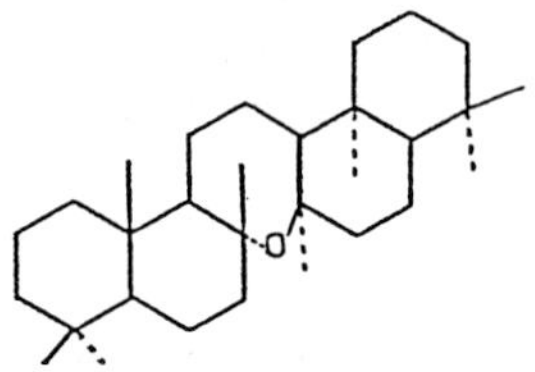

(766) Onoceranoxide

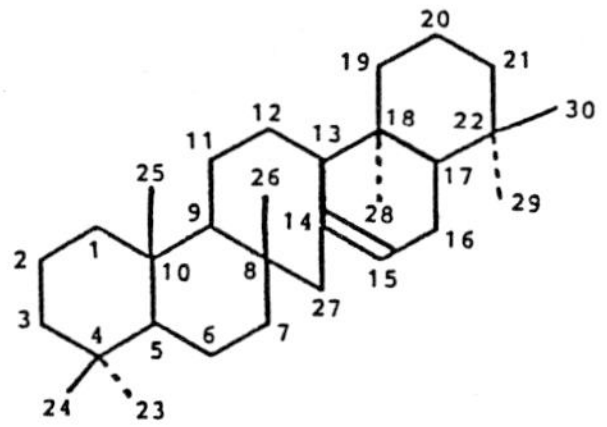

(767) Serratene

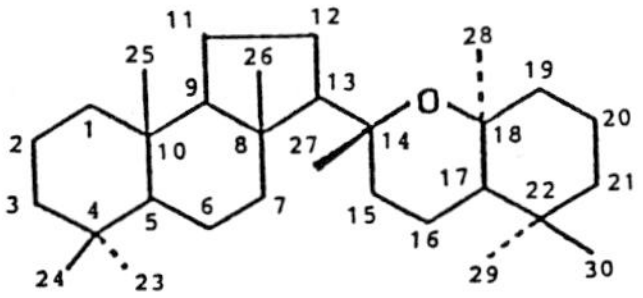

(768) Colysanoxide

Chart 39. Triterpenoids (Group III) found in the filicopsida

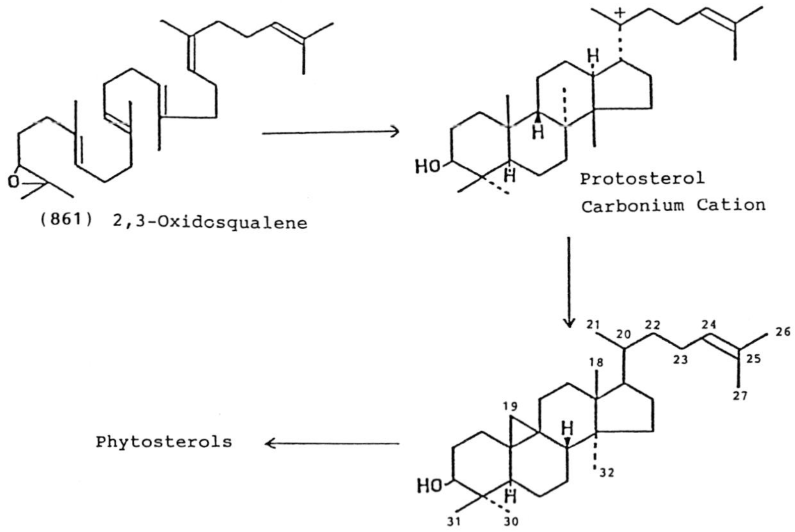

(861) 2,3-Oxidosqualene

Protosterol Carbonium Cation

Phytosterols ←

(862) Cycloartane

Scheme 9. Biosynthetic pathway of triterpenes (Group IV)

The fourth group of triterpene constituents in ferns contains biogenetic intermediates of the phytosterols which are derived from 2,3-oxidosqualene (**861**) in the chair-boat-chair-boat conformation: Produced first is the protosterol carbonium ion I which produces cycloartanes [=9,19-cyclolanostanes (**862**)] by successive backbone rearrangement and cyclopropane ring formation. Subsequent alkylation of the side chain and demethylation of the C(4)- and C(14)-methyls in cycloartanes (**862**) forms the various skeletons of compounds belonging to this group.

(24 R)-Cyclomargenol (**789**) and its acetate (**790**) have been isolated along with the corresponding ketone (**791**) from the rhizomes of *Polypodium formosanum* (*415*). The acetate **790** occurs also in *P. niponicum* (*415*) and other polypodiaceous ferns (*367*). Occurrence of these compounds suggests that the additional carbon units at C-24 in sterols may have been introduced prior to elimination of 4-methyl groups (*426*) and the opening of cyclopropane ring in these ferns (*367, 415, 420, 427*).

(**769**) R=H   Cycloartenol
(**770**) R=Ac   Cycloartenyl acetate

(**771**) 9,19-Cyclolanost-25-en-3β-yl acetate

(**772**) R=H   Cycloartanol
(**773**) R=Ac   Cycloartanyl acetate

(**774**) R=H   31-Norcycloartanol
(**775**) R=Ac   31-Norcycloartanyl acetate

(**776**) Pollinastanol

(**777**) R=H   24-Methylenecycloartanol
(**778**) R=Ac   24-Methylenecycloartanyl acetate

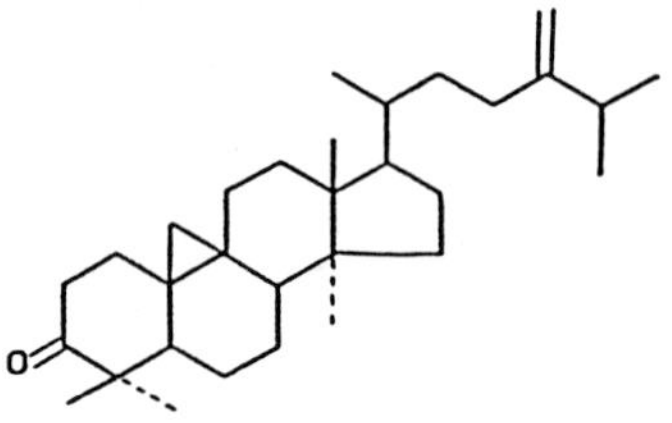

(779) 24-Methylenecycloartan-3-one

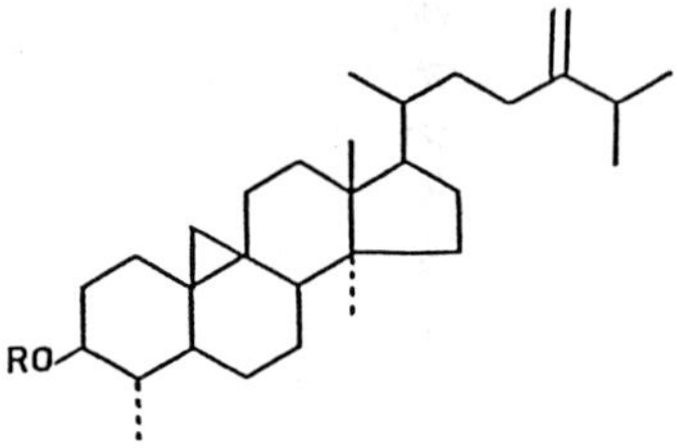

(780) R=H Cycloeucalenol
(781) R=Ac Cycloeucalenyl acetate

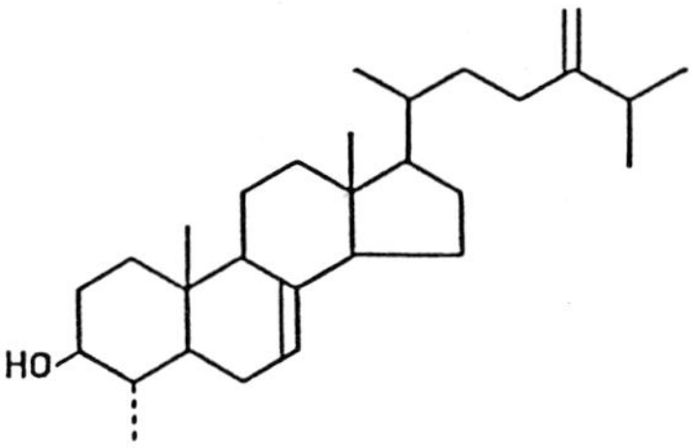

(782) 24-Methylenelophenol

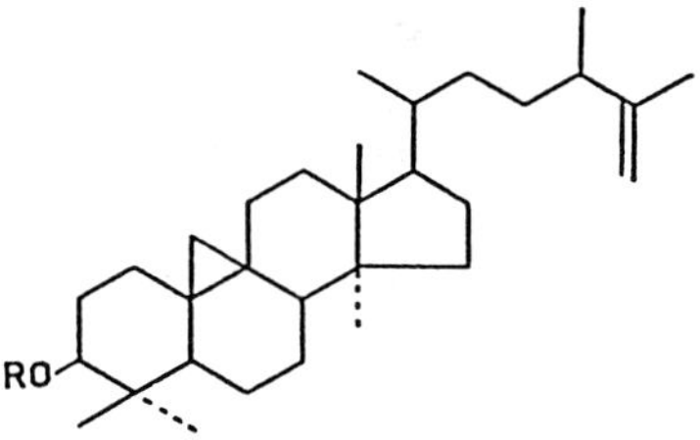

(783) R=H (24R)-Cyclolaudenol
(784) R=Ac (24R)-Cyclolaudenyl acetate

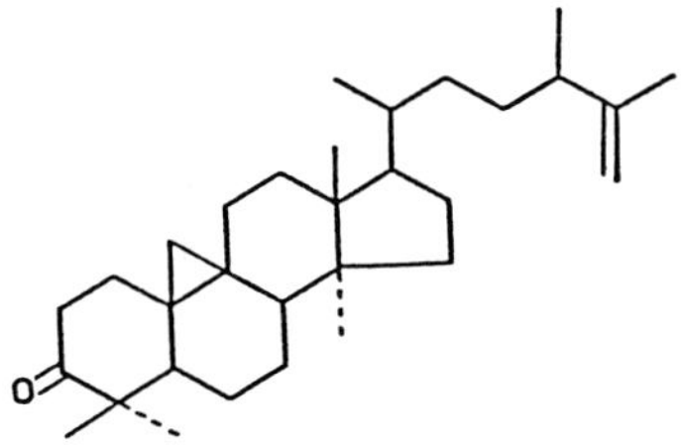

(785) (24R)-Cyclolaudenone

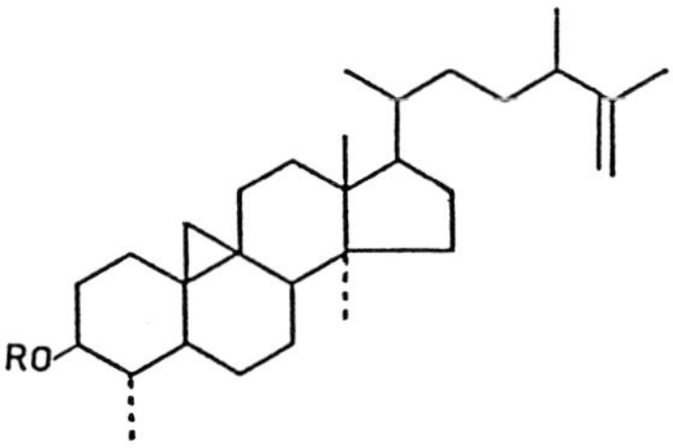

(786) R=H 31-Norcyclolaudenol
(787) R=Ac 31-Norcyclolaudenyl acetate

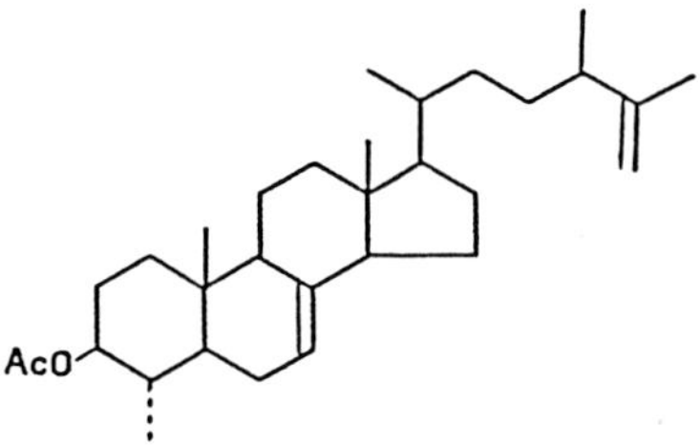

(788) (24R)-4α,24-Dimethylcholesta-7,25-dien-3β-yl acetate

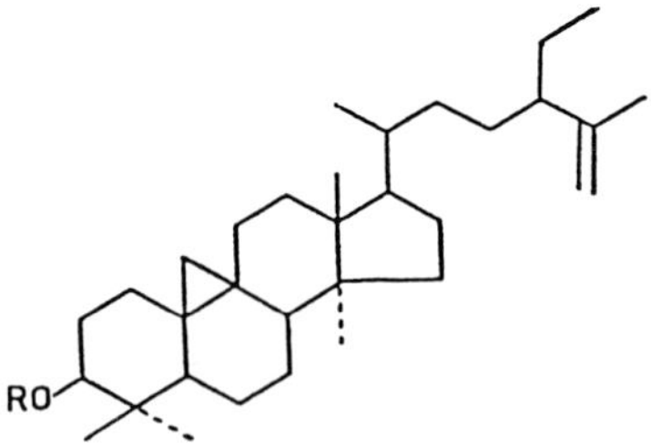

(789) R=H (24R)-Cyclomargenol
(790) R=Ac (24R)-Cyclomargenyl acetate

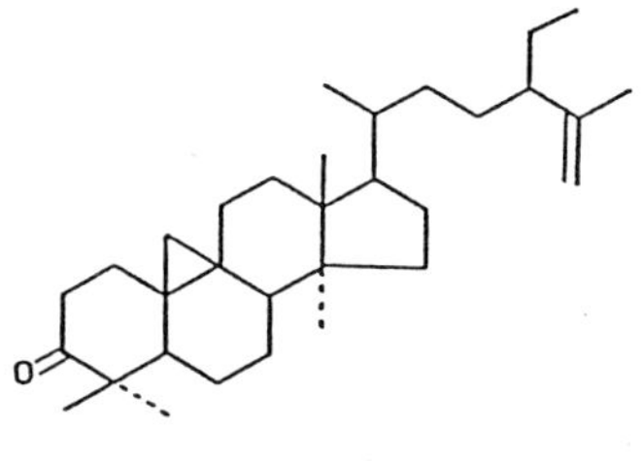

(791) (24R)-Cyclomargenone

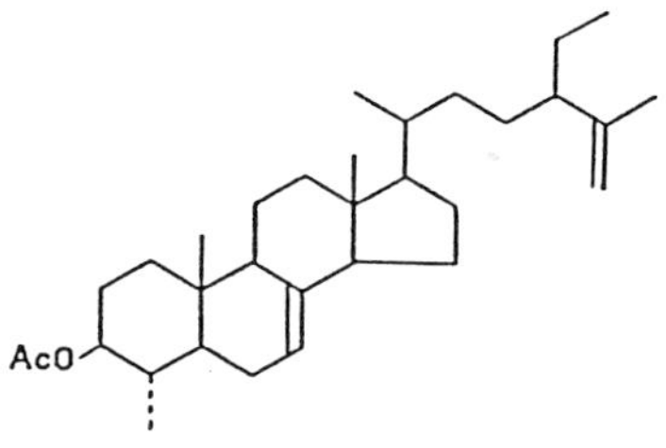

(792) (24R)-4α-Methyl-24-ethylcholesta-7,25-dien-3β-yl acetate

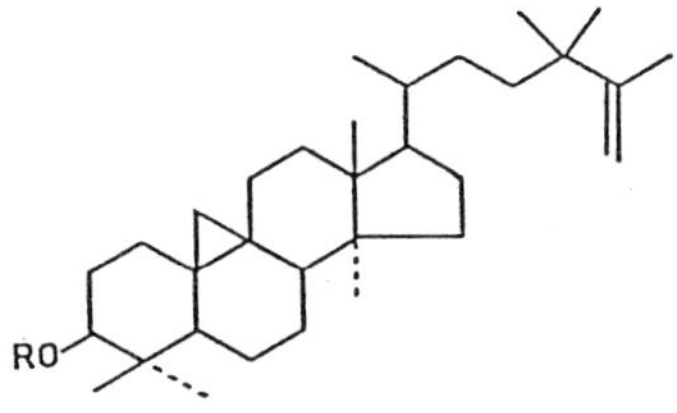

(793) R=H 24,24-Dimethylcycloart-25-en-3β-ol
(794) R=Ac 24,24-Dimethylcycloart-25-en-3β-yl acetate

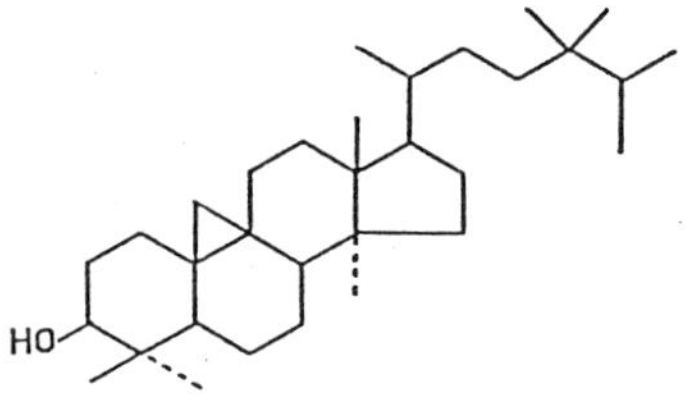

(795) 24,24-Dimethylcycloartan-3β-ol

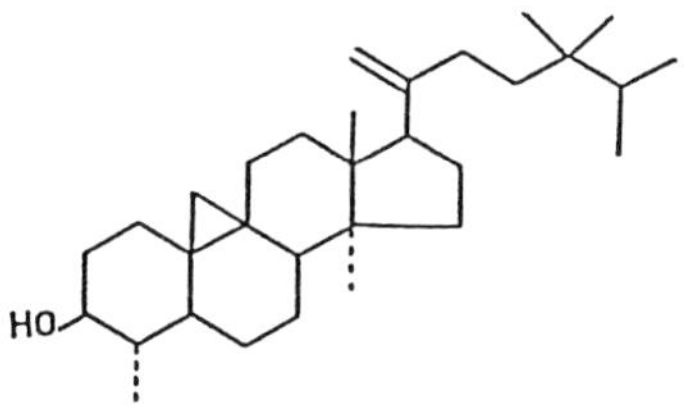

(796) 4β-Desmethyl-24,24-dimethyl-9,19-cyclolanost-20-en-3β-ol

Chart 40. Triterpenoids (Group IV) found in the filicopsida

2.6. Carotenoids

The presence of carotenoids in ferns had not been described until recently. In 1985 the presence of 19 carotenoids in ferns was reported by CZECZUGA (*428*). Among these β-cryptoxanthin (**797**), lutein epoxide (**798**), zeaxanthin (**799**), violaxanthin (**800**), and rhodoxanthin (**801**) occur in nearly all of the 54 species investigated. Rhodoxanthin (**801**) is a characteristic carotenoid of ripe sporiferous fronds. As the leaves turn russet, violaxantin (**800**) content increases and various norcarotenoids of the apocarotenal group appear, possibly as a result of degradation of appropriate carotenoid precursors.

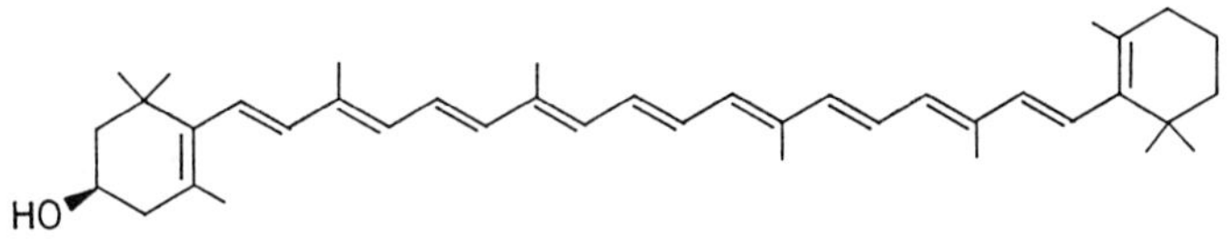

(797) β-Cryptoxanthin

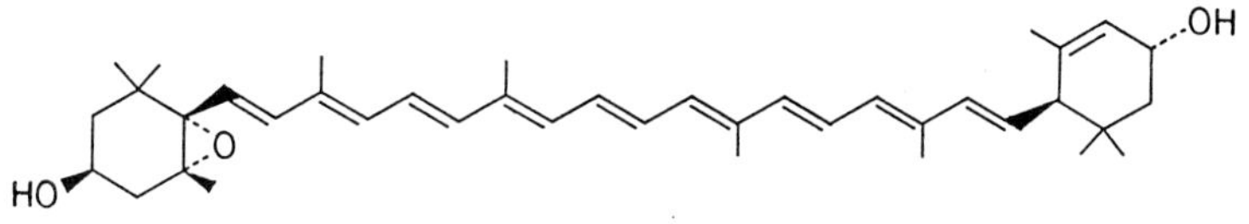

(798) Lutein epoxide

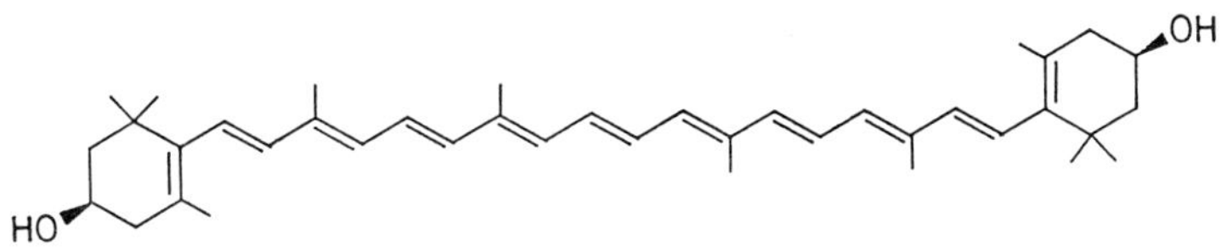

(799) Zeaxanthin

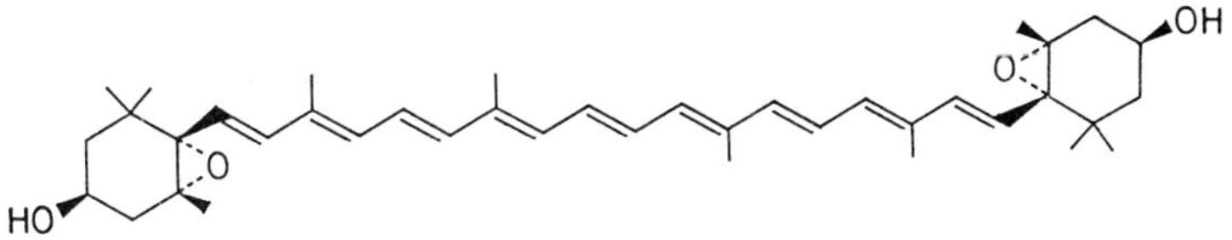

(800) Violaxanthin

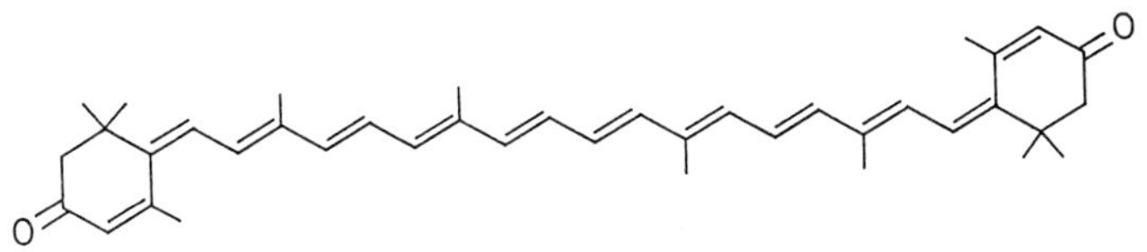

(801) Rhodoxanthin

Chart 41. Carotenoids found in the filicopsida

2.7. Steroids

The first moulting hormone of insects and crustaceans, α-ecdysone (**806**), was isolated by BUTENANDT and KARLSON (*445*) in 1954. Early studies on these compounds which are called ecdysones because they cause ecdysis have been summarized by HIKINO et al. (*430*) and NAKAN-ISHI (*448*). Ecdysones are present in minute quantities in these animal organisms, but in much larger quantities in plants (phytoecdysones). The phytoecdysones ponasterone A (**803**) and inokosterone (**808**) were first isolated in 1966 (*446, 447*) and are polyhydroxysteroids with an α, β-unsaturated ketone system in ring B. Today, some 40 phytoecdysones are known of which fifteen are from ferns. Studies on the distribution of phytoecdysones in Japanese (*449*), Formosan (*450*) and New Zealand ferns (*451*) using biological assays showed that ferns are a rich source of phytoecdysones. No phytoecdysones were detected in the Ophioglossaceae, Marattiaceae (eusporangiatae), as well as Schizaeaceae and Hymenophyllaceae, which are regarded as primitive in the leptosporangiatae. On the other hand, they seem to be distributed widely in the Osmundaceae, Cyatheaceae, Aspidiaceae, and Polypodiaceae. The most common phytoecdysones are α-ecdysone (**806**), β-ecdysone (**807**), and ponasterone A (**803**). Shidasterone (**805**) isolated from *Blechnum niponicum* (*436*) has no free 22-hydroxyl and possesses activity on insects in the Sarcophaga test (*452*), while stachysterone D (=shidasterone) (**805**), isolated from *Stachyurus praecox* (Stachyuraceae) (*453*), exhibits an extremely weak or no activity in the chilo test (*454, 455*). In Cheilanthones A (**815**) and B (**816**) isolated from *Cheilanthes tenuifolia* and *C. mysorensis*, the 7-double bond in the B-ring, which is a characteristic structural unit of ecdysones, is reduced and these compounds are biologically inactive (*437, 442*). 2-Deoxy-3-epiecdysone (**802**) (*456*) was found in *Blechnum vulcanicum* (*429*).

Osladin (**818**) is a potent sweetener isolated from *Polypodium vulgare* (*444*). Though its content is low (0.03% on a dried rhizome weight basis), it is about 3000 times as sweet as saccharose.

Phytosterols and their glucosides are common constituents of ferns. Acylated glucosides such as **820** (*392*) also occur in all ferns. From *Pteris inaequalis* var. *aequata* which contains 2-deoxy-D-glucose (**835**) abundantly, 2-deoxy-D-glucoside of β-sitosterol (**821**) has been isolated together with its β-D-glucoside (*289*).

(802) 2-Deoxy-3-epiecdysone

(803) Ponasterone A

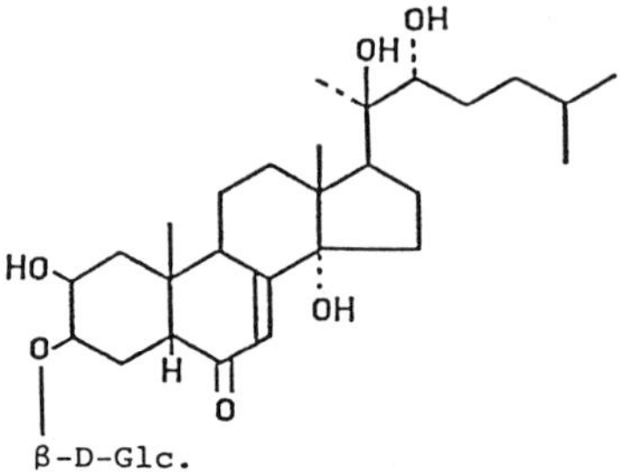

(804) Ponasteroside A

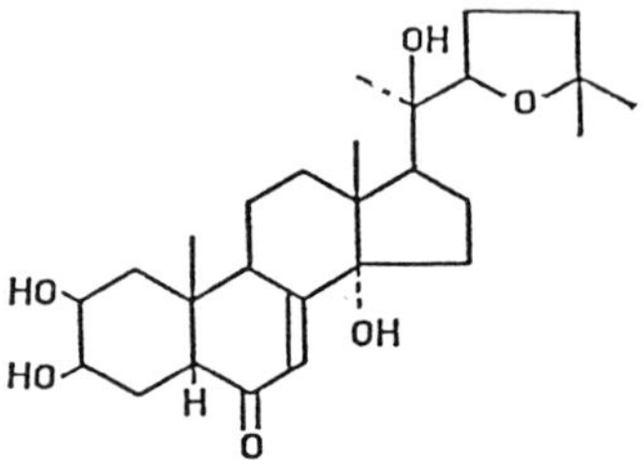

(805) Shidasterone

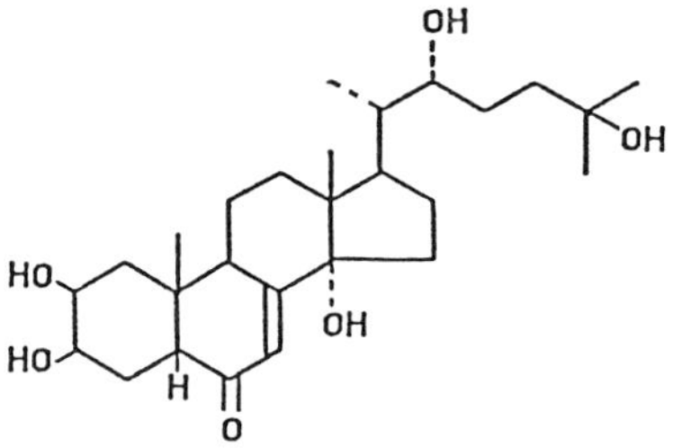

(806) α-Ecdysone

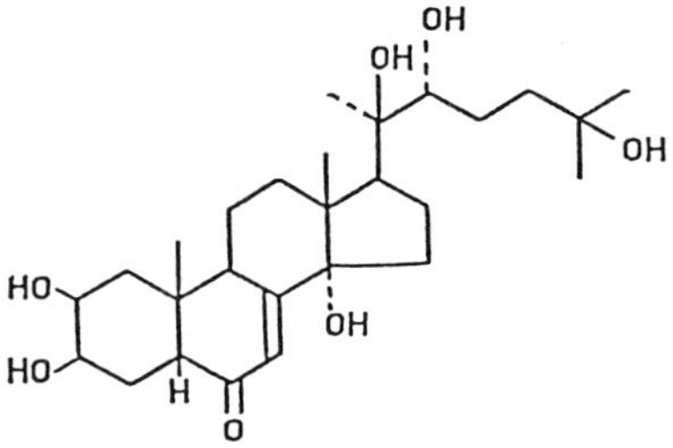

(807) β-Ecdysone

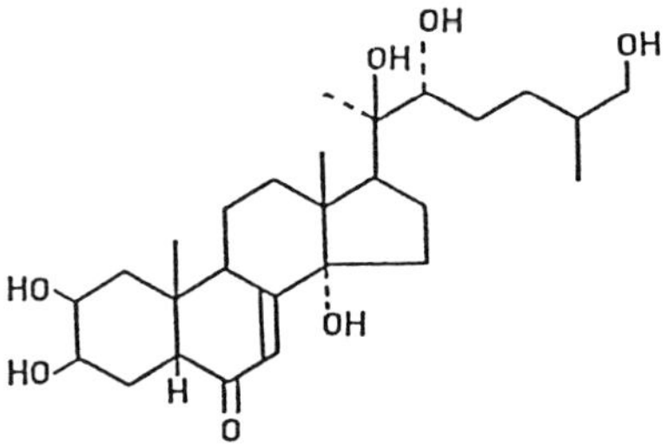

(808) Inokosterone

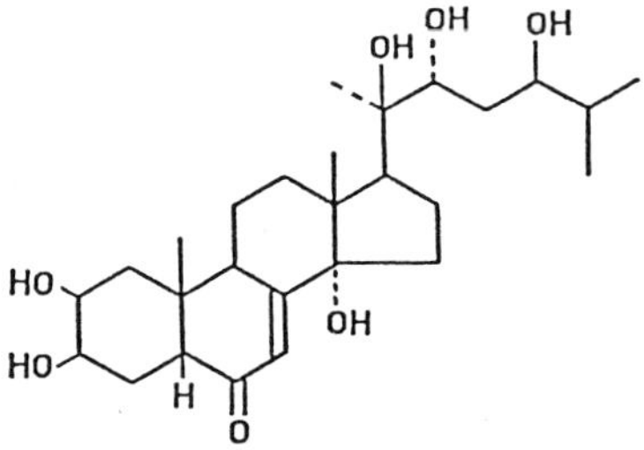

(809) Pterosterone

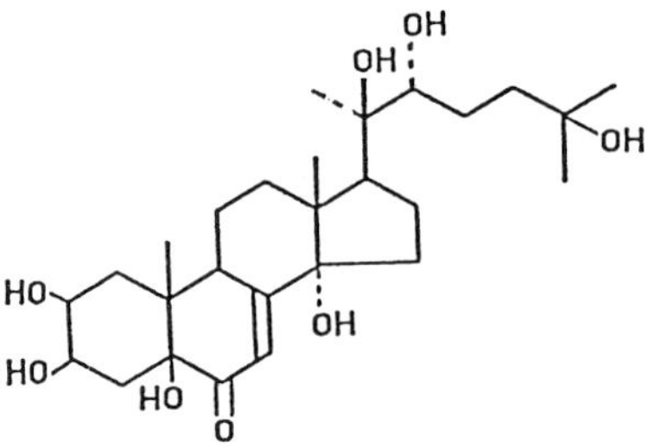

(810) Polypodine B

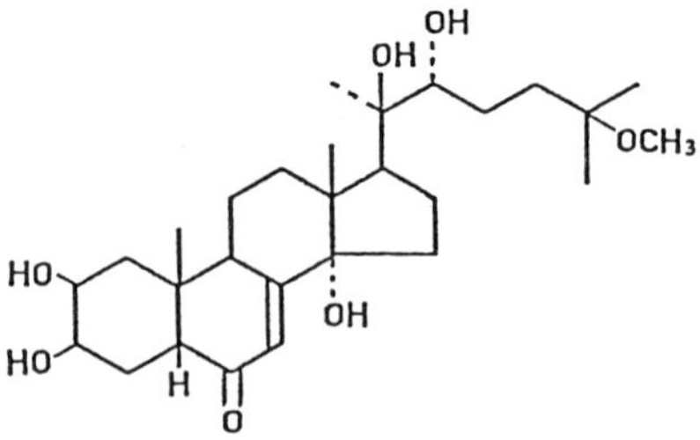

(811) Polypodoaurein

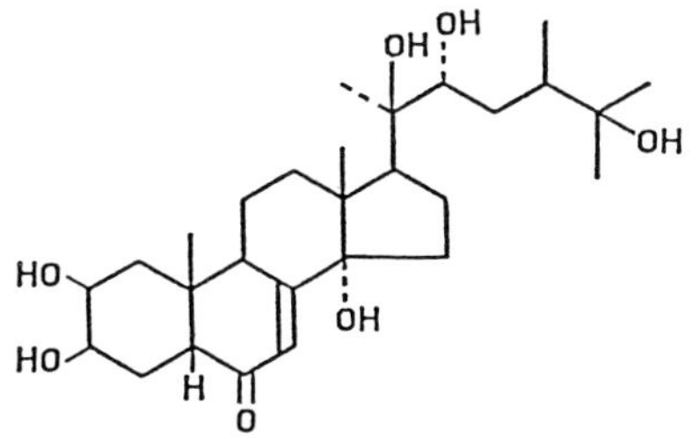

(812) Makisterone A

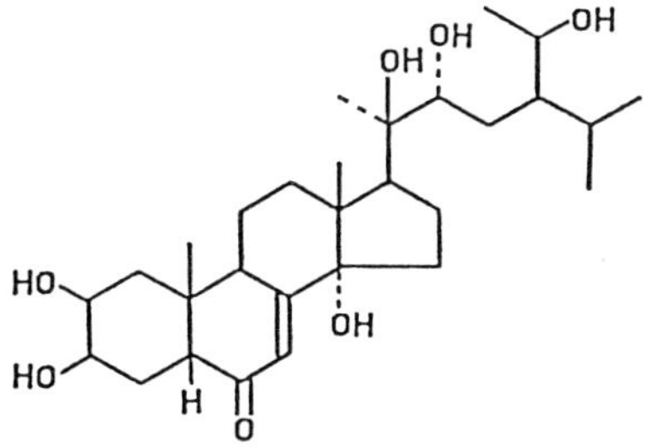

(813) Makisterone D

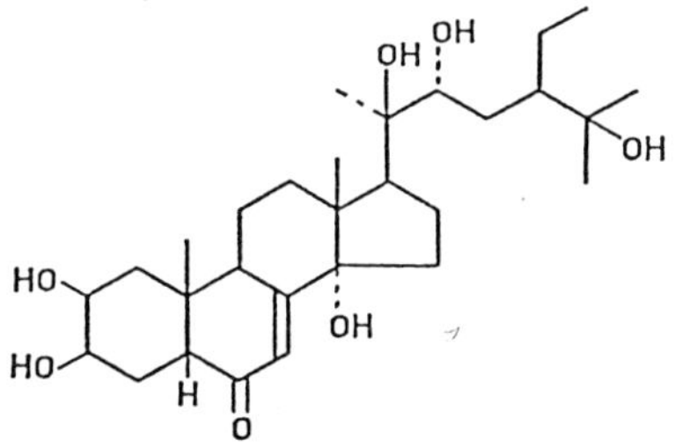

(814) Lemmasterone

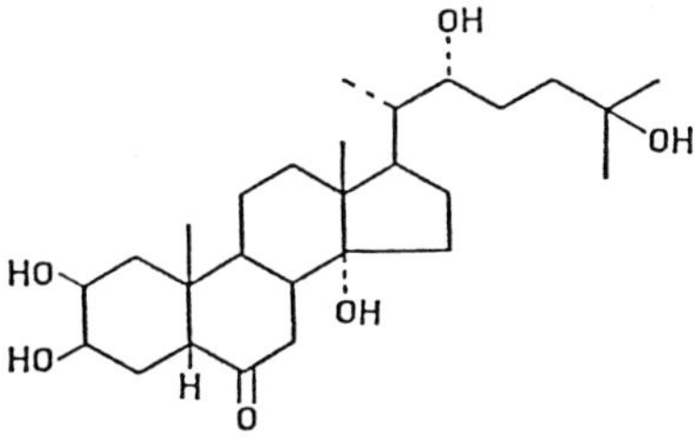

(815) Cheilanthone A

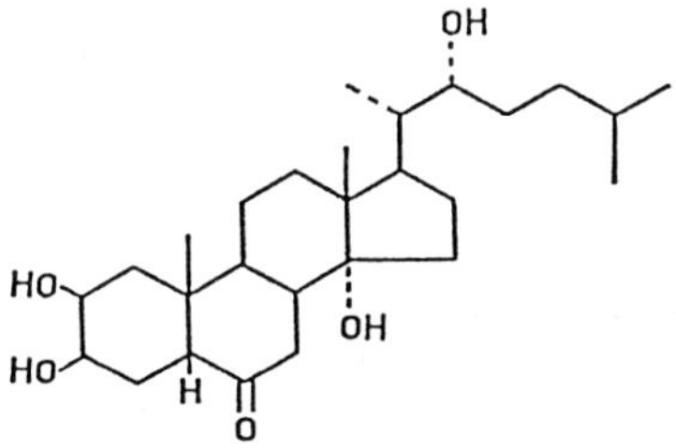

(816) Cheilanthone B

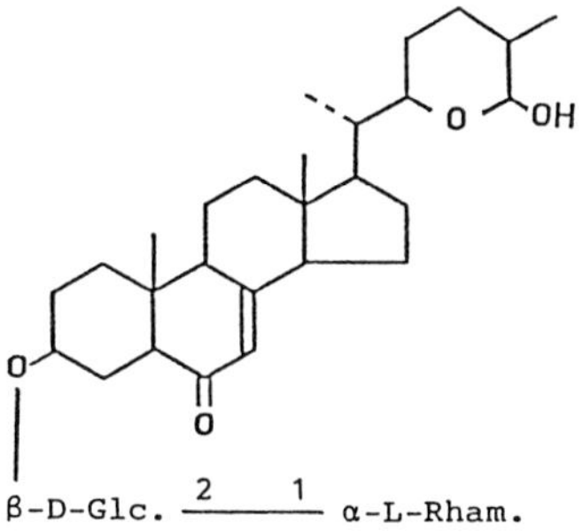

(817) Polypodosaponin
β-D-Glc. —2—1— α-L-Rham.

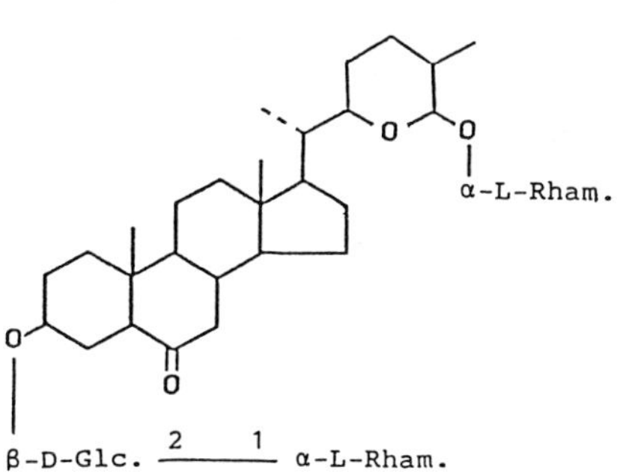

(818) Osladin
β-D-Glc. —2—1— α-L-Rham.

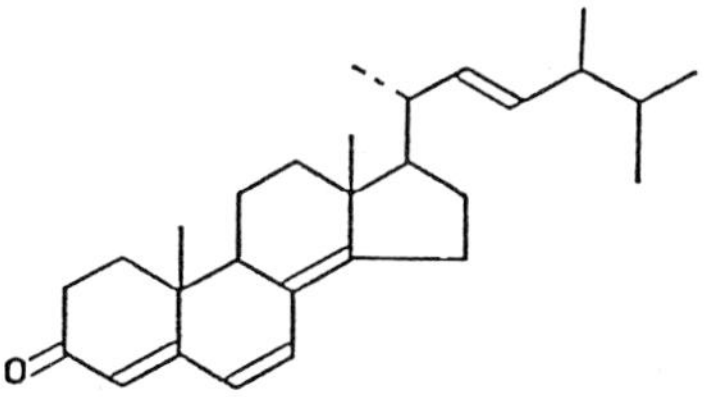

(819) Ergosta-4,6,8(14),22-tetraen-3-one

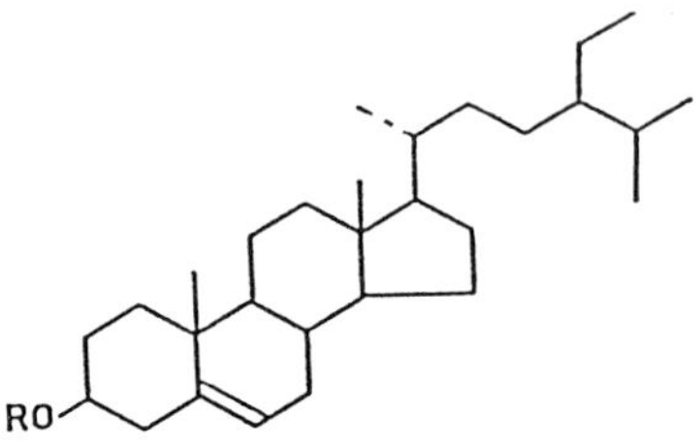

(820) R=6-palmitoyl-β-D-glucosyl
    β-Sitosterol 6-O-palmityl-
    β-D-glucoside
(821) R=2-deoxy-β-D-glucosyl
    β-Sitosterol 2-deoxy-β-D-
    glucoside

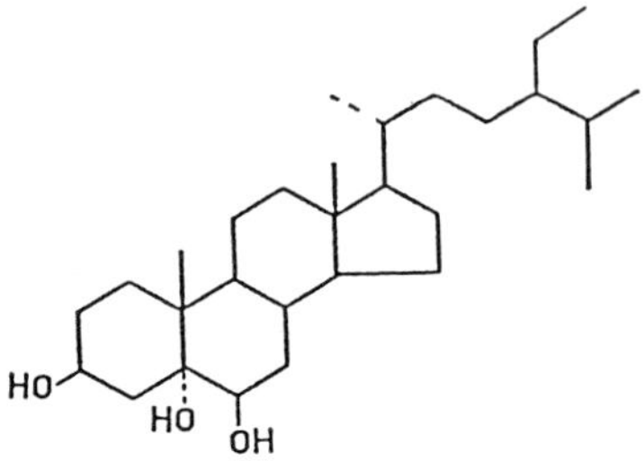

(822) Stigmastan-3β,5α,6β-triol

Chart 42. Steroids found in the filicopsida

3. Miscellaneous Compounds

3.1. α-Pyrones and γ-Pyrones

Osmundalin (**826**) has been isolated from *Osmunda japonica* and *O. regalis* var. *spectabilis* (*459*), and its diastereoisomer angiopteroside (**827**) from the rhizome of *Angiopteris lygodiifolia* (*460, 461*). Recently, three compounds **823**, **824** and **825**, which had originally been prepared by synthesis, were isolated from *Osmunda japonica*. These compounds are active as antifeedants on the larvae of yellow butterfly, *Eurema hecabe mandarina* (*457, 458*).

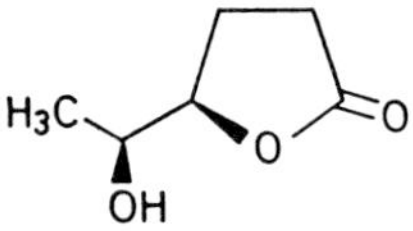

(823) (4R,5S)-5-Hydroxyhexan-
    4-olide

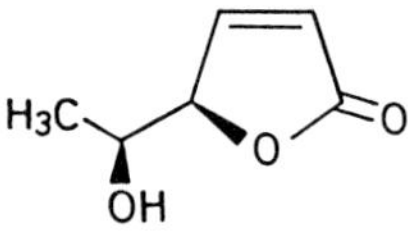

(824) (4R,5S)-5-Hydroxy-2-
    hexen-4-olide

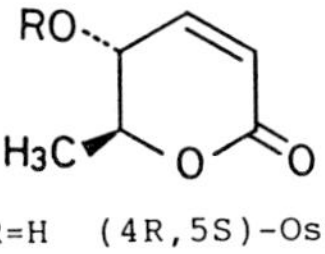

(825) R=H   (4R,5S)-Osmundalactone
(826) R=β-D-Glc   Osmundalin

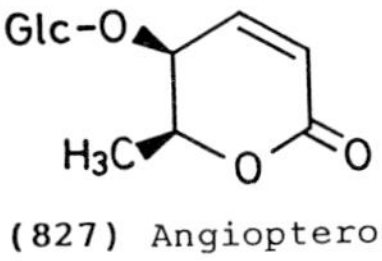

(827) Angiopteroside

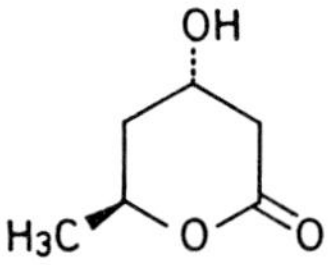

(828) (3S,5S)-3-Hydroxyhexan-
    5-olide

Chart 43. α-Pyrones found in the filicopsida

Maltol (**829**) and hydroxymaltol glycosides (**830**, **831**, **832**) have been detected in several species of the Thelypteridaceae and others (*55, 86, 210, 256, 264*).

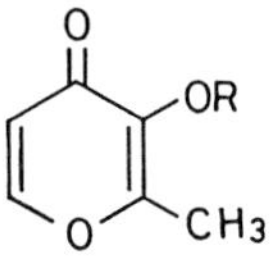

(**829**) R=H Maltol
(**830**) R=β-D-Glc
       Maltol β-D-glucoside

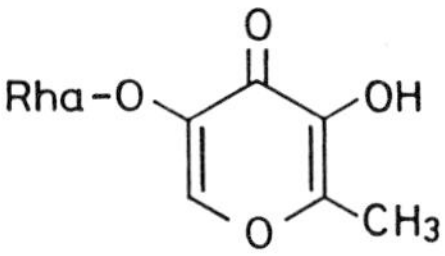

(**831**) 5-Hydroxymaltol 5-O-
       α-L-rhamnoside

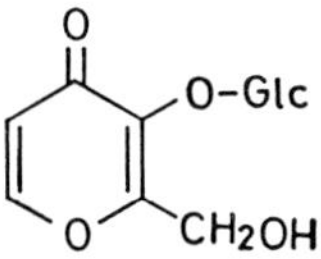

(**832**) Hydroxymaltol 3-O-
       β-D-glucoside

Chart 44. γ-Pyrones found in the filicopsida

3.2. Alicyclic Acids

Quinic acid (**833**) and shikimic acids (**834**) seem to be present in most species (*462, 463*). For example, shikimic acid (**834**) was isolated from the fronds of *Dicranopteris dichotoma* in more than 3% yield on a dry weight basis (*72*).

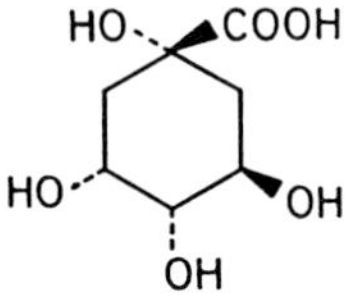

(**833**) Quinic acid

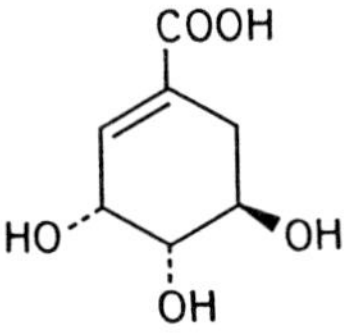

(**834**) Shikimic acid

Chart 45. Alicyclic acids found in the filicopsida

3.3. Carbohydrates

Only unusual sugars are listed in Table 13, of which 2-deoxy-D-glucose (**835**), 2-deoxy-3-*O*-methyl-D-glucose (**836**) and 3,6-anhydro-2-

deoxy-D-glucose (**837**) are the characteristic constituents of *Pteris excelsa*, *P. ensiformis*, *P. formosana* and *Neurocallis praestantissima* (*192*).

Cyclitols, pinitol (**839**) and sequoyitol (**840**) have been isolated from mangrove fern *Acrostichum speciosum* (*464*) and *Nephrolepis* spp. (*207*), respectively.

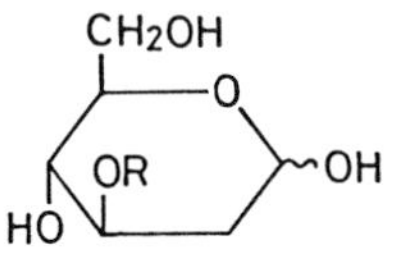

(**835**) R=H   2-Deoxy-D-glucose
(**836**) R=CH$_3$ 2-Deoxy-3-O-methyl-D-glucose

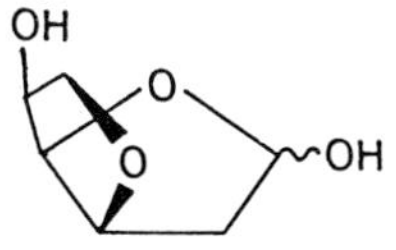

(**837**) 3,6-Anhydro-2-deoxy-D-glucose

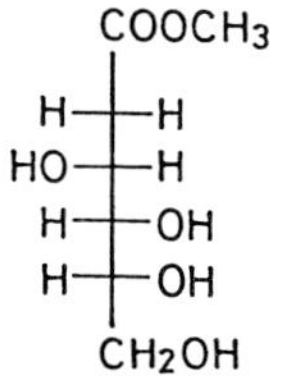

(**838**) Methyl 2-deoxy-D-gluconate

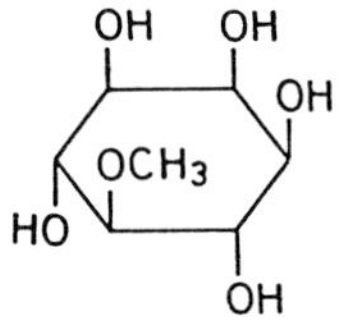

(**839**) Pinitol

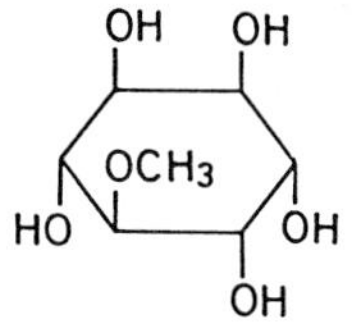

(**840**) Sequoyitol

Chart 46. Monosaccharides and cyclitols found in the filicopsida

3.4. Lipids

Galactolipids, sulfonolipids and phospholipids are universally found in ferns (*491*, *492*). The major fatty acid components of these lipids are palmitic (16:0), oleic (18:1, 9), linoleic (18:2, ω6, 9) and linolenic (18:3, ω3, 6, 9) acids (*493*, *494*, *495*, *498*). Fern lipids differ from those of angiosperms in having arachidonic acid (**841**) and related polyunsaturated C_{20}-fatty acids (*494*, *495*, *498*) which are usually found only in animals and microorganisms. (*S*)-8-Hydroxyhexadecanoic acid

(**842**) isolated from the spores of *Lygodium japonicum* inhibits the spore germination of the fern (*496, 497*). *n*-Alkanes, *n*-alkenes and the isoprenoid hydrocarbons pristane and phytane occur commonly in ferns (*363, 493*). The betain lipid, 4-*O*-(1,2-diacylglyceryl)-*N,N,N*-trimethylhomoserine (DGTS) (**843**) is distributed widely in the pteridophytes except *Psilotum nudum* (*467*). The fact that DGTS occurs in most of the pteridophytes and some green algae but not in seed plants and that arachidonic acid (**841**) is present in the pteridophytes and some green algae but not in seed plants (*498*) indicates that the pteridophytes are more closely related to green algae than to seed plants.

(**841**) Arachidonic acid

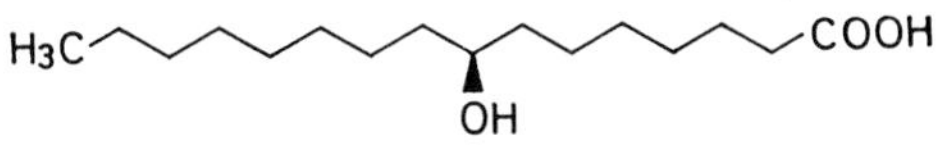

(**842**) (S)-8-Hydroxyhexadecanoic acid

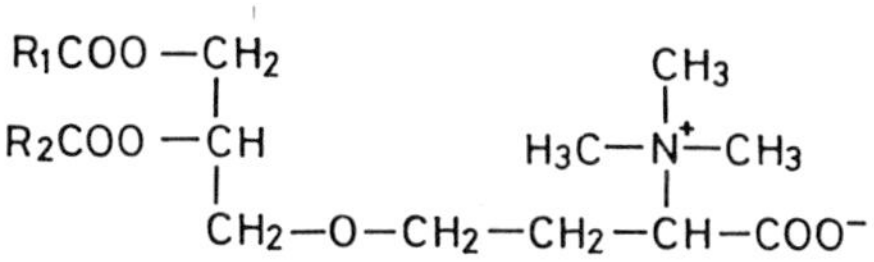

(**843**) 4-O-(1,2-Diacylglyceryl)-N,N,N-trimethylhomoserine

Chart 47. Lipids found in the filicopsida

3.5. N-containing Compounds

Of many non-protein amino acids known in plants, only a few have been found in ferns. Several unusual monoaminodicarboxylic acids have been obtained, mainly from the genus *Asplenium*. Fifteen New Zealand species of *Asplenium* contain (2S,4R)-4-methyl-L-glutamic acid (**848**), (2S)-4-hydroxy-4-methylglutamic acid (**849**) and δ-*N*-acetyl-L-ornithine (**844**), but these were not detected in two *Athyrium* spp., *A. australe* and *A. japonicum* (*499*). This fact provides additional support for the proposal that there is no close affinity between the two genera *Asplenium* and *Athyrium* (*499*).

298 fern species have been tested for the presence of cyanogenic substances with 5% giving positive results. This suggests that cyanogen-

esis is not a common phenomenon among ferns (*501*). (*R*)-Prunasin (**853**) and (*R*)-vicianin (**854**) have been isolated from several ferns (*482, 483, 485, 486*). Young frond of *Davallia trichomanoides* is a rich source of (*R*)-vicianin (**854**) (*486*). Cyanogenic glucosides are hydrolysed by β-glucosidase to give α-hydroxynitrile, which decomposes spontaneously or can be hydrolysed by α-hydroxynitrile lyase. The β-glucosidases acting on cyanogenic glycosides require a high degree of substrate specificity (*502*). (*R*)-Prunasin (**853**) and (*R*)-vicianin (**854**) are hydrolysed with vicianin hydrolase obtained from young fronds of *Davallia trichomanoides* to give mandelonitrile and the respective sugars, D-glucose and vicianose (*486*). The young curled fronds of *Pteridium aquilinum*

(**844**) δ-N-Acetyl-L-ornithine

(**845**) D-2-Aminopimelic acid

(**846**) (2S)-4-Hydroxy-2-aminopimelic acid

(**847**) trans-3,4-Dehydro-D-2-aminopimelic acid

(**848**) (2S,4R)-4-Methylglutamic acid

(**849**) (2S)-4-Hydroxy-4-methylglutamic acid

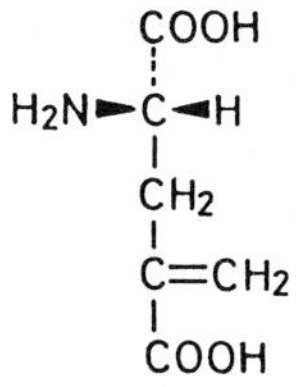

(850) (2S)-4-Methylene-glutamic acid

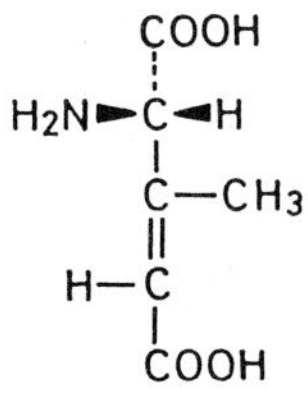

(851) E-(2S)-Amino-3-methyl-3-pentenoic acid

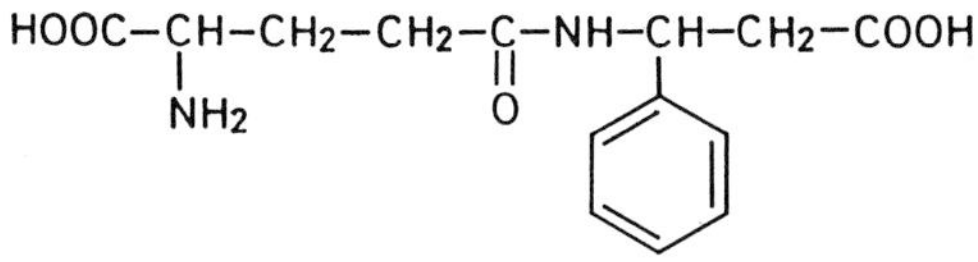

(852) N-γ-L-Glutamyl-β-D-aminophenylpropanoic acid

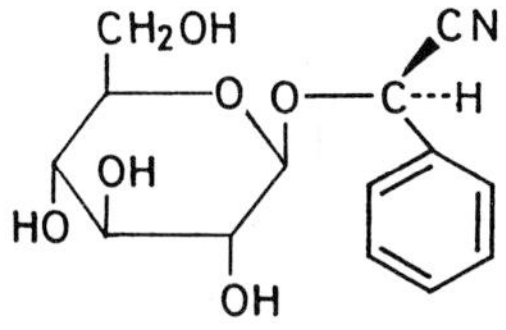

(853) (R)-Prunasin

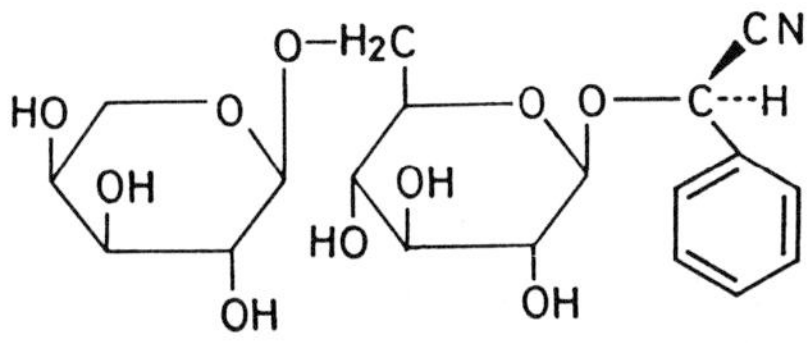

(854) (R)-Vicianin

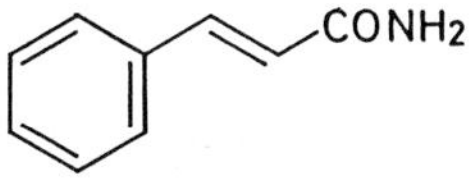

(855) trans-Cinnamamide

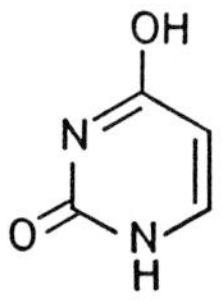

(856) Uracil

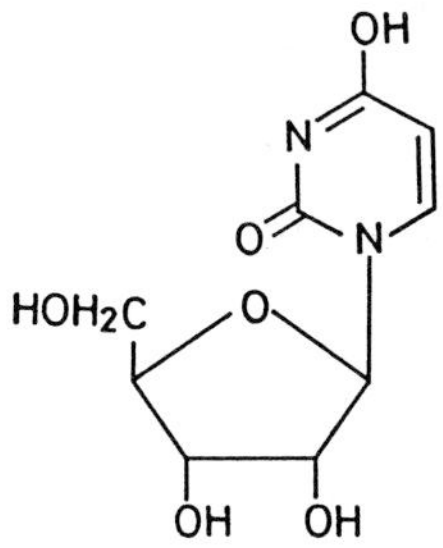

(857) Uridine

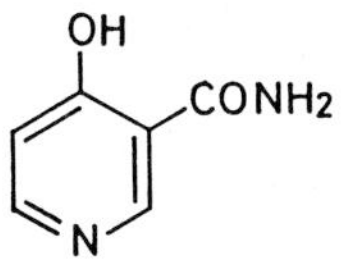

(858) 4-Hydroxynicotinamide

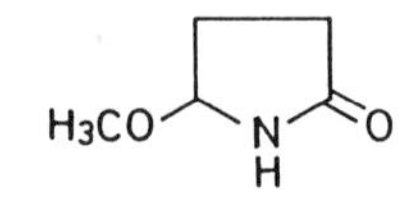

(859) Pterolactam

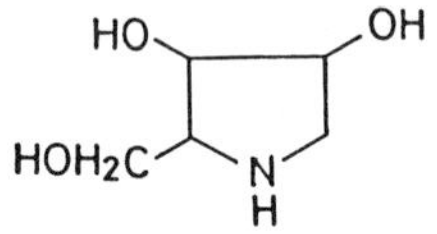

(860) 3,4-Dihydroxy-2-hydroxymethylpyrrolidine

Chart 48. *N*-Containing compounds found in the filicopsida

have been reported to contain cyanogenic glycosides in an amount equivalent to 50 mg HCN per 100 g of dry matter, although the content varies considerably depending on the geographical origin (*485*).

Colysis hemionitidea and *Microsorium fortunei* are known to accumulate a large amount of uracil (**856**) and uridine (**857**) (*94*).

4. Chemotaxonomy of the Filicopsida

Flavonoids have been shown to be useful for studying phylogenetic and taxonomic relationships among the Filicopsida ferns (*249, 250, 511*). They have been used to elucidate phylogenetic relationships at higher taxonomic levels. Primitive families of the leptosporangiatae, such as the Gleicheniaceae (*503, 505*), Stromatopteridaceae (*503, 505*), Schizaeaceae (*505*), Hymenophyllaceae (*116, 505*) and Loxsomaceae (*504*) are characterized by the occurrence of flavonol (kaempferol and quercetin) 3-*O*-glucosides and 3-*O*-rhamnosides, whereas the Psilotaceae are characterized by the occurrence of *O*-glycosides of amentoflavone and apigenin and a trace of *C*-glycosylflavones (*506*). These facts indicate that primitive families of the leptosporangiatae are not closely related to the Psilotaceae (*505*).

Representative species of the Marsileaceae (*200*) appear to accumulate flavonol 3-mono- and diglycosides, *C*-glycosylflavones and *C*-glycosylxanthones. This polyphenolic profile demonstrates an affinity of the Marsileaceae to the primitive families of the leptosporangiatae, especially to the Hymenophyllaceae (*116, 505*) some species of which are known to produce flavonol 3-glycosides, *C*-glycosylflavones and *C*-glycosylxanthones.

From the Cyatheaceae *C*-glycosylflavones and kaempferol 3- and 7-glycosides have been obtained (*56, 196, 197, 198*). The occurrence of hegoflavone A (**263**) and B (**264**) in *Alsophila spinulosa* is chemotaxonomically noteworthy (*172*) because no other biflavonoids have been reported to occur in the Filicales (*506*).

The genus *Angiopteris* is characterized by the co-occurrence of typical di-*C*-glycosylflavones and flavone-*O*-glucosides. This fact may be useful for delimiting morphologically distinct *Angiopteris* ferns (*199, 201*).

Flavonoid chemistry seems to be very useful for elucidation of intrafamilial relationships between taxa in the Dryopteridaceae, Athyriaceae (*195*), Hymenophyllaceae (*116, 505*), Gleicheniaceae (*503*), Loxsomaceae (*504*), and Marsileaceae (*200*).

According to the chemical data, it does not seem to be reasonable to divide the family Hymenophyllaceae into the two classic genera *Hymenophyllum* and *Trichomanes* (*116*).

The flavonoid profiles of the representative species of the Gleicheniaceae (*503*) *sensu lato* support the view that the family should be divided into at least three groupings. All the ferns of this family appear to accumulate quercetin and kaempferol 3-*O*-rhamnoglucosides as the major flavonoids together with 3-*O*-glucosides as minor constituents. This is the 'primitive chemical profile' and is observed in the genera *Gleichenia* and *Stromatopteris*. A more advanced charcter is the occurrence of quercetin and kaempferol 3-*O*-rhamnosides (*Dicranopteris* and *Stichersus*) and quercetin 3-*O*-di- and 3-*O*-triglucosides (*Hicriopteris*) in addition to the above compounds.

The flavonoid chemistry of the Loxsomaceae which consist of two genera, the *Loxsoma* and *Loxsomopsis*, is consistent with the suggested taxonomy of this group of ferns (*504*).

The fact that rutin occurs in *Marsilea* and *Regnellidium* (Marsileaceae), but not in the *Pilularia* suggests that *Regnellidium* is probably a derivative of *Marsilea* and not an intermediate in a complexion or reduction between *Pilularia* and *Marsilea* (*200*).

The genus *Adiantum* has been divided into five sections on the basis of flavonoid profiles; the correspondence of these profiles with the major classification systems based on morphology and soral arrangement has been discussed (*514*). The chemotaxonomic significance of farina flavonoids of the genus *Pityrogramma* and those of the genus *Notholaeana* has been reviewed by WOLLENWEBER and DIETZ (*132*) and by WOLLENWEBER (*141, 507*), respectively. In the *Notholaena*, the farina flavonoid pattern is specific to each species, variety and even chemical race (*507*). *Pityrogramma triangularis* complex shows complex variations of farina flavonoids. Several varieties, such as *maxonii* WEATH, *pallida* WEATH, *semipallida* J.T. HOWELL, *triangularis* and *viscosa* D.C. EATON, seem to have their own typical flavonoid patterns (*132*). The following chemotypes are recognized in *P. triangularis* var. *triangularis*: the ceropten type, kaempferol type, kaempferol methyl ether type and galangin methyl ether type (*81, 136*). These chemical races appear to have distinct areas of distribution and the ploidy level seems to be well correlated with flavonoid patterns (*136*).

Flavonoids provide criteria for better understanding of the relationships between the taxa of the Appalachian *Asplenium* complex (*219*).

MURAKAMI et al. (*508*) investigated the chemical constituents of about 180 taxa of the Filicopsida, including 84 species representing 25 genera of COPELAND's Pteridaceae, collected from Japan, Taiwan, Costa Rica, Mexico, Turkey and New Zealand.

In *Cibotium* and *Dicksonia*, which are the most primitive of pteridaceous ferns, and in *Dennstaedtia* and *Hypolepis*, Z-type pterosins with 15 carbons occur more commonly than B-type pterosins with 14 carbons. By contrast, in the *Histiopteris* and *Pteris* which are considered to be more advanced, B-type pterosins are more common. Pterosins and pterosides seem to be characteristic constituents of pteridaceous ferns (COPELAND) and may be used as chemical markers for determination of their phylogenetic relationships. The chemical features agree with the phylogenetic homogeneity of COPELAND's Pteridaceae.

The occurrence of $(2R)$-onitisin 14-O-β-D-glucoside (**452**) in *Plagiogyria matsumureana* (*261*) may indicate a close phylogenetic relationship between *Plagiogyria* ferns and gymnogrammoid (Pteridoid) ferns as DIELS suggested in 1899 (*509*).

Dimeric pterosins, monachosorins A (**523**), B (**524**) and C (**525**) and related compounds have been isolated from *Monachosorum* species (*M. arakii*, *M. henryi*, *M. flagellare* and *M. maximowiczii*) and *Dennstaedtia* species (*D. scandens* and *D. distenta*) (*296, 297, 298*). This may suggest that the two genera *Dennstaedtia* and *Monachosorum* are closely related (*297*). Protofarrerol (**288**), a flavanone having a modified B-ring, was first isolated from *Leptorumohra miqueliana* (Aspidiaceae) (*98, 184*) and then found in the fronds of *Monachosorum henryi* (Pteridaceae) (*100*). This and certain morphological features suggest that there exists an alliance between *Monachosorum henryi* and *Leptorumohra miqueliana* (*512*). Therefore, *Monachosorum* may be said to be related to both *Dennstaedtia* (Pteridaceae) (*297*) and *Leptorumohra* (Aspidiaceae) (*100*).

MURAKAMI et al. (*508*) have studied the chemical constituents of 35 species of the genus *Pteris* collected from Japan, Taiwan, Costa Rica, and New Zealand. They are classified into six groups according to the frond shapes (*513*) and are arranged in order of evolutionary advancement as shown in Table 14 (p. 230). The frond shape becomes simpler as the evolutionary stage advances. Hence group (1), or the *Pteris tremula* group, having a compound frond is considered to be the most primitive, while group (5) or the *Pteris cretica* group, having the simplest frond shapes, is considered to be the most advanced. The ferns of group (4) or the *Pteris excelsa* group are assumed to be on the path of evolutionary advancement to group (5).

The correlation between the chemical constituents and frond shapes is shown in Table 14. The co-occurrence of *ent*-kauran-19-oic acids and pterosins is a characteristic chemical feature of group (1) (*191*) and group (2) or the *Pteris livida* group (*192, 265, 266, 339*), which may be regarded as a primitive character within the genus *Pteris*.

Group (3) or the *Pteris fauriei* group is chemically characterized by containing no specific compounds other than pterosins (*191, 211, 261, 269, 272, 287, 292, 295*).

Group (4) (*264, 265, 269, 285, 288, 289, 340, 344*) and group (5) are chemically heterogenous. *P. excelsa* (*289*) and *P. formosana* (*264*), belonging to group (4) and *P. ensiformis* (*192*), belonging to group (5) are chemically related to each other in that they all contain unusual sugars, such as 2-deoxy-D-glucose (**835**), 2-deoxy-3-*O*-methyl-D-glucose (**836**) and 3,6-anhydro-2-deoxy-D-glucose (**837**), which are also found in *Neurocallis praestantissima* (*192*).

Most species of group (5) (*91, 191, 192, 334, 335, 336, 337, 342*) so far investigated produce 2β-hydroxy-*ent*-kauranes, which can be regarded as an advanced character within the genus *Pteris*. As regards group (6), the frond shapes of *P. vittata* and *P. grandifolia* are so different from those of the other groups. *P. vittata* is chemically aberrant among the *Pteris* ferns as it contains lignans (**103**, **104**) (*82*). *P. grandifolia*, contains quercitrin (**367**), 3″-*O*-acetyl- (**368**) and 4″-*O*-acetylquercitrin (**369**), but these flavonoids seem to have no chemotaxonomic value (*231*). Chemical features appear to be distinctive for the groups based on frond shapes.

Table 2. Acylphloroglucinols Found in the Filicopsida

Structure number	Compound	Plant source	Molecular formula	m.p. ℃	$[\alpha]_D$	References	Comment
(6)	2,6-Dihydroxy-4-methoxyacetophenone 2-O-β-D-glucoside (Pleoside)	*Pleopeltis thunbergiana* Klf. (= *Lepisorus thunbergianus* Ching)	$C_{15}H_{20}O_9$	200–203	−41.6 (Pyr.)	33	
(7)	(E)-1-(2,4,6-Trimethoxyphenyl)but-2-en-1-one	*Arachniodes standishii* Ohwi	$C_{13}H_{16}O_4$	84–89		29, 34	
(8)	(E)-1-(2,3,4,6-Tetramethoxyphenyl)but-2-en-1-one	*Arachniodes festina* Ching *A. nigrospinosa* Ching	$C_{14}H_{18}O_5$	61–62		30 30	
(9)	(E)-1-(2,3,4,6-Tetramethoxyphenyl)pent-2-en-1-one	*Arachniodes festina* Ching *A. nigrospinosa* Ching	$C_{15}H_{20}O_5$	oil		30 30	
(10)	3-β-D-Allosyloxy-1-(2-hydroxy-4,6-dimethoxyphenyl)butan-1-one	*Arachniodes standishii* Ohwi	$C_{18}H_{26}O_{10}$	amorphous	−25	29	
(11)	Methylenebisdesaspidinol BB	*Dryopteris* spp.	$C_{23}H_{28}O_8$	174–175		13	
(12)	Phloraspin BB	*Dryopteris* spp.	$C_{23}H_{28}O_8$	211		13	
(13)	Phloraspidinol BB	*Dryopteris* spp.	$C_{24}H_{30}O_8$	193–194		13	
(14)	Abbreviatin PB	*Dryopteris abbreviata* Newm.	$C_{22}H_{26}O_8$	206–208		35	
(15)	Abbreviatin BB	*Dryopteris abbreviata* Newm.	$C_{23}H_{28}O_8$	200–202		36	
(16)	Margaspidin BB	*Dryopteris* spp.	$C_{24}H_{30}O_8$	178–180		13	
(17)	Aemulin BB	*Dryopteris aemula* Kze.	$C_{24}H_{30}O_8$	90–91		37	
(18)	Methylene-bis-aspidinol BB	*Dryopteris marginalis* A. Gray	$C_{25}H_{32}O_8$	188–190		38	
(19)	Methylene-bis-aspidinol	*Dryopteris inaequalis* Kze.		187–190		21	a
(20)	Norflavaspidic acid AB	*Dryopteris commixta* Tagawa *D. dickinsii* C. Chr. *D. tasiroi* Tagawa (= *D. handeliana* C. Chr.)	$C_{21}H_{24}O_8$	105–107		39 39 39	

Table 2 (continued)

Structure number	Compound	Plant source	Molecular formula	m.p. C	$[\alpha]_D$	References	Comment
(21)	Desaspidin AB	*Dryopteris* spp.	$C_{22}H_{26}O_8$	145–147		13	
(22)	Desaspidin PB	*Dryopteris* spp.	$C_{23}H_{28}O_8$	141–142		13	
(23)	Desaspidin BB	*Dryopteris* spp.	$C_{24}H_{30}O_8$	150–150.5		13	
(24)	Orthodesaspidin BB	*Dryopteris* spp.	$C_{24}H_{30}O_8$	133–135		13	
(25)	Flavaspidic acid AB	*Dryopteris* spp.	$C_{22}H_{26}O_8$	210–212		13	
(26)	Flavaspidic acid PB	*Dryopteris* spp.	$C_{23}H_{28}O_8$	170–171		13	
(27)	Flavaspidic acid BB	*Dryopteris* spp.	$C_{24}H_{30}O_8$	α: 90/153–155 β: 157–159.5 amorphous: 80–85		13	
(28)	Flavaspidic acid	*Dryopteris schimperiana* C. Chr.				21, 22	b
(29)	Para-aspidin AB	*Dryopteris* spp.	$C_{23}H_{28}O_8$	137–140		31	
(30)	Para-aspidin BB	*Dryopteris* spp.	$C_{25}H_{32}O_8$	123–125		13	
(31)	Aspidin AA	*Dryopteris gymnosora* C. Chr.	$C_{21}H_{24}O_8$	135–136		40	
(32)	Aspidin AB	*Dryopteris* spp. *D. erythrosora* Kze.	$C_{23}H_{28}O_8$	118–120 113–115		16 23	
(33)	Aspidin BB	*Dryopteris* spp.	$C_{25}H_{32}O_8$	124.5		13	
(34)	Aspidin	*Dryopteris erythrosora* Kze.		112–114		23	
(35)	Iso-aspidin AB	*Arachniodes dimorphophylla* Ching *A. nipponica* Ohwi	$C_{23}H_{28}O_8$	126–127		26 26	
(36)	Iso-aspidin BB	*Arachniodes dimorphophylla* Ching *A. nipponica* Ohwi	$C_{25}H_{32}O_8$	152–154		26 26	

Table 2 (continued)

Structure number	Compound	Plant source	Molecular formula	m.p. C	$[\alpha]_D$	References	Comment
(37)	Albaspidin AA	*Dryopteris* spp. *D. patula* Und.	$C_{21}H_{24}O_8$	170–171 170–172		13 41	
(38)	Albaspidin PP	*Dryopteris* spp.	$C_{23}H_{28}O_8$	135–137		13	
(39)	Albaspidin BB	*Dryopteris* spp.	$C_{25}H_{32}O_8$	153–154		13	
(40)	Albaspidin	*Dryopteris erythrosora* Kze.		145–149		23	d
(41)	Phloraspyrone	*Dryopteris* spp.	$C_{20}H_{24}O_7$	135–136		13	
(42)	Phloropyrone	*Dryopteris* spp.	$C_{21}H_{26}O_7$	111–112		13	
(43)	Trisabbreviatin BBB	*Dryopteris abbreviata* Newm.	$C_{34}H_{40}O_{12}$	amorphous		35	
(44)	Trisaemulin BAB	*Dryopteris aemula* Kze.	$C_{34}H_{40}O_{12}$	180–183		37	h
(45)	Trisaemulin BBB	*Dryopteris aemula* Kze.	$C_{36}H_{44}O_{12}$	168–170		37	h
(46)	Trisdesaspidin BBB	*Dryopteris* spp.	$C_{35}H_{42}O_{12}$	143–146		13	
(47)	Trisflavaspidic acid BBB	*Dryopteris* spp.	$C_{35}H_{42}O_{12}$	169–174		13	
(48)	Trispara-aspidin BBB	*Dryopteris remota* Druce (? *D. assimilis* × *D. borreri*)	$C_{36}H_{44}O_{12}$	143–147 or 157–160		42	e
(49)	Trisaspidin BBB	*Dryopteris* spp.	$C_{36}H_{44}O_{12}$	156–159		13	
(50)	Filixic acid ABA	*Dryopteris dickinsii* C. Chr.	$C_{32}H_{36}O_{12}$	163–166		43	
(51)	Filixic acid PBP	*Dryopteris* spp.	$C_{34}H_{40}O_{12}$	192–194		13	
(52)	Filixic acid PBB	*Dryopteris* spp.	$C_{35}H_{42}O_{12}$	184–186		13	
(53)	Filixic acid ABB	*Dryopteris sieboldii* Kze.	$C_{34}H_{40}O_{12}$	175–177		44	

Table 2 (continued)

Structure number	Compound	Plant source	Molecular formula	m.p. C	$[\alpha]_D$	References	Comment
(54)	Filixic acid BBB (Trisalbaspidin BBB)	*Dryopteris* spp.	$C_{36}H_{44}O_{12}$	172–174		13	
(55-1)	Filixic acid	*Dryopteris* spp.				13	f
(55-2)	Filixic acid	*Dryopteris schimperiana* C. Chr.		134–136		21, 22	g
(56)	Tetraflavaspidic acid BBBB	*Dryopteris aitoniana* Pich. Ser.	$C_{46}H_{54}O_{16}$	170–171 or 164–165		24	e
(57)	Dryocrassin	*Dryopteris crassirhizoma* Nakai	$C_{43}H_{48}O_{16}$	209–214		45	
(58)	Tetra-albaspidin BBBB (Methylenebis-norflavaspidic acid)	*Dryopteris aitoniana* Pich. Ser. *Dryopteris* spp.	$C_{47}H_{56}O_{16}$	131–133 158–165		24 13	
(59)	Penta-albaspidin BBBBB	*Dryopteris aitoniana* Pich. Ser.	$C_{58}H_{68}O_{20}$	167–170 (benzene/ether)		24	
(60)	Hexaflavaspidic acid BBBBBB	*Dryopteris aitoniana* Pich. Ser.	$C_{68}H_{78}O_{24}$	190–192 or 216–218		24	e
(61)	Hexa-albaspidin BBBBBB	*Dryopteris aitoniana* Pich. Ser.	$C_{69}H_{80}O_{24}$	168–175 (acetone/MeOH)		24	

a Mixture of methylene-bis-aspidinol BB, BP and PP homologues
b Mixture of flavaspidic acid VV, BV, VB and BB homologues
c Mixture of aspidin BB, iBB(BiB, iBiB) and VB(ViB) homologues
d Mixture of albaspidin BV (iBV), BB(iBB, iBiB), and BP(iBP) homologues
e Probably crystal-isomer
f Mixture of filixic acid ABB, ABP, ABA, PBP, PBB and BBB homologues
g Mixture of filixic acid VVV, VBV, BBV, BBB and BBP homologues
h Not fully pure

Table 3. *Hydroxyaromatic Acids Found in the Filicopsida*

Structure number	Compound	Plant source	Molecular formula	m.p. C	$[\alpha]_D$	References	Comment
Hydroxybenzoic acids							
(62)	Salicylic acid	*Dennstaedtia punctilobula* Moore	$C_7H_6O_3$			47	a
(63)	Gentisic acid	*Dennstaedtia punctilobula* Moore *Marsilea quadrifolia* L.	$C_7H_6O_4$			47	a
(64)	Syringic acid	*Lygodium circinnatum* Sw. *Sphenomeris chusana* Copel.	$C_9H_{10}O_5$	207		47 56	a
(65)	1-β-Benzoyl-D-glucose (Periplanetin)	*Araiostegia perdurans* Copel.	$C_{13}H_{16}O_7$	193–195	−22.0	55	
(66)	Odontoside (Protocatechuoylcalleryanin)	*Odontosoria gymnogrammoides* Christ	$C_{20}H_{22}O_{11}$	98–102	−65	51	
(67)	Protocatechuic acid 4-*O*-β-D-glucoside	*Angiopteris lygodifolia* Ros.	$C_{13}H_{16}O_9$		−53.5	55	
(68)	Picrorhizin (Vanillic acid 4-*O*-β-D-glucoside)	*Vittaria flexuosa* Fée	$C_{14}H_{18}O_9$	143–146	−62.7	55	
(69)	Vanillic acid 4-*O*-β-D-(2-*O*-methyl)-glucoside	*Plagiogyria euphlebia* Mett.	$C_{15}H_{20}O_9$	223–225	−88.2	55	
Hydroxycinnamic Acids and Their Glycosides							
(70)	*o*-Coumaric acid	*Lindsaea japonica* Diels *Phymatodes scolopendria* Ching (=*Microsorium scolopendria* Copel.) *Polystichum gemmiferum* Tagawa (=*P. eximium* C. Chr.)	$C_9H_8O_3$	209		57 55 55	

Table 3 (*continued*)

Structure number	Compound	Plant source	Molecular formula	m.p. °C	$[\alpha]_D$	References	Comment
(71)	Sinapic acid	*Dennstaedtia bipinnata* Maxon	$C_{11}H_{12}O_5$			47	a
		Lygodium circinnatum Sw.				47	a
		Microlepia setosa Alston				49	a
		Nephrolepis cordifolia Presl				49	a
		Pteris longifolia L.				49	a
		Sadleria cyatheoides Kaulf.				49	a
(72)	*o*-Coumaric acid β-D-glucoside (Melilotoside)	*Phymatodes scolopendria* Ching (=*Microsorium scolopendria* Copel.)	$C_{15}H_{18}O_8$			55	
		Polystichum gemmiferum Tagawa (=*P. eximium* C. Chr.)		240–241	−61.0	55	
(73)	*p*-Coumaric acid 4-*O*-(2-*O*-methyl)-β-D-glucoside	*Alsophila spinulosa* Tryon	$C_{16}H_{20}O_8$	174–175	−74.2	55	
(74)	Glucocaffeic acid (Caffeic acid 4-*O*-β-D-glucoside)	*Polypodium vulgare* L.	$C_{15}H_{18}O_9$	133–135	−80.4	58	
Esters with Sugars							
(75)	1-Caffeoylglucose	*Adiantum capillus-veneris* L.	$C_{15}H_{18}O_9$			59	
(76)	1-Caffeoyllaminaribiose	*Asplenium adiantum-nigrum* L.	$C_{21}H_{28}O_{14}$			60	
(77)	4-*O*-*p*-Coumaroyl-D-glucose	*Plagiogyria euphlebia* Mett.	$C_5H_{18}O_8$	228–230	+21	61	
(78)	2-*O*-Acetyl-4-*O*-*p*-coumaroyl-D-glucose	*Microlepia speluncae* L.	$C_{17}H_{20}O_9$	196–198	−34.2	61	
(79)	1,4-Di-*O*-*p*-coumaroyl-β-D-glucose	*Dennstaedtia scandens* Moore	$C_{24}H_{24}O_{10}$	235–236	−7.1	62	

Table 3 (continued)

Structure number	Compound	Plant source	Molecular formula	m.p. C	$[\alpha]_D$	References	Comment
(80)	2-O-p-Coumaroyl-D-glucose 6-sulphate	*Asplenium fontanum* Bernh. var. *obovatum*				63	b
(81)	1-Caffeoylglucose 2-sulphate	*Ceterach officinarum* D.C.				63	c
(82)	1-Caffeoylglucose 3-sulphate	*Adiantum capillus-veneris* L.				64	
		Ceterach officinarum D.C.				63	b
(83)	1-Caffeoylglucose 6-sulphate	*Adiantum brasiliense* Raddi				65	tentative
		A. chiliense Klf.				65	tentative
		A. concinnum Willd.				65	tentative
		A. jordani K. Muell.				65	tentative
		A. lucidum Sw.				65	tentative
		A. macrophyllum Sw.				65	tentative
		A. pulverulentum L.				65	tentative
		A. tenerum Sw.				65	tentative
		A. terminatum Kze.				65	tentative
		A. villosum L.				65	tentative
		Ceterach officinarum D.C.				63	b
		Pteridium aquilinum Kuhn				65	tentative
(84)	1-Caffeoylgalactose 6-sulphate	*Adiantum capillus-veneris* L.				64	c
(85)	1-p-Coumaroylglucose 2-sulphate	*Adiantum capillus-veneris* L.				64	d
(86)	1-p-Coumaroylglucose 3-sulphate	*Asplenium septentrionale* Hoffm.				66	

Table 3 (*continued*)

Structure number	Compound	Plant source	Molecular formula	m.p. °C	$[\alpha]_D$	References	Comment
(87)	1-*p*-Coumaroylglucose 6-sulphate	*Adiantum brasiliense* Raddi				65	tentative
		A. capillus-veneris L.				64	d
		A. chiliense Klf.				65	tentative
		A. jordani K. Muell.				65	tentative
		A. lucidum Sw.				65	tentative
		A. macrophyllum Sw.				65	tentative
		A. pulverulentum L.				65	tentative
		A. tenerum Sw.				65	tentative
		A. terminatum Kze.				65	tentative
		A. tetraphyllum Willd.				65	tentative
		A. villosum L.				65	tentative
		Pteridium aquilinum Kuhn				65	tentative
(88)	Plagiogyrin A	*Plagiogyria euphlebia* Mett.	$C_{15}H_{14}O_7$	223–225	+438	52	
		P. matsumureana Makino				53	
(89)	Plagiogyrin B	*P. dunnii* Copel.	$C_{15}H_{16}O_8$	syrup	+94.1	67	
		P. matsumureana Makino				53	

Table 3 (continued)

Structure number	Compound	Plant source	Molecular formula	m.p. C	$[\alpha]_D$	References	Comment
Esters with Other Hydroxyacids							
(90)	Dicaffeoyl-D-tartaric acid (Chicoric acid)	*Onychium japonicum* Kze.	$C_{22}H_{18}O_{12}$	204–206	371	54	
(91)	2-O-Caffeoyl-3-(3,4-dihydroxyphenyl)-D-lactic acid (Rosmarinic acid)	*Blechnum brasiliense* Desv. cv. crispum	$C_{18}H_{16}O_8$	203–204	+145 (EtOH)	48 46	
(92)	3-O-Caffeoyl-D-quinic acid (Chlorogenic acid)	*Dryopteris filix-mas* Schott	$C_{16}H_{18}O_9$	205–208	−33	48 46	
(93)	5-O-Caffeoylshikimic acid (Dattelic acid)	*Blechnum orientale* L.	$C_{16}H_{16}O_8$	230–233	−126	68	
		Phymatodes scolopendria Ching (= *Microsorium scolopendria* Copel.)				68	
		Pteridium aquilinum Kuhn var. latiusculum Und.		224–225	−124	46 69	
		Struthiopteris niponica Nakai (= *Blechnum niponicum* Makino)				68	
		Woodwardia orientalis Sw.				68	
		W. prolifera Hook. et. Arn. (= *W. orientalis* var. *formosana* Ros.)				68	

[a] Exist in combined form
[b] Mixture of **81**, **82**, and **83**
[c] Mixture of **82** and **84**
[d] Mixture of **85** and **87**

Table 4. *Styrol Glycosides, Dihydrostilbenes, Lignans, Quinones and Naphthalenes Found in the Filicopsida*

Structure number	Compound	Plant source	Molecular formula	m.p. C	$[\alpha]_D$	References
Styrol Glycosides						
(94)	*p*-β-D-Glucosyloxystyrene	*Araiostegia perdurans* Copel.	$C_{14}H_{18}O_6$			55
		Cheilanthes kuhnii Milde var. *brandtii* Tagawa		194–196	−25.0	71
		Davallia mariesii Moore				55
(95)	*p*-β-D-Allosyloxystyrene	*Microlepia obtusiloba* Hayata	$C_{14}H_{18}O_6$	103–106	−63.9	72
(96)	*p*-β-Rutinosyloxystyrene	*Dicranopteris dichotoma* Bernh. (= *D. linearis* Und.)	$C_{20}H_{28}O_{10}$	syrup	−65.5	72
(97)	*p*-β-Primeverosyloxystyrene (Ptelatoside A)	*Pteridium aquilinum* Kuhn var. *latiusculum* Und.	$C_{19}H_{26}O_{10}$	183–185	−104	73
(98)	*p*-β-Neohesperidosyloxystyrene (Ptelatoside B)	*Pteridium aquilinum* Kuhn var. *latiusculum* Und.	$C_{20}H_{28}O_{10}$	amorphous	−94.8	73
(99)	1-(1-Hydroxyethyl)-4-β-rutinosyloxy-benzene	*Dicranopteris dichotoma* Bernh. (= *D. linearis* Und.)	$C_{20}H_{30}O_{11}$	syrup	−48.3	72
Dihydrostilbenes						
(101)	Notholaenic acid	*Notholaena chilensis* Sturm. (= *Pellaea chilensis* Fée)	$C_{17}H_{18}O_5$			81
		N. dealbata Kze.		148–149		76
		N. limitanea Maxon		149–150		76, 78
(102)	Ternatin	*Sceptridium ternatum* Lyon	$C_{24}H_{28}O_4$	oil	+62	79
		S. japonicum Lyon				80

Table 4 (continued)

Structure number	Compound	Plant source	Molecular formula	m.p. C	$[\alpha]_D$	References
Lignans						
(103)	cis-Dihydrodehydrodiconiferylalcohol 9-O-β-D-glucoside	Pteris vittata L.	$C_{26}H_{34}O_{11}$	amorphous	−23.6 (Ane)	82
(104)	Lariciresinol 9-O-β-D-glucoside	Pteris vittata L.	$C_{26}H_{34}O_{11}$	amorphous	−39.7	82
(105)	Proliferic acid	Blechnum orientale L.	$C_{18}H_{14}O_8$	amorphous	−145	68
		Struthiopteris niponica Nakai (= Blechnum niponicum Makino)				68
		Woodwardia orientalis Sw.				68
		W. prolifera Hook. et Arn. (= W. orientalis var. formosana Ros.)				68
(106)	ent-Proliferic acid	Blechnum orientale L.	$C_{18}H_{14}O_8$	amorphous	+142	68
(107)	8-Epiproliferic acid	Woodwardia orientalis Sw.	$C_{18}H_{14}O_8$	amorphous	−23	68
		W. prolifera Hook. et Arn. (= W. orientalis var. formosana Ros.)				68
(108)	Brainic acid	Brainea insignis J. Sm.	$C_{25}H_{22}O_{12}$	amorphous	−42	68
Quinones						
(109)	2,6-Dimethoxybenzoquinone	Tapeinidium pinnatum C. Chr.	$C_8H_8O_4$	221–222		57
(110)	2-Methyl-1,4-naphthoquinone (Vitamin K_3)	Asplenium laciniatum Don	$C_{11}H_8O_2$	104–105		84
		A. indicum Sledge				87
(111)	2-Hydroxy-3-methyl-1,4-naphthoquinone (Phthiocol)	Asplenium laciniatum Don	$C_{11}H_8O_3$	173–174		84
		A. indicum Sledge				87
(112)	3,3′-Bi-(2-methyl-1,4-naphthoquinone)	Asplenium laciniatum Don	$C_{22}H_{14}O_4$	243–246		85
(113)	2-Methylanthraquinone (Tectoquinone)	Lygodium flexuosum L.	$C_{15}H_{10}O_2$	177–178		90
Naphtalenes						
(114)	Asplenoside	Asplenium wilfordii Mett.	$C_{16}H_{20}O_7$	157–159	−9.8 (H_2O)	55

Table 5. *Chromenes, Cumarins, Chromones and Chromanones Found in the Filicopsida*

Structure number	Compound	Plant source	Molecular formula	m.p. C	$[\alpha]_D$	References
Chromenes						
(115)	6-Hydroxy-2,2,8-trimethylchromene (Pterochromene L$_1$)	*Pteris longipinna* Hayata	$C_{12}H_{14}O_2$	oil		91
(116)	6-Hydroxy-5-methoxy-2,2,8-trimethylchromene (Pterochromene L$_2$)	*Pteris longipinna* Hayata	$C_{13}H_{16}O_3$	oil		91
(117)	6-Hydroxy-5-methoxy-2-hydroxymethyl-2,8-dimethylchromene (Pterochromene L$_4$)	*Pteris longipinna* Hayata	$C_{13}H_{16}O_4$	oil	+11.0	91
(118)	6-Hydroxy-5,5′-dimethoxy-2,2,2′,2′,8,8′-hexamethyl-6′,7-bichromenyl ether (Pterochromene L$_3$)	*Pteris longipinna* Hayata	$C_{26}H_{30}O_6$			91
(119)	Lindsaeic acid	*Lindsaea chienii* Ching	$C_{14}H_{12}O_6$	255–256		92
		L. ensifolia Sw.				93
		L. javanensis. Bl.				57
Coumarins						
(120)	Coumarin	*Christella acuminata* Lév.	$C_9H_6O_2$			80
		Dennstaedtia punctilobula Moore				47
		Lindsaea odorata Roxb. (*L. cultrata* in original paper)				95
		Phymatodes scolopendria Ching (= *Microsorium scolopendria* Copel.)		68–71		55
		Polypodium hastatum Thunb. (= *Crypsinus hastatus* Copel.)				96
		Polystichum gemmiferum Tagawa (= *P. eximium* C. Chr.)				55
(121)	Esculetin	*Azolla imbricata* Nakai	$C_9H_6O_4$			97
		A. japonica Fr. et Sav.				97

Table 5 (continued)

Structure number	Compound	Plant source	Molecular formula	m.p. °C	$[\alpha]_D$	References
(122)	6-(3'-Glucosylcaffeoyl)esculetin	*Azolla imbricata* Nakai	$C_{24}H_{22}O_{12}$			97
		A. japonica Fr. et Sav.				97
(123)	3-Carboxyesculetin	*Microsorium fortunei* Ching	$C_{10}H_6O_6$	270–280		94
(124)	7-Hydroxy-4-isopropyl-6-methyl-coumarin	*Macrothelypteris torresiana* var. *calvata* Holtt.	$C_{13}H_{14}O_3$	198–200		86
(125)	7-Hydroxy-4-isopropyl-3-methoxy-6-methylcoumarin	*Macrothelypteris torresiana* var. *calvata* Holtt.	$C_{14}H_{16}O_4$	197–199		86
Chromones						
(126)	5,7-Dihydroxy-6,8-dimethylchromone (Leptorumol)	*Leptorumohra miqueliana* H. Ito (= *Arachniodes miqueliana* Ohwi)	$C_{11}H_{10}O_4$	254		98 99
(127)	Leptorumol 7-O-β-D-glucoside	*Leptorumohra miqueliana* H. Ito	$C_{17}H_{20}O_9$	233–235	−10 (pyr.)	100
(128)	Leptorumol 7-O-β-D-(4-O-methyl)-glucoside (Leptorumolin)	*Leptorumohra miqueliana* H. Ito	$C_{18}H_{22}O_9$	218	+18 (DMF)	98
Chromanones						
(129)	5,7-Dimethoxy-2-methylchromanone	*Arachniodes standishii* Ohwi	$C_{12}H_{14}O_4$	77–79		29
(130)	2-Ethyl-5,7-dimethoxychromanone	*Arachniodes standishii* Ohwi	$C_{13}H_{16}O_4$	200–202		29
(131)	5-Hydroxy-(X,X')-dimethoxy-2-methyl-chromanone	*Arachniodes standishii* Ohwi	$C_{12}H_{14}O_5$	83–86		29

Table 6. Xanthones Found in the Filicopsida

Structure number	Compound	Plant source	Molecular formula	m.p. C	$[\alpha]_D$	References	Comment
(132)	Mangiferin	**Hymenophyllaceae**					
		Cardiomanes reniforme Pr.	$C_{19}H_{18}O_{11}$			116	
		Hymenophyllum recurvum Gaud. (= Mecodium recurvum Copel.)				116	
		Aspidiaceae					
		Acystopteris setosa Bedd.				108	
		A. tenuisecta Mett.				108	
		Athyrium macrosorum Copel.				104	
		A. mesosorum Makino (= Rhachidosorus mesosorus Ching)				102, 104	
		A. pycnocarpon Tidest. (= Homalosorus pycnocarpon Pich. Ser.)				104	
		Ctenitis decomposita Copel. (= Lastreopsis decomposita Tindale)				117	
		Cystopteris diaphana Blasdell				108	
		C. douglasii Hook.				108	
		C. fragilis Bernh.				108	
		Gymnocarpium gracilipes Ching (= Currania gracilipes Copel.)				108	
		G. robertianum Newm.		>250 (decomp)	+31 (Pyr.)	105	

Table 6 (*continued*)

Struc-ture number	Compound	Plant source	Molecular formula	m.p. C	$[\alpha]_D$	References	Comment
		Hypodematium fauriei Tagawa		>250 (decomp)	+31 (Pyr.)	*105*	
		H. crenatum Kuhn		>250 (decomp)	+31 (Pyr.)	*105*	
		Woodsia plummereae Lemmon				*108*	
		Davalliaceae					
		Davallia mariesii Moore				*106*	
		D. plumosa Baker				*106*	
		D. pyxidata Cav.				*106*	
		D. solida Sw.				*106*	
		D. trichomanoides Bl.				*106*	
		Humata tyermanii Moore				*106*	
		Nephrolepis acuminata Kuhn				*106*	
		N. biserrata Schott				*106*	
		N. exaltata Schott				*106*	
		N. exaltata Schott cv. *dryeri*				*106*	
		N. exaltata Schott cv. *waimea*				*106*	
		N. occidentalis Kze.				*106*	
		N. rufescens Wawra				*106*	

Table 6 (*continued*)

Structure number	Compound	Plant source	Molecular formula	m.p. C	$[\alpha]_D$	References	Comment
		Aspleniaceae					
		Asplenium adiantum-nigrum L.				112	
		A. balearicum Shivas				112	
		A. bradleyi Eaton				110	
		A. montanum Willd.				110	
		A. onopteris L.				112	
		A. pinnatifidum Nutt.				110	
		A. gravesii Maxon (= *A. bradleyi* × *A. pinnatifidum*)				110	
		A. kentuckiense McCoy (= *A. pinnatifidum* × *A. platyneuron* Oakes)				110	
		A. trudellii Wherry (= *A. montanum* × *A. pinnatifidum*)				110	
		A. wherryi Sm. (= *A. bradleyi* × *A. montanum*)				110	
		Polypodiaceae					
		Pyrrosia sheareri Ching				107	
(133)	Isomangiferin	**Hymenophyllaceae**					
		Hymenophyllum recurvum Gaud. (= *Mecodium recurvum* Copel.)	$C_{19}H_{18}O_{11}$			116	

Table 6 (continued)

Structure number	Compound number	Plant source	Molecular formula	m.p. °C	$[\alpha]_D$	References	Comment
		Aspidiaceae					
		Acystopteris setosa Bedd.				108	
		A. tenuisecta Mett.				108	
		Athyrium mesosorum Makino (=*Rhachidosorus mesosorus* Ching)				104	
		A. macrosorum Copel.				104	
		A. pycnocarpon Tidest. (=*Homalosorus pycnocarpon* Pich. Ser.)				104	
		Ctenitis decomposita Copel. (=*Lastreopsis decomposita* Tindale)				117	
		Cystopteris diaphana Blasdell				108	
		C. douglasii Hook.				108	
		C. fragilis Bernh.				108	
		Gymnocarpium gracilipes Ching (=*Currania gracilipes* Copel.)				108	
		Woodsia plummereae Lemmon				108	
		Davalliaceae					
		Davallia mariesii Moore				106	
		D. plumosa Baker				106	
		D. pyxidata Cav.				106	
		D. solida Sw.				106	
		D. trichomanoides Bl.				106	

Table 6 (*continued*)

Structure number	Compound	Plant source	Molecular formula	m.p. C	$[\alpha]_D$	References	Comment
		Humata tyermanii Moore				*106*	
		Nephrolepis acuminata Kuhn				*106*	
		N. biserrata Schott				*106*	
		N. exaltata Schott				*106*	
		N. exaltata Schott cv. waimea				*106*	
		N. occidentalis Kze.				*106*	
		Aspleniaceae					
		Asplenium adiantum-nigrum L.				*112*	
		A. balearicum Shivas				*112*	
		A. bradleyi Eaton				*110*	
		A. montanum Willd.				*110*	
		A. onopteris L.				*112*	
		A. pinnatifidum Nutt.				*110*	
		A. gravesii Maxon (=*A. bradleyi* × *A. pinnatifidum*)				*110*	
		A. kentuckiense McCoy (=*A. pinnatifidum* × *A. platyneuron* Oakes)				*110*	
		A. trudellii Wherry (=*A. montanum* × *A. pinnatifidum*)				*110*	
		A. wherry Sm. (=*A. bradleyi* × *A. montanum*)				*110*	

Table 6 (continued)

Structure number	Compound	Plant source	Molecular formula	m.p. C	$[\alpha]_D$	References	Comment
(134)	1,3,6,7-Tetrahydroxyglycosyl-xanthone	**Hymenophyllaceae**					a
		Cardiomanes reniforme Pr.				118	
		Hymenophyllum dilatatum Sw.				118	
		(= Mecodium dilatatum Copel.)					
		H. flabellatum Labill.				118	
		(= Mecodium flabellatum Copel.)					
		H. recurvum Gaud.				118	
		(= Mecodium recurvum Copel.)					
		H. rufescens Kirk				118	
		(= Mecodium rufescens Copel.)					
		H. scabrum A. Rich.				118	
		(= Mecodium scabrum Copel.)					
		Trichomanes krausii Hook & Grev.				118	
		(= Didymoglossum krausii Copel.)					
		T. polypodioides L.				118	
		Aspidiaceae					
		Elaphoglossum affine Moore				118	
		E. herminieri Moore				118	
		E. inaequalifolium C. Chr.				118	
		E. latifolium J. Sm.				118	
		E. lingua Brack.				118	

Table 6 (continued)

Structure number	Compound	Plant source	Molecular formula	m.p. C	$[\alpha]_D$	References	Comment
		Marsileaceae					
		Marsilea mucronata A. Braun				118	
		M. vestita Hook & Grev.				118	
		M. sp. (probably African origin)				118	
(135)	Mangiferin *O*-glucoside	*Asplenium montanum* Willd.				110	a
(136)	Isomangiferin *O*-glucoside	*Asplenium montanum* Willd.				110	a
(137)	6'-*O*-Acetylmangiferin	*Cardiomanes reniforme* Pr.	$C_{21}H_{20}O_{12}$			116	
(138)	2'-*O*-Benzoylmangiferin	*Hymenophyllum recurvum* Gaud. (= *Mecodium recurvum* Copel.)	$C_{26}H_{22}O_{12}$			116	b
(139)	4'-*O*-Benzoylmangiferin	*Hymenophyllum recurvum* Gaud. (= *Mecodium recurvum* Copel.)	$C_{26}H_{22}O_{12}$			116	b
(140)	6'-*O*-Benzoylmangiferin	*Hymenophyllum recurvum* Gaud. (= *Mecodium recurvum* Copel.)	$C_{26}H_{22}O_{12}$			116	b
(141)	Di-*O*-Benzoylmangiferin	*Hymenophyllum recurvum* Gaud. (= *Mecodium recurvum* Copel.)				116	a
(142)	Dilatatin (2-C-β-D-Allosyl-1,3,6,7-tetrahydroxyxanthone)	*Hymenophyllum dilatatum* Sw. (= *Leptocionium sororium* Pr.)	$C_{25}H_{28}O_{16}$	272 (decomp.)	+43.1 (Pyr.)	109, 116	
(143)	Isodilatatin (4-C-Allosyl-1,3,6,7-tetrahydroxyxanthone)	*Hymenophyllum dilatatum* Sw. (= *Leptocionium sororium* Pr.)	$C_{25}H_{28}O_{16}$			109, 116	
(144)	Athyriol (1,6,7-Trihydroxy-3-methoxyxanthone)	*Athyrium mesosorum* Makino (= *Rhachidosorus mesosorus* Ching)	$C_{14}H_{10}O_6$	300 (decomp.)		102	

Table 6 (continued)

Structure number	Compound	Plant source	Molecular formula	m.p. °C	$[\alpha]_D$	References	Comment
(145)	Isoathyriol (1,3,7-Trihydroxy-6-methoxyxanthone)	*Athyrium mesosorum* Makino (= *Rhachidosorus mesosorus* Ching)	$C_{14}H_{10}O_6$	325		102	
(146)	Norathyriol (1,3,6,7-Tetrahydroxyxanthone)	*Athyrium mesosorum* Makino (= *Rhachidosorus mesosorus* Ching)	$C_{13}H_8O_6$	>320		102	
		Gymnocarpium robertianum Newm.				105	
(147)	Noratyriol 1-*O*-β-D-quinovoside (Gymnocarposide)	*Gymnocarpium robertianum* Newm.	$C_{19}H_{18}O_{10}$	263–265	−73	105	
(148)	1,3,7,8-Tetrahydroxyxanthone 1-*O*-β-laminaribioside	*Asplenium adiantum-nigrum* L.	$C_{25}H_{28}O_{16}$			113	
(149)	Iriflophenone 3-*C*-β-D-glucoside	*Hypodematium crenatum* Kuhn *H. fauriei* Tagawa	$C_{19}H_{20}O_{10}$	amorphous	+41	105 105	

[a] Not fully characterized
[b] Mixture of **138**, **139** and **140**

Table 7. *Flavonoid Aglycones Found in the Filicopsida*

Structure number	Compound	Plant source	Molecular formula	m.p. C	$[\alpha]_D$	References	Comment
Flavones							
(150)	5,7-Dihydroxyflavone (Chrysin)	*Cheilanthes kaulfussii* Kze.	$C_{15}H_{10}O_4$			119	
(151)	5,7-Dihydroxy-6-methylflavone (Strobochrysin = 6-Methylchrysin)	*Lonchitis tisserantii* Alston et Tard.	$C_{16}H_{12}O_4$			120	
(152)	5,7,4'-Trihydroxyflavone (Apigenin)	*Cheilanthes viscida* Davenp.	$C_{15}H_{10}O_5$			121	
		Notholaena californica D.C. Eaton (white farina)				122	
		N. greggii Maxon				119, 122	
		N. rigida Davenp.				119	
		N. rosei Maxon				119	
		N. schaffneri Und. var. *nealleyi* Weath.				123	
(153)	5,7-Dihydroxy-4'-methoxyflavone (Apigenin 4'-methyl ether = Acacetin)	*Cheilanthes bullosa* Kze.	$C_{16}H_{12}O_5$			123	
		C. viscida Davenp.				121	
		Notholaena fendleri Kze.				124	
		N. greggii Maxon				119, 122	
		N. limitanea var. *mexicana* Broun				125	
		N. rigida Davenp.				119	
		N. rosei Maxon				119	
(154)	5,4'-Dihydroxy-7-methoxyflavone (Apigenin 7-methyl ether = Genkwanin)	*Cheilanthes albomarginata* Clarke	$C_{16}H_{12}O_5$			123	
		C. longissima		295–296		126	

Table 7 (continued)

Structure number	Compound	Plant source	Molecular formula	m.p. C	$[\alpha]_D$	References	Comment
		C. rufa D. Don				123	
		C. viscida Davenp.				121	
		Notholaena californica D.C. Eaton (white farina)				122, 127	
		N. dealbata Kze.				81	
		N. greggii Maxon		288		119, 122	
		N. limitanea var. mexicana Broun				125	
		N. nivea Desv.				81	
		N. rosei Maxon				119	
		N. schaffneri Und. var. nealleyi Weath.				123	
		Pityrogramma lehmannii Tryon				128	
		P. tartarea Maxon		282–284		129	
		Pseudophegopteris hirtirachis Holtt.				130	
(155)	5-Hydroxy-7,4'-dimethoxyflavone (Apigenin 7,4'-dimethyl ether)	Cheilanthes farinosa Klf.	$C_{17}H_{14}O_5$	174		131	
		C. grisea Blanf.				123	
		C. viscida Davenp.				121	
		Notholaena chilensis Sturm.				81	
		N. dealbata Ktze.				81	
		N. greggii Maxon				119, 122	

Table 7 (*continued*)

Structure number	Compound	Plant source	Molecular formula	m.p. C	$[\alpha]_D$	References	Comment
		N. limitanea var. *mexicana* Broun				125	
		N. nivea Desv.				81	
		N. rigida Davenp.				119	
		N. rosei Maxon				119	
		Pityrogramma lehmannii Tryon				128	
		P. tartarea Maxon				132	
(156)	5,2'-Dihydroxy-7,8-dimethoxyflavone (Scullkapflavone-I)	*Notholaena neglecta* Maxon	$C_{17}H_{14}O_6$			119	
(157)	5,7,3',4'-Tetrahydroxyflavone (Luteolin)	*Notholaena californica* D.C. Eaton (white farina)	$C_{15}H_{10}O_6$			132	
		N. greggii Maxon				119	
(158)	5,3',4'-Trihydroxy-7-methoxy-flavone (Luteolin 7-methyl ether)	*Notholaena californica* D.C. Eaton (white farina)	$C_{16}H_{12}O_6$			122	
(159)	5,3'-Dihydroxy-7,4'-dimethoxy-flavone (Luteolin 7,4'-dimethyl ether = Pilloin)	*Notholaena fendleri* Kze.	$C_{17}H_{14}O_6$			124	
(160)	5,4'-Dihydroxy-7,3'-dimethoxy-flavone (Luteolin 7,3'-dimethyl ether = Velutin)	*Notholaena fendleri* Kze.	$C_{17}H_{14}O_6$			124	
(161)	5,4'-Dihydroxy-6,7-dimethoxy-flavone (Scutellarein 6,7-dimethyl ether = Cirsimaritin)	*Notholaena rigida* Davenp.	$C_{17}H_{14}O_6$	255		119	

Table 7 (continued)

Structure number	Compound	Plant source	Molecular formula	m.p. °C	$[\alpha]_D$	References	Comment
(162)	5-Hydroxy-6,7,4'-trimethoxyflavone (Scutellarein 6,7,4'-trimethyl ether)	*Notholaena rigida* Davenp.	$C_{18}H_{16}O_6$	188–189		119	
(163)	Ugonin A	*Helminthostachys zeylanica* Hook.	$C_{25}H_{26}O_6$	225–226	+62.5 (EtOH)	133	
(164)	Ugonin B	*Helminthostachys zeylanica* Hook.	$C_{26}H_{28}O_6$	252–254	+196	133	
Flavonols							
(165)	3,5,7-Trihydroxyflavone (Galangin)	*Adiantum sulphureum* Klf.	$C_{15}H_{10}O_5$			121	
		Cheilanthes kaulfussii Kze.				119, 121	
		Notholaena candida Hook. var. *candida*				134	
		Pellaea longimucronata Hook.				121	
		Pityrogramma chrysoconia Maxon (yellow farina)				121, 135	
		P. triangularis var. *maxonii* Weath.				121	
		P. triangularis Maxon var. *triangularis* (Km. MeO-chemotype)				136	
(166)	3,5-Dihydroxy-7-methoxyflavone (Izalpinin)	*Adiantum sulphureum* Klf.	$C_{16}H_{12}O_5$			121	
		Pityrogramma chrysoconia Maxon (yellow farina)				121, 135	

Table 7 (*continued*)

Structure number	Compound	Plant source	Molecular formula	m.p. C	$[\alpha]_D$	References	Comment
		P. triangularis Maxon var. *triangularis* (Km. MeO-chemotype)				*136*	
		Platyzoma microphyllum R. Br.				*137*	TLC
(**167**)	5,7-Dihydroxy-3-methoxyflavone (Galangin 3-methyl ether)	*Cheilanthes kaulfussii* Kze.	$C_{16}H_{12}O_5$			*119, 121*	
		Notholaena candida Hook. var. *candida*				*134*	
		N. candida Hook. var. *copelandii* Tyron				*81, 138*	
		N. dealbata Ktze.				*81*	
		Pityrogramma triangularis Maxon var. *triangularis* (Km. MeO-chemotype)				*136*	
(**168**)	3-Hydroxy-5,7-dimethoxyflavone (Galangin 5,7-dimethyl ether)	*Pityrogramma triangularis* Maxon	$C_{17}H_{14}O_5$	174		*139*	
(**169**)	5-Hydroxy-3,7-dimethoxyflavone (Galangin 3,7-dimethyl ether)	*Cheilanthes kaulfussii* Kze.	$C_{17}H_{14}O_5$			*119, 121*	
		Notholaena limitanea var. *mexicana* Broun				*125*	
		Pityrogramma triangularis Maxon var. *triangularis* (Km. MeO-chemotype)				*136*	
		Platyzoma microphyllum R. Br.				*137*	TLC

Table 7 (continued)

Structure number	Compound	Plant source	Molecular formula	m.p. °C	$[\alpha]_D$	References	Comment
(170)	5,7-Dihydroxy-3-methoxy-6,8-dimethylflavone	*Pityrogramma triangularis* Maxon var. *triangularis* (ceroptin chemotype)	$C_{18}H_{16}O_5$	202		140	
(171)	8-Acetoxy-3,5-dihydroxy-7-methoxyflavone (8-Hydroxygalangin 8-acetate 7-methyl ether)	*Notholaena aliena* Maxon *N. californica* D.C. Eaton (yellow farina) *N. galapagensis* Weath. *N. galeotti* Fée *N. neglecta* Maxon	$C_{18}H_{14}O_7$			81, 141 142 142, 143 81 142, 144, 119	
(172)	8-Butyryloxy-3,5-dihydroxy-7-methoxyflavone (8-Hydroxygalangin 8-butyrate 7-methyl ether)	*Notholaena aliena* Maxon *N. californica* D.C. Eaton (yellow farina) *N. galapagensis* Weath. *N. galeotti* Fée *N. neglecta* Maxon	$C_{20}H_{18}O_7$			81, 141 142 142, 143 81 142, 144, 119	
(173)	5,8-Dihydroxy-3,7-dimethoxyflavone (8-Hydroxygalangin 3,7-dimethyl ether = Isognaphalin)	*Pityrogramma triangularis* Maxon var. *triangularis* (ceroptin chemotype)	$C_{17}H_{14}O_6$	222–223		140, 145	
(174)	8-Acetoxy-5-hydroxy-3,7-dimethoxyflavone (Isognaphalin 8-acetate)	*Notholaena candida* Hook. var. *candida*	$C_{19}H_{16}O_7$	224–246		134	a

Table 7 (continued)

Structure number	Compound	Plant source	Molecular formula	m.p. C	$[\alpha]_D$	References	Comment
(175)	8-Butyryloxy-5-hydroxy-3,7-dimethoxy-flavone (Isognaphalin 8-butyrate)	*Notholaena candida* Hook. var. *candida*	$C_{21}H_{20}O_7$	181–182		134	a
(176)	3,5,7,4'-Tetrahydroxyflavone (Kaempferol)	*Macrothelypteris torresiana* Ching var. *calvata* Holtt.	$C_{15}H_{10}O_6$			86	
		Notholaena standleyi Maxon				146	
		Osmunda cinnamomea L. var. *asiatica* Fern. (= *O. asiatica* Ohwi)				328	
		Pityrogramma triangularis Maxon var. *triangularis* (Km. MeO-chemotype)				136	
(177)	3,5,7-Trihydroxy-8-methoxy-6-methyl-flavone (Pityrogrammin)	*Pityrogramma triangularis* Maxon var. *triangularis* (ceroptin chemotype)	$C_{17}H_{14}O_6$			147	
(178)	3,5,7-Trihydroxy-4'-methoxyflavone (Kaempferol 4'-methyl ether = Kaempferide)	*Asplenium diplazisorum* Hieron.	$C_{16}H_{12}O_6$			148	
		Notholaena standleyi Maxon				123, 146	
		Pityrogramma triangularis Maxon var. *triangularis* (Km. MeO-chemotype)				136, 147	
(179)	3,5,4'-Trihydroxy-7-methoxyflavone (Kaempferol 7-methyl ether = Rhamnocitrin)	*Cheilanthes albomarginata* Clarke	$C_{16}H_{12}O_6$			123	
		C. rufa D. Don				123	

Table 7 (continued)

Structure number	Compound	Plant source	Molecular formula	m.p. C	$[\alpha]_D$	References	Comment
		Notholaena chilensis Sturm.				*81*	
		N. nivea Desv.				*81*	
		N. standleyi Maxon				*146*	
		Pityrogramma tartarea Maxon				*129*	
		Platyzoma microphyllum R. Br.				*137*	TLC
(180)	5,7,4'-Trihydroxy-3-methoxyflavone (Kaempferol 3-methyl ether)	*Notholaena candida* Hook. var. *candida*	$C_{16}H_{12}O_6$			*134*	
		N. candida Hook. var. *copelandii* Tryon				*81, 138*	
		N. standleyi Maxon				*123, 146*	
		Pityrogramma triangularis Maxon var. *triangularis* (Km. MeO-chemotype)				*136*	
(181)	3,7,4'-Trihydroxy-5-methoxyflavone (Kaempferol 5-methyl ether)	*Pityrogramma triangularis* Maxon var. *triangularis* (Km. MeO-chemotype)	$C_{16}H_{12}O_6$			*136*	
(182)	Kaempferol 3-sulfate	*Adiantum capillus-veneris* L.	$C_{15}H_{10}O_9S$			*149*	
(183)	3,5-Dihydroxy-7,4'-dimethoxyflavone (Kaempferol 7,4'-dimethyl ether)	*Cheilanthes farinosa* Klf.	$C_{17}H_{14}O_6$	178–180 180		*150* *131*	
		C. grisea Blanf.				*123*	
		C. kaulfussii Kze.				*121*	

Table 7 (continued)

Structure number	Compound	Plant source	Molecular formula	m.p. C	$[\alpha]_D$	References	Comment
		Notholaena chilensis Sturm.				81	
		N. greggii Maxon				119	
		N. nivea Desv.				81	
		N. standleyi Maxon				123, 146	
		Pityrogramma triangularis Maxon var. triangularis (Km. MeO-chemotype)		179–181		136, 147	
(184)	5,7-Dihydroxy-3,4'-dimethoxyflavone (Kaempferol 3,4'-dimethyl ether)	Notholaena nivea Desv.	$C_{17}H_{14}O_6$			81	
		N. standleyi Maxon				123, 146	
		Pityrogramma triangularis Maxon var. triangularis (Km. MeO-chemotype)				136	
(185)	5,4'-Dihydroxy-3,7-dimethoxyflavone (Kaempferol 3,7-dimethyl ether = Kumatakenin)	Cheilanthes albomarginata Clarke	$C_{17}H_{14}O_6$			123	
		C. farinosa Klf.		252		131	
		C. kaulfussii Kze.				119, 121	
		C. longissima		261–263		126	
		C. rufa D. Don				123	
		Notholaena bryopoda Maxon				122	
		N. californica D.C. Eaton (white farina)				122, 127	
		N. limitanea var. mexicana Broun				125	

Table 7 (continued)

Structure number	Compound	Plant source	Molecular formula	m.p. C	$[\alpha]_D$	References	Comment
		N. standleyi Maxon				123, 146	
		N. trichomanoides Davenp.				122	
		Platyzoma microphyllum R. Br.				137	TLC
(186)	5-Hydroxy-3,7,4'-trimethoxyflavone (Kaempferol 3,7,4'-trimethyl ether)	Cheilanthes farinosa Klf.	$C_{18}H_{16}O_6$	144–147		150	
				143–145		131	
		C. grisea Blanf.				123	
		C. kaulfussii Kze.				119	
		C. longissima		142–144		126	
		Notholaena bryopoda Maxon				122	
		N. limitanea var. mexicana Broun				125	
		Pityrogramma triangularis Maxon var. triangularis (Km. MeO-chemotype)				136	
		Platyzoma microphyllum R. Br.				137	TLC
(187)	Ugonin C	Helminthostachys zeylanica Hook.	$C_{21}H_{20}O_6$	236–237 (decomp)	−15.1	151	
(188)	3,5,8,4'-Tetrahydroxy-7-methoxyflavone (Herbacetin 7-methyl ether)	Notholaena standleyi Maxon	$C_{16}H_{12}O_7$	285		146	
(189)	8-Acetoxy-3,5,7,4'-tetrahydroxyflavone (Herbacetin 8-acetate)	Notholaena californica D.C. Eaton (yellow farina)	$C_{17}H_{12}O_8$			127	
(190)	8-Butyryloxy-3,5,7,4'-tetrahydroxyflavone (Herbacetin 8-butyrate)	Notholaena californica D.C. Eaton (yellow farina)	$C_{19}H_{16}O_8$			127	

Table 7 (continued)

Structure number	Compound	Plant source	Molecular formula	m.p. C	$[\alpha]_D$	References	Comment
(191)	3,5,8-Trihydroxy-7,4'-dimethoxyflavone (Herbacetin 7,4'-dimethyl ether)	Notholaena standleyi Maxon	$C_{17}H_{14}O_7$	235–238		146	
(192)	8-Acetoxy-3,5,4'-trihydroxy-7-methoxyflavone (Herbacetin 8-acetate 7-methyl ether)	Notholaena affinis Moore N. aliena Maxon N. aschenborniana Klf. N. galapagensis Weath. N. galeotti Fée N. neglecta Maxon	$C_{18}H_{14}O_8$			142 81, 141 142 143 142 81 142	 b
(193)	8-Butyryloxy-3,5,4'-trihydroxy-7-methoxyflavone (Herbacetin 8-butyrate 7-methyl ether)	Notholaena affinis Moore N. aliena Maxon N. aschenborniana Klf. N. galapagensis Weath. N. galeotti Fée N. neglecta Maxon	$C_{20}H_{18}O_8$			142 81, 142 142 143 142 81 142	 b
(194)	8-Acetoxy-3,5-dihydroxy-7,4'-dimethoxyflavone (Herbacetin 8-acetate 7,4'-dimethyl ether)	Notholaena affinis Moore	$C_{19}H_{16}O_8$			142	
(195)	8-Butyryloxy-3,5-dihydroxy-7,4'-dimethoxyflavone (Herbacetin 8-butyrate 7,4'-dimethyl ether)	Notholaena affinis Moore	$C_{21}H_{20}O_8$	230		142, 152	

Table 7 (*continued*)

Structure number	Compound	Plant source	Molecular formula	m.p. C	$[\alpha]_D$	References	Comment
(196)	3,5,7,3′,4′-Pentahydroxyflavone (Quercetin)		$C_{15}H_{10}O_7$				
(197)	5,7,3′,4′-Tetrahydroxy-3-methoxyflavone (Quercetin 3-methyl ether)	*Asplenium viride* Huds.	$C_{16}H_{12}O_7$			153	
(198)	5,3′,4′-Trihydroxy-3,7-dimethoxyflavone (Quercetin 3,7-dimethyl ether)	*Notholaena californica* D.C. Eaton (white farina) *N. fendleri* Kze.	$C_{17}H_{14}O_7$			122, 127 124	
(199)	3,5,4′-Trihydroxy-7,3′-dimethoxyflavone (Quercetin 7,3′-dimethyl ether)	*Notholaena chilensis* Sturm. *N. nivea* Desv.	$C_{17}H_{14}O_7$			81 81	
(200)	5,3′-Dihydroxy-3,7,4′-trimethoxyflavone (Quercetin 3,7,4′-trimethyl ether = Ayanin)	*Notholaena californica* D.C. Eaton (white farina) *N. limitanea* var. *mexicana* Broun	$C_{18}H_{16}O_7$			122, 127 125	
(201)	5,4′-Dihydroxy-3,7,3′-trimethoxyflavone (Quercetin 3,7,3′-trimethyl ether = Pachypodol)	*Notholaena fendleri* Kze.	$C_{18}H_{16}O_7$			124	
(202)	5-Hydroxy-3,7,3′,4′-tetramethoxyflavone (Quercetin 3,7,3′,4′-tetramethyl ether)	*Notholaena limitanea* var. *mexicana* Broun	$C_{19}H_{18}O_7$			125	
(203)	3,5,8-Trihydroxy-7,2′,3′-trimethoxyflavone	*Notholaena aliena* Maxon	$C_{18}H_{16}O_8$			141	

Table 7 (continued)

Structure number	Compound	Plant source	Molecular formula	m.p. C	$[\alpha]_D$	References	Comment
(204)	3,5,8-Trihydroxy-7,2',5'-trimethoxyflavone	*Notholaena aliena* Maxon	$C_{18}H_{16}O_8$			141	
(205)	8-Acetoxy-3,5-dihydroxy-7,2',5'-trimethoxyflavone	*Notholaena aliena* Maxon	$C_{20}H_{18}O_9$			141	
(206)	5,4'-Dihydroxy-3,7,8,2'-tetramethoxyflavone	*Notholaena affinis* Moore	$C_{19}H_{18}O_8$			154	
(207)	5-Hydroxy-3,7,8,2',4'-pentamethoxyflavone	*Notholaena affinis* Moore	$C_{20}H_{20}O_8$			154	
(208)	8-Acetoxy-3,5,5'-trihydroxy-7,4'-dimethoxyflavone (Gossypetin 8-acetate 7,4'-dimethyl ether)	*Notholaena affinis* Moore	$C_{19}H_{16}O_9$			142	
(209)	8-Butyryloxy-3,5,5'-trihydroxy-7,4'-dimethoxyflavone (Gossypetin 8-butyrate 7,4'-dimethyl ether)	*Notholaena affinis* Moore	$C_{21}H_{20}O_9$			142	
(210)	8-Acetoxy-5,4'-dihydroxy-3,7,3'-trimethoxyflavone (Gossypetin 8-acetate 3,7,3'-trimethyl ether)	*Notholaena aschenborniana* Klf.	$C_{20}H_{18}O_9$			155	
(211)	5-Hydroxy-3,7,3',4',5'-pentamethoxyflavone (Myricetin 3,7,3',4',5'-pentamethyl ether = Combretol)	*Notholaena candida* Hook. var. *candida*	$C_{20}H_{20}O_8$			81, 123	

Table 7 (continued)

Structure number	Compound	Plant source	Molecular formula	m.p. C	$[\alpha]_D$	References	Comment
(212)	8-Acetoxy-5-hydroxy-3,7,2′,3′,4′-pentamethoxyflavone	*Notholaena aschenborniana* Klf.	$C_{22}H_{22}O_{10}$	183–185		155	
(213)	5,2′,4′-Trihydroxy-3,7,8,5′-tetramethoxyflavone	*Notholaena aschenborniana* Klf.	$C_{19}H_{18}O_9$	188–189		156 157	
Flavanones and Flavanon-3-ols							
(214)	5,7-Dihydroxyflavanone (Pinocembrin)	*Adiantum sulphureum* Klf. *Notholaena limitanea* var. *mexicana* Broun	$C_{15}H_{12}O_4$			121 125	
		Pityrogramma triangularis var. *pallida* Weath.				158	
(215)	5-Hydroxy-7-methoxyflavanone (Pinostrobin)	*Onychium siliculosum* C. Chr. (= *O. auratum* Klf.)	$C_{16}H_{14}O_4$			159	
		Platyzoma microphyllum R. Br.				137	TLC
(216)	7-Hydroxy-5-methoxyflavanone (Pinocembrin 5-methyl ether = Alpinetin)	*Pityrogramma triangularis* var. *pallida* Weath.	$C_{16}H_{14}O_4$	222		160	
(217)	5,7-Dimethoxyflavanone (Pinocembrin 5,7-dimethyl ether)	*Pityrogramma triangularis* var. *pallida* Weath.	$C_{17}H_{16}O_4$	154		160	
(218)	5,7-Dihydroxy-6-methylflavanone (Strobopinin)	*Pityrogramma triangularis* var. *pallida* Weath.	$C_{16}H_{14}O_4$	230		161	

Table 7 (*continued*)

Structure number	Compound	Plant source	Molecular formula	m.p. °C	[α]$_D$	References	Comment
(219)	5-Hydroxy-7-methoxy-6-methyl-flavanone (Strobopinin 7-methyl ether)	*Pityrogramma triangularis* Maxon var. *triangularis* (ceroptin chemotype)	$C_{17}H_{16}O_4$			*162*	
(220)	7-Hydroxy-5-methoxy-6-methyl-flavanone (Strobopinin 5-methyl ether)	*Pityrogramma triangularis* var. *pallida* Weath.	$C_{17}H_{16}O_4$	206		*160*	
(221)	5,7-Dimethoxy-6-methylflavanone	*Pityrogramma triangularis* var. *pallida* Weath.	$C_{18}H_{18}O_4$	147		*160*	
(222)	(2S)-5,7-Dihydroxy-8-methyl-flavanone (Cryptostrobin)	*Pityrogramma triangularis* var. *pallida* Weath.	$C_{16}H_{14}O_4$	204		*161*	
		Thelypteris palustris Schott		245–247	−57	*163*	
(223)	5,7-Dihydroxy-6,8-dimethyl-flavanone (Desmethoxymatteucinol)	*Christella parasitica* Lév.	$C_{17}H_{16}O_4$	210–211	±0 (Acetone)	*80*	
		Matteuccia orientalis Trev.				*164, 165*	
		Pityrogramma triangularis var. *pallida* Weath.		206		*161*	
		Wagneriopteris japonica Loeve et Loeve				*166*	
(224)	5-Hydroxy-6,7-dimethoxyflavanone (Onysilin)	*Onychium siliculosum* C. Chr. (= *O. auratum* Klf.)	$C_{17}H_{16}O_5$	150–152		*159*	
(225)	5,8-Dihydroxy-7-methoxyflavanone	*Notholaena neglecta* Maxon	$C_{16}H_{14}O_5$	220–225		*119*	

Table 7 (*continued*)

Structure number	Compound	Plant source	Molecular formula	m.p. C	$[\alpha]_D$	References	Comment
(226)	8-Acetoxy-5-hydroxy-7-methoxy-flavanone	*Notholaena neglecta* Maxon	$C_{18}H_{16}O_6$	146		119, 144	
(227)	(2S)-5,7,2′-Trihydroxy-6,8-dimethyl-flavanone (Matteucin)	*Matteuccia orientalis* Trev.	$C_{17}H_{16}O_5$	198–200		164	
(228)	5,7,4′-Trihydroxyflavanone (Naringenin)	*Pyrrosia linearifolia* Ching	$C_{15}H_{12}O_5$			80	
(229)	5,7-Dihydroxy-4′-methoxyflavanone (Naringenin 4′-methyl ether = Isosakuranetin)	*Notholaena fendleri* Kze.	$C_{16}H_{14}O_5$			124, 125	
(230)	5,4′-Dihydroxy-7-methoxyflavanone (Naringenin 7-methyl ether = Sakuranetin)	*Adiantum sulphureum* Klf. *Notholaena chilensis* Sturm. *N. fendleri* Kze. *N. limitanea* var. *mexicana* Broun *N. nivea* Desv.	$C_{16}H_{14}O_5$			121 81 124, 125 125 81	
(231)	5-Hydroxy-7,4′-dimethoxyflavanone (Naringenin 7,4′-dimethyl ether)	*Notholaena chilensis* Sturm. *N. dealbata* Kze.	$C_{17}H_{16}O_5$			81 81	
(232)	Ugonin D	*Helminthostachys zeylanica* Hook	$C_{20}H_{20}O_5$	183	−45.6	151	
(233)	5,7,4′-Trihydroxy-6,8-dimethyl-flavanone (Farrerol = Cyrtopterinetin)	*Cyrtomium falcatum* Pr. *C. fortunei* J. Sm.	$C_{17}H_{16}O_5$	211–212		167, 168, 169 167, 168, 169	

Table 7 (continued)

Structure number	Compound	Plant source	Molecular formula	m.p. °C	$[\alpha]_D$	References	Comment
		C. fortunei var. clivicola Tagawa				167, 168, 169	
(234)	(2S)-5,7-Dihydroxy-4'-methoxy-6,8-dimethylflavanone (Matteucinol)	Matteuccia orientalis Trev. Wagneriopteris japonica Loeve et Loeve	$C_{18}H_{18}O_5$			164, 165 166	
(235)	5,4'-Dihydroxy-6,7-dimethoxy-flavanone	Cheilanthes argentea Kze.	$C_{17}H_{16}O_6$	181		125	o
(236)	5-Hydroxy-6,7,4'-trimethoxy-flavanone	Cheilanthes argentea Kze.	$C_{18}H_{18}O_6$	146–147		125	o
(237)	(2S)-5,7,2'-Trihydroxy-5'-methoxy-6,8-dimethylflavanone (Methoxymatteucin)	Matteuccia orientalis Trev. Wagneriopteris japonica Loeve et Loeve	$C_{18}H_{18}O_6$	242–243		164 166	
(238)	5,4'-Dihydroxy-7,8-dimethoxy-flavanone	Cheilanthes argentea Kze.	$C_{17}H_{16}O_6$			125	o
(239)	5-Hydroxy-7,8,4'-trimethoxy-flavanone	Cheilanthes argentea Kze.	$C_{18}H_{18}O_6$			125	o
(240)	5,7,3',4'-Tetrahydroxyflavanone (Eriodictyol)	Pyrrosia linearifolia Ching	$C_{15}H_{12}O_6$			80	
(241)	5,7,3'-Trihydroxy-4'-methoxy-flavanone (Eriodictyol 4'-methyl ether = Hesperetin)	Notholaena fendleri Kze. N. lemmonii D.C. Eaton	$C_{16}H_{14}O_6$			124 141	

Table 7 (continued)

Structure number	Compound	Plant source	Molecular formula	m.p. °C	$[\alpha]_D$	References	Comment
(242)	5,3',4'-Trihydroxy-7-methoxy-flavanone (Eriodictyol 7-methyl ether)	Notholaena fendleri Kze. N. lemmonii D.C. Eaton	$C_{16}H_{14}O_6$	221		124 141	
(243)	5,3'-Dihydroxy-7,4'-dimethoxy-flavanone (Eriodictyol 7,4'-dimethyl ether = Persicogenin)	Notholaena fendleri Kze. N. lemmonii D.C. Eaton N. limitanea var. mexicana Broun	$C_{17}H_{16}O_6$	160		124, 125 141 125	
(244)	5,4'-Dihydroxy-7,3'-dimethoxy-flavanone (Eriodictyol 7,3'-dimethyl ether)	Notholaena fendleri Kze. N. lemmonii D.C. Eaton	$C_{17}H_{16}O_6$	148–150		124 141	
(245)	5-Hydroxy-7,3',4'-trimethoxy-flavanone (Eriodictyol 7,3',4'-trimethyl ether)	Notholaena fendleri Kze. N. lemmonii D.C. Eaton N. limitanea var. mexicana Broun	$C_{18}H_{18}O_6$	156		124, 125 141 125	
(246)	5,7,3',4'-Tetrahydroxy-6,8-dimethylflavanone (Cyrtominetin)	Cyrtomium falcatum Pr. C. fortunei J. Sm. C. fortunei var. clivicola Tagawa	$C_{17}H_{16}O_6$	235–236		167, 168, 169 167, 168, 169 167, 168, 169	
(247)	5,6-Dihydroxy-7,8,4'-trimethoxy-flavanone	Cheilanthes argentea Kze.	$C_{18}H_{18}O_7$			125	
(248)	5,4'-Dihydroxy-6,7,8-trimethoxy-flavanone	Cheilanthes argentea Kze.	$C_{18}H_{18}O_7$	141–142		125	

Table 7 (continued)

Structure number	Compound	Plant source	Molecular formula	m.p. C	$[\alpha]_D$	References	Comment
(249)	5-Hydroxy-6,7,8,4'-tetramethoxy-flavanone	Cheilanthes argentea Kze.	$C_{19}H_{20}O_7$			125	
(250)	5,3',4'-Trihydroxy-7,5'-dimethoxy-flavanone	Notholaena lemmonii D.C. Eaton	$C_{17}H_{16}O_7$	163–164		141	
(251)	5,3'-Dihydroxy-7,4',5'-trimethoxy-flavanone	Notholaena lemmonii D.C. Eaton	$C_{18}H_{18}O_7$	149–150		141	
(252)	5,4'-Dihydroxy-7,3',5'-trimethoxy-flavanone	Notholaena lemmonii D.C. Eaton	$C_{18}H_{18}O_7$	138–183		141	
(253)	5-Hydroxy-7,3',4',5'-tetramethoxy-flavanone	Notholaena lemmonii D.C. Eaton	$C_{19}H_{20}O_7$	181		125, 141	
(254)	Isoceroptene	Pityrogramma triangularis Maxon var. triangularis (ceroptin chemotype)	$C_{18}H_{18}O_4$	218–220		170	
(255)	Hariganetin	Wagneriopteris japonica Loeve et Loeve	$C_{18}H_{18}O_4$	154–156		166	
(256)	5,7-Dihydroxy-(3R)-trans-cinnamoyloxyflavanone (Pinobanksin 3-cinnamate)	Cheilanthes kaulfussii Kze.	$C_{24}H_{18}O_6$			119	
(257)	3,5,2'-Trihydroxy-7,8-dimethoxy-flavanone	Notholaena neglecta Maxon	$C_{17}H_{16}O_7$	212		119	
(258)	2'-Acetoxy-3,5-dihydroxy-7,8-dimethoxyflavanone	Notholaena neglecta Maxon	$C_{19}H_{18}O_8$			119	

Table 7 (*continued*)

Structure number	Compound	Plant source	Molecular formula	m.p. °C	$[\alpha]_D$	References	Comment
Biflavonoids							
(259)	4',4'''-Di-*O*-methylamentoflavone (Isoginkgetin)	*Osmunda japonica* Thunb.	$C_{32}H_{22}O_{10}$	350 (decomp.)		171	
(260)	7,4',4'''-Tri-*O*-methylamentoflavone (Sciadopitysin)	*Osmunda japonica* Thunb.	$C_{33}H_{24}O_{10}$	295–297 (decomp.)		171	
(261)	Tri-*O*-methylamentoflavone	*Osmunda japonica* Thunb.		312 (decomp.)		171	d
(262)	4',4''',7,7''-Tetra-*O*-methylamentoflavone	*Osmunda japonica* Thunb.	$C_{34}H_{26}O_{10}$	292–294.5		171	
(263)	Hegoflavone A	*Alsophila spinulosa* Tryon (=*Cyathea spinulosa* Wall., *C. fauriei* Copel., *C. taiwaniana* Nakai)	$C_{30}H_{20}O_{11}$	224–225 (decomp.)	+12.4	172	
(264)	Hegoflavone B	*Alsophila spinulosa* Tryon (=*Cyathea spinulosa* Wall., *C. fauriei* Copel., *C. taiwaniana* Nakai)	$C_{30}H_{20}O_{12}$	214–215 (decomp.)	+7.8	172	
Chalcones							
(265)	2',4',6'-Trihydroxychalcone	*Adiantum sulphureum* Klf.	$C_{15}H_{12}O_4$			121	
(266)	2',4'-Dihydroxy-6'-methoxychalcone (Cardamonin)	*Pityrogramma triangularis* var. *pallida* Weath.	$C_{16}H_{14}O_4$			160	
(267)	2',6'-Dihydroxy-4'-methoxychalcone	*Adiantum sulphureum* Klf. *Cheilanthes argentea* var. *sulphurea* Hook.	$C_{16}H_{14}O_4$			121, 123 173	

Table 7 (continued)

Structure number	Compound	Plant source	Molecular formula	m.p. C	$[\alpha]_D$	References	Comment
		C. auranthiaca Cav.				173	
		C. chrysophylla Hook.				173	
		C. mossambicensis Schelpe				173	
		C. welwitschii Hook. (orange yellow farina)				173	
		C. welwitschii Hook. (white farina)				173	
		Notholaena aurantiaca D.C. Eaton				173	
		N. nivea var. flava Hook.				173	
		N. sulphurea J. Sm. (orange yellow farina)				173	
		Onychium siliculosum C. Chr. (= O. auratum Klf.)				174, 175	
		Pityrogramma calomelanos var. aureoflava Weath. (= P. austroamericana Domin)				139	
		P. chrysoconia Maxon (yellow farina)				121	
		P. chrysophylla Link var. heyderi Domin				176	
						128	e
		Platyzoma microphyllum R. Br.				137	
(268)	2'-Hydroxy-4',6'-dimethoxychalcone (Flavokawin B)	Pityrogramma triangularis var. pallida Weath.	$C_{17}H_{16}O_4$	89–90		158, 160	

Table 7 (continued)

Structure number	Compound	Plant source	Molecular formula	m.p. C	[α]$_D$	References	Comment
(269)	2′,4′-Dihydroxy-6′-methoxy-5′-methylchalcone	*Pityrogramma triangularis* var. *pallida* Weath.	$C_{17}H_{16}O_4$			*160*	
(270)	2′,6′-Dihydroxy-4′-methoxy-3′-methylchalcone (Triangularin)	*Pityrogramma triangularis* Maxon var. *triangularis* (ceroptin chemotype)	$C_{17}H_{16}O_4$	192–196		*162*	
(271)	2′-Hydroxy-4′,6′-dimethoxy-5′-methylchalcone (Aurentiacin)	*Pityrogramma triangularis* var. *pallida* Weath.	$C_{18}H_{18}O_4$	137–138		*158, 160*	
(272)	2′,6′-Dihydroxy-4′,5′-dimethoxychalcone (Pashanone)	*Onychium siliculosum* C. Chr. (= *O. auratum* Klf.)	$C_{17}H_{16}O_5$	147–149		*174, 175*	
		Platyzoma microphyllum R. Br.				*137*	
(273)	2′,6′,4-Trihydroxy-4′-methoxychalcone (Neosakuranetin)	*Pityrogramma calomelanos* Link var. *calomelanos*	$C_{16}H_{14}O_5$	amorphous		*139*	
(274)	2′,6′-Dihydroxy-4′,4-dimethoxychalcone	*Pityrogramma calomelanos* var. *aureoflava* Weath. (= *P. austroamericana* Domin)	$C_{17}H_{16}O_5$	157		*128, 139*	
		P. calomelanos Link var. *calomelanos*				*177*	
		P. chrysophylla Lirk. var. *heyderi* Domin				*176*	
						128	
		Pterozonium brevifrons Lell.				*121*	
		Pterozonium scopulinum Lell.				*121*	
(275)	Ceroptin (Ceroptene)	*Pityrogramma triangularis* Maxon var. *triangularis* (ceroptin chemotype)	$C_{18}H_{18}O_4$	135		*147*	

Table 7 (*continued*)

Structure number	Compound	Plant source	Molecular formula	m.p. C	$[\alpha]_D$	References	Comment
Dihydrochalcones							
(276)	2',6'-Dihydroxy-4'-methoxydihydrochalcone	*Adiantum sulphureum* Klf.	$C_{16}H_{16}O_4$			*121, 123*	
		Cheilantes welwitschii Hook. (white farina)				*173*	
		Notholaena lemmonii D.C. Eaton				*81*	
		N. limitanea var. *mexicana* Broun				*125*	
		N. sulphurea J. Sm. (orange yellow farina)				*173*	
		N. sulphurea J. Sm. (white farina)				*173*	
		Pityrogramma calomelanos Link var. *calomelanos*		175–177		*129, 139, 178*	
		P. chrysoconia Maxon (white farina)				*121*	
		P. chrysophylla Link var. *marginata* Domin (white farina)				*179*	
(277)	2',6',4-Trihydroxy-4'-methoxydihydrochalcone (Asebogenin)	*Pityrogramma calomelanos* Link var. *calomelanos*	$C_{16}H_{16}O_5$	162		*139*	
(278)	2',6'-Dihydroxy-4',4-dimethoxydihydrochalcone (Asebogenin 4-methyl ether)	*Notholaena sulphurea* J. Sm. (white farina)	$C_{17}H_{18}O_5$	156		*173*	
		Pityrogramma calomelanos var. *aureoflava* Weath. (= *P. austroamericana* Domin)				*128*	
		P. calomelanos Link var. *calomelanos*				*128, 139*	

Table 7 (continued)

Structure number	Compound	Plant source	Molecular formula	m.p. °C	$[\alpha]_D$	References	Comment
		P. chrysophylla Link var. hyderi Domin				132	
		P. chrysophylla Link var. marginata Domin (white farina)				179	
		P. lehmannii Tryon				128	
		P. tartarea Maxon		143–145		129	
(279)	2′,6′,4-Trihydroxy-4′-methoxy-3′-methyldihydrochalcone	Pityrogramma triangularis var. viscosa D.C. Eaton	$C_{17}H_{18}O_5$	199–200		180	
Flavan-3-ols							
(280)	5-(3,4-Dihydroxyphenyl)-3,3a,4,5-tetrahydro-4,8-dihydroxy-2H-pyrano[4,3,2-de]-1-benzopyran-2-one (2,3-cis,3,4-trans-Dryopterin)	Dryopteris filix-mas Schott	$C_{17}H_{14}O_7$	118		181	
Proanthocyanidins							
(281)	(2R, 3S, 4S)-3,4,7-Trihydroxy-5,4′-dimethoxy-6,8-dimethylflavan	Bolbitis subcordata Ching	$C_{19}H_{22}O_6$	amorphous	+22	182	
(282)	Arachnitannin 1	Arachniodes aristata Holtt. A. pseudo-aristata Ohwi	$C_{47}H_{36}O_{16}$		+62	183 183	
(283)	Arachnitannin 2	Arachniodes aristata Holtt. A. pseudo-aristata Ohwi	$C_{47}H_{36}O_{19}$		+68	183 183	

Table 7 (*continued*)

Structure number	Compound	Plant source	Molecular formula	m.p. C	$[\alpha]_D$	References	Comment
(284)	Arachnitannin 3	*Arachniodes aristata* Holtt. *A. pseudo-aristata* Ohwi	$C_{47}H_{36}O_{17}$		+64	183 183	
Flavonoids Having Modified B-Ring							
(285)	5-Hydroxy-2-(1-hydroxy-4-oxo-2,5-cyclohexadienyl)-7-methoxychromone (Protogenkwanone)	*Pseudophegopteris hirtirachis* Holtt. *P. subaurita* Ching	$C_{16}H_{12}O_6$	188–190		130 130	
(286)	5-Hydroxy-2-(1-hydroxy-4-oxo-cyclohexyl)-7-methoxychromone (Tetrahydroprotogenkwanone)	*Pseudophegopteris hirtirachis* Holtt. *P. subaurita* Ching	$C_{16}H_{16}O_6$	219–220		130 130	
(287)	2-(*trans*-1,4-Dihydroxycyclohexyl)-5-hydroxy-7-methoxychromone (Tetrahydroprotogenkwanin)	*Pseudophegopteris hirtirachis* Holtt.	$C_{16}H_{18}O_6$	211–212		130	
(288)	(2S,1′R)-5,7-Dihydroxy-6,8-dimethyl-2-(1′-hydroxy-4′-oxocyclohexenyl)-4-chromanone (Protofarrerol)	*Leptorumohra miqueliana* H. Ito *Monachosorum henryi* Christ	$C_{17}H_{18}O_6$	210 212–213 (EtOH)	+198	98, 184 100	
Neoflavonoids and Related Compounds							
(289)	8-Dihydrocinnamoyl-5,7-dihydroxy-4-phenyl-2H-1-benzopyran-2-one (D-1)	*Pityrogramma calomelanos* Link var. *calomelanos*	$C_{24}H_{20}O_5$	65.5 and 164 (double m.p.)		185 178, 186	
(290)	D-2a	*Pityrogramma calomelanos* Link var. *calomelanos*	$C_{24}H_{16}O_5$			178 186	r

Table 7 (continued)

Structure number	Compound	Plant source	Molecular formula	m.p. C	$[\alpha]_D$	References	Comment
(291)	D-2b	*Pityrogramma calomelanos* Link var. *calomelanos*	$C_{24}H_{16}O_6$			178 186	f
(292)	5,7-Dihydroxy-8-cinnamoyl-4-phenyl-dihydrocoumarin (T-1)	*Pityrogramma sulphurea* Maxon *P. trifoliata* Tryon *P. williamsii* Proctor	$C_{24}H_{18}O_5$	207–208		187 187, 188 187	
(293)	5,7-Dihydroxy-8-coumaroyl-4-phenyl-dihydrocoumarin (T-2)	*Pityrogramma trifoliata* Tryon	$C_{24}H_{18}O_6$	172		187, 188	
(294)	5,7-Dihydroxy-8-caffeoyl-4-phenyl-dihydrocoumarin (T-3)	*Pityrogramma trifoliata* Tryon	$C_{24}H_{18}O_7$			187, 188	
(295)	β-(5,7,4′-Trihydroxyflavon-8-yl)-β-phenylpropionic acid methylester (X-1)	*Pityrogramma calomelanos* var. *aureoflava* Weath. (= *P. austroamericana* Domin)	$C_{25}H_{20}O_7$			186, 189	
(296)	β-(5,7,4′-Trihydroxyflavon-8-yl)-β-phenylpropionic acid (X-2)	*Pityrogramma calomelanos* var. *aureoflava* Weath. (= *P. austroamericana* Domin)	$C_{24}H_{18}O_7$			186, 189	

a The position of acyl is not defined.
b Mixture of **192** and **193**.
c The substitution of ring A is not determined.
d Presumably identical with kayaflavone (4′,7′′,4′′′-trimethylamentoflavone).
e Mixture of **267** and **274**.
f Mixture of **290** and **291**.

Table 8. *Flavonoid Glycosides Found in the Filicopsida*

Structure number	Compound	Plant source	m.p. °C	[α]_D	References	Comment
Flavone O-Glycosides						
(297)	Apigenin 7-O-β-glucoside	*Lindsaea chienii* Ching			*190*	
		Monachosorum arakii Tagawa			*190*	
		Pteris cretica L.			*190*	
		P. multifida Poir.	175–179		*190, 191*	
		P. podophylla Sw.	225–230	−98	*192*	
		P. wallichiana Ag.			*190*	
		Sphenomeris biflora Tagawa			*190*	
		S. chusana Copel.			*190*	
(298)	Apigenin 7-galactoside	*Dennstaedtia hirsuta* Mett.			*190*	
(299)	Apigenin 7-O-α-L-rhamnoside	*Pseudophegopteris bukoensis* Holtt.			*130*	
(300)	Genkwanin (5,4′-Dihydroxy-7-methoxyflavone) 4′-O-glucoside (Phegopolin)	*Phegopteris polypodioides* Fée	203–204	−31.64 (Pyr.)	*193*	
(301)	Genkwanin 4′-O-D-galactoside	*Cheilanthes longissima*	242–245		*194*	
(302)	Genkwanin 4′-O-(3-O-β-D-glucosyl)-β-D-xyloside	*Cheilanthes longissima*	225–230	−31.6	*194*	
(303)	Luteolin 7-O-β-D-glucoside	*Monachosorum arakii* Tagawa			*190*	
		Lindsaea chienii Ching			*190*	
		Pteris altissima Poir.	195–197	−53 (Pyr.)	*192*	

Table 8 (*continued*)

Structure number	Compound	Plant source	m.p. C	$[\alpha]_D$	References	Comment
		P. cretica L.			190	
		P. dispar Kze.			190	
		P. multifida Poir.	237–241	−45	190, 191	
		P. podophylla Sw.			192	
		P. wallichiana Ag.			190	
		Sphenomeris biflora Tagawa			190	
		S. chusana Copel.			190	
Flavone C-Glycosides						
(**304**)	Vitexin (8-C-β-D-Glucosylapigenin)	*Adiantum malesianum* Gatak			163	
		Alsophila spinulosa Tryon (=*Cyathea spinulosa* Wall, *C. fauriei* Copel., *C. taiwaniana* Nakai)	249 (decomp.)	−18.62 (Pyr.)	56, 172, 197	
		Arachniodes ambilis Ohwi			195	
		A. aristata Holtt.			195	
		A. pseudo-arisitata Ohwi			195	
		A. standishii Ohwi			195	
		Cyathea contaminans Copel. (=*Sphaeropteris contaminans* Tryon)			196	
		C. hancockii Copel. (=*Gymnosphaera denticulata* Copel.)			197	PPC
		C. leichhardtiana Copel. (=*Sphaeropteris australis* Tryon)			197	

Table 8 (*continued*)

Struc-ture number	Compound number	Plant source	m.p. C	$[\alpha]_D$	References	Comment
		C. mertensiana Copel. (= *Sphaeropteris mertensiana* R. Tryon)			*197*	
		C. onusta Cfhrist			*198*	
		C. podophylla Hook. (= *Gymnosphaera podophylla* Copel.)			*197*	
		C. tueckheimii Maxon			*198*	
		Cyrtomium falcatum Pr.			*195*	
		C. fortunei J.Sm.			*195*	
		C. fortunei var. *clivicola* Tagawa			*195*	
		Demstaedtia scandens Moore	261	−12.4 (Pyr.)	*62*	
		Dryopteris bissetiana C. Chr.			*195*	
		D. championii Ching			*195*	
		D. crassirizhoma Nakai			*195*	
		D. erythrosora Ktze.			*195*	
		D. gymnophylla C. Chr.			*195*	
		D. gymnosora C. Chr.			*195*	
		D. hondoensis Koidz.			*195*	
		D. nipponensis Koidz.			*195*	
		D. pacifica Nakai			*195*	
		D. polylepis C. Chr.			*195*	

Table 8 (*continued*)

Structure number	Compound	Plant source	m.p. C	$[\alpha]_D$	References	Comment
		D. sacrosancta Koidz.			195	
		D. sordidipes Tagawa			195	
		D. watanabei Kurata			195	
		Lindsaea chienii Ching			190	
		L. ensifolia Sw.	270–271	−7.4 (Pyr.)	93	
		Lunathyrium conilii Kurata (=*Deparia conilii* M. Kato)			195	
		L. dimorphophyllum Kurata (=*Deparia dimorphophyllum* M. Kato)			195	
		L. japonicum Kurata (=*Deparia japonicum* M. Kato)			195	
		L. lobato-crenatum Kurata (=*Deparia lobato-crenatum* M. Kato)			195	
		L. okboanum Kurata (=*Deparia okboanum* M. Kato)			195	
		L. petersenii Kurata (=*Deparia petersenii* M. Kato)			195	
		L. picnosorum Koidz. (=*Deparia picnosorum* M. Kato)			195	
		Matteuccia orientalis Trev.			195	
		M. struthiopteris Todaro			195	

Table 8 (*continued*)

Structure number	Compound	Plant source	m.p. C	$[\alpha]_D$	References	Comment
		Onoclea sensibilis L.			195	
		Polystichum craspedosorum Diels			195	
		P. lepidocaulon J. Sm.			195	
		P. polyblepharum Pr.			195	
		P. tripteron Pr.			195	
		P. tsus-simense J. Sm.			195	
		Sphenomeris biflora Tagawa			190	
		S. chusana Copel.			56, 190	
		Trichomanes petersii Gray (=*Didymoglossum petersii* Copel.)			116	
		T. venosum R. Br. (=*Polyphlebium venosum* Copel.)			116	
		Woodsia manchuriensis (=*Protowoodsia manchuriensis* Ching)			195	
		W. polystichoides Eaton			195	
(305)	Isovitexin (6-*C*-β-D-Glucosylapigenin)	*Adiantum malesianum* Gatak	amorphous	+33	163	
		Cyathea divergens Kze.			198	
		Dennstaedtia scandens Moore	231–232	+27.2	62	
		Trichomanes petersii Gray (=*Didymoglossum petersii* Copel.)			116	
		T. venosum R. Br. (=*Polyphlebium venosum* Copel.)			116	

Table 8 (*continued*)

Structure number	Compound	Plant source	m.p. C	[α]D	References	Comment
(306)	Vicenin-1 (6-C-Xylosyl-8-C-glucosylapigenin)	*Angiopteris evecta* Hoffm.			199	tentative
(307)	Vicenin-2 (6,8-Di-C-glucosylapigenin)	*Angiopteris evecta* Hoffm.			199	tentative
		A. hypoleuca De Vriese			199	tentative
		A. lygodiifolia Ros.			199	tentative
		Marsilea mucronata A. Br.			200	
		M. vestita Hook et Grev.			200	
(308)	Vicenin-3 (6-C-Glucosyl-8-C-xylosylapigenin)	*Angiopteris evecta* Hoffm.			199	tentative
		A. hypoleuca De Vriese			199	tentative
(309)	Violantin (6-C-Glucosyl-8-C-rhamnosylapigenin)	*Angiopteris evecta* Hoffm.			199	tentative
					201	
		A. hypoleuca De Vriese			199	tentative
		Monachosorum flagellare Hayata			80	
		M. henryi Christ	226–228	−12	100	
		M. maximowiczii Hayata			80	
(310)	Isoviolantin (6-C-Rhamnosyl-8-C-glucosylapigenin)	*Angiopteris evecta* Hoffm.			201	
					199	tentative
(311)	6,8-Di-C-arabinosylapigenin	*Angiopteris hypoleuca* De Vriese			199	tentative
		A. lygodiifolia Ros.			199	tentative
(312)	Schaftoside (6-C-Glucosyl-8-C-arabinosyl-5,7,4′-trihydroxyflavone)	*Angiopteris evecta* Hoffm.			199	tentative
		A. hypoleuca De Vriese			199	tentative

Table 8 (*continued*)

Structure number	Compound	Plant source	m.p. C	$[\alpha]_D$	References	Comment
(313)	Isoschaftoside (6-C-Arabinosyl-8-C-glucosyl-5,7,4'trihydroxyflavone)	*A. lygodiifolia* Ros.			*199*	tentative
		Polypodium vulgare L.			*202*	
		Angiopteris lygodiifolia Ros.			*199*	tentative
		Polypodium vulgare L.			*202*	
(314)	Orientin (8-C-β-D-Glucosylluteolin)	*Adiantum edgeworthii* Hook.			*190*	
		Alsophila spinulosa Tryon (=*Cyathea spinulosa* Wall., *C. fauriei* Copel., *C. taiwaniana* Nakai)			*197*	
		Arachniodes ambilis Ohwi			*195*	
		A. aristata Holtt.			*195*	
		A. pseudo-aristata Ohwi			*195*	
		A. standishii Ohwi			*195*	
		Cyathea contaminans Copel. (=*Sphaeropteris contaminans* Tryon)			*196*	
		C. hancockii Copel. (=*Gymnosphaera denticulata* Copel.)			*197*	PPC
		C. leichhardtiana Copel. (=*Sphaeropteris australis* Tryon)			*197*	
		C. mertensiana Copel. (=*Sphaeropteris mertensiana* R. Tryon)			*197*	

Table 8 (*continued*)

Structure number	Compound	Plant source	m.p. C	[α]$_D$	References	Comment
		C. podophylla Hook. (=*Gymnosphaera podophylla* Copel.)			197	
		Cyrtomium falcatum Pr.			195	
		C. fortunei J. Sm.			195	
		C. fortunei var. *clivicola*			195	
		Dryopteris bissetiana C. Chr.			195	
		D. championii Ching			195	
		D. crassirizhoma Nakai			195	
		D. erythrosora Ktze.			195	
		D. gymnophylla C. Chr.			195	
		D. gymnosora C. Chr.			195	
		D. hondoensis Koidz.			195	
		D. nipponensis Koidz.			195	
		D. pacifica Nakai			195	
		D. polylepis C. Chr.			195	
		D. sacrosancta Koidz.			195	
		D. sordidipes Tagawa			195	
		D. watanabei Kurata			195	
		Lindsaea chienii Ching			190	
		Lunathyrium conilii Kurata (=*Deparia conilii* M. Kato)			195	

Table 8 (*continued*)

Structure number	Compound number	Plant source	m.p. °C	$[\alpha]_D$	References	Comment
		L. dimorphophyllum Kurata (= *Deparia dimorphophyllum* M. Kato)			195	
		L. japonicum Kurata (= *Deparia japonicum* M. Kato)			195	
		L. lobato-crenatum Kurata (= *Deparia lobato-crenatum* M. Kato)			195	
		L. okboanum Kurata (= *Deparia okboanum* M. Kato)			195	
		L. petersenii Kurata (= *Deparia petersenii* M. Kato)			195	
		L. picnosorum Koidz. (= *Deparia picnosorum* M. Kato)			195	
		Matteuccia orientalis Trev.			195	
		M. struthiopteris Todaro			195	
		Odontosoria gymnogrammoides Christ	262–264		51	
		Onoclea sensibilis L.			195	
		Polystichum craspedosorum Diels			195	
		P. lepidocaulon J. Sm.			195	
		P. polyblepharum Pr.			195	
		P. tripteron Pr.			195	
		P. tsus-simense J. Sm.			195	
		Sphenomeris biflora Tagawa			190	

Table 8 (*continued*)

Structure number	Compound	Plant source	m.p. °C	$[α]_D$	References	Comment
		S. chusana Copel.			190	
		Trichomanes petersii Gray (=*Didymoglossum petersii* Copel.)			116	
		T. venosum R. Br. (=*Polyphlebium venosum* Copel.)			116	
		Woodsia manchuriensis Hook. (=*Protowoodsia manchuriensis* Ching)			195	
		W. polystichoides Eaton			195	
(315)	Orientin 2″-*O*-β-L-arbinoside	*Trichomanes venosum* R. Br. (=*Polyphlebium venosum* Copel.)			116	tentative
(316)	Isoorientin (6-*C*-β-D-Glucosylluteolin)	*Adiantum edgeworthii* Hook.			190	
		Trichomanes petersii Gray (=*Didymoglossum petersii* Copel.)			116	
		T. venosum R. Br. (=*Polyphlebium venosum* Copel.)			116	
(317)	6″-*O*-Acetylorientin	*Odontosoria gymnogrammoides* Christ	190–193		51	
(318)	Isoorientin 2″-*O*-β-L-arabinoside	*Trichomanes venosum* R. Br. (=*Polyphlebium venosum* Copel.)			116	tentative
(319)	Lucenin-2 (6,8-Di-*C*-glucosylluteolin)	*Marsilea mucronata* A. Br.			200	
(320)	Tricetin 8-*C*-glucoside (8-*C*-Glucosyl-5,7,3′,4′,5′-pentahydroxyflavone)	*Trichomanes venosum* R. Br. (=*Polyphlebium venosum* Copel.)			116	

Table 8 (*continued*)

Structure number	Compound	Plant source	m.p. C	[α]_D	References	Comment
Flavonol Glycosides						
(321)	Kaempferol 3-*O*-β-D-glucoside (Astragalin)	*Acrophorus nodosus* Pr.			*80*	
		Adiantum aethiopicum L.			*203*	
		A. capillus-veneris L.			*204, 205*	
		A. cuneatum Langsd.			*204*	
		A. monochlamys D.C. Eaton	208–210		*203*	
		Alsophila spinulosa Tryon (= *Cyathea spinulosa* Wall., *C. fauriei* Copel., *C. taiwaniana* Nakai)			*197*	
		Christella acuminata Lév.			*80*	
		C. parasitica Lév.			*80*	
		Cyathea contaminans Copel. (= *Sphaeropteris contaminans* Tryon)			*196*	
		C. hancockii Copel. (= *Gymnosphaera denticulate* Copel.)			*197*	PPC
		C. leichhardtiana Copel. (= *Sphaeropteris australis* Tryon)			*197*	
		C. mertensiana Copel. (= *Sphaeropteris mertensiana* R. Tryon)			*197*	
		C. podophylla Hook. (= *Gymnosphaera podophylla* Copel.)			*197*	
		Cystopteris fragilis Bernh.			*206*	

Table 8 (continued)

Structure number	Compound number	Plant source	m.p. ℃	$[\alpha]_D$	References	Comment
		Davallia divaricata Bl.			207	
		Dennstaedtia scabra Moore			190	
		D. wilfordii Christ			208	
		Hypodematium crenatum Kuhn			105	
		H. fauriei Tagawa			105	
		Onoclea sensibilis L. var. interrupta Maxim.			80	
		Osmunda cinnamomea L. var. asiatica Fern. (= O. asiatica Ohwi)			328	
		O. japonica Thunb.			171	
		Peranema cyatheoides Don			80	
		Phymatodes scolopendria Ching (= Microsorium scolopendria Copel.)			80	
		Plagiogyria matsumureana Makino			53	
		Plenasium banksiaefolium Pr.	208–210	–20.0 (Pyr.)	209	
		Polypodium vulgare L.			202	
		Pseudocyclosorus esquirolii Ching			210	
		Pteridium aquilinum subsp. wightianum Shieh (= P. revolutum Nakai)	167–175	–15	211	
		P. aquilinum var. latiusculum Und.			212	
		Pteris excelsa Gaud.			190	

Table 8 (*continued*)

Structure number	Compound	Plant source	m.p. C	$[\alpha]_D$	References	Comment
		Thelypteris palustris Schott			163	
		Wagneriopteris nipponica Loeve et Loeve			213	
(322)	Kaempferol 3-*O*-α-D-glucoside	*Athyrium filix-foemina* Roth (*Asplenium filix-foemina* Bernh. in original paper)			214	
(323)	Kaempferol 3-(6-malonyl)-D-glucoside	*Ceterach officinarum* DC			215	a
(324)	Kaempferol 3-*O*-(3-*O*-sulfo)-β-D-glucoside	*Cystopteris fragilis* Bernh.			206	b
(325)	Kaempferol 3-*O*-(6-*O*-sulfo)-β-D-glucoside	*Cystopteris fragilis* Bernh.			206	b
(326)	Kaempferol 3-*O*-(6-*O*-sulfo)-α-D-glucoside	*Athyrium filix-foemina* Roth (*Asplenium filix-foemina* Bernh. in original paper)			214	
(327)	Kaempferol 3-*O*-β-D-alloside (Asiaticalin)	*Acystopteris japonica* Nakai	182–184		80	
		Osmunda cinnamomea L. var. *asiatica* Fern. (= *O. asiatica* Ohwi)			216	
		Wagneriopteris nipponica Loeve et Loeve	233–234	+15 (Pyr.)	213	
(328)	Kaempferol 3-*O*-β-D-galactoside (Trifolin)	*Adiantum malesianum* Gatak	253–254	−36	163	
		A. monochlamys D. C. Eaton			203	
		Cyathea hancockii Copel. (= *Gymnosphaera denticulata* Copel.)			197	

Table 8 (continued)

Structure number	Compound	Plant source	m.p. °C	$[\alpha]_D$	References	Comment
		C. podophylla Hook. (=*Gymnosphaera podophylla* Copel.)			197	
(329)	Kaempferol 3-*O*-α-D-galactoside	*Adiantum malesianum* Gatak	177–179	−23	163	
(330)	Kaempferol 3-(6-malonyl)-D-galactoside	*Ceterach officinarum* DC			215	a
(331)	Kaempferol 3-glucuronide	*Adiantum capillus-veneris* L.			204	
		A. cuneatum Langsd.			204	
(332)	Kaempferol 3-*O*-α-L-rhamnoside (Afzelin)	*Alsophila spinulosa* Tryon (=*Cyathea spinulosa* Wall., *C. fauriei* Copel., *C. taiwaniana* Nakai)			197	
		Cyathea contaminans Copel. (=*Sphaeropteris contaminans* Tryon)			196	
		C. hancockii Copel. (=*Gymnosphaera denticulata* Copel.)			197	PPC
		C. leichhardtiana Copel. (=*Sphaeropteris australis* Tryon)			197	
		C. mertensiana Copel. (=*Sphaeropteris mertensiana* R. Tryon)			197	
		C. podophylla Hook. (=*Gymnosphaera podophylla* Copel.)			197	
		Glaphyropteridopsis erubescens Ching.			217	
		Pteris ryukyuensis Tagawa	224–228	−196	91	

Table 8 (*continued*)

Structure number	Compound	Plant source	m.p. C	$[\alpha]_D$	References	Comment
(333)	Kaempferol 7-(6-succinyl)glucoside (Pteroflavonoloside)	*Cyathea contaminans* Copel. (= *Sphaeropteris contaminans* Tryon)	239–242		196	
(334)	Kaempferol 7-arabinoside	*Alsophila spinulosa* Tryon (= *Cyathea spinulosa* Wall., *C. fauriei* Copel., *C. taiwaniana* Nakai)			197	
		Cyathea hancockii Copel. (= *Gymnosphaera denticulata* Copel.)			197	PPC
		C. leichhardtiana Copel. (= *Sphaeropteris australis* Tryon)			197	
		C. mertensiana Copel. (= *Sphaeropteris mertensiana* R. Tryon)			197	
		C. podophylla Hook. (= *Gymnosphaera podophylla* Copel.)			197	
(335)	Kaempferol 3,7-diglucoside	*Asplenium bulbiferum* Forst.			218	o
		A. platyneuron Oakes			219	
(336)	Kaempferol 3-glucoside-7-galactoside	*Asplenium bulbiferum* Forst.			218	o
(337)	Kaempferol 3-*O*-rhamnoside-7-*O*-glucoside	*Asplenium bulbiferum* Forst.			218	
(338)	Kaempferol 3,7-di-*O*-α-L-rhamnoside (Kaempferitin)	*Asplenium trichomanes* L.			220	
		Onychium contiguum Hope			221	
		Pteris podophylla Sw.	198–200	−225	192	

Table 8 (*continued*)

Structure number	Compound	Plant source	m.p. C	[α]_D	References	Comment
(339)	Kaempferol 3-*O*-rhamnoside-7-*O*-arabinoside	*Asplenium trichomanes* L.			220	d
(340)	Kaempferol 3-*O*-α-L-arabinoside-7-*O*-α-L-rhamnoside	*Woodsia polystichoides* Eaton	194–196	−190 (Pyr.)	213	
	Kaempferol 3-*O*-arabinoside-7-*O*-rhamnoside	*Asplenium trichomanes* L. *Polypodium vulgare* L.			220 202	d
(341)	Kaempferol 3-*O*-(3-*O*-acetyl)-α-L-arabinoside-7-*O*-α-L-rhamnoside	*Woodsia polystichoides* Eaton	196–198	−295	213	
(342)	Kaempferol 3,4'-diglucoside	*Cystopteris fragilis* Bernh.			206	
(343)	Kaempferol 3-sophoroside	*Alsophila spinulosa* Tryon (=*Cyathea spinulosa* Wall., *C. fauriei* Copel., *C. taiwaniana* Nakai)			197	
		Cyathea contaminans Copel. (=*Sphaeropteris contaminans* Tryon)			196	
		C. leichhardtiana Copel. (=*Sphaeropteris australis* Tryon)			197	
		C. mertensiana Copel. (=*Sphaeropteris mertensiana* R. Tryon)			197	
(344)	Kaempferol 3-*O*-β-gentiobioside	*Asplenium fontanum* Bernh. var. *obovatum*			222	
(345)	Kaempferol 3-*O*-(6'-sulfo)gentiobioside	*Asplenium fontanum* Bernh. var. *obovatum*			222	

Table 8 (*continued*)

Structure number	Compound	Plant source	m.p. C	$[\alpha]_D$	References	Comment
(346)	Kaempferol 3-*O*-β-rutinoside (Nicotiflorin)	*Adiantum capillus-veneris* L.			204, 205	
		Cyathea hancockii Copel. (= *Gymnosphaera denticulata* Copel.)			197	
		C. podophylla Hook. (= *Gymnosphaera podophylla* Copel.)			197	
		Macrothelypteris torresiana Ching var. *calvata* Holtt.			86	
		Paesia anfractuosa C. Chr.	186–187	+4.2	223	
		Pteris excelsa Gaud.			190	
		Thelypteris palustris Schott	218–200		163	
(347)	Kaempferol 3-*O*-sulforutinoside	*Adiantum capillus-veneris* L.			205	
(348)	Kaempferol 3-*O*-[2-*O*-(6-*O*-caffeoyl-β-D-glucosyl)]-β-D-galactoside (Brainoside)	*Brainea insignis* J. Sm.	amorphous	–10	163	
(349)	Kaempferol 3-glucosylarabinoside (Phegokaempferin)	*Phegopteris polypodioides* Fée	190–191	–65.33 (Pyr.)	193	
(350)	Kaempferol 3-*O*-(4 or 5-rhamnosyl)-arabinoside	*Polypodium vulgare* L.			202	
(351)	Kaempferol 7-rhamnosylglucoside	*Alsophila spinulosa* Tryon (= *Cyathea spinulosa* Wall., *C. fauriei* Copel., *C. taiwaniana* Nakai)			197	

Table 8 (*continued*)

Structure number	Compound	Plant source	m.p. C	$[\alpha]_D$	References	Comment
		Cyathea contaminans Copel. (= *Sphaeropteris contaminans* Tryon)			196	
		C. leichhardtiana Copel. (= *Sphaeropteris australis* Tryon)			197	
		C. mertensiana Copel. (= *Sphaeropteris mertensiana* R. Tryon)	179–181		197	
(352)	Kaempferol 3-*O*-[3-*O*-(4-*O*-caffeoyl)-β-D-glucosyl]-β-D-glucoside-7-*O*-rhamnoside	*Phyllitis scolopendrium* Newm.	209		224	
(353)	Kaempferol 3-*O*-sophorotrioside-7-*O*-glucoside	*Asplenium septentrionale* Hoffm.			66	
(354)	Kaempferide 3,7-diglucoside	*Asplenium bulbiferum* Forst.			225	e
(355)	Kaempferide 3-*O*-glucoside-7-*O*-rhamnoside	*Asplenium bulbiferum* Forst.			226	
(356)	Kaempferide 3-rhamnoside-7-glucoside	*Asplenium bulbiferum* Forst.			225	e
(357)	Kaempferol 3-*O*-gentiobioside-7,4′-diglucoside	*Asplenium nidus* L. (= *Neottopteris nidus* J. Sm.)			227	
(358)	Kaempferol 3,4′-dimethyl ether 7-glucoside	*Asplenium platyneuron* Oakes			219	
(359)	Kaempferol 3,5-dimethyl ether 4′-*O*-β-D-glucoside	*Colysis wrightii* Ching		−31.4	80	

Table 8 (*continued*)

Structure number	Compound	Plant source	m.p. C	$[α]_D$	References	Comment
(360)	8-Methoxykaempherol 3-O-D-glucoside	*Humata pectinata* Desv.	264–265		228	
(361)	Quercetin 3-O-β-D-glucoside (Isoquercitrin)	*Acrophorus nodosus* Pr.			80	
		Acrostichum aureum L.			192	
		Adiantum aethiopicum L.	232–234		203	
		A. capillus-veneris L.			204, 205	
		A. monochlamys D.C. Eaton			203	
		Asplenium septentrionale Hoffm.			229	
		Ceterach officinarum DC			215	
		Cyrtomium falcatum Pr.			168	
		Dennstaedtia scabra Moore			190	
		D. wilfordii Christ			208	
		Dicksonia gigantea Karst.	234–236	–72.1	223	
		Onoclea sensibilis L. var. *interrupta* Maxim.			80	
		Peranema cyatheoides Don			80	
		Pteridium aquilinum var. *latiusculum* Und.			212	
		Wagneriopteris nipponica Loeve et Loeve			213	
		Woodsia polystichoides Eaton			213	
(362)	Quercetin 3-O-(3-O-sulfo)glucoside	*Asplenium septentrionale* Hoffm.			229	

Table 8 (continued)

Structure number	Compound	Plant source	m.p. °C	$[\alpha]_D$	References	Comment
(363)	Quercetin 3-O-β-D-alloside (Nikkoshidin)	Wagneriopteris nipponica Loeve et Loeve	243–244	+35.5 (Pyr.)	213	
(364)	Quercetin 3-O-β-D-galactoside (Hyperin)	Adiantum edgeworthii Hook.			190	
		A. malesianum Gatak	241–243	−11	163	
		A. monochlamys D.C. Eaton	225–227		203	
		Cheilanthes argentea Kze.			190	
		Coniogramme intermedia Hieron.			190	
		Polypodium vulgare L.			202	
(365)	Quercetin 3-O-(6-malonyl)-D-galactoside	Adiantum capillus-veneris L.			230	
(366)	Quercetin 3-glucuronide (Querciturone)	Adiantum capillus-veneris L.			204	
		A. cuneatum Langsd			204	
(367)	Quercetin 3-O-α-L-rhamnoside (Quercitrin)	Cyclosorus interruptus H. Ito			80	
		Glaphyropteridopsis erubescens Ching.	201–203	−159.4	217	
		Pteris grandifolia L.			231	
(368)	3″-O-Acetylquercitrin	Pteris grandifolia L.	167–175	−115	231	
(369)	4″-O-Acetylquercitrin	Pteris grandifolia L.	170–177	−136	231	
(370)	Quercetin 3-O-α-L-rhamnoside-7-O-β-D-glucoside	Sceptridium ternatum Lyon			79	
(371)	Quercetin 3-O-β-gentiobioside	Ceterach officinarum DC			215	

Table 8 (*continued*)

Structure number	Compound	Plant source	m.p. °C	$[\alpha]_D$	References	Comment
(372)	Rutin [Quercetin 3-*O*-(6-*O*-α-L-rhamnosyl)-β-D-glucoside]	*Adiantum capillus-veneris* L. *Asplenium trichomanes* L. *Dennstaedtia scabra* Moore *Macrothelypteris torresiana* Ching var. *calvata* Holtt. *Marsilea quadrifolia* L. *Paesia anfractuosa* C. Chr. *Polypodium vulgare* L.	187–188	+13 (EtOH)	204, 205 232 190 86 233 223 202	
(373)	Quercetin 3-*O*-(4-*O*-glucosylgalactosyl)-rhamnoside	*Cheilanthes fragrans* Sw.			234	
(374)	Quercetin 3-methyl ether 7-*O*-diglucoside-4'-*O*-glucoside	*Ophioglossum vulgatum* L.	189	−112 (EtOH)	235	
(375)	8-Methoxyquercetin 3-*O*-glucoside	*Humata pectinata* Desv.	176–178		228	
(376)	Myricetin 7-*O*-galactoside-3-*O*-glucosiode	*Cheilanthes fragrans* Sw.			236	
Flavanone Glycosides						
(377)	5,7-Dihydroxyflavanone 7-*O*-β-D-glucoside (Pinocembrin 7-*O*-β-D-glucoside)	*Dennstaedtia scandens* Moore *D. wilfordii* Christ	138–140	−89.0	62 208	
(378)	Pinocembrin 7-*O*-neohesperidoside	*Dennstaedtia scabra* Moore *D. wilfordii* Christ	265–266		190 208	

Table 8 (*continued*)

Structure number	Compound	Plant source	m.p. C	$[\alpha]_D$	References	Comment
(379)	(2S)-6-Methylpinocembrin 7-O-β-D-glucoside [(2S)-Strobopinin 7-O-β-D-glucoside]	*Thelypteris palustris* Schott	182–186	−63 (Pyr.)	*163*	
(380)	Naringenin 7-O-glucoside (Prunin)	*Adiantum aethiopicum* L. *A. monochlamys* D.C. Eaton *Onychium japonicum* Kze.			*203* *203* *190*	
(381)	Naringenin 7-O-(2-O-α-L-rhamnosyl)-β-D-glucoside (Naringin)	*Adiantum aethiopicum* L. *Ceterach officinarum* D.C.	169–173		*203* *237*	f
(382)	Naringenin 7-rhamnoglucoside	*Marsilea quadrifolia* L.			*233*	
(383)	Naringenin 7-O-(6-O-L-arabinosyl)-D-glucoside	*Ceterach officinarum* D.C.			*237*	f
(384)	5,7,4′-Trihydroxy-6,8-dimethylflavanone glucoside (Cyrtopterin = Farrerol glucoside)	*Cyrtomium falcatum* Pr. *C. fortunei* J. Sm. *C. fortunei* var. *clivicola* Tagawa			*168, 169* *168, 169* *168, 169*	
(385)	(2S)-5,7-Dihydroxy-4′-methoxy-6-methoxymethyl-8-methylflavanone 7-O-β-D-glucoside (Triphyllin C)	*Pronephrium triphyllum* Holtt.	188–190	−2	*238*	
(386)	(2S)-Eriodictyol 7-O-methyl ether 3′-O-β-D-glucoside	*Pseudocyclosorus esquirolii* Ching *P. subochthodes* Ching	174–175.5	−52	*210* *210*	
(387)	5-O-Methyleriodictyol 7-O-(4-O-D-xylosyl)-β-D-galactoside	*Diplazium esculentum* Sw.	62–64		*239*	

Table 8 (*continued*)

Structure number	Compound	Plant source	m.p. C	$[\alpha]_D$	References	Comment
(388)	5,7,3′,4′-Tetrahydroxy-6,8-dimethyl-flavanone glucoside (Cyrtomin = Cyrtominetin glucoside)	*Cyrtomium falcatum* Pr. *C. fortunei* J. Sm. *C. fortunei* var. *clivicola* Tagawa	184–186		*168, 169* *168, 169* *168, 169*	
Flavan-3-ol Glycosides						
(389)	3,5,7,4′-Tetrahydroxyflavan 3-*O*-xyloside (Feulledine)	*Polypodium feuillei* Bert. (= *Synammia feuillei* Copel.)	202–205 (Acetate)		*240*	
(390)	Catechin 7-*O*-D-apioside	*Polypodium vulgare* L.	171–174		*202*	
(391)	(+)-Catechin 7-*O*-α-L-arabinoside (Polydin)	*Polypodium vulgare* L.	189–191		*241* *202*	
(392)	(−)-Epicatechin 3-*O*-β-D-alloside	*Davallia divaricata* Bl.	165–168 (decomp.)	−30	*207*	
(393)	(−)-Epicatechin 3-*O*-(2-*trans*-cinnamoyl)-β-D-alloside	*Davallia divaricata* Bl.	amorphous	−92	*207*	
(394)	(−)-Epicatechin 3-*O*-(3-*trans*-cinnamoyl)-β-D-alloside	*Davallia divaricata* Bl.	amorphous	−75	*207*	
Fravan-4-ol Glycosides						
(395)	(2*R*, 4*S*)-4,5,7-Trihydroxy-4′-methoxy-6,8-dimethylflavan 5,7-di-*O*-β-D-glucoside (Eruberin B)	*Glaphyropteridopsis erubescens* Ching.	173–177 (decomp.)	+10	*217*	

Table 8 (*continued*)

Structure number	Compound	Plant source	m.p. °C	$[\alpha]_D$	References	Comment
(396)	(2R, 4S)-4,5,7,4'-Tetrahydroxy-6-hydroxymethyl-8-methylflavan 5,7-di-O-β-D-glucoside (Triphyllin B)	*Pronephrium triphyllum* Holtt.	210–215	+18	238	
(397)	(2R, 4S)-4,5,7-Trihydroxy-6-hydroxymethyl-4'-methoxy-8-methylflavan 5,7-di-O-β-D-glucoside (Triphyllin A)	*Pronephrium triphyllum* Holtt.	252–253	+17	238	
(398)	(2R, 4S)-4,2''-Anhydro-4,5,7-trihydroxy-4'-methoxy-6,8-dimethylflavan 5-β-D-glucoside (Eruberin A)	*Glaphyropteridopsis erubescens* Ching.	157–160 (decomp.)	+88	217	

Anthocyanins

(399)	Apigeninidin 5-glucoside (Gesnerin)	*Adiantum pedatum* L.			242	
		A. veitchianum Moore			242	
		Blechnum brasiliense var. *corcovadense*			242	
		Pteris longipinnula Wall.			242	
(400)	Luteolinidin 5-glucoside	*Adiantum pedatum* L.			242	
		A. veitchianum Moore			242	
		Azolla imbricata Nakai			97	
		A. japonica Fr. et Sav.			97	
		A. mexicana Pr.			243	
		Blechnum brasiliense var. *corcovadense*			242	

Occurrence, Structure and Taxonomic Implications of Fern Constituents 175

Table 8 (*continued*)

Structure number	Compound	Plant source	m.p. C	$[\alpha]_D$	References	Comment
		Pteris longipinnula Wall.			242	
		P. quadriaurita Retz.			242	
		P. vittata L.			242	
(401)	Pelargonidin 3-*p*-coumaroylglucoside-5-glucoside (Monardein)	*Davallia divaricata* Bl.			242	
Flavonoid Glycosides Having Modified B-Ring						
(402)	Protogenkwanin 4'-*O*-β-D-glucoside [2-(1,4-Dihydroxy-2,5-cyclohexadienyl)-5-hydroxy-7-methoxychromone 4'-*O*-β-D-glucoside]	*Pseudophegopteris hirtirachis* Holtt.	126–128	−31	130	
		P. bukoensis Holtt.			130	
		P. subaurita Ching			130	
(403)	Protogenkwanin 4'-*O*-(2-*O*-acetyl)-β-D-glucoside	*Pseudophegopteris bukoensis* Holtt.		−51	130	
		P. subaurita Ching			130	
(404)	Protogenkwanin 4'-*O*-(6-*O*-acetyl)-β-D-glucoside	*Pseudophegopteris bukoensis* Holtt.		−22	130	
		P. subaurita Ching			130	
(405)	Protofarrerol 7-*O*-β-D-glucoside	*Leptorumohra miqueliana* H. Ito	158–161	+98.0	100	

[a] Mixture of **323** and **330**
[b] Mixture of **324** and **325**
[c] Mixture of **335** and **336**
[d] Mixture of **339** and **340**
[e] Mixture of **354** and **356**
[f] Mixture of **381** and **383**

Table 9. *Monoterpenoids and Sesquiterpenoids Found in the Filicopsida*

Structure number	Compound	Plant source	Molecular formula	m.p.	$[\alpha]_D$	References	Comment
Monoterpenoids							
(407)	(3S)-Linalool β-D-glucoside	*Arachniodes maximowiczii* Ohwi	$C_{16}H_{28}O_6$	oil	−160	256	
(408)	(3S)-Linalool (6'-O-β-L-fucosyl)-β-D-glucoside	*Arachniodes maximowiczii* Ohwi	$C_{22}H_{38}O_{10}$	oil	−27	256	
Sesquiterpenoids							
Illudanes and Illudalanes							
(415)	Hypacrone	*Hypolepis punctata* Mett.	$C_{15}H_{20}O_2$	oil		257	
(416)	Hypoloside A	*Hypolepis punctata* Mett.	$C_{23}H_{34}O_9$	90–94	+14.1	258	
(417)	Hypoloside B	*Hypolepis punctata* Mett.	$C_{32}H_{40}O_{11}$	115–117	−5.1	258	
(418)	Hypoloside C	*Hypolepis punctata* Mett.	$C_{32}H_{40}O_{11}$	138–140	−79.0	258	
(419)	Pterosin Z (Hypolepin B)	*Pteridium aquilinum* Kuhn var. *latiusculum* Und.	$C_{15}H_{20}O_2$	86–88		259	
		Hypolepis punctata Mett.		93–93.5		260	
		Cryptogramma crispa R. Br.				261	
		Dennstaedtia smithii Moore				261	
		Microlepia speluncae Moore				262	
		M. substrigosa Tagawa				262	
		M. trapeziformis Kuhn				262	
		Myriopteris myriophylla Fée (=*Cheilanthes myriopylla* Desv.)				261	

Table 9 (*continued*)

Structure number	Compound	Plant source	Molecular formula	m.p.	$[\alpha]_D$	References	Comment
		Pityrogramma calomelanos Link				263	
		Pteridium aquilinum subsp. *wightianum* Shieh				211	
		Pteris formosana Baker				264	
		P. natiensis Tagawa				261	GC-MS
		P. wallichiana Ag.				265	
(420)	Pterosin I (Hypolepin C)	*Hypolepis punctata* Mett.	$C_{16}H_{22}O_2$	61–62		260	
		Cryptogramma crispa R. Br.				261	
		Dennstaedtia smithii Moore				261	
		Microlepia obtusiloba Hayata				262	
		M. speluncae Moore				262	
		Myriopteris myriophylla Fée (= *Cheilantes myriopylla* Desv.)				261	
		Pteridium aquilinum subsp. *wightianum* Shieh				211	
		Pteris wallichiana Ag.				265, 266	GC-MS
(421)	Acetylpterosin Z	*Myriopteris myriophylla* Fée (= *Cheilantes myriophylla* Desv.)	$C_{17}H_{22}O_3$	oil		261	
(422)	Preroside Z (Pterosin Z 14-*O*-β-D-glucoside)	*Pteridium aquilinum* Kuhn var. *latiusculum* Und.	$C_{21}H_{30}O_7$			267	
						268	rhizomes
		Cryptogramma crispa R. Br.				261	

Table 9 (continued)

Structure number	Compound	Plant source	Molecular formula	m.p.	$[\alpha]_D$	References	Comment
(423)	Pterosin H (Hypolepin A)	*Hypolepis punctata* Mett.	$C_{15}H_{19}OCl$	87.5–88		260	
		Dennstaedtia smithii Moore				261	
		Microlepia obtusiloba Hayata				262	
		M. speluncae Moore				262	
		M. substrigosa Tagawa				262	
		M. trapeziformis Kuhn				262	
		Myriopteris myriophylla Fée (=*Cheilantes myriopylla* Desv.)				261	
		Pteridium aquilinum subsp. *wightianum* Shieh				211	
		Pteris fauriei Hieron.				269	GC-MS
		P. wallichiana Ag.				265	GC-MS
(424)	(3S)-Pterosin D	*Pteridium aquilinum* Kuhn var. *latiusculum* Und.	$C_{15}H_{20}O_3$	180–183	–15.4	268	a
		Hypolepis punctata Mett.				270	
		Pteris wallichiana Ag.				266	GC-MS
(425)	Dennstopterosin [(3S)-14-O-Methylpterosin D]	*Dennstaedtia wilfordii* Christ	$C_{16}H_{22}O_3$	oil	–64.2 ($CHCl_3$)	271	
(426)	(3S)-Pterosin D 14-O-β-D-glucoside	*Pteridium aquilinum* Kuhn var. *latiusculum* Und.	$C_{21}H_{30}O_8$	amorphous	–52.4	267	rhizomes
		Hypolepis punctata Mett.				268	
						270	
		Pteris wallichiana Ag.				266	c

Table 9 (continued)

Structure number	Compound	Plant source	Molecular formula	m.p.	$[\alpha]_D$	References	Comment
(427)	(3R)-Pterosin D	Pteridium aquilinum Kuhn var. latiusculum Und.	$C_{15}H_{20}O_3$	189–190	+4.8	259	
		Coniogramme japonica Diels				272	
		Dennstaedtia wilfordii Christ				271	
		Dicksonia gigantea Karst.				223	
		Hypolepis punctata Mett.				270	
		Microlepia speluncae Moore				262	
		M. strigosa Pr.				262	
		Pteridium aquilinum subsp. wightianum Shieh				211	
(428)	(3R)-Pterosin D 14-O-β-D-glucoside	Cryptogramma crispa R. Br.	$C_{21}H_{30}O_8$	oil	−8	261	
(429)	(3R)-Pterosin D 3-O-β-D-glucoside	Pteridium aquilinum subsp. wightianum Shieh (= P. revolutum Nakai)	$C_{21}H_{30}O_8$	amorphous	−22	211	
		Microlepia substrigosa Tagawa				262	
(430)	(3R)-Pterosin D 3-O-α-L-arabinoside	Microlepia speluncae Moore	$C_{20}H_{28}O_7$	163–165	+43.9	262	
		Dennstaedtia smithii Moore				261	
(431)	(3R)-Hydroxypterosin H	Pteridium aquilinum subsp. wightianum Shieh (= P. revolutum Nakai)	$C_{15}H_{19}O_2Cl$	oil	$[\theta]_{328}$ +6700	211	

Table 9 (continued)

Structure number	Compound	Plant source	Molecular formula	m.p.	$[\alpha]_D$	References	Comment
(432)	Onitin	*Onychium siliculosum* C. Chr. (=*O. auratum* Klf.)	$C_{15}H_{20}O_3$	214		159, 273	
		Cibotium barometz J. Sm.				272	
		Dicksonia gigantea Karst.				223	
(433)	Onitin 14-*O*-β-D-glucoside	*Cibotium barometz* J. Sm.	$C_{21}H_{30}O_8$	178–180	−17.7	272	
(434)	Onitin 14-*O*-β-D-alloside	*Cibotium barometz* J. Sm.	$C_{21}H_{30}O_8$	amorphous	−24.8	272	
(435)	Onitinoside	*Onychium siliculosum* C. Chr. (=*O. auratum* Klf.)	$C_{21}H_{30}O_8$	172–174		159	
(436)	Pterosin R	*Cibotium barometz* J. Sm.	$C_{15}H_{19}O_2Cl$	199.5–200		272	
(437)	(2*S*)-Pterosin A	*Pteridium aquilinum* Kuhn var. *latiusculum* Und.	$C_{15}H_{20}O_3$	125–127	−45.3	259	rhizomes
		Dennstaedtia scabra Moore				268	
		D. wilfordii Christ				274	
		Hypolepis punctata Mett.				271	
		Microlepia substrigosa Tagawa				275	
		Pteris cretica L.				262	
						191	rhizomes
(438)	(2*S*)-Palmitylpterosin A	*Pteridium aquilinum* Kuhn var. *latiusculum* Und.	$C_{31}H_{50}O_4$	50–51	−37.8	259, 276	
(439)	(2*S*)-Pterosin V	*Dennstaedtia scabra* Moore	$C_{16}H_{22}O_3$	oil	−4.0	274	

Table 9 (*continued*)

Structure number	Compound	Plant source	Molecular formula	m.p.	[α]_D	References	Comment
(440)	(2S)-Pteroside A [(2S)-Pterosin A 14-O-β-D-glucoside]	*Pteridium aquilinum* Kuhn var. *latiusculum* Und.	$C_{21}H_{30}O_8$	116–118	−49.6	259, 268	rhizomes
(441)	(2S)-Pterosin K	*Pteridium aquilinum* Kuhn var. *latiusculum* Und. *Dennstaedtia scabra* Moore *Hypolepis punctata* Mett. *Pteris wallichiana* Ag.	$C_{15}H_{19}O_2Cl$	85–87	−37.5	259, 276, 268 274 270 265, 266	rhizomes GC-MS GC-MS GC-MS
(442)	(2S)-Pteroside K [(2S)-Pterosin K 10-O-β-D-glucoside]	*Pteridium aquilinum* Kuhn var. *latiusculum* Und.	$C_{21}H_{29}O_7Cl$	94–96	−26.4	259, 268	rhizomes
(443)	Cryptogrammin	*Cryptogramma crispa* R. Br.	$C_{21}H_{30}O_8$		−22	261	
(444)	(2R, 3R)-Pterosin L	*Pteridium aquilinum* Kuhn var. *latiusculum* Und. *Dennstaedtia wilfordii* Christ *Histiopteris incisa* J. Sm. *Microlepia speluncae* Moore *M. strigosa* Pr.	$C_{15}H_{20}O_4$	139–141	+23.7	259, 276 271 272 262 262	
(445)	(2R, 3R)-Pterosin L 3-O-α-L-arabinoside	*Microlepia speluncae* Moore *M. trapeziformis* Kuhn	$C_{20}H_{28}O_8$	209–211	−21.7	262 262	
(446)	(2R, 3R)-Pterosin L 14-O-β-D-glucoside	*Hypolepis punctata* Mett.	$C_{21}H_{30}O_9$	oil	−19.0	270	

Table 9 (continued)

Structure number	Compound	Plant source	Molecular formula	m.p.	$[\alpha]_D$	References	Comment
(447)	(2S, 3R)-Pterosin L	Hypolepis punctata Mett. Coniogramme japonica Diels	$C_{15}H_{20}O_4$	85–87	+78.0	270 272	a
(448)	(2S, 3R)-Pterosin L 14-O-β-D-glucoside	Hypolepis punctata Mett.	$C_{21}H_{30}O_9$	oil	+18.4	270	
(449)	(2S)-4-Hydroxypterosin A [(2S)-Onitisin]	Denstaedtia scabra Moore Onychium siliculosum C. Chr. (= O. auratum Klf.)	$C_{15}H_{20}O_4$	178–180 184	−14.9 −31.16	274 159, 273	c
(450)	(2S)-Onitisin 14-O-β-D-glucoside	Pteris inaequalis var. æquata Tagawa (= P. excelsa Gaud.)	$C_{21}H_{30}O_9$	oil	−16.94	269	
(451)	(2R)-Onitisin	Plagiogyria matsumureana Makino	$C_{15}H_{20}O_4$	187–189	+12.0	261	a
(452)	(2R)-Onitisin 14-O-β-D-glucoside	Plagiogyria matsumureana Makino	$C_{21}H_{30}O_9$	oil	−6.7	261	
(453)	(3R)-Pterosin X	Pteris fauriei Hieron. Coniogramme japonica Diels	$C_{15}H_{20}O_4$	oil	+31.1	269 272	
(454)	(3R)-Pteroside X [(3R)-Pterosin X 14-O-β-D-glucoside]	Pteris fauriei Hieron.	$C_{21}H_{30}O_9$	oil	−10.3	269	
(455)	Pterolactone A	Dennstaedtia wilfordii Christ	$C_{15}H_{16}O_4$	oil	+97.0 (CHCl$_3$)	271	
(456)	Pterolactone A 3-O-β-D-glucoside	Dennstaedtia wilfordii Christ	$C_{21}H_{26}O_9$	143–145	+37.8	271	
(457)	Pterolactone A 3-O-(4'-p-coumaroyl)-β-D-glucoside	Dennstaedtia wilfordii Christ	$C_{30}H_{32}O_{11}$	amorphous	−22.5	271	

Table 9 (continued)

Structure number	Compound	Plant source	Molecular formula	m.p.	$[\alpha]_D$	References	Comment
(458)	(3R)-Pterosin W	Pteris fauriei Hieron.	$C_{15}H_{20}O_4$	oil	+51.2	269	
(459)	(3R)-Pteroside W [(3R)-Pterosin W 14-O-β-D-glucoside]	Pteris fauriei Hieron.	$C_{21}H_{30}O_9$			269	b
(460)	Spelosin	Microlepia speluncae Moore	$C_{15}H_{20}O_4$	oil	+83.3	262	
		Dennstaedtia smithii Moore				261	
(461)	Spelosin 3-O-α-L-arabinoside	Microlepia speluncae Moore	$C_{20}H_{28}O_8$	amorphous	+56.9	262	
		Dennstaedtia smithii Moore				261	
		Microlepia substrigosa Tagawa				262	
		M. trapeziformis Kuhn				262	
(462)	(2S, 3R)-Pterosin Y	Coniogramme japonica Diels	$C_{15}H_{20}O_5$	oil	+62.2	272	
(463)	Jamesonin	Jamesonia scammanae A. Tryon	$C_{15}H_{20}O_5$	amorphous	+9.6	223	
(464)	Pterolactone B	Dennstaedtia wilfordii Christ	$C_{15}H_{16}O_5$	201–203	+44.4	271	
(465)	Calomelanolactone	Pityrogramma calomelanos Link	$C_{15}H_{18}O_3$	160–162		263	
(466)	Ptaquiloside (Aquilide)	Pteridium aquilinum Kuhn var. latiusculum Und.	$C_{20}H_{30}O_8$	amorphous	−188	278, 279, 280, 281	
		Pteris cretica L.				282	
(467)	(2R)-Pterosin B	Pteridium aquilinum Kuhn var. latiusculum Und.	$C_{14}H_{18}O_2$	109–110	−31.9	259	a
						268	rhizomes
						283	
		Eriosorus flexuosus Copel.				261	

Table 9 (*continued*)

Structure number	Compound	Plant source	Molecular formula	m.p.	$[\alpha]_D$	References	Comment
		Histiopteris incisa J. SM.				272, 284	
		Microlepia strigosa PR.				262	
		Pteris angustipinna Tagawa				191	
		P. bella Tagawa				211	
		P. cadieri Christ				191	
		P. cretica L.				191	
		P. dactylina Hook.				191	
		P. formosana Baker				264	
		P. grevilleana Wall.				191	
		P. inaequalis var. *aequata* Tagawa (= *P. excelsa* Gaud.)				285	c
		P. linearis Poir.				261	GC-MS
		P. multifida Poir.				191	
		P. natiensis Tagawa				261	GC-MS
		P. ryukyuensis Tagawa				91	
		P. setuloso-costulata Hayata				272	
		P. tremula R. Br.				191	
		P. wallichiana Ag.				265	
(**468**)	(2*R*)-Benzoylpterosin B	*Pteridium aquilinum* Kuhn var. *latiusculum* Und.	$C_{21}H_{22}O_3$	68–70	−20.0 ($CHCl_3$)	259, 276	
(**469**)	(2*R*)-Isocrotonylpterosin B	*Pteridium aquilinum* Kuhn var. *latiusculum* Und.	$C_{18}H_{22}O_3$	oil	−3.5 ($CHCl_3$)	259, 276	

Table 9 (continued)

Structure number	Compound	Plant source	Molecular formula	m.p.	$[\alpha]_D$	References	Comment
(470)	(2R)-Palmitylpterosin B	*Pteridium aquilinum* Kuhn var. *latiusculum* Und.	$C_{30}H_{48}O_3$	51–52	−3.3 (Cyclohexane)	259, 276	
(471)	(2R)-Pterosin O	*Pteridium aquilinum* Kuhn var. *latiusculum* Und.	$C_{15}H_{20}O_2$	45–46	±0	259, 286	
		Microlepia strigosa Pr.				262	
		Pteris angustipinna Tagawa				191	
		P. excelsa Gaud. (= *Pteris inaequalis* Bak.)		oil	−14.1 ($CHCl_3$)	285	
		P. dactylina Hook.				191	
		P. multifida Poir.				191	c
(472)	(2R)-Pteroside B [(2R)-Pterosin B 14-O-β-D-glucoside]	*Pteridium aquilinum* Kuhn var. *latiusculum* Und.	$C_{20}H_{28}O_7$	120–122	−48.8	259, 283, 268	rhizomes
		Pteris oshimensis Hieron.				261	c, rhizomes
(473)	(2R)-Pterosin F	*Pteridium aquilinum* Kuhn var. *latiusculum* Und.	$C_{14}H_{17}OCl$	66–67	−14.6	259	
		Dennstaedtia scabra Moore				268	rhizomes
		Histiopteris incisa J. Sm.				274	GC-MS
		Microlepia strigosa Pr.				272	
		M. substrigosa Tagawa				262	

Table 9 (continued)

Structure number	Compound	Plant source	Molecular formula	m.p.	$[\alpha]_D$	References	Comment
		Pteridium aquilinum subsp. wightianum Shieh (= P. revolutum Nakai)				211	
		Pteris angustipinna Tagawa				191	
		P. cretica L.				191	
		P. dactylina Hook.				191	
		P. fauriei Hieron.				269	GC-MS
		P. multifida Poir.				191	
		P. tremula R. Br.				191	
(474)	(2R)-Pterosin E	Pteridium aquilinum Kuhn var. latiusculum Und.	$C_{14}H_{16}O_3$	160–162	±0	259	
		Histiopteris incisa J. Sm.				272	
(475)	(2S)-Pterosin B	Pteridium aquilinum Kuhn var. latiusculum Und.	$C_{14}H_{18}O_2$	106–108	+30.3	268	a
		Jamesonia scammanae A. Tryon				223	
(476)	(2S)-Pteroside B [(2S)-Pterosin B 14-O-β-D-glucoside]	Pteridium aquilinum Kuhn var. latiusculum Und.	$C_{20}H_{28}O_7$	164–166	−13.6	268	rhizomes
(477)	(2S)-6-(2-Chloroethyl)-2-hydroxymethyl-5,7-dimethyl-indian-1-one	Pteris podophylla Sw.	$C_{14}H_{17}O_2Cl$	130–132	−1.2	192	
(478)	Pterosin N	Pteridium aquilinum Kuhn var. latiusculum Und.	$C_{14}H_{18}O_3$	165–167	−18.8	259, 286	c

Table 9 (*continued*)

Structure number	Compound	Plant source	Molecular formula	m.p.	$[\alpha]_D$	References	Comment
		Pteris oshimensis Hieron.				287	c
		P. setuloso-costulata Hayata				272	c
		P. wallichiana Ag.				266	c
							GC-MS
(479)	Histiopterosin B	*Histopteris incisa* J. Sm.	$C_{14}H_{17}O_2Cl$	125–126		80	c
(480)	(2*S*, 3*S*)-Pterosin C	*Pteridium aquilinum* Kuhn var. *latiusculum* Und.	$C_{14}H_{18}O_3$	153–156	+93.4	259	d
		Pteris dispar Kze.		134–135	+110	288	a
		Eriosorus flexuosus Copel.				261	
		Histiopteris incisa J. Sm.				272	
		Microlepia strigosa Pr.				262	
		Pteridium aquilinum subsp. *wightianum* Shieh (= *P. revolutum* Nakai)				211	
		Pteris bella Tagawa				211	
		P. cretica L.				191	e
		P. inaequalis var. *aequata* Tagawa (= *P. excelsa* Gaud.)				269, 289	d
		P. linearis Poir.				261	GC-MS
		P. livida Mett.				192	
		P. multifida Poir.				191	

Table 9 (continued)

Structure number	Compound	Plant source	Molecular formula	m.p.	$[\alpha]_D$	References	Comment
		P. ryukyuensis Tagawa				91	c
		P. wallichiana Ag.				290	c rhizomes
(481)	(2S, 3S)-Acetylpterosin C	Pteridium aquilinum Kuhn var. latiusculum Und.	$C_{16}H_{20}O_4$	115–118	+86.1 (CHCl$_3$)	259, 276	d
		Pteris inaequalis var. aequata Tagawa (= P. excelsa Gaud.)				289	
(482)	(2S, 3S)-Palmitylpterosin C	Pteridium aquilinum Kuhn var. latiusculum Und.	$C_{30}H_{48}O_4$	95–97	+52.8 (CHCl$_3$)	259, 276	
(483)	(2S, 3S)-Phenylacetylpterosin C	Pteridium aquilinum Kuhn var. latiusculum Und.	$C_{22}H_{24}O_4$	67–68	+38.6	259, 286	d
(484)	(2S, 3S)-Pteosin C 3-O-β-D-glucoside (Wallichoside)	Pteris dispar Kze.	$C_{20}H_{28}O_8$	217–220	+38	288	
		P. wallichiana Ag.		216–218	+22.2	290, 291	rhizomes
		Eriosorus flexuosus Copel.				261	
		Microlepia strigosa Pr.				262	
		M. substrigosa Tagawa				262	
		Pteris bella Tagawa				211	
		P. multifida Poir.				191	
		P. setuloso-costulata Hayata				272	
		P. wallichiana Ag.				290, 291	rhizomes

Table 9 (continued)

Structure number	Compound	Plant source	Molecular formula	m.p.	$[\alpha]_D$	References	Comment
(485)	(2S, 3S)-Pterosin C 3-O-α-L-arabinoside	Pteris oshimensis Hieron. P. setuloso-costulata Hayata	$C_{19}H_{26}O_7$	220–222	+26	292 272	d
(486)	(2S, 3R)-Pterosin C	Pteridium aquilinum Kuhn var. latiusculum Und.	$C_{14}H_{18}O_3$	163–166	−37.1	268	a
(487)	(2S, 3R)-Pterosin C 14-O-β-D-glucoside	Pteridium aquilinum Kuhn var. latiusculum Und. Pteris wallichiana Ag.	$C_{20}H_{28}O_8$	174–176	−46.6	268 266	rhizomes c
(488)	(2R, 3R)-Pterosin C	Pteridium aquilinum Kuhn var. latiusculum Und.	$C_{14}H_{18}O_3$	162–164	−65.3	268	rhizomes
(489)	(2R, 3R)-Pterosin C 14-O-β-D-glucoside	Pteridium aquilinum Kuhn var. latiusculum Und.	$C_{20}H_{28}O_8$	162–165	−70.3	268	rhizomes
(490)	(2R, 3S)-Pterosin C	Pteridium aquilinum Kuhn var. latiusculum Und.	$C_{14}H_{18}O_3$	153–156	+93.4	259	
(491)	(2R, 3S)-Pterosin C 14-O-β-D-glucoside	Pteridium aquilinum Kuhn var. latiusculum Und.	$C_{20}H_{28}O_8$	amorphous		259	
(492)	(2S, 3S)-Pterosin J	Pteridium aquilinum Kuhn var. latiusculum Und. Histiopteris incisa J. Sm. Pteris ryukyuensis Tagawa P. tremula R. Br.	$C_{14}H_{17}O_2Cl$	136–137	+83.5 (CHCl$_3$)	259, 276 272 91 191	d c
(493)	Histiopterosin A	Histiopteris incisa J. Sm.	$C_{14}H_{16}O_4$	145–151	+1.7	272	c

Table 9 (continued)

Structure number	Compound	Plant source	Molecular formula	m.p.	$[\alpha]_D$	References	Comment
(494)	(2R)-Pterosin M	Onychium japonicum Kze.	$C_{14}H_{18}O_3$	187		293, 294	a
(495)	(2R)-Pteroside M [(2R)-Pterosin M 14-O-β-D-glucoside]	Onychium japonicum Kze.	$C_{20}H_{28}O_8$	192	−27 (Acetone + H_2O)	293, 294	
(496)	(2S)-Pterosin G	Pteridium aquilinum Kuhn var. latiusculum Und.	$C_{14}H_{18}O_3$	152–153	−14.6	259	
		Pteris altissima Poir.				192	
		P. linearis Poir.				261	GC-MS
		P. podophylla Sw.				192	
(497)	(2S)-Pterosin P	Pteridium aquilinum Kuhn var. latiusculum Und.	$C_{14}H_{18}O_3$	115–117	+6.6	268	a
		Microlepia strigosa Pr.				262	
(498)	(2S)-Pteroside P [(2S)-Pterosin P 14-O-β-D-glucoside]	Pteridium aquilinum Kuhn var. latiusculum Und.	$C_{20}H_{28}O_8$	191–193	−14.9	268	rhizomes
(499)	(2S, 3R)-2-Hydroxypterosin C	Pteris bella Tagawa	$C_{14}H_{18}O_4$	166–167	+132	211	
(500)	(2S, 3S)-11-Hydroxypterosin C	Pteris bella Tagawa	$C_{14}H_{18}O_4$	69–72	+76.0	211	
		P. linearis Poir.				261	GC-MS
(501)	(2S, 3S)-Pterosin T	Pteris kiuschiuensis Hieron.	$C_{14}H_{18}O_4$	oil	+91.0	295	d
		P. bella Tagawa				211	
		P. linearis Poir.				261	GC-MS

Table 9 (continued)

Structure number	Compound	Plant source	Molecular formula	m.p.	$[\alpha]_D$	References	Comment
(502)	(2S, 3S)-Pteroside T [(2S, 3S)-Pterosin T 14-O-β-D-glucoside]	*Pteris inaequalis* var. *aequata* Tagawa (= *P. excelsa* Gaud.)	$C_{20}H_{28}O_9$	118–121	+33.0	269	d
(503)	(2S, 3S)-Pterosin S	*Pteris kiuschiuensis* Hieron.	$C_{14}H_{18}O_4$	118–119	+71.0	295	d
		P. livida Mett.		125–126	+85	191, 192	
		Eriosorus flexuosus Copel.				261	
		Jamesonia scammnanae A. Tryon				223	
		Pteris cretica L.				191	e
		P. multifida Poir.				191	
(504)	(2S, 3S)-Pterosin S 3-O-β-D-glucoside	*Pteris tremula* R. Br.	$C_{20}H_{28}O_9$	215–218	+20	191	
(505)	(2S, 3S)-Pterosin S 3-O-(4-O-caffeoyl)-β-D-glucoside	*Pteris tremula* R. Br.	$C_{29}H_{34}O_{12}$	194–197	−23	191	
(506)	(2S, 3S)-Pterosin S 14-O-β-D-glucoside	*Pteris tremula* R. Br.	$C_{20}H_{28}O_9$			191	d
		P. fauriei Hieron.				269	d
(507)	(2S, 3S)-Pterosin Q	*Histiopteris incisa* J. Sm.	$C_{14}H_{18}O_4$	oil	+90.0	287	d
		Pteris angustipinna Tagawa				191	
		P. bella Tagawa				211	
		P. dactylina Hook.				191	
		P. kiuschiuensis Hieron.				295	d
		P. oshimensis Hieron.				287	d
		P. ryukyuensis Tagawa				91	e

Table 9 (continued)

Structure number	Compound	Plant source	Molecular formula	m.p.	$[\alpha]_D$	References	Comment
(508)	(2S, 3S)-Pterosin Q 3-O-β-D-glucoside	Histiopteris incisa J. Sm. Pteris bella Tagawa P. oshimensis Hieron. P. wallichiana Ag.	$C_{20}H_{28}O_9$	oil	+24.0	287 211 287 266	d d
(509)	(2S, 3S)-Pterosin Q 3-O-α-L-arabinoside	Pteris oshimensis Hieron. Histiopteris incisa J. Sm.	$C_{19}H_{26}O_8$	oil	+25	292 292	d
(510)	(2S, 3R)-Setulosopterosin	Pteris setuloso-costulata Hayata P. bella Tagawa	$C_{14}H_{18}O_5$	oil	+64.0	211, 272 211	a
(511)	(2S, 3R)-Setulosopteroside [(2S, 3R)-Setulosopterosin 14-O-β-D-glucoside]	Pteris setuloso-costulata Hayata	$C_{20}H_{28}O_{10}$	oil	+30.6	211, 272	
(512)	(2S, 3S)-11-Hydroxypterosin T	Pteris bella Tagawa	$C_{14}H_{18}O_5$	amorphous	+54	211	
(513)	(2S, 3S)-Pterosin U	Pteris kiuschiuensis Hieron. P. linearis Poir.	$C_{14}H_{18}O_5$	129–130	+73.1	295 261	d c
(514)	(2S, 3S)-Pteroside U [(2S, 3S)-Pterosin U 14-O-β-D-glucoside]	Pteris fauriei Hieron.	$C_{20}H_{28}O_{10}$	149–151	+2.3	269	d
(515)	(2R)-Isopterosin B	Histiopteris incisa J. Sm.	$C_{14}H_{18}O_2$	100–101	+2.7 (CHCl$_3$)	272	
(516)	(1S, 2R)-Isopterosin C	Histiopteris incisa J. Sm.	$C_{14}H_{18}O_3$	148–150	+83.2	272	d

Table 9 (continued)

Structure number	Compound	Plant source	Molecular formula	m.p.	$[\alpha]_D$	References	Comment
(517)	(1S, 2S)-Isopteroside C [(1S, 2S)-Isopterosin C 1-O-β-D-glucoside]	Pteris wallichiana Ag.	$C_{20}H_{28}O_8$	97–104	+17.2	266	
(518)	Isohistiopterosin A	Histiopteris incisa J. Sm.	$C_{14}H_{16}O_4$	oil	$[\theta]_{232}$ +18000	272	c
(519)	(1R, 2R, 3R)-Pterisol C	Pteris wallichiana Ag.	$C_{14}H_{20}O_3$	151–152	+32.7	265	a
(520)	(1R, 2R, 3R)-Pterisol C 1-O-β-D-glucoside	Pteris wallichiana Ag.	$C_{20}H_{30}O_8$	amorphous	−27.9	265	
(521)	(2S, 3S)-Norpterosin C	Pteris semipinnata L.	$C_{13}H_{16}O_3$	163–169		265	d
(522)	Mukagolactone	Monachosorum arakii Tagawa	$C_{13}H_{12}O_3$	179–180		296	
		Dennstaedtia scandens Moore				297	
		Monachosorum flagellare Hayata				297	
(523)	Monachosorin A	Monachosorum arakii Tagawa	$C_{26}H_{28}O_4$	215–216		296	
		Dennstaedtia scandens Moore				297	
		Monachosorum flagellare Hayata				297	
		Monachosorum henryi Christ				297	
		M. maximowiczii Hayata (= Ptilopteris maximowiczii Hance)				297	
(524)	Monachosorin B	Monachosorum arakii Tagawa	$C_{26}H_{30}O_4$	207–208	−6.8 (CHCl$_3$)	296	c
		Dennstaedtia scandens Moore				297	

Table 9 (*continued*)

Structure number	Compound	Plant source	Molecular formula	m.p.	$[\alpha]_D$	References	Comment
		Monachosorum flagellare Hayata				297	
		M. henryi Christ				297	
		M. maximowiczii Hayata (=*Ptilopteris maximowiczii* Hance)				297	
(525)	Monachosorin C	*Monachosorum arakii* Tagawa	$C_{26}H_{28}O_4$	233–234	+11.4 (CHCl$_3$)	296	c
		Dennstaedtia scandens Moore				297	
		Monachosorum henryi Christ				297	
		M. maximowiczii Hayata (=*Ptilopteris maximowiczii* Hance)				297	
(526)	Methylmonachosorin A	*Monachosorum flagellare* Hayata	$C_{27}H_{30}O_4$	227–228		297	
(527)	Distentoside	*Dennstaedtia distenta* Moore	$C_{32}H_{40}O_9$	119–122	−12.5	298	
(528)	Myriopterosin	*Myriopteris myriophylla* Fée (=*Cheilantes myriophylla* Desv.)	$C_{30}H_{38}O_3$	oil		261	
Acyclic Sesquiterpene							
(529)	12-Hydroxynerolidol	*Pseudocyclosorus esquirolii* Ching	$C_{15}H_{26}O_2$	oil	+28	210	
		P. subochthodes Ching				210	
Drimanes							
(530)	6β-Hydroxyisodrimenin	*Protowoodsia manchuriensis* Ching	$C_{15}H_{22}O_3$	256–258	+9.7	299	

Table 9 (*continued*)

Structure number	Compound	Plant source	Molecular formula	m.p.	$[\alpha]_D$	References	Comment
Ryomenanes							
(531)	Ryomenin	*Arachniodes standishii* Ohwi *A. mutica* Ohwi	$C_{15}H_{18}O_3$	204–207	−214	29 30	
Norcarotenoids							
(532)	(6*R*, 7*E*, 9*R*)-9-Hydroxymegastigma-4,7-dien-3-one 9-*O*-β-D-glucoside	*Dennstaedtia wilfordii* Christ *Polystichum tripteron* Pr.	$C_{19}H_{30}O_7$	oil	+58.6	300 300	

[a] Hydrolysis product of corresponding glycoside
[b] Contaminated with Pteroside S
[c] Stereochemistry not determined
[d] Contaminated with 2-epimer
[e] Obtained from fronds and rhizomes

Table 10. Diterpenoids and Sesterterpenoids Found in the Filicopsida

Structure number	Compound	Plant source	Molecular formula	m.p. °C	$[\alpha]_D$	References	Comment
Diterpenoids							
Acyclic Diterpenoids							
(535)	13-Hydroxygeranyllinalool 13-O-(6'-O-β-L-fucosyl)-β-D-glucoside	*Arachniodes maximowiczii* Ohwi	$C_{32}H_{54}O_{11}$	oil	−35	256	
(536)	13-Hydroxygeranyllinalool 3,13-O-β-D-diglucoside	*Arachniodes maximowiczii* Ohwi	$C_{32}H_{54}O_{12}$	oil	−38	256	
Labdanes and *ent*-Labdanes							
(537)	*ent*-(E)-8(17),13-Labdadien-15-oic acid	*Cheilanthes argentea* Kze.	$C_{20}H_{32}O_2$	93	−46.5	327	
(538)	Lambertianic acid	*Osmunda asiatica* Ohwi	$C_{20}H_{28}O_3$	132–135	+58.4	328	
(539)	(E)-3(R)-Hydroxy-*ent*-8(17), 13-labdadien-15-oic acid (Alepterolic acid)	*Cheilanthes argentea* Kze.	$C_{20}H_{32}O_3$	159–160	−42.6	327	
(540)	(13S)-13,14-Dihydroalepterolic acid	*Polypodium amamianum* Tagawa	$C_{20}H_{34}O_3$	114–116	−18.4 (CHCl$_3$)	329	
(541)	(13S)-13,14-Dihydroalepterolic acid acetate	*Polypodium amamianum* Tagawa	$C_{22}H_{36}O_4$	48	−37.5 (CHCl$_3$)	329	
(542)	Dimethylsciadinonate	*Osmunda asiatica* Ohwi.	$C_{22}H_{28}O_6$	129–133	−47.4	328	
Neoclerodanes							
(543)	Kolavenic acid	*Cheilanthes kaulfussi* Kze.	$C_{20}H_{32}O_2$	oil	−42.1	80, 330	

Table 10 (*continued*)

Structure number	Compound	Plant source	Molecular formula	m.p. °C	[α]$_D$	References	Comment
ent-**Pimaranes**							
(544)	3α,12α-Dihydroxy-*ent*-pimara-8(14),15-diene		$C_{20}H_{32}O_2$	169	−91.0 (CHCl$_3$)	331	a
(545)	Hookeroside A	*Scypholepia hookeriana* J. Sm.	$C_{39}H_{64}O_{14}$	128–130	−116.0	331	
(546)	Hookeroside B	*Scypholepia hookeriana* J. Sm.	$C_{38}H_{62}O_{14}$	168	−124.0	331	
(547)	Hookeroside C	*Scypholepia hookeriana* J. Sm.	$C_{38}H_{62}O_{15}$	262	−95.0	331	
(548)	Hookeroside D	*Microlepia tenera* Christ *Scypholepia hookeriana* J. Sm.	$C_{43}H_{70}O_{18}$	260–261	−117 (Pyr.)	332 331	
(549)	Teneroside	*Microlepia tenera* Christ.	$C_{37}H_{60}O_{14}$	amorphous	−88	332	
(550)	2β,15(R),16-Trihydroxy-*ent*-pimar-7-en-3-one (Fumotoshidin A)	*Microlepia marginata* C. Chr.	$C_{20}H_{32}O_4$	86–88	+45.3	333	
(551)	3α,15(R),16-Trihydroxy-*ent*-pimar-7-en-2-one (Fumotoshidin B)	*Microlepia marginata* C. Chr.	$C_{20}H_{32}O_4$	oil	+31.4	333	
(552)	2,15(R),16-Trihydroxy-*ent*-pimara-1,7-dien-3-one (Fumotoshidin C)	*Microlepia marginata* C. Chr.	$C_{20}H_{30}O_4$	77–79	+38.0 (CHCl$_3$)	333	
ent-**Rosanes**							
(553)	*ar*-Maximic acid	*Arachniodes maximowiczii* Ohwi.	$C_{19}H_{24}O_3$	213	+121	256	
(554)	*ar*-Maximol	*Arachniodes maximowiczii* Ohwi.	$C_{19}H_{26}O_2$	oil	+70	256	

Table 10 (continued)

Structure number	Compound	Plant source	Molecular formula	m.p. C	$[\alpha]_D$	References	Comment
ent-Kauranes							
(555)	16α-Hydroxy-ent-kaurane	Jamesonia scammanae A. Tryon	$C_{20}H_{34}O$	217–218	−57.5 (EtOH)	223	
(556)	2β,16α-Dihydroxy-ent-kaurane	Pteris angustipinna Tagawa P. cretica L. P. dactylina Hook. P. multifida Poir.	$C_{20}H_{34}O_2$	215–218	−14.4 (Pyr.)	191 334 191 191	
(557)	2β,16α-Dihydroxy-ent-kaurane 2-O-β-D-glucoside (Creticoside B)	Lindsaea javanensis Bl. Pteris angustipinna Tagawa P. cretica L. P. dactylina Hook. P. multifida Poir.	$C_{26}H_{44}O_7$	269–270	−36.1 (Pyr.)	57 191 335 191 191	
(558)	16α,17-Dihydroxy-ent-kaurane	Jamesonia scammanae A. Tryon	$C_{20}H_{34}O_2$	187–188 (dec)	−49.5	223	
(559)	16β,17-Dihydroxy-ent-kaurane	Jamesonia scammanae A. Tryon	$C_{20}H_{34}O_2$	176–177 (dec)	−49.3	223	
(560)	16α,19-Dihydroxy-ent-kaurane		$C_{20}H_{34}O_2$	200–201	−40.5 (EtOH)	57	[a]
(561)	16α,19-Dihydroxy-ent-kaurane 19-O-β-D-glucoside	Lindsaea javanensis Bl.	$C_{26}H_{44}O_7$	237–238	−64.0 (Pyr.)	57	
(562)	2β,6β,16α-Trihydroxy-ent-kaurane	Pteris cretica L.	$C_{20}H_{34}O_3$	235–236	−25.0 (EtOH)	191, 336	

Table 10 (*continued*)

Structure number	Compound	Plant source	Molecular formula	m.p. C	$[\alpha]_D$	References	Comment
(563)	2β,6β,16α-Trihydroxy-*ent*-kaurane 2-*O*-β-D-glucoside (Creticoside C)	*Pteris cretica* L.	$C_{26}H_{44}O_8$	293–294		337	
(564)	2β,16α,18-Trihydroxy-*ent*-kaurane (Pterokaurane R)	*Pteris ryukyuensis* Tagawa	$C_{20}H_{34}O_3$	>300		91	
(565)	12β,16α,19-Trihydroxy-*ent*-kaurane	*Lindsaea javanensis* Bl.	$C_{20}H_{34}O_3$	211–212	−9.5	57	a
(566)	12β,16α,19-Trihydroxy-*ent*-kaurane 19-*O*-β-D-glucoside		$C_{26}H_{44}O_8$			57	
(567)	16α,17,19-Trihydroxy-*ent*-kaurane	*Lindsaea javanensis* Bl.	$C_{20}H_{34}O_3$	224–225	−34.2 (EtOH)	57	a
(568)	16α,17,19-Trihydroxy-*ent*-kaurane 19-*O*-β-D-glucoside		$C_{26}H_{44}O_8$	219–220	−61.7	57	
(569)	16α,17,19-Trihydroxy-*ent*-kaurane 19-*O*-(4'-*O*-methyl)-β-D-glucoside (Microlepin)	*Microlepia marginata* C. Chr.	$C_{27}H_{46}O_8$	235–236.5	−59.0	338	
(570)	17-*O*-Acetylmicrolepin	*Microlepia marginata* C. Chr.	$C_{29}H_{48}O_9$	113–117	−44.3	338	
(571)	6-*O*-Acetylmicrolepin	*Microlepia marginata* C. Chr.	$C_{29}H_{48}O_9$	154–156	−54.3	338	
(572)	16α,17,18-Trihydroxy-*ent*-kaurane 18-*O*-(4'-*O*-methyl)-β-D-glucoside (4-*epi*-Microlepin)	*Microlepia marginata* C. Chr.	$C_{27}H_{46}O_8$	215–217	−42.6	338	
(573)	4-*epi*-Microlepin 6'-*O*-α-L-rhamnoside	*Microlepia marginata* C. Chr.	$C_{33}H_{56}O_{12}$	153–155	−46.7	338	

Table 10 (continued)

Structure number	Compound	Plant source	Molecular formula	m.p. °C	$[\alpha]_D$	References	Comment
(574)	2β,15α,16α,17-Tetrahydroxy-ent-kaurane	Pteris cretica L.	$C_{20}H_{34}O_4$	254–255	−10.0	337	
(575)	12β,16α,17,19-Tetrahydroxy-ent-kaurane		$C_{20}H_{34}O_4$	252–253	−51.4	57	
(576)	12β,16α,17,19-Tetrahydroxy-ent-kauran-19-O-β-D-glucoside	Linsaea javanensis Bl.	$C_{26}H_{44}O_9$	257–258	−46.4 (Pyr.)	57	
(577)	2β,14β,15α,16α,17-Pentahydroxy-ent-kaurane	Pteris cretica L.	$C_{20}H_{34}O_5$	280–281.5	−23.0 (EtOH)	337	
(578)	16α-Hydroxy-ent-kauran-19-oic acid	Jamesonia scammanae A. Tryon	$C_{20}H_{32}O_3$	283–285	−92.0	223	
(579)	11β,16β-Epoxy-ent-kauran-19-oic acid (Pterokaurane L5)	Pteris longipes Don	$C_{20}H_{30}O_3$	258–259	−66.2	339	
(580)	(16R)-11β-Hydroxy-15-oxo-ent-kauran-19-oic acid	Pteris dispar L. P. semipinnata L.	$C_{20}H_{30}O_4$	207–209	−90.0	340 265	
(581)	(16R)-11β-Hydroxy-15-oxo-ent-kauran-19-oic acid 19-β-D-glucoside	Pteris dispar L. P. semipinnata L.	$C_{26}H_{40}O_9$	177–178	−71.0	288 265	
(582)	(16S)-11β-Hydroxy-15-oxo-ent-kauran-19-oic acid	Pteris dispar L. P. semipinnata L.	$C_{20}H_{30}O_4$	245–253	−104.0	340 265	
(583)	16β,17-Dihydroxy-ent-kauran-19-oic acid	Dipteris conjugata Reinw.	$C_{20}H_{32}O_4$	285–290	−70.0 (Pyr.)	341	
(584)	16β,17,18-Trihydroxy-ent-kauran-19-oic acid	Dipteris conjugata Reinw.	$C_{20}H_{32}O_5$	265–270	−78.0 (Pyr.)	341	

Table 10 (continued)

Structure number	Compound	Plant source	Molecular formula	m.p. C	$[\alpha]_D$	References	Comment
(585)	(16R)-7β,9-Dihydroxy-15-oxo-ent-kauran-19,6β-olide	Pteris dispar L. P. semipinnata L.	$C_{20}H_{28}O_5$	213–224	−43.0	340 265	
(586)	16β,17-Dihydroxy-19-nor-ent-kauran-18-oic acid	Dipteris conjugata Reinw.	$C_{19}H_{30}O_4$	225–230	−39.0 (Pyr.)	341	
ent-Kaurenes							
(587)	2β,13-Dihydroxy-ent-kaur-16-ene		$C_{20}H_{32}O_2$	158–158.5	−44.6 ($CHCl_3$)	92	
(588)	2β,13-Dihydroxy-ent-kaur-16-ene 2-O-β-D-glucoside	Lindsaea chienii Ching	$C_{26}H_{42}O_7$	amorphous	−37.0 (Pyr.)	92	
(589)	2β,15α-Dihydroxy-ent-kaur-16-ene	Pteris angustipinna Tagawa P. cretica L. P. dactylina Hook. P. multifida Poir.	$C_{20}H_{32}O_2$	201–203	−31.6 (Pyr.)	191 334 191 191	
(590)	2β,15α-Dihydroxy-ent-kaur-16-ene 2-O-β-D-glucoside (Creticoside A)	Lindsaea chienii Ching Pteris angustipinna Tagawa P. cretica L. P. dactylina Hook. P. multifida Poir. P. plumbea Christ	$C_{26}H_{42}O_7$	179–182	−32.5 (Pyr.)	92 191 335 191 191 342	
(591)	2β,6β,15α-Trihydroxy-ent-kaur-16-ene	Pteris cretica L.	$C_{20}H_{32}O_3$	172–174	−63.5	337	

Table 10 (continued)

Structure number	Compound	Plant source	Molecular formula	m.p. C	$[\alpha]_D$	References	Comment
(592)	2β,6β,15α-Trihydroxy-ent-kaur-16-ene 2-O-β-D-glucoside (Creticoside E)	Pteris cretica L.	$C_{26}H_{42}O_8$	242–244		337	
(593)	2β,14β,15α-Trihydroxy-ent-kaur-16-ene	Pteris plumbea Christ	$C_{20}H_{32}O_3$	248–249	−83.6	342	
(594)	2β,14β,15α-Trihydroxy-ent-kaur-16-ene 2-O-β-D-glucoside	Pteris plumbea Christ	$C_{26}H_{42}O_8$	210–215	−70.0	342	
(595)	2β,6β,14β,15α-Tetrahydroxy-ent-kaur-16-ene	Pteris plumbea Christ	$C_{20}H_{32}O_4$	240–242	−84.1	342	
(596)	2β,13,14β,15α-Tetrahydroxy-ent-kaur-16-ene	Pteris plumbea Christ	$C_{20}H_{32}O_4$	258–259	−55.0	342	
(597)	2β,14β,15α,19-Tetrahydroxy-ent-kaur-16-ene	Pteris plumbea Christ	$C_{20}H_{32}O_4$	285–288	−86.4	342	
(598)	ent-Kaur-16-en-19-oic acid	Jamesonia scammanae A. Tryon Notholaena pallens Weath. N. peninsularis Maxon & Weath.	$C_{20}H_{30}O_2$	168–170	−112.4 ($CHCl_3$)	223 343 343	
(599)	15-Oxo-ent-kaur-16-en-19-oic acid	Pteris longipes Don	$C_{20}H_{28}O_3$	211–213	−169.0	339	
(600)	9-Hydroxy-ent-kaur-16-en-19-oic acid (Pterokaurene L_3)	Pteris longipes Don	$C_{20}H_{30}O_3$	amorphous	−75.3	339	
(601)	9-Hydroxy-15-oxo-ent-kaur-16-en-19-oic acid (Pterokaurene L_1)	Pteris livida Mett. P. longipes Don	$C_{20}H_{28}O_4$	218–219	−109.9	192 339	

Table 10 (continued)

Structure number	Compound	Plant source	Molecular formula	m.p. C	$[\alpha]_D$	References	Comment
(602)	9-Hydroxy-15-oxo-ent-kaur-16-en-19-oic acid 19-β-D-glucoside	Pteris altissima Poir. P. livida Mett.	$C_{26}H_{38}O_9$	140–144	−77.0	192 192	
(603)	11β-Hydroxy-15-oxo-ent-kaur-16-en-19-oic acid	Pteris dispar L. P. livida Mett. P. semipinnata L.	$C_{20}H_{28}O_4$	254–258	−163.0	340 192 265	
(604)	11β-Hydroxy-15-oxo-ent-kaur-16-en-19-oic acid 19-β-D-glucoside (Paniculoside III)	Pteris altissima Poir. P. dispar L. P. livida Mett. P. semipinnata L. P. tremula R. Br.	$C_{26}H_{38}O_9$	160–162	−114.0	192 288 192 265 191	
(605)	12β-Hydroxy-15-oxo-ent-kaur-16-en-19-oic acid		$C_{20}H_{28}O_4$	oil	−87.0	191	a
(606)	12β-Hydroxy-15-oxo-ent-kaur-16-en-19-oic acid 19-β-D-glucoside	Pteris tremula R. Br.	$C_{26}H_{38}O_9$	amorphous	−75.0	191	
(607)	9,15β-Dihydroxy-ent-kaur-16-en-19-oic acid (Pterokaurene L_2)	Pteris longipes Don	$C_{20}H_{30}O_4$	240–241	−78.7	339	
(608)	11β,15β-Dihydroxy-ent-kaur-16-en-19-oic acid	Pteris longipes Don	$C_{20}H_{30}O_4$	155–156	−75.6	339	
(609)	12β,15β-Dihydroxy-ent-kaur-16-en-19-oic acid (Pterokaurene L_4)	Pteris longipes Don	$C_{20}H_{30}O_4$	amorphous	−44.0	339	

Table 10 (*continued*)

Structure number	Compound	Plant source	Molecular formula	m.p. C	$[\alpha]_D$	References	Comment
(610)	6β,9-Dihydroxy-15-oxo-*ent*-kaur-16-en-19-oic acid		$C_{20}H_{28}O_5$	amorphous	−89.0	192	a
(611)	6β,9-Dihydroxy-15-oxo-*ent*-kaur-16-en-19-oic acid 19-β-D-glucoside	*Pteris livida* Mett.	$C_{26}H_{38}O_{10}$	amor-phous	−39.0	192	
(612)	6β,11β-Dihydroxy-15-oxo-*ent*-kaur-16-en-19-oic acid		$C_{20}H_{28}O_5$	204–207	−70.0	192	a
(613)	6β,11β-Dihydroxy-15-oxo-*ent*-kaur-16-en-19-oic acid 19-β-D-glucoside	*Pteris altissima* Poir. *P. livida* Mett.	$C_{26}H_{38}O_{10}$	amorphous	−86.0	192 192	
(614)	7β,9-Dihydroxy-15-oxo-*ent*-kaur-16-en-19,6β-olide	*Pteris dispar* L.	$C_{20}H_{26}O_5$	210–222	−62.0	340	
(615)	*ent*-Kaur-15-en-19-oic acid	*Jamesonia scammanae* A. Tryon	$C_{20}H_{30}O_2$	189–190	−46.4 ($CHCl_3$)	223	

***ent*-Atis-16-enes**

(616)	9,11β-Epoxy-15-oxo-*ent*-atis-16-en-19-oic acid	*Pteris purpureorachis* Copel.	$C_{20}H_{26}O_4$	245–247	−86.0	344	
(617)	9,11β-Epoxy-15-oxo-*ent*-atis-16-en-19-oic acid 19-β-D-glucoside	*Pteris purpureorachis* Copel.	$C_{26}H_{36}O_9$	163–165	−72.0	334	
(618)	9,15β-Dihydroxy-*ent*-atis-16-en-19-oic acid	*Pteris purpureorachis* Copel.	$C_{20}H_{30}O_4$	239–240	−22.0	345	
(619)	9-Hydroxy-15-oxo-*ent*-atis-16-en-19-oic acid	*Pteris purpureorachis* Copel.	$C_{20}H_{28}O_4$	246–248	−4.6	345	

Table 10 (*continued*)

Structure number	Compound	Plant source	Molecular formula	m.p.	$[\alpha]_D$	References	Comment
(620)	9-Hydroxy-15-oxo-*ent*-atis-16-en-19-oic acid 19-β-D-glucosylester	*Pteris purpureorachis* Copel.	$C_{26}H_{38}O_9$	161–165	−18.0	345	
Rearranged *ent*-Kauranes							
(621)	Antheridiogen-An (A_{An})	*Anemia phyllitidis* Sw.	$C_{19}H_{22}O_6$			346, 347 353	
Phyllocladanes							
(622)	Phyllocladene	*Osmunda asiatica* Ohwi	$C_{20}H_{32}$	96–97	+15.5	328	
Cyathanes							
(623)	Onychiol B	*Onychium japonicum* Kze.	$C_{20}H_{32}O_3$	202–203		348	rhizomes

Structure number	Compound	Plant Source	Molecular formula	m.p. C	$[\alpha]_D$	References	Comment
Sesterterpenoids							
(624)	Cheilarinosin	*Cheilanthes farinosa* Klf.	$C_{25}H_{42}O_2$	177	+11.7	357	
(625)	Cheilanthenediol	*Cheilanthes kuhnii* Milde	$C_{25}H_{44}O_2$	156–157		358	
(626)	Cheilanthatriol	*Cheilanthes farinosa* Klf.	$C_{25}H_{44}O_3$	182–183	+30.4 (CHCl$_3$)	359	
		C. kuhnii Milde				71, 358	

[a] Hydrolysis product of corresponding glycoside

Table 11. *Triterpenoids Found in the Filicopsida*

Structure number	Compound	Molecular formula	m.p. °C	$[\alpha]_D$	References
Triterpenoids					
(627)	Squalene	$C_{30}H_{50}$			362
The First Group (Group I)					
Hopanes					
(655)	Diploptene (Hop-22(29)-ene, Hopene-b)	$C_{30}H_{50}$	211–212	+61 (CHCl$_3$)	*13, 240, 329, 362, 363, 364, 365, 366, 367, 368, 369, 370, 371, 372, 373, 374, 375, 376*
(656)	Hop-21-ene (Hopene-a)	$C_{30}H_{50}$	194–195	+29.8 (CHCl$_3$)	*365, 367, 372*
(657)	Hop-17(21)-ene (Hopene-I)	$C_{30}H_{50}$	188–189	+50.0	*363, 365, 367, 373, 375, 377*
(658)	17β,21β-Epoxyhopane	$C_{30}H_{50}O$	263–265	+47.9	*13, 365, 377, 378, 379*
(659)	Diplopterol (Hopan-22-ol, Hydroxyhopane)	$C_{30}H_{52}O$	254–256	+44.5	*13, 362, 364, 365, 367, 371, 372, 377, 379, 380, 381, 382, 383*
(660)	22-Acetoxyhopane	$C_{32}H_{54}O_2$	185–187	+32.6 (CHCl$_3$)	*329*
(661)	Hopan-29-ol (Neriifoliol)	$C_{30}H_{52}O$	242–244	+35	*13, 367, 385*
(662)	Hopan-29-yl acetate (Neriifolyl acetate)	$C_{32}H_{54}O_2$	199–200	+34	*371*
(663)	Hopan-30-ol (Dryocrassol)	$C_{30}H_{52}O$	245–247	+68.0 (CHCl$_3$)	*90, 365, 366, 379, 382, 384, 386, 387, 388*
(664)	30-Acetoxyhopane (Dryocrassyl acetate)	$C_{32}H_{54}O_2$	196–198	+58.0 (CHCl$_3$)	*365, 366, 379, 382, 384, 386*
(664')	30-*p*-Coumaroyldryocrassol	$C_{39}H_{58}O_3$	256	+44.9 (CHCl$_3$)	*90*

Table 11 (continued)

Structure number	Compound	Molecular formula	m.p. °C	$[\alpha]_D$	References
(665)	Hopan-3β-ol	$C_{30}H_{52}O$	236–238	+37.4($CHCl_3$)	372
(666)	Hopan-3β-yl acetate	$C_{32}H_{54}O_2$	324–326	+26.7($CHCl_3$)	372
(667)	29-Ethoxyhopane	$C_{32}H_{56}O$	179–180	+27.2($CHCl_3$)	389
(668)	Hopan-17β-ol	$C_{30}H_{52}O$	243–246	+47.5($CHCl_3$)	377
(669)	Hopan-6β,22-diol	$C_{30}H_{52}O_2$	238–242	+19.2($CHCl_3$)	381
(670)	Zeorin (Hopan-6α,22-diol)	$C_{30}H_{52}O_2$			362, 364
(671)	Hopan-22,28-diol	$C_{30}H_{52}O_2$	>300		371
(672)	Hopan-28,22-olide	$C_{30}H_{48}O_2$	275–278		371, 390
(673)	Hop-17(21)-ene ozonide A	$C_{30}H_{50}O_3$	210–212	+30	379
(674)	22,25-Dihydroxyhopan-1-one	$C_{30}H_{50}O_3$	255–256	+67(Pyr.)	391
(675)	Hopan-1α,11α,22-triol	$C_{30}H_{52}O_3$	280–281	+52(Pyr.)	391
(676)	3β-Hydroxyhop-22(29)-en-23-oic acid (Woodwardic acid)	$C_{30}H_{48}O_3$	273–275	+126(dioxane)	392
(677)	22-Acetoxyhop-12-en-15-one (Feullene)	$C_{32}H_{50}O_3$	113–117		240
(678)	Hopan-1α,11α,22,25-tetraol	$C_{30}H_{52}O_4$	227–228	+48(Pyr.)	391
(679)	6α-Acetoxy-16β,22-dihydroxyhopan-24-oic acid	$C_{32}H_{52}O_6$	234–236		138
(680)	17,24-Dihydroxyhopan-28,22-olide	$C_{30}H_{48}O_4$	258–265	+48.5(Pyr.)	390
(681)	17-Hydroxy-24-O-β-D-glucosylhopan-28,22-olide	$C_{36}H_{58}O_9$	305–310		390
(682)	17-Hydroxy-24-O-[2-(α-L-arabinosyl)-β-D-glucosyl]hopan-28,22-olide	$C_{41}H_{66}O_{13}$	295–301	−1.6(Pyr.)	390

Table 11 (continued)

Structure number	Compound	Molecular formula	m.p. C	$[\alpha]_D$	References
(683)	17-Hydroxy-24-O-[2-(α-L-arabinosyl)-6-(β-D-glucosyl)-β-D-glucosyl]hopan-28,22-olide	$C_{47}H_{76}O_{18}$	260–268	−12.7 (Pyr.)	390
(684)	Adiantone (29-Norhopan-22-one)	$C_{29}H_{48}O$	222–224	+81	13, 377, 379, 382, 393, 394
(685)	21β-Hydroxyadiantone (21β-Hydroxy-29-norhopan-22-one)	$C_{29}H_{48}O_2$	281–284	+50 (Pyr.)	13, 377, 378, 395
(686)	Adipedatol (28-Hydroxy-29-norhopan-22-one hemiketal)	$C_{29}H_{48}O_2$	185–188	+88	13
(687)	17αH-Trisnorhopan-21-one	$C_{27}H_{44}O$	243–245	+148.5	329, 365, 366
21αH-Hopanes (Isohopanes)					
(688)	21αH-Hopan-22-ol (Hydroxyisohopane)	$C_{30}H_{52}O$	231–233	+19	379
(689)	21αH-Hopan-29-ol	$C_{30}H_{52}O$	>290		383
(690)	21αH-Hopan-29,17β-olide	$C_{30}H_{48}O_2$	270–275		383
(691)	Isoadiantone (21αH-29-Norhopan-22-one)	$C_{29}H_{48}O$	232–233	+2	379, 393, 394
(692)	Isoadiantol B (21αH-29-Norhopan-(22S)-ol)	$C_{29}H_{50}O$	212–213		377, 396
Neohopanes					
(693)	Neohop-12-ene (Neohopene)	$C_{30}H_{50}$	210–211	+41.6 (CHCl₃)	367, 372, 397
(694)	Neohop-13(18)-ene (Hopene-II = Wallichiene)	$C_{30}H_{50}$	196–197	±0	363, 364, 365, 367, 372, 373, 377, 397, 398
(695)	Neohopa-11,13(18)-diene (Wallichienene)	$C_{30}H_{48}$	210–212	+42	13, 397, 398

Table 11 (continued)

Structure number	Compound	Molecular formula	m.p. °C	$[\alpha]_D$	References
Fernanes					
(696)	Fern-9(11)-ene	$C_{30}H_{50}$	170–171	−16.5	*13, 53, 94, 240, 362, 363, 364, 366, 367, 368, 370, 371, 373, 374, 377, 379, 383, 387, 388, 397, 399, 400*
(697)	Fern-7-ene	$C_{30}H_{50}$	212–214	−27.8	*13, 329, 363, 364, 365, 367, 371, 373, 375, 376*
(698)	Fern-8-ene (Isofernene)	$C_{30}H_{50}$	189–190	+18	*13, 363, 365, 366, 371, 376*
(699)	Ferna-7,9(11)-diene	$C_{30}H_{48}$	199–200	−16.5	*13, 365, 379, 382, 397*
(700)	Ferna-7,18-diene	$C_{30}H_{48}$	159–163	−30.6	*367*
(701)	Ferna-9(11),18-diene	$C_{30}H_{48}$	157–161	+23.4	*367*
(702)	Fern-9(11)-en-3-one	$C_{30}H_{48}O$	188–190	−42.0 (CHCl$_3$)	*194*
(703)	Fern-9(11)-en-3β-ol (Fernenol)	$C_{30}H_{50}O$	198–200	−23 (CHCl$_3$)	*373, 381*
(704)	Fern-9(11)-en-3β-yl acetate	$C_{32}H_{52}O_2$	218–220	−9.5 (CHCl$_3$)	*373*
(705)	Fern-9(11)-en-3β-yl palmitate	$C_{46}H_{80}O_2$	160–174	−10.5 (CHCl$_3$)	*373*
(706)	3β-Methoxyfern-9(11)-ene	$C_{31}H_{52}O$	242–244	−5.0 (CHCl$_3$)	*373*
(707)	Fern-9(11)-en-6α-ol	$C_{30}H_{50}O$	241	−74.8 (CHCl$_3$)	*384, 386*
(708)	Fern-9(11)-en-6β-ol (Polypodinol A)	$C_{30}H_{50}O$	223–225	−89.1 (CHCl$_3$)	*388*
(709)	Fern-9(11)-en-7α-ol (Polypodinol C)	$C_{30}H_{50}O$	149–151	−3.3 (CHCl$_3$)	*388*
(710)	Fern-9(11)-en-7β-ol (Polypodinol B)	$C_{30}H_{50}O$	165–166	+28.6 (CHCl$_3$)	*388*

Table 11 (continued)

Structure number	Compound	Molecular formula	m.p. C	$[\alpha]_D$	References
(711)	Fern-9(11)-en-20α-ol	$C_{30}H_{50}O$	186	−30.2($CHCl_3$)	384, 386
(712)	Fern-9(11)-en-19α-ol	$C_{30}H_{50}O$	254–255	−36.3	367
(713)	Fern-7-en-19α-ol	$C_{30}H_{50}O$	240–245	−55.0	367
(714)	Fern-9(11)-en-23-ol	$C_{30}H_{50}O$	187–190		367
(715)	Fern-9(11)-en-12-one	$C_{30}H_{48}O$	221.5–223	−28.0($CHCl_3$)	366, 379, 382
(716)	Fern-9(11)-en-20-one	$C_{30}H_{48}O$	165–168	−93($CHCl_3$)	386
(717)	Davallic acid (Fern-9(11)-en-24-oic acid)	$C_{30}H_{48}O_2$	283	+94.2	13, 367
(718)	24-Norferna-4(23),9(11)-diene	$C_{29}H_{46}$	168–171	+14.0	367
21αH-Fernane					
(719)	21-Epifern-9(11)-ene	$C_{30}H_{50}$	151–153.5	−15.3	375, 400
Adiananes					
(720)	Adian-5-ene	$C_{30}H_{50}$	190–191.5	+51.0	13, 371
(721)	Adian-5-ene ozonide (5α,6α-Epodioxyadianane)	$C_{30}H_{50}O_3$	154–157	+19.4($CHCl_3$)	401
Filicanes					
(722)	Filic-3-ene	$C_{30}H_{50}$	242–243	+55.5	13, 363, 364, 367, 377, 388, 394, 402
(723)	Filica-3,18-diene	$C_{30}H_{48}$	230–231	+90.3	367
(724)	Filica-3,18,20-triene	$C_{30}H_{46}$	185–188	+197.9	367

Table 11 (continued)

Structure number	Compound	Molecular formula	m.p. C	$[\alpha]_D$	References
(725)	Adiantoxide ($3\alpha,4\alpha$-Epoxyfilicane)	$C_{30}H_{50}O$	229–231	+47	13
(726)	Filic-3-en-6β-ol (Filicenol A)	$C_{30}H_{50}O$	222–225	+52	396
(727)	Filic-3-en-25-ol (Filicenol B)	$C_{30}H_{50}O$	218–221	+57	396
(728)	Filic-3-en-19α-ol	$C_{30}H_{50}O$	245–246		367
(729)	Filic-3-en-23-al	$C_{30}H_{48}O$	272	+74	13
Gammaceranes					
(730)	22β-Hydroxy-29-norgammaceran-21-one (Ketohakonanol)	$C_{30}H_{50}O_2$	295–297	+8	13
(731)	Tetrahymanol (Wallichiniol)	$C_{30}H_{52}O$	291–292	+12($CHCl_3$)	364, 377, 396, 403, 404
(732)	Tetrahymanyl acetate	$C_{32}H_{54}O_2$	298–301 315–320	+43	371, 396 403
The Second Group (Group II)					
Dammaranes					
(733)	Dammara-20(21),24-diene	$C_{30}H_{50}$	oil	+57.1($CHCl_3$)	405
(734)	(20R)-Dammara-13(17),24-diene	$C_{30}H_{50}$	oil	−14.0($CHCl_3$)	376
(735)	24-Methyldammara-12,25-diene	$C_{31}H_{52}$	137	+32.4($CHCl_3$)	406
Tirucallane					
(736)	Tirucalla-7,24-diene	$C_{30}H_{50}$	oil	−24.8($CHCl_3$)	405

Table 11 (*continued*)

Structure number	Compound	Molecular formula	m.p. °C	$[\alpha]_D$	References
Euphane					
(737)	Eupha-7,24-diene	$C_{30}H_{50}$	oil	−3.3(CHCl$_3$)	366, 376, 405
Baccharane					
(738)	Bacchara-12,21-diene	$C_{30}H_{50}$	103–104	+46.6(CHCl$_3$)	405
Lemmaphyllane					
(739)	Lemmaphylla-7,21-diene	$C_{30}H_{50}$	oil	−39.8	405
Shionane					
(740)	Shiona-3,21-diene	$C_{30}H_{50}$	93–94	+16.1(CHCl$_3$)	405
Lupanes					
(741)	Lup-20(29)-ene	$C_{30}H_{50}$			364
(742)	19αH-Lup-20(29)-ene	$C_{30}H_{50}$	181–182	+57.9(CHCl$_3$)	407
(743)	Lupeol	$C_{30}H_{50}O$	214–215	+26.4	408
Germanicanes					
(744)	Germanic-18-ene	$C_{30}H_{50}$	174–175	+6.2	329, 365
(745)	Germanicyl acetate	$C_{32}H_{52}O_2$	277–279	+17.0	329, 365
Oleananes					
(746)	Olean-12-ene	$C_{30}H_{50}$	162–164	+96.2	329, 365

Table 11 (continued)

Structure number	Compound	Molecular formula	m.p. C	$[\alpha]_D$	References
(747)	Oleana-11,13(18)-diene	$C_{30}H_{48}$	226–227	−65.8	365
(748)	β-Amyrin acetate	$C_{32}H_{52}O_2$	241–242	+81.0	365
(749)	Oleana-11,13(18)-dien-3β-yl acetate	$C_{32}H_{50}O_2$	223–225	−53.1	365
(750)	Olean-12-en-2α,3β,16β,21β,22α,28-hexaol (Marsileagenin A)	$C_{30}H_{50}O_6$	332–333	+48 (CHCl$_3$)	409
Taraxeranes					
(751)	Taraxer-14-ene	$C_{30}H_{50}$	251–252	+3.0	329, 364, 365
(752)	Taraxer-14-ene-7α-ol	$C_{30}H_{50}O$	252–254	−24.0	329, 365
(753)	Taraxer-14-en-16-one	$C_{30}H_{48}O$	>290	−38.5	365
Multifloranes					
(754)	Multiflor-7-ene	$C_{30}H_{50}$	146–147	−20.0	329, 365
(755)	Multiflor-8-ene	$C_{30}H_{50}$	188–189	+58.0	329, 365
(756)	Multiflor-9(11)-ene	$C_{30}H_{50}$	163–166	−2.0	365
(757)	Multiflor-7-en-3β-yl acetate	$C_{32}H_{52}O_2$	237–239		365
Friedelanes					
(758)	Friedel-3-ene	$C_{30}H_{50}$	272–273	−18.0	329, 365
(759)	Friedelin	$C_{30}H_{50}O$	271–272		362
(760)	2-Oxofriedel-3-ene	$C_{30}H_{48}O$	>290		329

Table 11 (continued)

Structure number	Compound	Molecular formula	m.p. C	$[\alpha]_D$	References
Taraxastane					
(761)	ψ-Taraxastene	$C_{30}H_{50}$	183–184	+54.2	365
Ursane					
(762)	Esculentic acid (2α,3α,23-Trihydroxyurs-12-en-28-oic acid)	$C_{30}H_{48}O_5$	275–276		410
The Third Group (Group III)					
Polypodanes					
(763)	α-Polypodatetraene (Polypoda-8(26),13,17,21-tetraene)	$C_{30}H_{50}$	oil	+27.4(CHCl$_3$)	411
(764)	γ-Polypodatetraene (Polypoda-7,13,17,21-tetraene)	$C_{30}H_{50}$	oil	+8.7(CHCl$_3$)	411
Onoceranes					
(765)	α-Onoceradiene	$C_{30}H_{50}$	209–210	+22.4(CHCl$_3$)	364, 412
(766)	Onoceranoxide (8α,14β-Epoxyonocerane)	$C_{30}H_{52}O$	226–227.5	+7.9	364
Serratane					
(767)	Serratene	$C_{30}H_{50}$	240–241	−19.9	13, 240, 364, 368, 373, 375, 376
Colysane					
(768)	Colysanoxide	$C_{30}H_{52}O$	199–201.5	−59.6(CHCl$_3$)	412

Table 11 (continued)

Structure number	Compound	Molecular formula	m.p. C	$[\alpha]_D$	References
The Fourth Group (Group IV)					
(769)	Cycloartenol (9,19-Cyclolanost-24-en-3β-ol)	$C_{30}H_{50}O$			413, 414
(770)	Cycloartenyl acetate	$C_{32}H_{52}O_2$			366
(771)	9,19-Cyclolanost-25-en-3β-yl acetate	$C_{32}H_{52}O_2$			367
(772)	Cycloartanol	$C_{30}H_{52}O$	101–102	+51	13, 378
(773)	Cycloartanyl acetate (9,19-Cyclolanostan-3β-yl acetate)	$C_{32}H_{54}O_2$	130–133	+46.4	366, 367, 415
(774)	31-Norcycloartanol	$C_{29}H_{50}O$	128–132	+49	13, 378, 417
(775)	31-Norcycloartanyl acetate	$C_{31}H_{52}O_2$	91–92	+45.6	415
(776)	Pollinastanol	$C_{28}H_{48}O$			416
(777)	24-Methylenecycloartanol (24-Methylene-9,19-cyclolanostan-3β-ol)	$C_{31}H_{52}O$			413, 414
(778)	24-Methylenecycloartanyl acetate (24-Methylene-9,19-cyclolanostan-3β-yl acetate)	$C_{33}H_{54}O_2$	118–120	+31(CHCl$_3$)	94, 367, 415
(779)	24-Methylenecycloartan-3-one (24-Methylene-9,19-cyclolanostan-3-one)	$C_{31}H_{50}O$	110–112	+11(CHCl$_3$)	94
(780)	Cycloeucalenol	$C_{30}H_{50}O$			413
(781)	Cycloeucalenyl acetate	$C_{32}H_{52}O_2$	108–109	+55.0	329, 415
(782)	24-Methylenelophenol	$C_{29}H_{48}O$			413
(783)	(24R)-Cyclolaudenol [(24R)-24-methylcycloart-25-en-3β-ol]	$C_{31}H_{52}O$	123–125 123–124	+45 +36.5(CHCl$_3$)	13, 378, 388, 414, 415, 417, 418 419
(784)	(24R)-Cyclolaudenyl acetate [(24R)-24-Methylcycloart-25-en-3β-yl acetate]	$C_{33}H_{54}O_2$	127–128	+53.5(CHCl$_3$)	329, 366, 367, 415, 419

Table 11 (continued)

Structure number	Compound	Molecular formula	m.p. C	[α]_D	References
(785)	(24R)-Cyclolaudenone [(24R)-24-Methylcycloart-25-en-3-one]	$C_{31}H_{50}O$	105	+14.2($CHCl_3$)	329, 415, 419
(786)	31-Norcyclolaudenol	$C_{30}H_{50}O$	139–140	+44	13, 378
(787)	31-Norcyclolaudenyl acetate	$C_{32}H_{52}O_2$	105–107	+52.9	415
(788)	(24R)-4α,24-Dimethylcholesta-7,25-dien-3β-yl acetate	$C_{31}H_{50}O_2$	167–168	+22.7	415
(789)	(24R)-Cyclomargenol [(24R)-24-Ethylcycloart-25-en-3β-ol]	$C_{32}H_{54}O$	134–136	+34.3($CHCl_3$)	415, 419, 420
(790)	(24R)-Cyclomargenyl acetate [(24R)-24-Ethylcycloart-25-en-3β-yl acetate]	$C_{34}H_{56}O_2$	144–145	+50.5($CHCl_3$)	329, 366, 367, 415, 419
(791)	(24R)-Cyclomargenone [(24R)-24-Ethylcycloart-25-en-3-one]	$C_{32}H_{52}O$	122–124	+13.4($CHCl_3$)	329, 415, 419
(792)	(24R)-4α-Methyl-24-ethylcholesta-7,25-dien-3β-yl acetate	$C_{32}H_{52}O_2$	167	+25.8	415
(793)	24,24-Dimethylcycloart-25-en-3β-ol (24,24-Dimethyl-9,19-cyclolanost-25-en-3β-ol)	$C_{32}H_{54}O$	120–122	+42($CHCl_3$)	384
(794)	24,24-Dimethylcycloart-25-en-3β-yl acetate (24,24-Dimethyl-9,19-cyclolanost-25-en-3β-yl acetate)	$C_{34}H_{56}O_2$	111–112 176–179	+53.2	384 415
(795)	24,24-Dimethylcycloartan-3β-ol (24,24-Dimethyl-9,19-cyclolanostan-3β-ol)	$C_{32}H_{56}O$	134–136	+34.4($CHCl_3$)	386
(796)	4β-Desmethyl-24,24-dimethyl-9,19-cyclolanost-20-en-3β-ol	$C_{31}H_{52}O$	142–144	+35.7($CHCl_3$)	386

Table 12. Steroids Found in the Filicopsida

Structure number	Compound	Plant source	Molecular formula	m.p. C	$[\alpha]_D$	References	Comment
Ecdysones							
(802)	2-Deoxy-3-epiecdysone	*Blechnum vulcanicum* Kuhn	$C_{27}H_{44}O_5$	264–265	+98 (CHCl$_3$)	429	
(803)	Ponasterone A	*Acrostichum aureum* L.	$C_{27}H_{44}O_6$	269–270	+75	192	
		Athyrium niponicum Hance				430	
		Blechnum amabile Makino				430	
		B. niponicum Makino				430	
		Gleichenia glauca Hook. (=*Hicriopteris glauca* St. John)				430, 431	
		Lastrea thelypteris Bory (=*Thelypteris palustris* Schott)				430	
		Matteuccia struthiopteris Todaro				430	
		Onoclea sensibilis L.				430	
		Osmunda asiatica Ohwi				430	
		O. japonica Thunb.				430	
		Plenasium banksiifolium Pr.				432	
		Pteridium aquilinum Kuhn				433	gametophytic tissue
		P. aquilinum var. *latiusculum* Und.				430	
		Woodwardia orientalis Sw.				434	

Table 12 (continued)

Structure number	Compound	Plant source	Molecular formula	m.p. °C	$[\alpha]_D$	References	Comment
(804)	Ponasteroside A	*Pteridium aquilinum* Kuhn var. *latiusculum* Und.	$C_{33}H_{54}O_{11}$	278–279	+28.5 (Pyr.)	430, 431, 435	
(805)	Shidasterone (22,25-Oxido-5β-cholest-7-en-6-one-2β,3β,14α,20-tetraol)	*Blechnum niponicum* Makino	$C_{27}H_{42}O_6$	257–258		430, 436	
(806)	α-Ecdysone (Ecdyson)	*Blechnum vulcanicum* Kuhn	$C_{27}H_{44}O_6$	243–244	+61	429	
		Cheilanthes tenuifolia Sw.				437	
		Lemmaphyllum microphyllum Pr.				430	
		Neocheiropteris ensata Ching				430	
		Onoclea sensibilis L.				431	
		Osmunda asiatica Ohwi				430	
		O. japonica Thunb.				430	
		Phymatodes novae-zelandiae Pic. Ser.				438	
		P. scolopendria Ching (= *Microsorium scolopendria* Copel.)				55	
		Plenasium banksiifolium Pr.				209	
		Polypodium virginianum L.				439	
		P. vulgare L.				430	rhizomes
		Pteridium aquilinum Kuhn				430	
(807)	β-Ecdysone (Ecdysterone = Polypodine A = Crustecdysone)	*Athyrium niponicum* Hance	$C_{27}H_{44}O_7$	244–245	+66	430	
		A. yokoscense Christ				430	

Table 12 (*continued*)

Structure number	Compound number	Plant source	Molecular formula	m.p. C	$[\alpha]_D$	References	Comment
		Blechnum amabile Makino				430	
		B. niponicum Makino				430	
		Bolbitis subcordata Ching				432	
		Crypsinus hastatus Copel.				430	
		Lastrea japonica Copel. (= *Metathelypteris japonica* Ching)				430	
		L. thelypteris Bory (= *Thelypteris palustris* Schott)				430	
		Lemmaphyllum microphyllum Pr.				430	
		Matteuccia struthiopteris Todaro				430	
		Neocheiropteris ensata Ching				430	
		Onoclea sensibilis L.				430	
		Osmunda asiatica Ohwi				430	
		O. japonica Thunb.				430	
		Phymatodes novae-zelandiae Pic. Ser.				438	
		P. scolopendria Ching (= *Microsorium scolopendria* Copel.)				55	
		Plenasium banksiifolium Pr.				209	
		Pleopeltis thunbergiana Kaulf.				430	
		Polypodium fauriei Christ (= *P. japonicum* Maxon)				430	rhizomes
		Polypodium virginianum L.				439	

Table 12 (continued)

Structure number	Compound	Plant source	Molecular formula	m.p. °C	$[\alpha]_D$	References	Comment
		P. vulgare L.				430	rhizomes
		Pteridium aquilinum Kuhn				430	
(808)	Inokosterone	*Woodwardia orientalis* Sw.	$C_{27}H_{44}O_7$	252–254		434	
(809)	Pterosterone	*Athyrium niponicum* Hance	$C_{27}H_{44}O_7$			430	
		Lastrea thelypteris Bory (= *Thelypteris palustris* Schott)				430	
		Lemmaphyllum microphyllum Pr.				430	
		Onoclea sensibilis L.				430	
		Pteridium aquilinum var. *latiusculum* Und.				430	
(810)	Polypodine B	*Phymatodes novae-zelandiae* Pic. Ser.	$C_{27}H_{44}O_8$	254–257 (monohydrate)	+93	438	
		Polypodium vulgare L.				430	rhizomes
(811)	Polypodoaurein	*Polypodium aureum* L. (= *Phlebodium aureum* J. Sm.)	$C_{28}H_{46}O_7$	251–253		440	
(812)	Makisterone A	*Diplazium donianum* Tard.	$C_{28}H_{46}O_7$	263–265		441	
(813)	Makisterone D	*Diplazium donianum* Tard.	$C_{29}H_{48}O_7$	amorphous		441	
(814)	Lemmasterone (Makisterone C = Podecdysone A)	*Lemmaphyllum microphyllum* Pr.	$C_{29}H_{48}O_7$	258–259	+93	430	

Table 12 (continued)

Structure number	Compound	Plant source	Molecular formuler	m.p. C	$[\alpha]_D$	References	Comment
(815)	Cheilanthone A	*Cheilanthes tenuifolia* Sw.	$C_{27}H_{46}O_6$	235–238		437	
(816)	Cheilanthone B	*Cheilanthes mysorensis* Wall. *C. tenuifolia* Sw.	$C_{27}H_{46}O_5$	234–235 225–228	−25.9	442 437	
Steroles							
(817)	Polypodosaponin	*Polypodium vulgare* L.	$C_{39}H_{62}O_{13}$	198–201 (26-methyl ether)	−14.0 (26-methyl ether)	443	
(818)	Osladin	*Polypodium vulgare* L.	$C_{45}H_{74}O_{17}$	198–199		444	
(819)	Ergosta-4,6,8(14),22-tetraene-3-one	*Bolbitis rhizophylla* Hennipman (= *Egenolfia rhizophylla* Fée)	$C_{28}H_{40}O$	110–111	+522	80	
(820)	β-Sitosterol 6-*O*-palmityl-β-D-glucoside	*Woodwardia orientalis* Sw.	$C_{51}H_{90}O_7$	163–165		392	
(821)	β-Sitosterol β-2-deoxy-D-glucoside	*Pteris inaequalis* var. *aequata* Tagawa (= *P. excelsa* Gaud.)	$C_{35}H_{60}O_5$	216–220	−33.0 (CHCl₃)	289	
(822)	Stigmastan-3β,5α,6β-triol	*Plenasium banksiifolium* Pr. (= *Osmunda banksiifolia* Kuhn) *Osmundastrum cinnamomeum* var. *fokiense* Tagawa (= *Osmunda asiatica* Oswi)	$C_{29}H_{50}O_3$	242–244	−2.9 (Pyr.)	209 80	

Table 13. *Miscellaneous Compounds Found in the Filicopsida*

Structure number	Compound	Plant source	Molecular formuler	m.p. C	$[\alpha]_D$	References	Comment
α-Pyrones							
(823)	(4R,5S)-5-Hydroxyhexan-4-olide	*Osmunda japonica* Thunb.	$C_6H_{10}O_3$	oil	$[\phi]_{589}$ −12.0	457	
(824)	(4R,5S)-5-Hydroxy-2-hexen-4-olide	*Osmunda japonica* Thunb.	$C_6H_8O_3$	oil	$[\phi]_{589}$ +112.4	457, 458	
(825)	(4R,5S)-Osmundalactone	*Osmunda japonica* Thunb.	$C_6H_8O_3$	80–82	$[\phi]_{589}$ +10.8	457, 458	
(826)	Osmundalin	*Osmunda japonica* Thunb.	$C_{12}H_{18}O_8$	syrup		459	
		O. regalis L.		syrup		459	
(827)	Angiopteroside	*Angiopteris lygodiifolia* Ros	$C_{12}H_{18}O_8$			460, 461	
(828)	(3S,5S)-3-Hydroxyhexan-5-olide	*Osmunda japonica* Thunb.	$C_6H_{10}O_3$	67–70	$[\phi]_{589}$ −39.7	457	
γ-Pyrones							
(829)	Maltol	*Arachniodes maximowiczii* Ohwi	$C_6H_6O_3$	159–161		256	
		Macrothelypteris torresiana var. *calvata* Holtt.				86	
(830)	Maltol β-D-glucoside	*Arachniodes maximowiczii* Ohwi	$C_{12}H_{16}O_8$	syrup	−45	256	
		Macrothelypteris torresiana var. *calvata* Holtt.				86	
		Metathelypteris laxa Ching				55	

Table 13 (continued)

Structure number	Compound	Plant source	Molecular formuler	m.p. C	$[\alpha]_D$	References	Comment
		Parathelypteris angustifrons Ching		109		55	
		Pseudocyclosorus esquirolii Ching		syrup	−65	210	
		Pseudocyclosorus subochthodes Ching				210	
(831)	5-Hydroxymaltol 5-O-α-L-rhamnoside	Pseudocyclosorus subochthodes Ching	$C_{12}H_{16}O_8$	178–179		210	
(832)	Hydroxymaltol 3-O-β-D-glucoside	Pteris inaequalis var. aequata Tagawa (= P. excelsa Gaud.)	$C_{12}H_{16}O_9$	148	−39.3	264	
		Pteris formosana Baker				264	
Alicyclic Acids							
(833)	Quinic acid	Osmundastrum cinnamomeum var. fokiense Tagawa	$C_7H_{12}O_6$			462	GC
		Pteridium aquilinum var. latiusculum Und.				462	GC
(834)	Shikimic acid	Dicranopteris dichotoma	$C_7H_{10}O_5$	180	−168.0	72	
		Leptogramma mollissima Ching				80	
		Osmundastrum cinnamomeum var. fokiense Tagawa				462	GC
		Pseudocyclosorus esquirolii Ching				210	
		Pteridium aquilinum var. latiusculum Und.		190–191	−157.0	462, 463	GC

Table 13 (*continued*)

Structure number	Compound	Plant source	Molecular formuler	m.p. C	$[\alpha]_D$	References	Comment
Carbohydrates							
(835)	2-Deoxy-D-glucose	*Pteris inaequalis* var. *aequata* Tagawa (=*P. excelsa* Gaud.)	$C_6H_{12}O_5$	151–154	+43.0 (H_2O)	289	
		Neurocallis praestantissima Fée				192	
		Pteris ensiformis Burm.				192	
		P. formosana Baker				264	
(836)	2-Deoxy-3-*O*-methyl-D-glucose	*Pteris inaequalis* var. *aequata* Tagawa (=*P. excelsa* Gaud.)	$C_7H_{14}O_5$	syrup	+14.7	289	
(837)	3,6-Anhydro-2-deoxy-D-glucose	*Pteris inaequalis* var. *aequata* Tagawa (=*P. excelsa* Gaud.)	$C_6H_{10}O_4$	oil	+45.6	289	
		Neurocallis praestantissima Fée				192	
		Pteris ensiformis Burm.				192	
		P. formosana Baker				264	
(838)	Methyl 2-deoxy-D-gluconate	*Pteris formosana* Baker	$C_7H_{14}O_6$	145	+4.4	264	
		P. inaequlis var. *aequata* Tagawa (=*P. excelsa* Gaud.)				264	
(839)	Pinitol	*Acrostichum speciosum* Willd.	$C_7H_{14}O_6$			464	GLC
(840)	Sequoyitol	*Nephrolepis auriculata* Trim.	$C_7H_{14}O_6$	235–240	+40 (H_2O)	207	
		N. biserrata Schott				207	

Table 13 (continued)

Structure number	Compound	Plant source	Molecular formuler	m.p. C	$[\alpha]_D$	References	Comment
Lipid							
(841)	Arachidonic acid (5,8,11,14-Eicosatetraenoic acid)	*Adiantum pedatum* L. *Matteuccia strutiopteris* Todaro *Onoclea sensibilis* L. *Osmunda claytoniana* L.	$C_{20}H_{32}O_2$			465 465 465 465	
(842)	(S)-8-Hydroxyhexadecanoic acid	*Lygodium japonicum* Sm.	$C_{16}H_{32}O_3$	78–79	+0.6	496	
(843)	4-O-(1,2-Diacylglyceryl)-N,N,N-trimethylhomoserine	*Adiantum capillus-veneris* L.				466, 467	
Amino Acids and Peptides							
(844)	δ-N-Acetyl-L-ornithine	*Asplenium nidus* L. (= *Neottopteris nidus* J. Sm.) *A. septentrionale* Hoffm. *A. trichomanes* L. *A. viviparum* Pr.	$C_7H_{14}O_3N_2$			468 468 468 468	
(845)	D-2-Aminopimelic acid	*Asplenium unilaterale* Lam. *A. cheilosorum* Kze. *A. excisum* Pr. *A. obliquissimum* Sugimoto et Kurata *A. prolongatum* Hook.	$C_7H_{13}O_4N$	219–220	−19.4 (5M HCl)	469 469 469 469 470	 [a] [a] [a]

Table 13 (continued)

Structure number	Compound	Plant source	Molecular formuler	m.p. C	$[\alpha]_D$	References	Comment
		A. septentrionale Hoffm.				471, 472	
		A. wilfordii Mett.				469, 470	b
(846)	(2S)-4-Hydroxy-2-aminopimelic acid	Asplenium bulbiferum Forst.	$C_7H_{13}O_5N$			473	c
		A. nidus L. (=Neottopteris nidus J. Sm.)				473, 474	c
		A. prolongatum Hook.				470	
		A. septentrionale Hoffm.				473, 474	d
		A. trichomanes L.				473, 474	d
		A. wilfordii Mett.				470	
		Polystichum acrostichoides Schott				473	d
		P. munitum Pr.				473	d
		P. proliferum Pr. (P. setiferum var. proliferum R. Br. in original paper)				473	d
(847)	trans-3,4-Dehydro-D-2-aminopimelic acid	Asplenium obliquissimum Sugimoto et Kurata	$C_7H_{11}O_4N$	172–177	−70 (H_2O)	469	
		A. unilaterale Lam.				469	
		A. wilfordii Mett.				469, 470	
(848)	(2S,4R)-4-Methylglutamic acid	Asplenium bulbiferum Forst.	$C_6H_{11}O_4N$		−1.9 (H_2O)	473	

Table 13 (*continued*)

Structure number	Compound	Plant source	Molecular formuler	m.p. C	$[\alpha]_D$	References	Comment
		A.nidus L. (= *Neottopteris nidus* J. Sm.)				473	
		A. trichomanes L.				473	
		Phyllitis scolopendrium Newm. subssp.				473, 475, 476	
(849)	(2S)-4-Hydroxy-4-methylglutamic acid	*Adiantum monochlamys* D.C. Eaton				500	PPC
		A. pedatum L.				500	PPC
						478, 479	f
		Asplenium bulbiferum Forst.				473	e
		A. nidus L. (= *Neottopteris nidus* J. Sm.)				473	e
		A. septentrionale Hoffm.				473	
		A. trichomanes L.				473	e
		Cyrtomium falcatum Presl				500	PPC
		Matteuccia struthiopteris Todaro				500	PPC
		Osmunda japonica Thunb.				500	PPC
		Phyllitis scolopendrium	$C_6H_{11}O_5N$		−16.1 (6N HCl)	475, 476	e
		Newm. subspp.				473	
		Polystichum acrostichoides Schott				473, 477	

Table 13 (continued)

Structure number	Compound	Plant source	Molecular formuler	m.p. C	$[\alpha]_D$	References	Comment
		P. proliferum Pr. (= P. setiferum var. proliferum R. Br. in original paper)				473	
		P. tripteron Pr.				500	PPC
(850)	(2S)-4-Methyleneglutamic acid	Asplenium bulbiferum R. Br.	$C_6H_9O_4N$		+12.8 (11% HCl)	473	
		A. nidus L. (= Neottopteris nidus J. Sm.)				473	
		A. trichomanes L.				473	
		Phyllitis scolopendrium Newm. subspp.				473, 475	
(851)	E-(2S)-Amino-3-methyl-3-pentenoic acid	Coniogramme intermedia Hieron.	$C_6H_9O_4N$	182	+251 (H_2O)	480	
(852)	N-γ-L-Glutamyl-β-D-aminophenyl-propanoic acid	Azolla caroliniana Willd.	$C_{14}H_{18}O_5N_2$	217–219		481	
Cyanogenic Compounds							
(853)	(R)-Prunasin (O-β-D-Glucopyranosyl-R-mandelonitrile)	Cystopteris fragilis Bernh.				482, 483	
		C. montana Bernh.				483	
		Pteridium aquilinum Kuhn	$C_{14}H_{17}O_6N$	150–151	−30.1 (H_2O)	483, 484	
		Pteridium aquilinum L. var. esculentum Forst. (= P. esculentum Diels)				485	

Table 13 (continued)

Structure number	Compound	Plant source	Molecular formuler	m.p. C	$[\alpha]_D$	References	Comment
(854)	(R)-Vicianin [O-[6-O-(α-L-Arabino-pyranosyl)-β-D-glucopyranosyl]-R-mandelonitrile]	Davallia bullata Wall.	$C_{19}H_{25}O_{10}N$	175–176	−20.0 (H_2O)	482, 483	
		D. denticulata Mett.				482, 483	
		D. fijiensis Diels				482, 483	
		D. trichomanoides Bl.				486	
Others							
(855)	trans-Cinnamamide	Cornopteris decurrenti-alata Nakai	C_9H_9ON	148–150		80	
(856)	Uracil	Colysis hemionitidea Pr.	$C_4H_4O_2N_2$	306		94, 487	
		Microsorium fortunei Ching				94	
(857)	Uridine	Colysis hemionitidea Pr.	$C_9H_{12}O_6N_2$	165–166	+4 (H_2O)	94	
		Microsorium fortunei Ching				94	
(858)	4-Hydroxynicotinamide	Arachniodes festina Ching	$C_6H_6O_2N_2$	263–265		30	
		A. nigrospinosa Ching.				30	
(859)	Pterolactam	Pteridium aquilinum var. latiusculum Und.	$C_5H_9O_2N$	56–57	+2.0 ($CHCl_3$)	488	
(860)	3,4-Dihydroxy-2-hydroxymethyl-pyrrolidine	Arachniodes standishii Ohwi	$C_5H_{11}O_3N$	115	+4.7	510	

[a] 2D-PPC and automatic amino acid analysis
[b] Partially racemized
[c] Two diastereomers
[d] One of the diastereomers
[e] Containing two diastereomers in a ratio of ca. 3:1
[f] Configuration at C-4 not known

Table 14. *Groups of Pteris Ferns Based on Frond Shapes and Chemical Constituents*

Compounds	Groups					
	1	2	3	4	5	6
Pterosins	+	+	+	+	+	—
2-OH-Kaurane					P. cretica, P. nipponica P. multifida, P. ryukyuensis P. angustipinna P. dactylina, P. plumbea[a]	
Kaurane 19-oic acid	P. tremula	P. livida P. altissima P. longipes[a]		P. dispar P. semipinnata		
Atisane 19-oic acid			P. purpureorachis[a]			
Pterosins only		P. wallichiana P. podophylla	P. fauriei P. kiuschiuensis P. oshimensis P. natiensis P. setulosocostulata P. grevilleana P. bella, P. linearis		P. cadieri	
Unusual Sugars				P. excelsa P. formosana	P. ensiformis[a]	
Miscellaneous					P. longpinna[a] (Chromenes)	P. vittata[a] (Lignans) P. grandifolia[a] (Flavonoids)

[a] Pterosins are absent from these taxa.

Table 15. *Distribution of Flavonoids in the Filicopsida*

Plant source	Compound (structure number)	References	Comment
Ophioglossaceae			
Helminthostachys zeylanica Hook.	Ugonin A (**163**)	*133*	
	Ugonin B (**164**)	*133*	
	Ugonin C (**187**)	*151*	
	Ugonin D (**232**)	*151*	
Ophioglossum vulgatum L.	Quercetin 3-methyl ether 7-*O*-diglucoside-4′-*O*-glucoside (**374**)	*235*	
Sceptridium ternatum Lyon	Quercetin 3-*O*-α-L-rhamnoside-7-*O*-β-D-glucoside (**370**)	*79*	
Marattiaceae			
Angiopteris evecta Hoffm.	Vicenin-1 (6-*C*-Xylosyl-8-*C*-glucosylapigenin) (**306**)	*199*	tentative
	Vicenin-2 (6,8-Di-*C*-glucosylapigenin) (**307**)	*199*	tentative
	Vicenin-3 (6-*C*-Glucosyl-8-*C*-xylosylapigenin) (**308**)	*199*	tentative
	Violantin (6-*C*-Glucosyl-8-*C*-rhamnosylapigenin) (**309**)	*201* *199*	tentative
	Isoviolantin (6-*C*-Rhamnosyl-8-*C*-glucosylapigenin) (**310**)	*201* *199*	tentative
	Schaftoside (6-*C*-Glucosyl-8-*C*-arabinosyl-5,7,4′-trihydroxyflavone) (**312**)	*199*	tentative
Angiopteris hypoleuca De Vriese	Vicenin-2 (6,8-Di-*C*-glucosylapigenin) (**307**)	*199*	tentative
	Vicenin-3 (6-*C*-Glucosyl-8-*C*-xylosylapigenin) (**308**)	*199*	tentative
	Violantin (6-*C*-Glucosyl-8-*C*-rhamnosylapigenin) (**309**)	*199*	tentative
	6,8-Di-*C*-arabinosylapigenin (**311**)	*199*	tentative
	Schaftoside (6-*C*-Glucosyl-8-*C*-arabinosyl-5,7,4′-trihydroxyflavone) (**312**)	*199*	tentative
Angiopteris lygodiifolia Ros.	Vicenin-2 (6,8-Di-*C*-glucosylapigenin) (**307**)	*199*	tentative
	6,8-Di-*C*-arabinosylapigenin (**311**)	*199*	tentative
	Schaftoside (6-*C*-Glucosyl-8-*C*-arabinosyl-5,7,4′-trihydroxyflavone) (**312**)	*199*	tentative

Table 15 (*continued*)

Plant source	Compound (structure number)	References	Comment
	Isoschaftoside (6-*C*-Arabinosyl-8-*C*-glucosyl-5,7,4'-trihydroxyflavone) (**313**)	*199*	tentative
Osmundaceae			
Osmunda cinnamomea L. var. *asiatica* Fern. (= *O. asiatica* Ohwi)	Kaempferol (**176**)	*328*	
	Kaempferol 3-*O*-β-D-glucoside (Astragalin) (**321**)	*328*	
	Kaempferol 3-*O*-β-D-alloside (Asiaticalin) (**327**)	*216*	
Osumunda japonica Thunb.	4',4'''-Di-*O*-methylamentoflavone (Isoginkgetin) (**259**)	*171*	
	7,4',4'''-Tri-*O*-methylamentoflavone (Sciadopitysin) (**260**)	*171*	
	Tri-*O*-methylamentoflavone (**261**)	*171*	a
	4',4''',7,7''-Tetra-*O*-methylamentoflavone (**262**)	*171*	
	Kaempferol 3-*O*-β-D-glucoside (Astragalin) (**321**)	*171*	
Plenasium banksiifolium Pr.	Kaempferol 3-*O*-β-D-glucoside (Astragalin) (**321**)	*209*	
Hymenophyllaceae			
Trichomanes petersii Gray (= *Didymoglossum petersii* Copel.)	Vitexin (8-*C*-Glucosylapigenin) (**304**)	*116*	
	Isovitexin (6-*C*-Glucosylapigenin) (**305**)	*116*	
	Orientin (8-*C*-β-D-Glucosylluteolin) (**314**)	*116*	
	Isoorientin (6-*C*-β-D-Glucosylluteolin) (**316**)	*116*	
Trichomanes venosum R. Br. (= *Polyphlebium venosum* Copel.)	Vitexin (8-*C*-Glucosylapigenin) (**304**)	*116*	
	Isovitexin (6-*C*-Glucosylapigenin) (**305**)	*116*	
	Orientin (8-*C*-β-D-Glucosylluteolin) (**314**)	*116*	
	Orientin 2''-*O*-β-L-arabinoside (**315**)	*116*	tentative
	Isoorientin (6-*C*-β-D-Glucosylluteolin) (**316**)	*116*	

Table 15 (continued)

Plant source	Compound (structure number)	References	Comment
	Isoorientin 2″-O-β-L-arabinoside (**318**)	116	tentative
	Tricetin 8-C-glucoside (8-C-Glucosyl-5,7,3′,4′,5′-pentahydroxyflavone) (**320**)	116	
Plagiogyriaceae			
Plagiogyria matsumureana Makino	Kaempferol 3-O-β-D-glucoside (Astragalin) (**321**)	53	
Cyatheaceae			
Alsophila spinulosa Tryon (= *Cyathea spinulosa* Wall., *C. fauriei* Copel., *C. taiwaniana* Nakai)	Hegoflavone A (**263**)	172	
	Hegoflavone B (**264**)	172	
	Vitexin (8-C-β-D-Glucosylapigenin) (**304**)	56, 172 197	
	Orientin (8-C-β-D-Glucosylluteolin) (**314**)	197	
	Kaempferol 3-O-β-D-glucoside (Astragalin) (**321**)	197	
	Kaempferol 3-O-α-L-rhamnoside (Afzelin) (**332**)	197	
	Kaempferol 7-arabinoside (**334**)	197	
	Kaempferol 3-sophoroside (**343**)	197	
	Kaempferol 7-rhamnosylglucoside (**351**)	197	
Cyathea contaminans Copel. (= *Sphaeropteris contaminans* Tryon)	Vitexin (8-C-β-D-Glucosylapigenin) (**304**)	196	
	Orientin (8-C-β-D-Glucosylluteolin) (**314**)	196	
	Kaempferol 3-O-β-D-glucoside (Astragalin) (**321**)	196	
	Kaempferol 3-O-α-L-rhamnoside (Afzelin) (**332**)	196	
	Kaempferol 7-(6-succinyl)glucoside (Pteroflavonoloside) (**333**)	196	
	Kaempferol 3-sophoroside (**343**)	196	
	Kaempferol 7-rhamnosylglucoside (**351**)	196	
Cyathea divergens Kze.	Isovitexin (6-C-β-D-Glucosylapigenin) (**305**)	198	

Table 15 (*continued*)

Plant source	Compound (structure number)	References	Comment
Cyathea hancockii Copel. (= *Gymnosphaera denticulata* Copel.)	Vitexin (8-*C*-β-D-Glucosylapigenin) (**304**)	197	PPC
	Orientin (8-*C*-β-D-Glucosylluteolin) (**314**)	197	PPC
	Kaempferol 3-*O*-β-D-glucoside (Astragalin) (**321**)	197	PPC
	Kaempferol 3-*O*-β-D-galactoside (Trifolin) (**328**)	197	
	Kaempferol 3-*O*-α-L-rhamnoside (Afzelin) (**332**)	197	PPC
	Kaempferol 7-arabinoside (**334**)	197	PPC
	Kaempferol 3-*O*-β-rutinoside (Nicotiflorin) (**346**)	197	
Cyathea leichhardtiana Copel. (= *Sphaeropteris australis* Tryon)	Vitexin (8-*C*-β-D-Glucosylapigenin) (**304**)	197	
	Orientin (8-*C*-β-D-Glucosylluteolin) (**314**)	197	
	Kaempferol 3-*O*-β-D-glucoside (Astragalin) (**321**)	197	
	Kaempferol 3-*O*-α-L-rhamnoside (Afzelin) (**332**)	197	
	Kaempferol 7-arabinoside (**334**)	197	
	Kaempferol 3-sophoroside (**343**)	197	
	Kaempferol 7-rhamnosylglucoside (**351**)	197	
Cyathea mertensiana Copel. (= *Sphaeropteris mertensiana* R. Tryon)	Vitexin (8-*C*-β-D-Glucosylapigenin) (**304**)	197	
	Orientin (8-*C*-β-D-Glucosylluteolin) (**314**)	197	
	Kaempferol 3-*O*-β-D-glucoside (Astragalin) (**321**)	197	
	Kaempferol 3-*O*-α-L-rhamnoside (Afzelin) (**332**)	197	
	Kaempferol 7-arabinoside (**334**)	197	
	Kaempferol 3-sophoroside (**343**)	197	
	Kaempferol 7-rhamnosylglucoside (**351**)	197	
Cyathea onusta Christ	Vitexin (8-*C*-β-D-Glucosylapigenin) (**304**)	198	

Table 15 (*continued*)

Plant source	Compound (structure number)	References	Comment
Cyathea podophylla Hook. (= *Gymnosphaera podophylla* Copel.)	Vitexin (8-*C*-β-D-Glucosylapigenin) (**304**)	*197*	
	Orientin (8-*C*-β-D-Glucosylluteolin) (**314**)	*197*	
	Kaempferol 3-*O*-β-D-glucoside (Astragalin) (**321**)	*197*	
	Kaempferol 3-*O*-β-D-galactoside (Trifolin) (**328**)	*197*	
	Kaempferol 3-*O*-α-L-rhamnoside (Afzelin) (**332**)	*197*	
	Kaempferol 7-arabinoside (**334**)	*197*	
	Kaempferol 3-*O*-β-rutinoside (Nicotiflorin) (**346**)	*197*	
Cyathea tueckheimii Maxon	Vitexin (8-*C*-Glucosylapigenin) (**304**)	*198*	

Dicksoniaceae

| *Dicksonia gigantea* Karst. | Quercetin 3-*O*-β-D-glucoside (Isoquercitrin) (**361**) | *223* | |

Pteridaceae

Acrostichum aureum L.	Quercetin 3-*O*-β-D-glucoside (Isoquercitrin) (**361**)	*192*	
Adiantum aethiopicum L.	Kaempferol 3-*O*-β-D-glucoside (Astragalin) (**321**)	*203*	
	Quercetin 3-*O*-β-D-glucoside (Isoquercitrin) (**361**)	*203*	
	Naringenin 7-*O*-glucoside (Prunin) (**380**)	*203*	
	Naringenin 7-*O*-(2-*O*-α-L-rhamnosyl)-β-D-glucoside (Naringin) (**381**)	*203*	
Adiantum capillus-veneris L.	Kaempferol 3-sulfate (**182**)	*149*	
	Kaempferol 3-*O*-β-D-glucoside (Astragalin) (**321**)	*204, 205*	
	Kaempferol 3-glucuronide (**331**)	*204*	
	Kaempferol 3-*O*-β-rutinoside (Nicotiflorin) (**346**)	*204, 205*	
	Kaempferol 3-*O*-sulforutinoside (**347**)	*205*	

Table 15 (*continued*)

Plant source	Compound (structure number)	References	Comment
	Quercetin 3-*O*-β-D-glucoside (Isoquercitrin) (**361**)	*204, 205*	
	Quercetin 3-*O*-(6-malonyl)-D-galactoside (**365**)	*230*	
	Quercetin 3-glucuronide (Querciturone) (**366**)	*204*	
	Rutin [Quercetin 3-*O*-(6-*O*-α-L-rhamnosyl)-β-D-glucoside] (**372**)	*204, 205*	
Adiantum cuneatum Langsd.	Kaempferol 3-*O*-β-D-glucoside (Astragalin) (**321**)	*204*	
	Kaempferol 3-glucuronide (**331**)	*204*	
	Quercetin 3-glucuronide (Querciturone) (**366**)	*204*	
Adiantum edgeworthii Hook.	Orientin (8-*C*-β-D-Glucosylluteolin) (**314**)	*190*	
	Isoorientin (6-*C*-β-D-Glucosylluteolin) (**316**)	*190*	
	Quercetin 3-*O*-β-D-galactoside (Hyperin) (**364**)	*190*	
Adiantum malesianum Gatak	Vitexin (8-*C*-β-D-Glucosylapigenin) (**304**)	*163*	
	Isovitexin (6-*C*-β-D-Glucosylapigenin) (**305**)	*163*	
	Kaempferol 3-*O*-β-D-galactoside (Trifolin) (**328**)	*163*	
	Kaempferol 3-*O*-α-D-galactoside (**329**)	*163*	
	Quercetin 3-*O*-β-D-galactoside (Hyperin) (**364**)	*163*	
Adiantum monochlamys D.C. Eaton	Kaempferol 3-*O*-β-D-glucoside (Astragalin) (**321**)	*203*	
	Kaempferol 3-*O*-β-D-galactoside (Trifolin) (**328**)	*203*	
	Quercetin 3-*O*-β-D-glucoside (Isoquercitrin) (**361**)	*203*	
	Quercetin 3-*O*-β-D-galactoside (Hyperin) (**364**)	*203*	
	Naringenin 7-*O*-glucoside (Prunin) (**380**)	*203*	

Table 15 (*continued*)

Plant source	Compound (structure number)	References	Comment
Adiantum pedatum L.	Apigeninidin 5-glucoside (Gesnerin) (**399**)	*242*	
	Luteolinidin 5-glucoside (**400**)	*242*	
Adiantum sulphureum Klf.	3,5,7-Trihydroxyflavone (Galangin) (**165**)	*121*	
	3,5-Dihydroxy-7-methoxyflavone (Izalpinin) (**166**)	*121*	
	5,7-Dihydroxyflavanone (Pinocembrin) (**214**)	*121*	
	5,4′-Dihydroxy-7-methoxyflavanone (Naringenin 7-methyl ether = Sakuranetin) (**230**)	*121*	
	2′,4′,6′-Trihydroxychalcone (**265**)	*121*	
	2′,6′-Dihydroxy-4′-methoxychalcone (**267**)	*121, 123*	
	2′,6′-Dihydroxy-4′-methoxydihydrochalcone (**276**)	*121, 123*	
Adiantum veitchianum Moore	Apigeninidin 5-glucoside (Gesnerin) (**399**)	*242*	
	Luteolinidin 5-glucoside (**400**)	*242*	
Cheilanthes albomarginata Clarke	5,4′-Dihydroxy-7-methoxyflavone (Apigenin 7-methyl ether = Genkwanin) (**154**)	*123*	
	3,5,4′-Trihydroxy-7-methoxyflavone (Kaempferol 7-methyl ether = Rhamnocitrin) (**179**)	*123*	
	5,4′-Dihydroxy-3,7-dimethoxyflavone (Kaempferol 3,7-dimethyl ether = Kumatakenin) (**185**)	*123*	
Cheilanthes argentea Kze.	5,4′-Dihydroxy-6,7-dimethoxyflavanone (**235**)	*125*	tentative
	5-Hydroxy-6,7,4′-trimethoxyflavanone (**236**)	*125*	tentative
	5,4′-Dihydroxy-7,8-dimethoxyflavanone (**238**)	*125*	tentative
	5-Hydroxy-7,8,4′-trimethoxyflavanone (**239**)	*125*	tentative
	5,6-Dihydroxy-7,8,4′-trimethoxyflavanone (**247**)	*125*	
	5,4′-Dihydroxy-6,7,8-trimethoxyflavanone (**248**)	*125*	

Table 15 (*continued*)

Plant source	Compound (structure number)	References	Comment
	5-Hydroxy-6,7,8,4'-tetramethoxyflavanone (**249**)	*125*	
	Quercetin 3-*O*-β-D-galactoside (Hyperin) (**364**)	*190*	
Cheilanthes argentea var. *sulphurea* Hook.	2',6'-Dihydroxy-4'-methoxychalcone (**267**)	*173*	
Cheilanthes aurantiaca Cav.	2',6'-Dihydroxy-4'-methoxychalcone (**267**)	*173*	
Cheilanthes bullosa Kze.	5,7-Dihydroxy-4'-methoxyflavone (Apigenin 4'-methyl ether = Acacetin) (**153**)	*123*	
Cheilanthes chrysophylla Hook.	2',6'-Dihydroxy-4'-methoxychalcone (**267**)	*173*	
Cheilanthes farinosa Klf.	5-Hydroxy-7,4'-dimethoxyflavone (Apigenin 7,4'-dimethyl ether) (**155**)	*131*	
	3,5-Dihydroxy-7,4'-dimethoxyflavone (Kaempferol 7,4'-dimethyl ether) (**183**)	*131, 150*	
	5,4'-Dihydroxy-3,7-dimethoxyflavone (Kaempferol 3,7-dimethyl ether = Kumatakenin) (**185**)	*131*	
	5-Hydroxy-3,7,4'-trimethoxyflavone (Kaempferol 3,7,4'-trimethyl ether) (**186**)	*131, 150*	
Cheilanthes fragrans Sw.	Quercetin 3-*O*-(4-*O*-glucosylgalactosyl)rhamnoside (**373**)	*234*	
	Myricetin 7-*O*-galactoside-3-*O*-glucoside (**376**)	*236*	
Cheilanthes grisea Blanf.	5-Hydroxy-7,4'-dimethoxyflavone (Apigenin 7,4'-dimethyl ether) (**155**)	*123*	
	3,5-Dihydroxy-7,4'-dimethoxyflavone (Kaempferol 7,4'-dimethyl ether) (**183**)	*123*	
	5-Hydroxy-3,7,4'-trimethoxyflavone (Kaempferol 3,7,4'-trimethyl ether) (**186**)	*123*	
Cheilanthes kaulfussii Kze.	5,7-Dihydroxyflavone (Chrysin) (**150**)	*119*	

Table 15 (*continued*)

Plant source	Compound (structure number)	References	Comment
	3,5,7-Trihydroxyflavone (Galangin) (**165**)	*119, 121*	
	5,7-Dihydroxy-3-methoxyflavone (Galangin 3-methyl ether) (**167**)	*119, 121*	
	5-Hydroxy-3,7-dimethoxyflavone (Galangin 3,7-dimethyl ether) (**169**)	*119, 121*	
	3,5-Dihydroxy-7,4′-dimethoxyflavone (Kaempferol 7,4′-dimethyl ether) (**183**)	*121*	
	5,4′-Dihydroxy-3,7-dimethoxyflavone (Kaempferol 3,7-dimethyl ether = Kumatakenin) (**185**)	*119, 121*	
	5-Hydroxy-3,7,4′-trimethoxyflavone (Kaempferol 3,7,4′-trimethyl ether) (**186**)	*119*	
	5,7-Dihydroxy-(3 *R*)-*trans*-cinnamoyloxyflavanone (Pinobanksin 3-cinnamate) (**256**)	*119*	
Cheilanthes longissima	5,4′-Dihydroxy-7-methoxyflavone (Apigenin 7-methyl ether = Genkwanin) (**154**)	*126*	
	5,4′-Dihydroxy-3,7-dimethoxyflavone (Kaempferol 3,7-dimethyl ether = Kumatakenin) (**185**)	*126*	
	5-Hydroxy-3,7,4′-trimethoxyflavone (Kaempferol 3,7,4′-trimethyl ether) (**186**)	*126*	
	Genkwanin 4′-*O*-D-galactoside (**301**)	*194*	
	Genkwanin 4′-*O*-(3-*O*-β-D-glucosyl)-β-D-xyloside (**302**)	*194*	
Cheilanthes mossambicensis Schelpe	2′,6′-Dihydroxy-4′-methoxychalcone (**267**)	*173*	
Cheilanthes rufa D. Don	5,4′-Dihydroxy-7-methoxyflavone (Apigenin 7-methyl ether = Genkwanin) (**154**)	*123*	
	3,5,4′-Trihydroxy-7-methoxyflavone (Kaempferol 7-methyl ether = Rhamnocitrin) (**179**)	*123*	
	5,4′-Dihydroxy-3,7-dimethoxyflavone (Kaempferol 3,7-dimethyl ether = Kumatakenin) (**185**)	*123*	

Table 15 (*continued*)

Plant source	Compound (structure number)	References	Comment
Cheilanthes viscida Davenp.	5,7,4'-Trihydroxyflavone (Apigenin) (**152**)	*121*	
	5,7-Dihydroxy-4'-methoxyflavone (Apigenin 4'-methyl ether = Acacetin) (**153**)	*121*	
	5,4'-Dihydroxy-7-methoxyflavone (Apigenin 7-methyl ether = Genkwanin) (**154**)	*121*	
	5-Hydroxy-7,4'-dimethoxyflavone (Apigenin 7,4'-dimethyl ether) (**155**)	*121*	
Cheilanthes welwitschii Hook. (orange yellow farina)	2',6'-Dihydroxy-4'-methoxy-chalcone (**267**)	*173*	
Cheilanthes welwitschii Hook. (white farina)	2',6'-Dihydroxy-4'-methoxy-chalcone (**267**)	*173*	
	2',6'-Dihydroxy-4'-methoxy-dihydrochalcone (**276**)	*173*	
Coniogramme intermedia Hieron.	Quercetin 3-*O*-β-D-galactoside (Hyperin) (**364**)	*190*	
Dennstaedtia hirsuta Mett.	Apigenin 7-galactoside (**298**)	*190*	
Dennstaedtia scabra Moore	Kaempferol 3-*O*-β-D-glucoside (Astragalin) (**321**)	*190*	
	Quercetin 3-*O*-β-D-glucoside (Isoquercitrin) (**361**)	*190*	
	Rutin [Quercetin 3-*O*-(6-*O*-α-L-rhamnosyl)-β-D-glucoside] (**372**)	*190*	
	Pinocembrin 7-*O*-neohesperidoside (**378**)	*190*	
Dennstaedtia scandens Moore	Vitexin (8-*C*-β-D-Glucosylapigenin) (**304**)	*62*	
	Isovitexin (6-*C*-β-D-Glucosylapigenin) (**305**)	*62*	
	5,7-Dihydroxyflavanone 7-*O*-β-D-glucoside (Pinocembrin 7-*O*-β-D-glucoside) (**377**)	*62*	
Dennstaedtia wilfordii Christ	Kaempferol 3-*O*-β-D-glucoside (Astragalin) (**321**)	*208*	
	Quercetin 3-*O*-β-D-glucoside (Isoquercitrin) (**361**)	*208*	

Table 15 (*continued*)

Plant source	Compound (structure number)	References	Comment
	5,7-Dihydroxyflavanone 7-*O*-β-D-glucoside (Pinocembrin 7-*O*-β-D-glucoside) (**377**)	208	
	Pinocembrin 7-*O*-neohesperidoside (**378**)	208	
Lindsaea chienii Ching	Apigenin 7-*O*-β-D-glucoside (**297**)	190	
	Luteolin 7-*O*-β-D-glucoside (**303**)	190	
	Vitexin (8-*C*-β-D-Glucosylapigenin) (**304**)	190	
	Orientin (8-*C*-β-D-Glucosylluteolin) (**314**)	190	
Lindsaea ensifolia Sw.	Vitexin (8-*C*-β-D-Glucosylapigenin) (**304**)	93	
Lonchitis tisserantii Alston et Tard.	5,7-Dihydroxy-6-methylflavone (Strobochrysin = 6-Methylchrysin) (**151**)	120	
Monachosorum arakii Tagawa	Apigenin 7-*O*-β-D-glucoside (**297**)	190	
	Luteolin 7-*O*-β-D-glucoside (**303**)	190	
Monachosorum flagellare Hayata	Violantin (6-*C*-Glucosyl-8-*C*-rhamnosylapigenin) (**309**)	80	
Monachosorum henryi Christ	(2*S*,1′*R*)-5,7-Dihydroxy-6,8-dimethyl-2-(1′-hydroxy-4′-oxocyclohexenyl)-4-chromanone (Protofarrerol) (**288**)	100	
	Violantin (6-*C*-Glucosyl-8-*C*-rhamnosylapigenin) (**309**)	100	
Monachosorum maximowiczii Hayata	Violantin (6-*C*-Glucosyl-8-*C*-rhamnosylapigenin) (**309**)	80	
Notholaena affinis Moore	8-Acetoxy-3,5,4′-trihydroxy-7-methoxyflavone (Herbacetin 8-acetate 7-methyl ether) (**192**)	142	
	8-Butyryloxy-3,5,4′-trihydroxy-7-methoxyflavone (Herbacetin 8-butyrate 7-methyl ether) (**193**)	142	
	8-Acetoxy-3,5-dihydroxy-7,4′-dimethoxyflavone (Herbacetin 8-acetate 7,4′-dimethyl ether) (**194**)	142	
	8-Butyryloxy-3,5-dihydroxy-7,4′-dimethoxyflavone (Herbacetin 8-butyrate 7,4′-dimethyl ether) (**195**)	142, 152	

Table 15 (*continued*)

Plant source	Compound (structure number)	References	Comment
	5,4'-Dihydroxy-3,7,8,2'-tetramethoxyflavone (**206**)	*154*	
	5-Hydroxy-3,7,8,2',4'-pentamethoxyflavone (**207**)	*154*	
	8-Acetoxy-3,5,3'-trihydroxy-7,4'-dimethoxyflavone (Gossypetin 8-acetate 7,4'-dimethyl ether) (**208**)	*142*	
	8-Butyryloxy-3,5,3'-trihydroxy-7,4'-dimethoxyflavone (Gossypetin 8-butyrate 7,4'-dimethyl ether) (**209**)	*142*	
Notholaena aliena Maxon	8-Acetoxy-3,5-dihydroxy-7-methoxyflavone (8-Hydroxygalangin 8-acetate 7-methyl ether) (**171**)	*81, 141*	
	8-Butyryloxy-3,5-dihydroxy-7-methoxyflavone (8-Hydroxygalangin 8-butyrate 7-methyl ether) (**172**)	*81, 141*	
	8-Acetoxy-3,5,4'-trihydroxy-7-methoxyflavone (Herbacetin 8-acetate 7-methyl ether) (**192**)	*81, 141*	
	8-Butyryloxy-3,5,4'-trihydroxy-7-methoxyflavone (Herbacetin 8-butyrate 7-methyl ether) (**193**)	*81, 141*	
	3,5,8-Trihydroxy-7,2',3'-trimethoxyflavone (**203**)	*141*	
	3,5,8-Trihydroxy-7,2',5'-trimethoxyflavone (**204**)	*141*	
	8-Acetoxy-3,5-dihydroxy-7,2',5'-trimethoxyflavone (**205**)	*141*	
Notholaena aschenborniana Klf.	8-Acetoxy-3,5,4'-trihydroxy-7-methoxyflavone (Herbacetin 8-acetate 7-methyl ether) (**192**)	*143* *142*	b
	8-Butyryloxy-3,5,4'-trihydroxy-7-methoxyflavone (Herbacetin 8-butyrate 7-methyl ether) (**193**)	*143* *142*	c
	8-Acetoxy-5,4'-dihydroxy-3,7,3'-trimethoxyflavone (Gossypetin 8-acetate 3,7,3'-trimethyl ether) (**210**)	*155*	
	8-Acetoxy-5-hydroxy-3,7,2',3',4'-pentamethoxyflavone (**212**)	*155*	

Table 15 (*continued*)

Plant source	Compound (structure number)	References	Comment
	5,2',4'-Trihydroxy-3,7,8,5'-tetramethoxyflavone (**213**)	*156, 157*	
Notholaena aurantiaca D.C. Eaton	2',6'-Dihydroxy-4'-methoxychalcone (**267**)	*173*	
Notholaena bryopoda Maxon	5,4'-Dihydroxy-3,7-dimethoxyflavone (Kaempferol 3,7-dimethyl ether = Kumatakenin) (**185**)	*122*	
	5-Hydroxy-3,7,4'-trimethoxyflavone (Kaempferol 3,7,4'-trimethyl ether) (**186**)	*122*	
Notholaena californica D.C. Eaton (white farina)	5,7,4'-Trihydroxyflavone (Apigenin) (**152**)	*122*	
	5,4'-Dihydroxy-7-methoxyflavone (Apigenin 7-methyl ether = Genkwanin) (**154**)	*122, 127*	
	5,7,3',4'-Tetrahydroxyflavone (Luteolin) (**157**)	*132*	
	5,3',4'-Trihydroxy-7-methoxyflavone (Luteolin 7-methyl ether) (**158**)	*122*	
	5,4'-Dihydroxy-3,7-dimethoxyflavone (Kaempferol 3,7-dimethyl ether = Kumatakenin) (**185**)	*122, 127*	
	5,3',4'-Trihydroxy-3,7-dimethoxyflavone (Quercetin 3,7-dimethyl ether) (**198**)	*122, 127*	
	5,3'-Dihydroxy-3,7,4'-trimethoxyflavone (Quercetin 3,7,4'-trimethyl ether = Ayanin) (**200**)	*122, 127*	
Notholaena californica D.C. Eaton (yellow farina)	8-Acetoxy-3,5-dihydroxy-7-methoxyflavone (8-Hydroxygalangin 8-acetate 7-methyl ether) (**171**)	*142*	
	8-Butyryloxy-3,5-dihydroxy-7-methoxyflavone (8-Hydroxygalangin 8-butyrate 7-methyl ether) (**172**)	*142*	
	8-Acetoxy-3,5,7,4'-tetrahydroxyflavone (Herbacetin 8-acetate) (**189**)	*127*	
	8-Butyryloxy-3,5,7,4'-tetrahydroxyflavone (Herbacetin 8-butyrate) (**190**)	*127*	

Table 15 (*continued*)

Plant source	Compound (structure number)	References	Comment
Notholaena candida Hook. var. *candida*	3,5,7-Trihydroxyflavone (Galangin) (**165**)	*134*	
	5,7-Dihydroxy-3-methoxyflavone (Galangin 3-methyl ether) (**167**)	*134*	
	8-Acetoxy-5-hydroxy-3,7-dimethoxyflavone (Isognaphalin 8-acetate) (**174**)	*134*	tentative
	8-Butyryloxy-5-hydroxy-3,7-dimethoxyflavone (Isognaphalin 8-butyrate) (**175**)	*134*	tentative
	5,7,4′-Trihydroxy-3-methoxyflavone (Kaempferol 3-methyl ether) (**180**)	*134*	
	5-Hydroxy-3,7,3′,4′,5′-pentamethoxyflavone (Myricetin 3,7,3′,4′,5′-pentamethyl ether = Combretol) (**211**)	*81, 123*	
Notholaena candida Hook. var. *copelandii* Tryon	5,7-Dihydroxy-3-methoxyflavone (Galangin 3-methyl ether) (**167**)	*81, 138*	
	5,7,4′-Trihydroxy-3-methoxyflavone (Kaempferol 3-methyl ether) (**180**)	*81, 138*	
Notholaena chilensis Sturm.	5-Hydroxy-7,4′-dimethoxyflavone (Apigenin 7,4′-dimethyl ether) (**155**)	*81*	
	3,5,4′-Trihydroxy-7-methoxyflavone (Kaempferol 7-methyl ether = Rhamnocitrin) (**179**)	*81*	
	3,5-Dihydroxy-7,4′-dimethoxyflavone (Kaempferol 7,4′-dimethyl ether) (**183**)	*81*	
	3,5,4′-Trihydroxy-7,3′-dimethoxyflavone (Quercetin 7,3′-dimethyl ether) (**199**)	*81*	
	5,4′-Dihydroxy-7-methoxyflavanone (Naringenin 7-methyl ether = Sakuranetin) (**230**)	*81*	
	5-Hydroxy-7,4′-dimethoxyflavanone (Naringenin 7,4′-dimethyl ether) (**231**)	*81*	
Notholaena dealbata Ktze.	5,4′-Dihydroxy-7-methoxyflavone (Apigenin 7-methyl ether = Genkwanin) (**154**)	*81*	

Table 15 (*continued*)

Plant source	Compound (structure number)	References	Comment
	5-Hydroxy-7,4'-dimethoxyflavone (Apigenin 7,4'-dimethyl ether) (**155**)	*81*	
	5,7-Dihydroxy-3-methoxyflavone (Galangin 3-methyl ether) (**167**)	*81*	
	5-Hydroxy-7,4'-dimethoxy-flavanone (Naringenin 7,4'-dimethyl ether) (**231**)	*81*	
Notholaena fendleri Kze.	5,7-Dihydroxy-4'-methoxyflavone (Apigenin 4'-methyl ether = Acacetin) (**153**)	*124*	
	5,3'-Dihydroxy-7,4'-dimethoxy-flavone (Luteolin 7,4'-dimethyl ether = Pilloin) (**159**)	*124*	
	5,4'-Dihydroxy-7,3'-dimethoxy-flavone (Luteolin 7,3'-dimethyl ether = Velutin) (**160**)	*124*	
	5,3',4'-Trihydroxy-3,7-dimethoxy-flavone (Quercetin 3,7-dimethyl ether) (**198**)	*124*	
	5,4'-Dihydroxy-3,7,3'-trimethoxy-flavone (Quercetin 3,7,3'-trimethyl ether = Pachypodol) (**201**)	*124*	
	5,7-Dihydroxy-4'-methoxyflavanone (Naringenin 4'-methyl ether = Isosakuranetin) (**229**)	*124, 125*	
	5,4'-Dihydroxy-7-methoxyflavanone (Naringenin 7-methyl ether = Sakuranetin) (**230**)	*124, 125*	
	5,7,3'-Trihydroxy-4'-methoxy-flavanone (Eriodictyol 4'-methyl ether = Hesperetin) (**241**)	*124*	
	5,3',4'-Trihydroxy-7-methoxy-flavanone (Eriodictyol 7-methyl ether) (**242**)	*124*	
	5,3'-Dihydroxy-7,4'-dimethoxy-flavanone (Eriodictyol 7,4'-dimethyl ether = Persicogenin) (**243**)	*124, 125*	
	5,4'-Dihydroxy-7,3'-dimethoxy-flavanone (Eriodictyol 7,3'-dimethyl ether) (**244**)	*124*	
	5-Hydroxy-7,3',4'-trimethoxy-flavanone (Eriodictyol 7,3',4'-trimethyl ether) (**245**)	*124, 125*	

Table 15 (*continued*)

Plant source	Compound (structure number)	References	Comment
Notholaena galapagensis Weath.	8-Acetoxy-3,5-dihydroxy-7-methoxyflavone (8-Hydroxygalangin 8-acetate 7-methyl ether) (**171**)	142, 143	
	8-Butyryloxy-3,5-dihydroxy-7-methoxyflavone (8-Hydroxygalangin 8-butyrate 7-methyl ether) (**172**)	142, 143	
	8-Acetoxy-3,5,4'-trihydroxy-7-methoxyflavone (Herbacetin 8-acetate 7-methyl ether) (**192**)	142	
	8-Butyryloxy-3,5,4'-trihydroxy-7-methoxyflavone (Herbacetin 8-butyrate 7-methyl ether) (**193**)	142	
Notholaena galeotti Fée	8-Acetoxy-3,5-dihydroxy-7-methoxyflavone (8-Hydroxygalangin 8-acetate 7-methyl ether) (**171**)	*81*	
	8-Butyryloxy-3,5-dihydroxy-7-methoxyflavone (8-Hydroxygalangin 8-butyrate 7-methyl ether) (**172**)	*81*	
	8-Acetoxy-3,5,4'-trihydroxy-7-methoxyflavone (Herbacetin 8-acetate 7-methyl ether) (**192**)	*81*	
	8-Butyryloxy-3,5,4'-trihydroxy-7-methoxyflavone (Herbacetin 8-butyrate 7-methyl ether) (**193**)	*81*	
Notholaena greggii Maxon	5,7,4'-Trihydroxyflavone (Apigenin) (**152**)	119, 122	
	5,7-Dihydroxy-4'-methoxyflavone (Apigenin 4'-methyl ether = Acacetin) (**153**)	119, 122	
	5,4'-Dihydroxy-7-methoxyflavone (Apigenin 7-methyl ether = Genkwanin) (**154**)	119, 122	
	5-Hydroxy-7,4'-dimethoxyflavone (Apigenin 7,4'-dimethyl ether) (**155**)	119, 122	
	5,7,3',4'-Tetrahydroxyflavone (Luteolin) (**157**)	119	
	3,5-Dihydroxy-7,4'-dimethoxyflavone (Kaempferol 7,4'-dimethyl ether) (**183**)	119	
Notholaena lemmonii D.C. Eaton	5,7,3'-Trihydroxy-4'-methoxyflavanone (Eriodictyol 4'-methyl ether = Hesperetin) (**241**)	141	

Table 15 (*continued*)

Plant source	Compound (structure number)	References	Comment
	5,3′,4′-Trihydroxy-7-methoxyflavanone (Eriodictyol 7-methyl ether) (**242**)	*141*	
	5,3′-Dihydroxy-7,4′-dimethoxyflavanone (Eriodictyol 7,4′-dimethyl ether = Persicogenin) (**243**)	*141*	
	5,4′-Dihydroxy-7,3′-dimethoxyflavanone (Eriodictyol 7,3′-dimethyl ether) (**244**)	*141*	
	5-Hydroxy-7,3′,4′-trimethoxyflavanone (Eriodictyol 7,3′,4′-trimethyl ether) (**245**)	*141*	
	5,3′,4′-Trihydroxy-7,5′-dimethoxyflavanone (**250**)	*141*	
	5,3′-Dihydroxy-7,4′,5′-trimethoxyflavanone (**251**)	*141*	
	5,4′-Dihydroxy-7,3′,5′-trimethoxyflavanone (**252**)	*141*	
	5-Hydroxy-7,3′,4′,5′-tetramethoxyflavanone (**253**)	*125, 141*	
	2′,6′-Dihydroxy-4′-methoxydihydrochalcone (**276**)	*81*	
Notholaena limitanea var. *mexicana* Broun	5,7-Dihydroxy-4′-methoxyflavone (Apigenin 4′-methyl ether = Acacetin) (**153**)	*125*	
	5,4′-Dihydroxy-7-methoxyflavone (Apigenin 7-methyl ether = Genkwanin) (**154**)	*125*	
	5-Hydroxy-7,4′-dimethoxyflavone (Apigenin 7,4′-dimethyl ether) (**155**)	*125*	
	5-Hydroxy-3,7-dimethoxyflavone (Galangin 3,7-dimethyl ether) (**169**)	*125*	
	5,4′-Dihydroxy-3,7-dimethoxyflavone (Kaempferol 3,7-dimethyl ether = Kumatakenin) (**185**)	*125*	
	5-Hydroxy-3,7,4′-trimethoxyflavone (Kaempferol 3,7,4′-trimethyl ether) (**186**)	*125*	
	5,3′-Dihydroxy-3,7,4′-trimethoxyflavone (Quercetin 3,7,4′-trimethyl ether = Ayanin) (**200**)	*125*	

Table 15 (*continued*)

Plant source	Compound (structure number)	References	Comment
	5-Hydroxy-3,7,3',4'-tetramethoxyflavone (Quercetin 3,7,3',4'-tetramethyl ether) (**202**)	*125*	
	5,7-Dihydroxyflavanone (Pinocembrin) (**214**)	*125*	
	5,4'-Dihydroxy-7-methoxyflavanone (Naringenin 7-methyl ether = Sakuranetin) (**230**)	*125*	
	5,3'-Dihydroxy-7,4'-dimethoxyflavanone (Eriodictyol 7,4'-dimethyl ether = Persicogenin) (**243**)	*125*	
	5-Hydroxy-7,3',4'-trimethoxyflavanone (Eriodictyol 7,3',4'-trimethyl ether) (**245**)	*125*	
	2',6'-Dihydroxy-4'-methoxydihydrochalcone (**276**)	*125*	
Notholaena rigida Davenp.	5,7,4'-Trihydroxyflavone (Apigenin) (**152**)	*119*	
	8-Acetoxy-3,5-dihydroxy-7-methoxyflavone (8-Hydroxygalangin 8-acetate 7-methyl ether) (**171**)	*119, 142, 144*	
	8-Butyryloxy-3,5-dihydroxy-7-methoxyflavone (8-Hydroxygalangin 8-butyrate 7-methyl ether) (**172**)	*119, 142 144*	
	8-Acetoxy-3,5,4'-trihydroxy-7-methoxyflavone (Herbacetin 8-acetate 7-methyl ether) (**192**)	*142*	
	8-Butyryloxy-3,5,4'-trihydroxy-7-methoxyflavone (Herbacetin 8-butyrate 7-methyl ether) (**193**)	*142*	
	5,8-Dihydroxy-7-methoxyflavanone (**225**)	*119*	
	8-Acetoxy-5-hydroxy-7-methoxyflavanone (**226**)	*119, 144*	
	3,5,2'-Trihydroxy-7,8-dimethoxyflavanone (**257**)	*119*	
	2'-Acetoxy-3,5-dihydroxy-7,8-dimethoxyflavanone (**258**)	*119*	
Notholaena nivea Desv.	5,4'-Dihydroxy-7-methoxyflavone (Apigenin 7-methyl ether = Genkwanin) (**154**)	*81*	

Table 15 (*continued*)

Plant source	Compound (structure number)	References	Comment
	5-Hydroxy-7,4'-dimethoxyflavone (Apigenin 7,4'-dimethyl ether) (**155**)	*81*	
	3,5,4'-Trihydroxy-7-methoxyflavone (Kaempferol 7-methyl ether = Rhamnocitrin) (**179**)	*81*	
	3,5-Dihydroxy-7,4'-dimethoxyflavone (Kaempferol 7,4'-dimethyl ether) (**183**)	*81*	
	5,7-Dihydroxy-3,4'-dimethoxyflavone (Kaempferol 3,4'-dimethyl ether) (**184**)	*81*	
	3,5,4'-Trihydroxy-7,3'-dimethoxyflavone (Quercetin 7,3'-dimethyl ether) (**199**)	*81*	
	5,4'-Dihydroxy-7-methoxyflavanone (Naringenin 7-methylether = Sakuranetin) (**230**)	*81*	
Notholaena nivea var. *flava* Hook.	2',6'-Dihydroxy-4'-methoxychalcone (**267**)	*173*	
Notholaena rigida Davenp.	5,7,4'-Trihydroxyflavone (Apigenin) (**152**)	*119*	
	5,7-Dihydroxy-4'-methoxyflavone (Apigenin 4'-methyl ether = Acacetin) (**153**)	*119*	
	5-Hydroxy-7,4'-dimethoxyflavone (Apigenin 7,4'-dimethyl ether) (**155**)	*119*	
	5,4'-Dihydroxy-6,7-dimethoxyflavone (Scutellarein 6,7-dimethyl ether) (**161**)	*119*	
	5-Hydroxy-6,7,4'-trimethoxyflavone (Scutellarein 6,7,4'-trimethyl ether) (**162**)	*119*	
Notholaena rosei Maxon	5,7,4'-Trihydroxyflavone (Apigenin) (**152**)	*119*	
	5,7-Dihydroxy-4'-methoxyflavone (Apigenin 4'-methyl ether = Acacetin) (**153**)	*119*	
	5,4'-Dihydroxy-7-methoxyflavone (Apigenin 7-methyl ether = Genkwanin) (**154**)	*119*	

Table 15 (continued)

Plant source	Compound (structure number)	References	Comment
	5-Hydroxy-7,4'-dimethyloxyflavone (Apigenin 7,4'-dimethylether) (**155**)	119	
Notholaena schaffneri Und. var. *nealleyi* Weath.	5,7,4'-Trihydroxyflavone (Apigenin) (**152**)	123	
	5,4'-Dihydroxy-7-methoxyflavone (Apigenin 7-methyl ether = Genkwanin) (**154**)	123	
Notholaena standleyi Maxon	3,5,7,4'-Tetrahydroxflavone (Kaempferol) (**176**)	146	
	3,5,7-Trihydroxy-4'-methoxyflavone (Kaempferol 4'-methyl ether = Kaempferide) (**178**)	123, 146	
	3,5,4'-Trihydroxy-7-methoxyflavone (Kaempferol 7-methyl ether = Rhamnocitrin) (**179**)	146	
	5,7,4'-Trihydroxy-3-methoxyflavone (Kaempferol 3-methyl ether) (**180**)	123, 146	
	3,5-Dihydroxy-7,4'-dimethoxyflavone (Kaempferol 7,4'-dimethyl ether) (**183**)	123, 146	
	5,7-Dihydroxy-3,4'-dimethoxyflavone (Kaempferol 3,4'-dimethyl ether) (**184**)	123, 146	
	5,4'-Dihydroxy-3,7-dimethoxyflavone (Kaempferol 3,7-dimethyl ether = Kumatakenin) (**185**)	123, 146	
	3,5,8,4'-Tetrahydroxy-7-methoxyflavone (Herbacetin 7-methyl ether) (**188**)	146	
	3,5,8-Trihydroxy-7,4'-dimethoxyflavone (Herbacetin 7,4'-dimethyl ether) (**191**)	146	
Notholaena sulphurea J. Sm. (orange yellow farina)	2',6'-Dihydroxy-4'-methoxychalcone (**267**)	173	
	2',6'-Dihydroxy-4'-methoxydihydrochalcone (**276**)	173	
Notholaena sulphurea J. Sm. (white farina)	2',6'-Dihydroxy-4'-methoxydihydrochalcone (**276**)	173	
	2',6'-Dihydroxy-4',4-dimethoxydihydrochalcone (**278**)	173	

Table 15 (*continued*)

Plant source	Compound (structure number)	References	Comment
Notholaena trichomanoides Davenp.	5,4'-Dihydroxy-3,7-dimethoxy-flavone (Kaempferol 3,7-dimethyl ether = Kumatakenin) (**185**)	122	
Odontosoria gymnogrammoides Christ	Orientin (8-*C*-β-D-Glucosylluteolin) (**314**)	51	
	6''-*O*-Acetylorientin (**317**)	51	
Onychium contiguum Hope	Kaempferol 3,7-di-*O*-α-L-rhamnoside (Kaempferitin) (**338**)	221	
Onychium japonicum Kze.	Naringenin 7-*O*-glucoside (Prunin) (**380**)	190	
Onychium siliculosum C. Chr. (= *O. auratum* Klf.)	5-Hydroxy-7-methoxyflavanone (Pinostrobin) (**215**)	159	
	5-Hydroxy-6,7-dimethoxyflavanone (Onysilin) (**224**)	159	
	2',6'-Dihydroxy-4'-methoxy-chalcone (**267**)	174, 175	
	2',6'-Dihydroxy-4',5'-dimethoxy-chalcone (Pashanone) (**272**)	174, 175	
Paesia anfractuosa C. Chr.	Kaempferol 3-*O*-β-rutinoside (Nicotiflorin) (**346**)	223	
	Rutin [Quercetin 3-*O*-(6-*O*-α-L-rhamnosyl)-β-D-glucoside] (**372**)	223	
Pellaea longimucronata Hook.	3,5,7-Trihydroxyflavone (Galangin) (**165**)	121	
Pityrogramma calomelanos var. *aureoflava* Weath. (yellow farina) (= *P. austroamericana* Domin)	2',6'-Dihydroxy-4'-methoxy-chalcone (**267**)	139	
	2',6'-Dihydroxy-4',4-dimethoxy-chalcone (**274**)	128, 139	
	2',6'-Dihydroxy-4',4-dimethoxy-dihydrochalcone (**278**)	128	
	β-(5,7,4'-Trihydroxyflavon-8-yl)-β-phenylpropionic acid methyl-ester (X-1) (**295**)	186, 189	
	β-(5,7,4'-Trihydroxyflavon-8-yl)-β-phenylpropionic acid (X-2) (**296**)	186, 189	
Pityrogramma calomelanos Link var. *calomelanos* (white farina)	2',6',4-Trihydroxy-4'-methoxy-chalcone (Neosakuranetin) (slightly yellow farina) (**273**)	139	
	2',6'-Dihydroxy-4',4-dimethoxy-chalcone (**274**)	177	

Table 15 (*continued*)

Plant source	Compound (structure number)	References	Comment
	2′,6′-Dihydroxy-4′-methoxydihydrochalcone (**276**)	*129, 139, 178*	
	2′,6′,4-Trihydroxy-4′-methoxydihydrochalcone (Asebogenin) (slightly yellow farina) (**277**)	*139*	
	2′,6′-Dihydroxy-4′,4-dimethoxydihydrochalcone (**278**)	*128, 139*	
	8-Dihydrocinnamoyl-5,7-dihydroxy-4-phenyl-2*H*-1-benzopyran-2-one (D-1) (**289**)	*178, 185 186*	
	D-2a (**290**)	*178 186*	d
	D-2b (**291**)	*178 186*	e
Pityrogramma chrysoconia Maxon	3,5,7-Trihydroxyflavone (Galangin) (**165**) (yellow farina)	*121, 135*	
	3,5-Dihydroxy-7-methoxyflavone (Izalpinin) (**166**) (yellow farina)	*121, 135*	
	2′,6′-Dihydroxy-4′-methoxychalcone (**267**) (yellow farina)	*121*	
	2′,6′-Dihydroxy-4′-methoxydihydrochalcone (**276**) (white farina)	*121*	
Pityrogramma chrysophylla Link var. *heyderi* Domin (yellow farina)	2′,6′-Dihydroxy-4′-methoxychalcone (**267**)	*176 128*	f
	2′,6′-Dihydroxy-4′,4-dimethoxychalcone (**274**)	*176 128*	g
	2′,6′-Dihydroxy-4′,4-dimethoxydihydrochalcone (**278**)	*132*	
Pityrogramma chrysophylla Link var. *marginata* Domin (white farina)	2′,6′-Dihydroxy-4′-methoxydihydrochalcone (**276**)	*179*	
	2′,6′-Dihydroxy-4′,4-dimethoxydihydrochalcone (**278**)	*179*	
Pityrogramma lehmannii Tryon	5,4′-Dihydroxy-7-methoxyflavone (Apigenin 7-methyl ether = Genkwanin) (**154**)	*128*	
	5-Hydroxy-7,4′-dimethoxyflavone (Apigenin 7,4′-dimethyl ether) (**155**)	*128*	
	2′,6′-Dihydroxy-4′,4-dimethoxydihydrochalcone (**278**)	*128*	

Table 15 (*continued*)

Plant source	Compound (structure number)	References	Comment
Pityrogramma sulphurea Maxon	5,7-Dihydroxy-8-cinnamoyl-4-phenyldihydrocoumarin (T-1) (**292**)	*187*	
Pityrogramma tartarea Maxon	5,4′-Dihydroxy-7-methoxyflavone (Apigenin 7-methyl ether = Genkwanin) (**154**)	*129*	
	5-Hydroxy-7,4′-dimethoxyflavone (Apigenin 7,4-dimethyl ether) (**155**)	*132*	
	3,5,4′-Trihydroxy-7-methoxyflavone (Kaempferol 7-methyl ether = Rhamnocitrin) (**179**)	*129*	
	2′,6′-Dihydroxy-4′,4-dimethoxydihydrochalcone (**278**)	*129*	
Pityrogramma triangularis Maxon	3-Hydroxy-5,7-dimethoxyflavone (Galangin 5,7-dimethyl ether) (**168**)	*139*	
Pityrogramma triangularis var. *maxonii* Weath.	3,5,7-Trihydroxyflavone (Galangin) (**165**)	*121*	
Pityrogramma triangularis var. *pallida* Weath.	5,7-Dihydroxyflavanone (Pinocembrin) (**214**)	*158*	
	7-Hydroxy-5-methoxyflavanone (Pinocembrin 5-methyl ether = Alpinetin) (**216**)	*160*	
	5,7-Dimethoxyflavanone (Pinocembrin 5,7-dimethyl ether) (**217**)	*160*	
	5,7-Dihydroxy-6-methylflavanone (Strobopinin) (**218**)	*161*	
	7-Hydroxy-5-methoxy-6-methylflavanone (Strobopinin 5-methyl ether) (**220**)	*160*	
	5,7-Dimethoxy-6-methylflavanone (Strobopinin 5,7-dimethyl ether) (**221**)	*160*	
	(2*S*)-5,7-Dihydroxy-8-methylflavanone (Cryptostrobin) (**222**)	*161*	
	5,7-Dihydroxy-6,8-dimethylflavanone (Desmethoxymatteucinol) (**223**)	*161*	
	2′,4′-Dihydroxy-6′-methoxychalcone (Cardamonin) (**266**)	*160*	

Table 15 (*continued*)

Plant source	Compound (structure number)	References	Comment
	2'-Hydroxy-4',6'-dimethoxychalcone (Flavokawin B) (**268**)	*158, 160*	
	2',4'-Dihydroxy-6'-methoxy-5'-methylchalcone (**269**)	*160*	
	2'-Hydroxy-4',6'-dimethoxy-5'-methylchalcone (Aurentiacin) (**271**)	*158, 160*	
Pityrogramma triangularis Maxon var. *triangularis* (Km. MeO-chemotype)	3,5,7-Trihydroxyflavone (Galangin) (**165**)	*136*	
	3,5-Dihydroxy-7-methoxyflavone (Galangin 7-methyl ether = Izalpin) (**166**)	*136*	
	5,7-Dihydroxy-3-methoxyflavone (Galangin 3-methyl ether) (**167**)	*136*	
	5-Hydroxy-3,7-dimethoxyflavone (Galangin 3,7-dimethyl ether) (**169**)	*136*	
	3,5,7,4'-Tetrahydroxyflavone (Kaempferol) (**176**)	*136*	
	3,5,7-Trihydroxy-4'-methoxyflavone (Kaempferol 4'-methyl ether = Kaempferide) (**178**)	*136, 147*	
	5,7,4'-Trihydroxy-3-methoxyflavone (Kaempferol 3-methyl ether) (**180**)	*136*	
	3,7,4'-Trihydroxy-5-methoxyflavone (Kaempferol 5-methyl ether) (**181**)	*136*	
	3,5-Dihydroxy-7,4'-dimethoxyflavone (Kaempferol 7,4'-dimethyl ether) (**183**)	*136, 147*	
	5,7-Dihydroxy-3,4'-dimethoxyflavone (Kaempferol 3,4'-dimethyl ether) (**184**)	*136*	
	5-Hydroxy-3,7,4'-trimethoxyflavone (Kaempferol 3,7,4'-trimethyl ether) (**186**)	*136*	
Pityrogramma triangularis Maxon var. *triangularis* (ceroptin chemotype)	5,7-Dihydroxy-3-methoxy-6,8-dimethylflavone (**170**)	*140*	
	5,8-Dihydroxy-3,7-dimethoxyflavone (8-Hydroxygalangin 3,7-dimethyl ether = Isognaphalin) (**173**)	*140, 145*	

Table 15 (*continued*)

Plant source	Compound (structure number)	References	Comment
	3,5,7-Trihydroxy-8-methoxy-6-methylflavone (Pityrogrammin) (**177**)	*147*	
	5-Hydroxy-7-methoxy-6-methylflavanone (Strobopinin 7-methyl ether) (**219**)	*162*	
	Isoceroptene (**254**)	*170*	
	2′,6′-Dihydroxy-4′-methoxy-3′-methylchalcone (Triangularin) (**270**)	*162*	
	Ceroptin (Ceroptene) (**275**)	*147*	
Pityrogramma triangularis var. *viscosa* D. C. Eaton	2′,6′,4-Trihydroxy-4′-methoxy-3′-methyldihydrochalcone (**279**)	*180*	
Pityrogramma trifoliata Tryon	5,7-Dihydroxy-8-cinnamoyl-4-phenyldihydrocoumarin (T-1) (**292**)	*187, 188*	
	5,7-Dihydroxy-8-coumaroyl-4-phenyldihydrocoumarin (T-2) (**293**)	*187, 188*	
	5,7-Dihydroxy-8-caffeoyl-4-phenyldihydrocoumarin (T-3) (**294**)	*187, 188*	
Pityrogramma williamsii Proctor	5,7-Dihydroxy-8-cinnamoyl-4-phenyldihydrocoumarin (T-1) (**292**)	*187*	
Pteridium aquilinum var. *latiusculum* Und.	Kaempferol 3-*O*-β-D-glucoside (Astragalin) (**321**)	*212*	
	Quercetin 3-*O*-β-D-glucoside (Isoquercitrin) (**361**)	*212*	
Pteridium aquilinum subsp. *wightianum* Shieh (= *P. revolutum* Nakai)	Kaempferol 3-*O*-β-D-glucoside (Astragalin) (**321**)	*211*	
Pteris altissima Poir.	Luteolin 7-*O*-β-D-glucoside (**303**)	*192*	
Pteris cretica L.	Apigenin 7-*O*-β-D-glucoside (**297**)	*190*	
	Luteolin 7-*O*-β-D-glucoside (**303**)	*190*	
Pteris dispar Kze.	Luteolin 7-*O*-β-D-glucoside (**303**)	*190*	
Pteris excelsa Gaud.	Kaempferol 3-*O*-β-D-glucoside (Astragalin) (**321**)	*190*	
	Kaempferol 3-*O*-β-rutinoside (Nicotiflorin) (**346**)	*190*	
Pteris grandifolia L.	Quercetin 3-*O*-α-L-rhamnoside (Quercitrin) (**367**)	*231*	
	3″-*O*-Acetylquercitrin (**368**)	*231*	
	4″-*O*-Acetylquercitrin (**369**)	*231*	

Table 15 (*continued*)

Plant source	Compound (structure number)	References	Comment
Pteris longipinnula Wall.	Apigeninidin 5-glucoside (Gesnerin) (**399**)	*242*	
	Luteolinidin 5-glucoside (**400**)	*242*	
Pteris multifida Poir.	Apigenin 7-*O*-β-D-glucoside (**297**)	*190, 191*	
	Luteolin 7-*O*-β-D-glucoside (**303**)	*190, 191*	
Pteris podophylla Sw.	Apigenin 7-*O*-β-D-glucoside (**297**)	*192*	
	Luteolin 7-*O*-β-D-glucoside (**303**)	*192*	
	Kaempferol 3,7-di-*O*-α-L-rhamnoside (Kaempferitin) (**338**)	*192*	
Pteris quadriaurita Retz.	Luteolinidin 5-glucoside (**400**)	*242*	
Pteris ryukyuensis Tagawa	Kaempferol 3-*O*-α-L-rhamnoside (Afzelin) (**332**)	*91*	
Pteris vittata L.	Luteolinidin 5-glucoside (**400**)	*242*	
Pteris wallichiana Ag.	Apigenin 7-*O*-β-D-glucoside (**297**)	*190*	
	Luteolin 7-*O*-β-D-glucoside (**303**)	*190*	
Pterozonium brevifrons Lell.	2′,6′-Dihydroxy-4′,4-dimethoxychalcone (**274**)	*121*	
Pterozonium scopulinum Lell.	2′,6′-Dihydroxy-4′,4-dimethoxychalcone (**274**)	*121*	
Sphenomeris biflora Tagawa	Apigenin 7-*O*-β-D-glucoside (**297**)	*190*	
	Luteolin 7-*O*-β-D-glucoside (**303**)	*190*	
	Vitexin (8-*C*-β-D-Glucosylapigenin) (**304**)	*190*	
	Orientin (8-*C*-β-D-Glucosylluteolin) (**314**)	*190*	
Sphenomeris chusana Copel.	Apigenin 7-*O*-β-D-glucoside (**297**)	*190*	
	Luteolin 7-*O*-β-D-glucoside (**303**)	*190*	
	Vitexin (8-*C*-β-D-Glucosylapigenin) (**304**)	*56, 190*	
	Orientin (8-*C*-β-D-Glucosylluteolin) (**314**)	*190*	
Davalliacae			
Davallia divaricata Bl.	Kaempferol 3-*O*-β-D-glucoside (Astragalin) (**321**)	*207*	
	(−)-Epicatechin 3-*O*-β-D-alloside (**392**)	*207*	
	(−)-Epicatechin 3-*O*-(2-*trans*-cinnamoyl)-β-D-alloside (**393**)	*207*	

Table 15 (*continued*)

Plant source	Compound (structure number)	References	Comment
	(−)-Epicatechin 3-*O*-(3-*trans*-cinnamoyl)-β-D-alloside (**394**)	207	
	Pelargonidin 3-*p*-coumaroylglucoside-5-glucoside (Monardein) (**401**)	242	
Humata pectinata Desv.	8-Methoxykaempherol 3-*O*-D-glucoside (**360**)	228	
	8-Methoxyquercetin 3-*O*-glucoside (**375**)	228	
Blechnaceae			
Blechnum brasiliense var. *corcovadense*	Apigeninidin 5-glucoside (Gesnerin) (**399**)	242	
	Luteolinidin 5-glucoside (**400**)	242	
Brainea insignis J. Sm.	Kaempferol 3-*O*-[2-*O*-(6-*O*-caffeoyl-β-D-glucosyl)]-β-D-galactoside (Brainoside) (**348**)	163	
Onocleaceae			
Matteuccia orientalis Trev.	5,7-Dihydroxy-6,8-dimethylflavanone (Desmethoxymatteucinol) (**223**)	164, 165	
	(2*S*)-5,7,2′-Trihydroxy-6,8-dimethylflavanone (Matteucin) (**227**)	164	
	(2*S*)-5,7-Dihydroxy-4′-methoxy-6,8-dimethylflavanone (Matteucinol) (**234**)	164, 165	
	(2*S*)-5,7,2′-Trihydroxy-5′-methoxy-6,8-dimethylflavanone (Methoxymatteucin) (**237**)	164	
	Vitexin (8-*C*-β-D-Glucosylapigenin) (**304**)	195	
	Orientin (8-*C*-β-D-Glucosylluteolin) (**314**)	195	
Matteuccia struthiopteris Todaro	Vitexin (8-*C*-β-D-Glucosylapigenin) (**304**)	195	
	Orientin (8-*C*-β-D-Glucosylluteolin) (**314**)	195	
Onoclea sensibilis L.	Vitexin (8-*C*-β-D-Glucosylapigenin) (**304**)	195	
	Orientin (8-*C*-β-D-Glucosylluteolin) (**314**)	195	

Table 15 (*continued*)

Plant source	Compound (structure number)	References	Comment
Onoclea sensibilis L. var. *interrupta* Maxim.	Kaempferol 3-*O*-β-D-glucoside (Astragalin) (**321**)	*80*	
	Quercetin 3-*O*-β-D-glucoside (Isoquercitrin) (**361**)	*80*	
Aspidiaceae			
Acrophorus nodosus Pr.	Kaempferol 3-*O*-β-D-glucoside (Astragalin) (**321**)	*80*	
	Quercetin 3-*O*-β-D-glucoside (Isoquercitrin) (**361**)	*80*	
Acystopteris japonica Nakai	Kaempferol 3-*O*-β-D-alloside (**327**)	*80*	
Arachniodes ambilis Ohwi	Vitexin (8-*C*-β-D-Glucosylapigenin) (**304**)	*195*	
	Orientin (8-*C*-β-D-Glucosylluteolin) (**314**)	*195*	
Arachniodes aristata Holtt.	Arachnitannin 1 (**282**)	*183*	
	Arachnitannin 2 (**283**)	*183*	
	Arachnitannin 3 (**284**)	*183*	
	Vitexin (8-*C*-β-D-Glucosylapigenin) (**304**)	*195*	
	Orientin (8-*C*-β-D-Glucosylluteolin) (**314**)	*195*	
Arachniodes pseudo-aristata Ohwi	Arachnitannin 1 (**282**)	*183*	
	Arachnitannin 2 (**283**)	*183*	
	Arachnitannin 3 (**284**)	*183*	
	Vitexin (8-*C*-β-D-Glucosylapigenin) (**304**)	*195*	
	Orientin (8-*C*-β-D-Glucosylluteolin) (**314**)	*195*	
Arachniodes standishii Ohwi	Vitexin (8-*C*-β-D-Glucosylapigenin) (**304**)	*195*	
	Orientin (8-*C*-β-D-Glucosylluteolin) (**314**)	*195*	
Athyrium filix-foemina Roth (*Asplenium filix-foemina* Bernh. in original paper)	Kaempferol 3-*O*-α-D-glucoside (**322**)	*214*	
	Kaempferol 3-*O*-(6-*O*-sulfo)-α-D-glucoside (**326**)	*214*	
Bolbitis subcordata Ching	(2R,3S,4S)-3,4,7-Trihydroxy-5,4'-dimethoxy-6,8-dimethylflavan (**281**)	*182*	

Table 15 (*continued*)

Plant source	Compound (structure number)	References	Comment
Cyrtomium falcatum Pr.	5,7,4'-Trihydroxy-6,8-dimethylflavanone (Farrerol = Cyrtopterinetin) (**233**)	*167, 168, 169*	
	5,7,3',4'-Tetrahydroxy-6,8-dimethylflavanone (Cyrtominetin) (**246**)	*167, 168, 169*	
	Vitexin (8-*C*-β-D-Glucosylapigenin) (**304**)	*195*	
	Orientin (8-*C*-β-D-Glucosylluteolin) (**314**)	*195*	
	Quercetin 3-*O*-β-D-glucoside (Isoquercitrin) (**361**)	*168*	
	5,7,4'-Trihydroxy-6,8-dimethylflavanone glucoside (Cyrtopterin = Farrerol glucoside) (**384**)	*168, 169*	
	5,7,3',4'-Tetrahydroxy-6,8-dimethylflavanone glucoside (Cyrtomin = Cyrtominetin glucoside) (**388**)	*168, 169*	
Cyrtomium fortunei J. Sm.	5,7,4'-Trihydroxy-6,8-dimethylflavanone (Farrerol = Cyrtopterinetin) (**233**)	*167, 168, 169*	
	5,7,3',4'-Tetrahydroxy-6,8-dimethylflavanone (Cyrtominetin) (**246**)	*167, 168, 169*	
	Vitexin (8-*C*-β-D-Glucosylapigenin) (**304**)	*195*	
	Orientin (8-*C*-β-D-Glucosylluteolin) (**314**)	*195*	
	5,7,4'-Trihydroxy-6,8-dimethylflavanone glucoside (Cyrtopterin = Farrerol glucoside) (**384**)	*168, 169*	
	5,7,3',4'-Tetrahydroxy-6,8-dimethylflavanone glucoside (Cyrtomin = Cyrtominetin glucoside) (**388**)	*168, 169*	
Cyrtomium fortunei var. *clivicola* Tagawa	5,7,4'-Trihydroxy-6,8-dimethylflavanone (Farrerol = Cyrtopterinetin) (**233**)	*167, 168, 169*	
	5,7,3',4'-Tetrahydroxy-6,8-dimethylflavanone (Cyrtominetin) (**246**)	*167, 168, 169*	
	Vitexin (8-*C*-β-D-Glucosylapigenin) (**304**)	*195*	

Table 15 (*continued*)

Plant source	Compound (structure number)	References	Comment
	Orientin (8-C-β-D-Glucosylluteolin) (**314**)	195	
	5,7,4′-Trihydroxy-6,8-dimethylflavanone glucoside (Cyrtopterin = Farrerol glucoside) (**384**)	168, 169	
	5,7,3′,4′-Tetrahydroxy-6,8-dimethylflavanone glucoside (Cyrtomin = Cyrtominetin glucoside) (**388**)	168, 169	
Cystopteris fragilis Bernh.	Kaempferol 3-*O*-β-D-glucoside (Astragalin) (**321**)	206	
	Kaempferol 3-*O*-(3-*O*-sulfo)-β-D-glucoside (**324**)	206	h
	Kaempferol 3-*O*-(6-*O*-sulfo)-β-D-glucoside (**325**)	206	i
	Kaempferol 3,4′-diglucoside (**342**)	206	
Diplazium esculentum Sw.	5-*O*-Methyleriodictyol 7-*O*-(4-*O*-D-xylosyl)-β-D-galactoside (**387**)	239	
Dryopteris bissetiana C. Chr.	Vitexin (8-C-β-D-Glucosylapigenin) (**304**)	195	
	Orientin (8-C-β-D-Glucosylluteolin) (**314**)	195	
Dryopteris championii Ching	Vitexin (8-C-β-D-Glucosylapigenin) (**304**)	195	
	Orientin (8-C-β-D-Glucosylluteolin) (**314**)	195	
Dryopteris crassirizhoma Nakai	Vitexin (8-C-β-D-Glucosylapigenin) (**304**)	195	
	Orientin (8-C-β-D-Glucosylluteolin) (**314**)	195	
Dryopteris erythrosora Ktze.	Vitexin (8-C-β-D-Glucosylapigenin) (**304**)	195	
	Orientin (8-C-β-D-Glucosylluteolin) (**314**)	195	
Dryopteris filix-max Schott	5-(3,4-Dihydroxyphenyl)-3,3a,4,5-tetrahydro-4,8-dihydroxy-2*H*-pyrano[4,3,2-de]-1-benzopyran-2-one (Dryopterin) (**280**)	181	
Dryopteris gymnophylla C. Chr.	Vitexin (8-C-β-D-Glucosylapigenin) (**304**)	195	

Table 15 (*continued*)

Plant source	Compound (structure number)	References	Comment
	Orientin (8-*C*-β-D-Glucosylluteolin) (**314**)	*195*	
Dryopteris gymnosora C. Chr.	Vitexin (8-*C*-β-D-Glucosylapigenin) (**304**)	*195*	
	Orientin (8-*C*-β-D-Glucosylluteolin) (**314**)	*195*	
Dryopteris hondoensis Koidz.	Vitexin (8-*C*-β-D-Glucosylapigenin) (**304**)	*195*	
	Orientin (8-*C*-β-D-Glucosylluteolin) (**314**)	*195*	
Dryopteris nipponensis Koidz.	Vitexin (8-*C*-β-D-Glucosylapigenin) (**304**)	*195*	
	Orientin (8-*C*-β-D-Glucosylluteolin) (**314**)	*195*	
Dryopteris pacifica Nakai	Vitexin (8-*C*-β-D-Glucosylapigenin) (**304**)	*195*	
	Orientin (8-*C*-β-D-Glucosylluteolin) (**314**)	*195*	
Dryopteris polylepis C. Chr.	Vitexin (8-*C*-β-D-Glucosylapigenin) (**304**)	*195*	
	Orientin (8-*C*-β-D-Glucosylluteolin) (**314**)	*195*	
Dryopteris sacrosancta Koidz.	Vitexin (8-*C*-β-D-Glucosylapigenin) (**304**)	*195*	
	Orientin (8-*C*-β-D-Glucosylluteolin) (**314**)	*195*	
Dryopteris sordidipes Tagawa	Vitexin (8-*C*-β-D-Glucosylapigenin) (**304**)	*195*	
	Orientin (8-*C*-β-D-Glucosylluteolin) (**314**)	*195*	
Dryopteris watanabei Kurata	Vitexin (8-*C*-β-D-Glucosylapigenin) (**304**)	*195*	
	Orientin (8-*C*-β-D-Glucosylluteolin) (**314**)	*195*	
Hypodematium crenatum Kuhn	Kaempferol 3-*O*-β-D-glucoside (Astragalin) (**321**)	*105*	
Hypodematium fauriei Tagawa	Kaempferol 3-*O*-β-D-glucoside (Astragalin) (**321**)	*105*	

Table 15 (*continued*)

Plant source	Compound (structure number)	References	Comment
Leptorumohra miqueliana H. Ito	(2*S*,1′*R*)-5,7-Dihydroxy-6,8-dimethyl-2-(1′-hydroxy-4′-oxocyclohexenyl)-4-chromanone (Protofarrerol) (**288**)	*98, 184*	
	Protofarrerol 7-*O*-β-D-glucoside (**405**)	*100*	
Lunathyrium conilii Kurata (= *Deparia conilii* M. Kato)	Vitexin (8-*C*-β-D-Glucosylapigenin) (**304**)	*195*	
	Orientin (8-*C*-β-D-Glucosylluteolin) (**314**)	*195*	
Lunathyrium dimorphophyllum Kurata (= *Deparia dimorphophyllum* M. Kato)	Vitexin (8-*C*-β-D-Glucosylapigenin) (**304**)	*195*	
	Orientin (8-*C*-β-D-Glucosylluteolin) (**314**)	*195*	
Lunathyrium japonicum Kurata (= *Deparia japonicum* M. Kato)	Vitexin (8-*C*-β-D-Glucosylapigenin) (**304**)	*195*	
	Orientin (8-*C*-β-D-Glucosylluteolin) (**314**)	*195*	
Lunathyrium lobato-crenatum Kurata (= *Deparia lobato-crenatum* M. Kato)	Vitexin (8-*C*-β-D-Glucosylapigenin) (**304**)	*195*	
	Orientin (8-*C*-β-D-Glucosylluteolin) (**314**)	*195*	
Lunathyrium okboanum Kurata (= *Deparia okboanum* M. Kato)	Vitexin (8-*C*-β-D-Glucosylapigenin) (**304**)	*195*	
	Orientin (8-*C*-β-D-Glucosylluteolin) (**314**)	*195*	
Lunathyrium petersenii Kurata (= *Deparia petersenii* M. Kato)	Vitexin (8-*C*-β-D-Glucosylapigenin) (**304**)	*195*	
	Orientin (8-*C*-β-D-Glucosylluteolin) (**314**)	*195*	
Lunathyrium picnosorum Koidz. (= *Deparia picnosorum* M. Kato)	Vitexin (8-*C*-β-D-Glucosylapigenin) (**304**)	*195*	
	Orientin (8-*C*-β-D-Glucosylluteolin) (**314**)	*195*	
Peranema cyatheoides Don	Kaempferol 3-*O*-β-D-glucoside (Astragalin) (**321**)	*80*	
	Quercetin 3-*O*-β-D-glucoside (Isoquercitrin) (**361**)	*80*	
Polystichum craspedosorum Diels	Vitexin (8-*C*-β-D-Glucosylapigenin) (**304**)	*195*	

Table 15 (*continued*)

Plant source	Compound (structure number)	References	Comment
	Orientin (8-*C*-β-D-Glucosylluteolin) (**314**)	*195*	
Polystichum lepidocaulon J. Sm.	Vitexin (8-*C*-β-D-Glucosylapigenin) (**304**)	*195*	
	Orientin (8-*C*-β-D-Glucosylluteolin) (**314**)	*195*	
Polystichum polyblepharum Pr.	Vitexin (8-*C*-β-D-Glucosylapigenin) (**304**)	*195*	
	Orientin (8-*C*-β-D-Glucosylluteolin) (**314**)	*195*	
Polystichum tripteron Pr.	Vitexin (8-*C*-β-D-Glucosylapigenin) (**304**)	*195*	
	Orientin (8-*C*-β-D-Glucosylluteolin) (**314**)	*195*	
Polystichum tsus-simense J. Sm.	Vitexin (8-*C*-β-D-Glucosylapigenin) (**304**)	*195*	
	Orientin (8-*C*-β-D-Glucosylluteolin) (**314**)	*195*	
Woodsia manchuriensis (= *Protowoodsia manchuriensis* Ching)	Vitexin (8-*C*-β-D-Glucosylapigenin) (**304**)	*195*	
	Orientin (8-*C*-β-D-Glucosylluteolin) (**314**)	*195*	
Woodsia polystichoides Eaton	Vitexin (8-*C*-β-D-Glucosylapigenin) (**304**)	*195*	
	Orientin (8-*C*-β-D-Glucosylluteolin) (**314**)	*195*	
	Kaempferol 3-*O*-α-L-arabinoside-7-*O*-α-L-rhamnoside (**340**)	*213*	
	Kaempferol 3-*O*-(3-*O*-acetyl)-α-L-arabinoside-7-*O*-α-L-rhamnoside (**341**)	*213*	
	Quercetin 3-*O*-β-D-glucoside (Isoquercitrin) (**361**)	*213*	
Thelypteridaceae			
Christella acuminata Lév.	Kaempferol 3-*O*-β-D-glucoside (Astragalin) (**321**)	*80*	
Christella parasitica Lév.	5,7-Dihydroxy-6,8-dimethyl-flavanone (Desmethoxymatteucinol) (**223**)	*80*	

Table 15 (*continued*)

Plant source	Compound (structure number)	References	Comment
	Kaempferol 3-*O*-β-D-glucoside (Astragalin) (**321**)	80	
Cyclosorus interruptus H. Ito	Quercetin 3-*O*-α-L-rhamnoside (Quercitrin) (**367**)	80	
Glaphyropteridopsis erubescens Ching.	Kaempferol 3-*O*-α-L-rhamnoside (Afzelin) (**332**)	217	
	Quercetin 3-*O*-α-L-rhamnoside (Quercitrin) (**367**)	217	
	(2*R*,4*S*)-4,5,7-Trihydroxy-4'-methoxy-6,8-dimethylflavan 5,7-di-*O*-β-D-glucoside (Eruberin B) (**395**)	217	
	(2*R*,4*S*)-4,2''-Anhydro-4,5,7-trihydroxy-4'-methoxy-6,8-dimethylflavan 5-β-D-glucoside (Eruberin A) (**398**)	217	
Macrothelypteris torresiana Ching var. *calvata* Holtt.	3,5,7,4'-Tetrahydroxyflavone (Kaempferol) (**176**)	86	
	Kaempferol 3-*O*-β-D-rutinoside (Nicotiflorin) (**346**)	86	
	Rutin [Quercetin 3-*O*-(6-*O*-α-L-rhamnosyl)-β-D-glucoside] (**372**)	86	
Phegopteris polypodioides Fée	Genkwanin (5,4'-Dihydroxy-7-methoxyflavone) 4'-*O*-glucoside (Phegopolin) (**300**)	193	
	Kaempferol 3-glucosylarabinoside (Phegokaempferin) (**349**)	193	
Pronephrium triphyllum Holtt.	(2*S*)-5,7-Dihydroxy-4'-methoxy-6-methoxymethyl-8-methylflavanone 7-*O*-β-D-glucoside (Triphyllin C) (**385**)	238	
	(2*R*,4*S*)-4,5,7,4'-Tetrahydroxy-6-hydroxymethyl-8-methylflavan 5,7-di-*O*-β-D-glucoside (Triphyllin B) (**396**)	238	
	(2*R*,4*S*)-4,5,7-Trihydroxy-6-hydroxymethyl-4'-methoxy-8-methylflavan 5,7-di-*O*-β-D-glucoside (Triphyllin A) (**397**)	238	
Pseudocyclosorus esquirolii Ching	Kaempferol 3-*O*-β-D-glucoside (Astragalin) (**321**)	210	
	(2*S*)-Eriodictyol 7-*O*-methyl ether 3'-*O*-β-D-glucoside (**386**)	210	

Table 15 (*continued*)

Plant source	Compound (structure number)	References	Comment
Pseudocyclosorus subochthodes Ching	(2*S*)-Eriodictyol 7-*O*-methyl ether 3'-*O*-β-D-glucoside (**386**)	210	
Pseudophegopteris bukoensis Holtt.	Apigenin 7-*O*-α-L-rhamnoside (**299**)	130	
	Protogenkwanin 4'-*O*-β-D-glucoside [2-(1,4-Dihydroxy-2,5-cyclohexadienyl)-5-hydroxy-7-methoxychromone 4'-*O*-β-D-glucoside] (**402**)	130	
	Protogenkwanin 4'-*O*-(2-*O*-acetyl)-β-D-glucoside (**403**)	130	
	Protogenkwanin 4'-*O*-(6-*O*-acetyl)-β-D-glucoside (**404**)	130	
Pseudophegopteris hirtirachis Holtt.	5,4'-Dihydroxy-7-methoxyflavone (Apigenin 7-methyl ether = Genkwanin) (**154**)	130	
	5-Hydroxy-2-(1-hydroxy-4-oxo-2,5-cyclohexadienyl)-7-methoxychromone (Protogenkwanone) (**285**)	130	
	5-Hydroxy-2-(1-hydroxy-4-oxo-cyclohexyl)-7-methoxychromone (Tetrahydroprotogenkwanone) (**286**)	130	
	2-(*trans*-1,4-Dihydroxycyclohexyl)-5-hydroxy-7-methoxychromone (Tetrahydroprotogenkwanin) (**287**)	130	
	Protogenkwanin 4'-*O*-β-D-glucoside [2-(1,4-Dihydroxy-2,5-cyclohexadienyl)-5-hydroxy-7-methoxychromone 4'-*O*-β-D-glucoside] (**402**)	130	
Pseudophegopteris subaurita Ching	5-Hydroxy-2-(1-hydroxy-4-oxo-2,5-cyclohexadienyl)-7-methoxychromone (Protogenkwanone) (**285**)	130	
	5-Hydroxy-2-(1-hydroxy-4-oxo-cyclohexyl)-7-methoxychromone (Tetrahydroprotogenkwanone) (**286**)	130	
	Protogenkwanin 4'-*O*-β-D-glucoside [2-(1,4-Dihydroxy-2,5-cyclohexadienyl)-5-hydroxy-7-methoxychromone 4'-*O*-β-D-glucoside] (**402**)	130	
	Protogenkwanin 4'-*O*-(2-*O*-acetyl)-β-D-glucoside (**403**)	130	
	Protogenkwanin 4'-*O*-(6-*O*-acetyl)-β-D-glucoside (**404**)	130	

Table 15 (*continued*)

Plant source	Compound (structure number)	References	Comment
Thelypteris palustris Schott	(2*S*)-5,7-Dihydroxy-8-methyl-flavanone (Cryptostrobin) (**222**)	*163*	
	Kaempferol 3-*O*-β-D-glucoside (Astragalin) (**321**)	*163*	
	Kaempferol 3-*O*-β-rutinoside (Nicotiflorin) (**346**)	*163*	
	(2*S*)-6-Methylpinocembrin 7-*O*-β-D-glucoside [(2*S*)-Strobopinin 7-*O*-β-D-glucoside] (**379**)	*163*	
Wagneriopteris japonica Loeve et Loeve	5,7-Dihydroxy-6,8-dimethyl-flavanone (Desmethoxymatteucinol) (**223**)	*166*	
	(2*S*)-5,7-Dihydroxy-4'-methoxy-6,8-dimethylflavanone (Matteucinol) (**234**)	*166*	
	(2*S*)-5,7,2'-Trihydroxy-5'-methoxy-6,8-dimethylflavanone (Methoxymatteucin) (**237**)	*166*	
	Hariganetin (**255**)	*166*	
Wagneriopteris nipponica Loeve et Loeve	Kaempferol 3-*O*-β-D-glucoside (Astragalin) (**321**)	*213*	
	Kaempferol 3-*O*-β-D-alloside (Asiaticalin) (**327**)	*213*	
	Quercetin 3-*O*-β-D-glucoside (Isoquercitrin) (**361**)	*213*	
	Quercetin 3-*O*-β-D-alloside (Nikkoshidin) (**363**)	*213*	
Aspleniaceae			
Asplenium diplazisorum Hieron.	3,5,7-Trihydroxy-4'-methoxy-flavone (Kaempferol 4'-methyl ether = Kaempferide) (**178**)	*148*	
Asplenium bulbiferum Forst.	Kaempferol 3,7-diglucoside (**335**)	*218*	j
	Kaempferol 3-glucoside-7-galactoside (**336**)	*218*	k
	Kaempferol 3-*O*-rhamnoside-7-*O*-glucoside (**337**)	*218*	
	Kaempferide 3,7-diglucoside (**354**)	*225*	l
	Kaempferide 3-*O*-glucoside-7-*O*-rhamnoside (**355**)	*226*	
	Kaempferide 3-rhamnoside-7-glucoside (**356**)	*225*	m

Table 15 (*continued*)

Plant source	Compound (structure number)	References	Comment
Asplenium fontanum Bernh. var. *obovatum*	Kaempferol 3-*O*-β-gentiobioside (**344**)	*222*	
	Kaempferol 3-*O*-(6'-sulfo)gentiobioside (**345**)	*222*	
Asplenium nidus L. (= *Neottopteris nidus* J. Sm.)	Kaempferol 3-*O*-gentiobioside-7,4'-diglucoside (**357**)	*227*	
Asplenium platyneuron Oakes	Kaempferol 3,7-diglucoside (**335**)	*219*	
	Kaempferol 3,4'-dimethyl ether 7-glucoside (**358**)	*219*	
Asplenium septentrionale Hoffm.	Kaempferol 3-*O*-sophorotrioside-7-*O*-glucoside (**353**)	*66*	
	Quercetin 3-*O*-β-D-glucoside (Isoquercitrin) (**361**)	*229*	
	Quercetin 3-*O*-(3-*O*-sulfo)glucoside (**362**)	*229*	
Asplenium trichomanes L.	Kaempferol 3,7-di-*O*-α-L-rhamnoside (Kaempferitin) (**338**)	*220*	
	Kaempferol 3-*O*-rhamnoside-7-*O*-arabinoside (**339**)	*220*	n
	Kaempferol 3-*O*-arabinoside-7-*O*-rhamnoside (**340**)	*220*	o
	Rutin [Quercetin 3-*O*-(6-*O*-α-L-rhamnosyl)-β-D-glucoside] (**372**)	*232*	
Asplenium viride Huds.	5,7,3',4'-Tetrahydroxy-3-methoxyflavone (Quercetin 3-methyl ether) (**197**)	*153*	
Ceterach officinarum DC.	Kaempferol 3-(6-malonyl)-D-glucoside (**323**)	*215*	
	Kaempferol 3-(6-malonyl)-D-galactoside (**330**)	*215*	q
	Quercetin 3-*O*-β-D-glucoside (Isoquercitrin) (**361**)	*215*	
	Quercetin 3-*O*-β-gentiobioside (**371**)	*215*	
	Naringenin 7-*O*-(2-*O*-α-L-rhamnosyl)-β-D-glucoside (Naringin) (**381**)	*237*	r
	Naringenin 7-*O*-(6-*O*-L-arabinosyl)-D-glucoside (**383**)	*237*	s
Phyllitis scolopendrium Newm.	Kaempferol 3-*O*-[3-*O*-(4-*O*-caffeoyl)-β-D-glucosyl]-β-D-glucoside-7-*O*-rhamnoside (**352**)	*224*	

Table 15 (*continued*)

Plant source	Compound (structure number)	References	Comment
Polypodiaceae			
Colysis wrightii Ching	Kaempferol 3,5-dimethyl ether 4'-O-β-D-glucoside (**359**)	*80*	
Phymatodes scolopendria Ching (= *Microsorium scolopendria* Copel.)	Kaempferol 3-O-β-D-glucoside (Astragalin) (**321**)	*80*	
Polypodium feuillei Bert. (= *Synammia feuillei* Copel.)	3,5,7,4'-Tetrahydroxyflavan 3-O-xyloside (Feulledine) (**389**)	*240*	
Polypodium vulgare L.	Schaftoside (6-C-Glucosyl-8-C-arabinosyl-5,7,4'-trihydroxyflavone) (**312**)	*202*	
	Isoschaftoside (6-C-Arabinosyl-8-C-glucosyl-5,7,4'-trihydroxyflavone) (**313**)	*202*	
	Kaempferol 3-O-β-D-glucoside (Astragalin) (**321**)	*202*	
	Kaempferol 3-O-arabinoside-7-O-rhamnoside (**340**)	*202*	
	Kaempferol 3-O-(4 or 5-rhamnosyl)arabinoside (**350**)	*202*	
	Quercetin 3-O-β-D-galactoside (Hyperin) (**364**)	*202*	
	Rutin [Quercetin 3-O-(6-O-α-L-rhamnosyl)-β-D-glucoside] (**372**)	*202*	
	Catechin 7-O-D-apioside (**390**)	*202*	
	(+)-Catechin 7-O-α-L-arabinoside (Polydin) (**391**)	*202, 241*	
Pyrrosia linearifolia Ching	5,7,4'-Trihydroxyflavanone (Naringenin) (**228**)	*80*	
	5,7,3',4'-Tetrahydroxyflavanone (Eriodictyol) (**240**)	*80*	
Platyzomaceae			
Platyzoma microphyllum R. Br.	3,5-Dihydroxy-7-methoxyflavone (Izalpinin) (**166**)	*137*	TLC
	5-Hydroxy-3,7-dimethoxyflavone (Galangin 3,7-dimethyl ether) (**169**)	*137*	TLC
	3,5,4'-Trihydroxy-7-methoxyflavone (Kaempferol 7-methyl ether = Rhamnocitrin) (**179**)	*137*	TlC

Table 15 (continued)

Plant source	Compound (structure number)	References	Comment
	5,4'-Dihydroxy-3,7-dimethoxyflavone (Kaempferol 3,7-dimethyl ether = Kumatakenin) (**185**)	*137*	TLC
	5-Hydroxy-3,7,4'-trimethoxyflavone (Kaempferol 3,7,4'-trimethyl ether) (**186**)	*137*	TLC
	5-Hydroxy-7-methoxyflavanone (Pinostrobin) (**215**)	*137*	TLC
	2',6'-Dihydroxy-4'-methoxychalcone (**267**)	*137*	
	2',6'-Dihydroxy-4',5'-dimethoxychalcone (Pashanone) (**272**)	*137*	
Marsileaceae			
Marsilea mucronata A. Br.	Vicenin-2 (6,8-Di-*C*-glucosylapigenin) (**307**)	*200*	
	Lucenin-2 (6,8-Di-*C*-glucosylluteolin) (**319**)	*200*	
Marsilea vestita Hook. et Grev.	Vicenin-2 (6,8-Di-*C*-glucosylapigenin) (**307**)	*200*	
Marsilea quadrifolia L.	Rutin [Quercetin 3-*O*-(6-*O*-α-L-rhamnosyl)-β-D-glucoside] (**372**)	*233*	
	Naringenin 7-rhamnoglucoside (**382**)	*233*	
Azollaceae			
Azolla imbricata Nakai	Luteolinidin 5-glucoside (**400**)	*97*	
Azolla japonica Fr. et Sąv.	Luteolinidin 5-glucoside (**400**)	*97*	
Azolla mexicana Pr.	Luteolinidin 5-glucoside (**400**)	*243*	

[a] Presumably identical with kayaflavone (4',7'',4'''-trimethylamentoflavone)
[b] Contaminated with **193**
[c] Contaminated with **192**
[d] Contaminated with **291**
[e] Contaminated with **290**
[f] Contaminated with **274**
[g] Contaminated with **267**
[h] Contaminated with **325**
[i] Contaminated with **324**
[j] Contaminated with **336**
[k] Contaminated with **335**
[l] Contaminated with **356**
[m] Contaminated with **354**
[n] Contaminated with **340**
[o] Contaminated with **339**
[p] Contaminated with **330**
[q] Contaminated with **323**
[r] Contaminated with **383**
[s] Contaminated with **381**

Table 16. *Distribution of Sesquiterpenoids in the Filicopsida*

Plant source	Compound (structure number)	References	Comment
Diksoniaceae			
Cibotium barometz J. Sm.	Onitin (**432**)	272	
	Onitin 14-*O*-β-D-glucoside (**433**)	272	
	Onitin 14-*O*-β-D-alloside (**434**)	272	
	Pterosin R (**436**)	272	
Dicksonia gigantea Karst.	(3 *R*)-Pterosin D (**427**)	223	
	Onitin (**432**)	223	
Plagiogyriaceae			
Plagiogyria matsumureana Makino	(2 *R*)-Onitisin 14-*O*-β-D-glucoside (**452**)	261	
Pteridaceae			
Coniogramme japonica Diels	(3 *R*)-Pterosin D (**427**)	272	
	(2 *S*,3 *R*)-Pterosin L (**447**)	272	
	(3 *R*)-Pterosin X (**453**)	272	a
	(2 *S*,3 *R*)-Pterosin Y (**462**)	272	
Cryptogramma crispa R. Br.	Pterosin Z (**419**)	261	
	Pterosin I (**420**)	261	
	Pteroside Z (**422**)	261	
	(3 *R*)-Pterosin D 14-*O*-β-D-glucoside (**428**)	261	
	Cryptogrammin (**443**)	261	
Dennstaedtia distenta Moore	Distentoside (**527**)	298	
Dennstaedtia scabra Moore	(2 *S*)-Pterosin A (**437**)	274	
	(2 *S*)-Pterosin V (**439**)	274	
	Pterosin K (**441**)	274	GC-MS
	(2 *S*)-4-Hydroxypterosin A [(2 *S*)-Onitisin] (**449**)	274	
	Pterosin F (**473**)	274	GC-MS
Dennstaedtia scandens Moore	Mukagolactone (**522**)	297	
	Monachosorin A (**523**)	297	
	Monachosorin B (**524**)	297	
	Monachosorin C (**525**)	297	
Dennstaedtia smithii Moore	Pterosin Z (**419**)	261	
	Pterosin I (**420**)	261	
	Pterosin H (**423**)	261	

Table 16 (*continued*)

Plant source	Compound (structure number)	References	Comment
	(3 R)-Pterosin D 3-*O*-α-L-arabinoside (**430**)	261	
	Spelosin 3-*O*-α-L-arabinoside (**461**)	261	
Dennstaedtia wilfordii Christ	Dennstopterosin (**425**)	271	
	(3 R)-Pterosin D (**427**)	271	
	(2 S)-Pterosin A (**437**)	271	
	(2 R,3 R)-Pterosin L (**444**)	271	
	Pterolactone A (**455**)	271	
	Pterolactone A 3-*O*-β-D-glucoside (**456**)	271	
	Pterolactone A 3-*O*-(4′-*p*-coumaroyl)-β-D-glucoside (**457**)	271	
	Pterolactone B (**464**)	271	
	(6 R,7 E,9 R)-9-Hydroxymegastigma-4,7-dien-3-one 9-*O*-β-D-glucoside (**532**)	300	
Eriosorus flexuosus Copel.	(2 R)-Pterosin B (**467**)	261	
	(2 S,3 S)-Pterosin C (**480**)	261	
	(2 S,3 S)-Pterosin C 3-*O*-β-D-glucoside (**484**)	261	
	(2 S,3 S)-Pterosin S (**503**)	261	
Histiopteris incisa J. Sm.	(2 R,3 R)-Pterosin L (**444**)	272	
	(2 R)-Pterosin B (**467**)	272, 284	
	(2 R)-Pterosin F (**473**)	272	
	(2 R)-Pterosin E (**474**)	272	
	Histiopterosin B (**479**)	80	
	(2 S,3 S)-Pterosin C (**480**)	272	
	(2 S,3 S)-Pterosin J (**492**)	272	
	Histiopterosin A (**493**)	272	
	(2 S,3 S)-Pterosin Q (**507**)	287	a
	(2 S,3 S)-Pterosin Q 3-*O*-β-D-glucoside (**508**)	287	a
	(2 S,3 S)-Pterosin Q 3-*O*-α-L-arabinoside (**509**)	292	
	(2 R)-Isopterosin B (**515**)	272	
	(1 S,2 R)-Isopterosin C (**516**)	272	a
	Isohistiopterosin A (**518**)	272	

Table 16 (*continued*)

Plant source	Compound (structure number)	References	Comment
Hypolepis punctata Mett.	Hypacrone (**415**)	257	
	Hypoloside A (**416**)	258	
	Hypoloside B (**417**)	258	
	Hypoloside C (**418**)	258	
	Pterosin Z (**419**)	260	
	Pterosin I (**420**)	260	
	Pterosin H (**423**)	260	
	(3 *S*)-Pterosin D (**424**)	270	
	(3 *S*)-Pterosin D 14-*O*-β-D-glucoside (**426**)	270	
	(3 *R*)-Pterosin D (**427**)	270	
	(2 *S*)-Pterosin A (**437**)	275	
	Pterosin K (**441**)	270	GC-MS
	(2 *R*,3 *R*)-Pterosin L 14-*O*-β-D-glucoside (**446**)	270	
	(2 *S*,3 *R*)-Pterosin L 14-*O*-β-D-glucoside (**448**)	270	
Jamesonia scammanae A. Tryon	Jamesonin (**463**)	223	
	(2 *S*)-Pterosin B (**475**)	223	
	(2 *S*,3 *S*)-Pterosin S (**503**)	223	
Microlepia obtusiloba Hayata	Pterosin I (**420**)	262	
	Pterosin H (**423**)	262	
Microlepia speluncae Moore	Pterosin Z (**419**)	262	
	Pterosin I (**420**)	262	
	Pterosin H (**423**)	262	
	(3 *R*)-Pterosin D (**427**)	262	
	(3 *R*)-Pterosin D 3-*O*-α-L-arabinoside (**430**)	262	
	(2 *R*,3 *R*)-Pterosin L (**444**)	262	
	(2 *R*,3 *R*)-Pterosin L 3-*O*-α-L-arabinoside (**445**)	262	
	Spelosin (**460**)	262	
	Spelosin 3-*O*-α-L-arabinoside (**461**)	262	
Microlepia strigosa Pr.	(3 *R*)-Pterosin D (**427**)	262	
	(2 *R*,3 *R*)-Pterosin L (**444**)	262	
	(2 *R*)-Pterosin B (**467**)	262	
	(2 *R*)-Pterosin O (**471**)	262	

Table 16 (continued)

Plant source	Compound (structure number)	References	Comment
	(2R)-Pterosin F (**473**)	262	
	(2S,3S)-Pterosin C (**480**)	262	
	(2S,3S)-Pterosin C 3-O-β-D-glucoside (**484**)	262	
	(2S)-Pterosin P (**497**)	262	
Microlepia substrigosa Tagawa	Pterosin Z (**419**)	262	
	Pterosin H (**423**)	262	
	(3R)-Pterosin D 3-O-β-D-glucoside (**429**)	262	
	(2S)-Pterosin A (**437**)	262	
	Spelosin 3-O-α-L-arabinoside (**461**)	262	
	(2R)-Pterosin F (**473**)	262	
	(2S,3S)-Pterosin C 3-O-β-D-glucoside (**484**)	262	
Microlepia trapeziformis Kuhn	Pterosin Z (**419**)	262	
	Pterosin H (**423**)	262	
	(2R,3R)-Pterosin L 3-O-α-L-arabinoside (**445**)	262	
	Spelosin 3-O-α-L-arabinoside (**461**)	262	
Monachosorum arakii Tagawa	Mukagolactone (**522**)	296	
	Monachosorin A (**523**)	296	
	Monachosorin B (**524**)	296	
	Monachosorin C (**525**)	296	
Monachosorum flagellare Hayata	Mukagolactone (**522**)	297	
	Monachosorin A (**523**)	297	
	Monachosorin B (**524**)	297	
	Methylmonachosorin A (**526**)	297	
Monachosorum henryi Christ	Monachosorin A (**523**)	297	
	Monachosorin B (**524**)	297	
	Monachosorin C (**525**)	297	
Monachosorum maximowiczii Hayata (= *Ptilopteris maximowiczii* Hance)	Monachosorin A (**523**)	297	
	Monachosorin B (**524**)	297	
	Monachosorin C (**525**)	297	
Myriopteris myriophylla Fée	Pterosin Z (**419**)	261	
	Pterosin I (**420**)	261	

Table 16 (*continued*)

Plant source	Compound (structure number)	References	Comment
(= *Cheilantes myriophylla* Desv.)	Acetylpterosin Z (**421**)	*261*	
	Pterosin H (**423**)	*261*	
	Myriopterosin (**528**)	*261*	
Onychium japonicum Kze.	(2*R*)-Pteroside M (**495**)	*293, 294*	
Onychium siliculosum C. Chr. (= *O. auratum* Klf.)	Onitin (**432**)	*159, 273*	
	Onitinoside (**435**)	*159*	
	4-Hydroxypterosin A (Onitisin) (**449**)	*159, 273*	b
Pityrogramma calomelanos Link	Pterosin Z (**419**)	*263*	
	Calomelanolactone (**465**)	*263*	
Pteridium aquilinum var. *latiusculum* Und.	**Young Fronds**	*259*	
	Pterosin Z (**419**)	*259*	
	(3*R*)-Pterosin D (**427**)		
	(2*S*)-Pterosin A (**437**)	*259*	
	(2*S*)-Palmitylpterosin A (**438**)	*259, 276*	
	(2*S*)-Pteroside A (**440**)	*259*	
	(2*S*)-Pterosin K (**441**)	*259, 276*	
	(2*S*)-Pteroside K (**442**)	*259*	
	(2*R*,3*R*)-Pterosin L (**444**)	*259, 276*	
	Ptaquiloside (**466**)	*278, 279, 280, 281*	
	(2*R*)-Pterosin B (**467**)	*259*	
	(2*R*)-Benzoylpterosin B (**468**)	*259, 276*	
	(2*R*)-Isocrotonylpterosin B (**469**)	*259, 276*	
	(2*R*)-Palmitylpterosin B (**470**)	*259, 276*	
	(2*R*)-Pterosin O (**471**)	*259, 286*	
	(2*R*)-Pteroside B (**472**)	*259, 283*	
	(2*R*)-Pterosin F (**473**)	*259, 283*	
	(2*R*)-Pterosin E (**474**)	*259*	
	Pterosin N (**478**)	*259, 286*	
	(2*S*,3*S*)-Pterosin C (**480**)	*259*	a
	(2*S*,3*S*)-Acetylpterosin C (**481**)	*259, 276*	a
	(2*S*,3*S*)-Palmitylpterosin C (**482**)	*259, 276*	
	(2*S*,3*S*)-Phenylacetylpterosin C (**483**)	*259, 286*	a
	(2*R*,3*S*)-Pterosin C (**490**)	*259*	

Table 16 (*continued*)

Plant source	Compound (structure number)	References	Comment
	(2R,3S)-Pterosin C 14-O-β-D-glucoside (**491**)	*259*	
	(2S,3S)-Pterosin J (**492**)	*259, 276*	a
	(2S)-Pterosin G (**496**)	*259*	
	Rhizomes		
	Pteroside Z (**422**)	*268*	
	(3S)-Pterosin D 14-O-β-D-glucoside (**426**)	*268*	
	(2S)-Pterosin A (**437**)	*268*	
	(2S)-Pteroside A (**440**)	*268*	
	(2S)-Pterosin K (**441**)	*268*	
	(2S)-Pteroside K (**442**)	*268*	
	(2R)-Pterosin B (**467**)	*268*	
	(2R)-Pteroside B (**472**)	*268*	
	(2R)-Pterosin F (**473**)	*268*	
	(2S)-Pteroside B (**476**)	*268*	
	(2S,3R)-Pterosin C 14-O-β-D-glucoside (**487**)	*268*	
	(2R,3R)-Pterosin C (**488**)	*268*	
	(2R,3R)-Pterosin C 14-O-β-D-glucoside (**489**)	*268*	
	(2S)-Pteroside P (**498**)	*268*	
Pteridium aquilinum subsp. *wightianum* Shieh (= *P. revolutum* Nakai)	Pterosin Z (**419**)	*211*	
	Pterosin I (**420**)	*211*	
	Pterosin H (**423**)	*211*	
	(3R)-Pterosin D (**427**)	*211*	
	(3R)-Pterosin D 3-O-β-D-glucoside (**429**)	*211*	
	(3R)-Hydroxypterosin H (**431**)	*211*	
	(2R)-Pterosin F (**473**)	*211*	
	(2S,3S)-Pterosin C (**480**)	*211*	
Pteris altissima Poir.	(2S)-Pterosin G (**496**)	*192*	
Pteris angustipinna Tagawa	(2R)-Pterosin B (**467**)	*191*	
	(2R)-Pterosin O (**471**)	*191*	
	(2R)-Pterosin F (**473**)	*191*	
	(2S,3S)-Pterosin Q (**507**)	*191*	

Table 16 (*continued*)

Plant source	Compound (structure number)	References	Comment
Pteris bella Tagawa	(2 R)-Pterosin B (**467**)	211	
	(2 S,3 S)-Pterosin C (**480**)	211	
	(2 S,3 S)-Pterosin C 3-*O*-β-D-glucoside (**484**)	211	
	(2 S,3 R)-2-Hydroxypterosin C (**499**)	211	
	(2 S,3 S)-11-Hydroxypterosin C (**500**)	211	
	(2 S,3 S)-Pterosin T (**501**)	211	
	(2 S,3 S)-Pterosin Q (**507**)	211	
	(2 S,3 S)-Pterosin Q 3-*O*-β-D-glucoside (**508**)	211	
	(2 S,3 R)-Setulosopterosin (**510**)	211	
	(2 S,3 S)-11-Hydroxypterosin T (**512**)	211	
Pteris cadieri Christ	(2 R)-Pterosin B (**467**)	191	
Pteris cretica L.	**Rhizomes**		
	(**2** S)-Pterosin A (**437**)	191	
	(2 S,3 S)-Pterosin C (**480**)	191	
	(2 S,3 S)-Pterosin S (**503**)	191	
	Fronds		
	Ptaquiloside (**466**)	282	
	(2 R)-Pterosin B (**467**)	191	
	(2 R)-Pterosin F (**473**)	191	
	(2 S,3 S)-Pterosin C (**480**)	191	
	(2 S,3 S)-Pterosin S (**503**)	191	
Pteris dactylina Hook.	(2 R)-Pterosin B (**467**)	191	
	(2 R)-Pterosin O (**471**)	191	
	(2 R)-Pterosin F (**473**)	191	
	(2 S,3 S)-Pterosin Q (**507**)	191	
Pteris dispar Kze.	(2 S,3 S)-Pterosin C 3-*O*-β-D-glucoside (**484**)	288	
Pteris fauriei Hieron.	Pterosin H (**423**)	269	GC-MS
	(3 R)-Pterosin X (**453**)	269	
	(3 R)-Pteroside X (**454**)	269	
	(3 R)-Pterosin W (**458**)	269	
	(3 R)-Pteroside W (**459**)	269	

Table 16 (*continued*)

Plant source	Compound (structure number)	References	Comment
	Pterosin F (**473**)	*269*	GC-MS
	(2S,3S)-Pterosin S 14-*O*-β-D-glucoside (**506**)	*269*	a
	(2S,3S)-Pteroside U (**514**)	*269*	a
Pteris formosana Baker	Pterosin Z (**419**)	*264*	
	(2R)-Pterosin B (**467**)	*264*	
Pteris grevilleana Wall.	(2R)-Pterosin B (**467**)	*191*	
Pteris inaequalis var. *aequata* Tagawa (= *P. excelsa* Gaud.)	(2S)-Onitisin 14-*O*-β-D-glucosdie (**450**)	*269*	
	Pterosin B (**467**)	*285*	b
	(2R)-Pterosin O (**471**)	*285*	
	(2S,3S)-Pterosin C (**480**)	*269, 289*	a
	(2S,3S)-Acetylpterosin C (**481**)	*289*	
	(2S,3S)-Pteroside T (**502**)	*269*	a
Pteris kiuschiuensis Hieron.	(2S,3S)-Pterosin T (**501**)	*295*	a
	(2S,3S)-Pterosin S (**503**)	*295*	a
	(2S,3S)-Pterosin Q (**507**)	*295*	a
	(2S,3S)-Pterosin U (**513**)	*295*	a
Pteris linearis Poir.	Pterosin B (**467**)	*261*	GC-MS
	Pterosin C (**480**)	*261*	GC-MS
	Pterosin G (**496**)	*261*	GC-MS
	11-Hydroxypterosin C (**500**)	*261*	GC-MS
	Pterosin T (**501**)	*261*	GC-MS
	Pterosin U (**513**)	*261*	b
Pteris livida Mett.	(2S,3S)-Pterosin C (**480**)	*192*	
	(2S,3S)-Pterosin S (**503**)	*191, 192*	
Pteris multifida Poir.	(2R)-Pterosin B (**467**)	*191*	
	Pterosin O (**471**)	*191*	b
	(2R)-Pterosin F (**473**)	*191*	
	(2S,3S)-Pterosin C (**480**)	*191*	
	(2S,3S)-Pterosin C 3-*O*-β-D-glucoside (**484**)	*191*	
	(2S,3S)-Pterosin S (**503**)	*191*	
Pteris natiensis Tagawa	Pterosin Z (**419**)	*261*	GC-MS
	Pterosin B (**467**)	*261*	GC-MS

Table 16 (*continued*)

Plant source	Compound (structure number)	References	Comment
Pteris oshimensis Hieron.	**Fronds**		
	Pterosin N (**478**)	*287*	
	(2*S*,3*S*)-Pterosin C 3-*O*-α-L-arabinoside (**485**)	*292*	a
	(2*S*,3*S*)-Pterosin Q (**507**)	*287*	a
	(2*S*,3*S*)-Pterosin Q 3-*O*-β-D-glucoside (**508**)	*287*	a
	(2*S*,3*S*)-Pterosin Q 3-*O*-α-L-arabinoside (**509**)	*292*	a
	Rhizomes		
	Pteroside B (**472**)	*261*	b
Pteris podophylla Sw.	(2*S*)-6-(2-Chloroethyl)-2-hydroxymethyl-5,7-dimethylindan-1-one (**477**)	*192*	
	(2*S*)-Pterosin G (**496**)	*192*	
Pteris ryukyuensis Tagawa	Pterosin B (**467**)	*91*	b
	Pterosin C (**480**)	*91*	b
	Pterosin J (**492**)	*91*	b
	Pterosin Q (**507**)	*91*	b
Pteris semipinnata L.	Norpterosin C (**521**)	*265*	a
Pteris setuloso-costulata Hayata	(2*R*)-Pterosin B (**467**)	*272*	
	Pterosin N (**478**)	*272*	
	(2*S*,3*S*)-Pterosin C 3-*O*-β-D-glucoside (**484**)	*272*	
	(2*S*,3*S*)-Pterosin C 3-*O*-α-L-arabinoside (**485**)	*272*	
	(2*S*,3*R*)-Setulosopteroside (**511**)	*211, 272*	
Pteris tremula R. Br.	(2*R*)-Pterosin B (**467**)	*191*	
	(2*R*)-Pterosin F (**473**)	*191*	
	(2*S*,3*S*)-Pterosin J (**492**)	*191*	
	(2*S*,3*S*)-Pterosin S 3-*O*-β-D-glucoside (**504**)	*191*	
	(2*S*,3*S*)-Pterosin S 3-*O*-(4'-*O*-caffeoyl)-β-D-glucoside (**505**)	*191*	
	(2*S*,3*S*)-Pterosin S 14-*O*-β-D-glucoside (**506**)	*191*	

Table 16 (*continued*)

Plant source	Compound (structure number)	References	Comment
Pteris wallichiana Ag.	**Fronds**		
	Pterosin Z (**419**)	*265*	
	Pterosin I (**420**)	*265, 266*	GC-MS
	Pterosin H (**423**)	*265*	GC-MS
	Pterosin D (**424**)	*266*	GC-MS
	Pterosin D 14-*O*-β-D-glucoside (**426**)	*266*	b
	Pterosin K (**441**)	*265, 266*	GC-MS
	Pterosin B (**467**)	*265*	b
	Pterosin N (**478**)	*266*	GC-MS
	Pterosin C 14-*O*-β-D-glucoside (**487**)	*266*	b
	(2*S*,3*S*)-Pterosin Q 3-*O*-β-D-glucoside (**508**)	*266*	
	(1*S*,2*S*)-Isopteroside C (**517**)	*266*	
	(1*R*,2*R*,3*R*)-Pterisol C 1-*O*-β-D-glucoside (**520**)	*265*	
	Rhizomes		
	Pterosin C (**480**)	*290*	b
	(2*S*,3*S*)-Pterosin C 3-*O*-β-D-glucoside (**484**)	*290, 291*	
Aspidiaceae			
Arachniodes mutica Ohwi	Ryomenin (**531**)	*30*	
Arachniodes standishii Ohwi	Ryomenin (**531**)	*29*	
Polystichum tripteron Pr.	(6*R*,7*E*,9*R*)-9-Hydroxymegastigma-4,7-dien-3-one 9-*O*-β-D-glucoside (**532**)	*300*	
Protowoodsia manchuriensis Ching	6β-Hydroxyisodrimenin (**530**)	*299*	
Thelypteridaceae			
Pseudocyclosorus esquirolii Ching	12-Hydroxynerolidol (**529**)	*210*	
Pseudocyclosorus subochthodes Ching	12-Hydroxynerolidol (**529**)	*210*	

[a] Contaminated with 2-epimer
[b] Stereochemistry not known

Table 17. *Distribution of Diterpenoids in the Filicopsida*

Plant source	Compound (structure number)	References	Comment
Osmundaceae			
Osmunda asiatica Ohwi	Lambertianic acid (**538**)	*328*	
	Dimethylsciadinonate (**542**)	*328*	
	Phyllocladene (**622**)	*328*	
Schizaeaceae			
Anemia phyllitidis Sw.	Antheridiogen-An (A_{An}) (**621**)	*346, 347, 353*	
Pteridaceae			
Cheilanthes argentea Kze.	*ent*-(*E*)-8(17),13-Labdadien-15-oic acid (**537**)	*327*	
	(*E*)-3(*R*)-Hydroxy-*ent*-8(17),13-labdadien-15-oic acid (Alepterolic acid) (**539**)	*327*	
Cheilanthes kaulfussi Kze.	Kolavenic acid (**543**)	*80*	
Jamesonia scammanae A. Tryon	16α-Hydroxy-*ent*-kaurane (**555**)	*223*	
	16α,17-Dihydroxy-*ent*-kaurane (**558**)	*223*	
	16β,17-Dihydroxy-*ent*-kaurane (**559**)	*223*	
	16α-Hydroxy-*ent*-kauran-19-oic acid (**578**)	*223*	
	ent-Kaur-16-en-19-oic acid (**598**)	*223*	
	ent-Kaur-15-en-19-oic acid (**615**)	*223*	
Lindsaea chienii Ching	2β,13-Dihydroxy-*ent*-kaur-16-ene 2-*O*-β-D-glucoside (**588**)	*92*	
	2β,15α-Dihydroxy-*ent*-kaur-16-ene 2-*O*-β-D-glucoside (Creticoside A) (**590**)	*92*	
Lindsaea javanensis Bl.	2β,16α-Dihydroxy-*ent*-kaurane 2-*O*-β-D-glucoside (Creticoside B) (**557**)	*57*	
	16α,19-Dihydroxy-*ent*-kaurane 19-*O*-β-D-glucoside (**561**)	*57*	
	12β,16α,19-Trihydroxy-*ent*-kaurane 19-*O*-β-D-glucoside (**566**)	*57*	
	16α,17,19-Trihydroxy-*ent*-kaurane 19-*O*-β-D-glucoside (**568**)	*57*	
	12β,16α,17,19-Tetrahydroxy-*ent*-kaurane 19-*O*-β-D-glucoside (**576**)	*57*	
Microlepia marginata C. Chr.	2β,15(*R*),16-Trihydroxy-*ent*-pimar-7-en-3-one (Fumotoshidin A) (**550**)	*333*	

Table 17 (*continued*)

Plant source	Compound (structure number)	References	Comment
	3α,15(*R*),16-Trihydroxy-*ent*-pimar-7-en-2-one (Fumotoshidin B) (**551**)	*333*	
	2,15(*R*),16-Trihydroxy-*ent*-pimara-1,7-diene-3-on (Fumotoshidin C) (**552**)	*333*	
	16α,17,19-Trihydroxy-*ent*-kaurane 19-*O*-β-(4'-*O*-methyl)-D-glucoside (Microlepin) (**569**)	*338*	
	17-*O*-Acetylmicrolepin (**570**)	*338*	
	6'-*O*-Acetylmicrolepin (**571**)	*338*	
	16α,17,18-Trihydroxy-*ent*-kaurane 18-*O*-β-(4'-*O*-methyl)-D-glucoside (4-epi-Microlepin) (**572**)	*338*	
	4-epi-Microlepin 6'-*O*-α-L-rhamnoside (**573**)	*338*	
Microlepia tenera Christ (= *Oenotrichia tenera* Tagawa)	Hookeroside D (**548**)	*332*	
	Teneroside (**549**)	*332*	
Notholaena pallens Weath.	*ent*-Kaur-16-en-19-oic acid (**598**)	*343*	
Notholaena peninsularis Maxon. & Weath.	*ent*-Kaur-16-en-19-oic acid (**598**)	*343*	
Onychium japonicum Kze.	Onychiol B (**623**)	*348*	rhizomes
Pteris altissima Poir.	9-Hydroxy-15-oxo-*ent*-kaur-16-en-19-oic acid 19-β-D-glucoside (**602**)	*192*	
	11β-Hydroxy-15-oxo-*ent*-kaur-16-en-19-oic acid 19-β-D-glucoside (Paniculoside III) (**604**)	*192*	
	6β,11β-Dihydroxy-15-oxo-*ent*-kaur-16-en-19-oic acid 19-β-D-glucoside (**613**)	*192*	
Pteris angustipinna Tagawa	2β,16α-Dihydroxy-*ent*-kaurane (**556**)	*191*	
	2β,16α-Dihydroxy-*ent*-kaurane 2-*O*-β-D-glucoside (Creticoside B) (**557**)	*191*	
	2β,15α-Dihydroxy-*ent*-kaur-16-ene (**589**)	*191*	
	2β,15α-Dihydroxy-*ent*-kaur-16-ene 2-*O*-β-D-glucoside (Creticoside A) (**590**)	*191*	
Pteris cretica L.	2β,16α-Dihydroxy-*ent*-kaurane (**556**)	*334*	
	2β,16α-Dihydroxy-*ent*-kaurane 2-*O*-β-D-glucoside (Creticoside B) (**557**)	*335*	

Table 17 (*continued*)

Plant source	Compound (structure number)	References	Comment
	2β,6β,16α-Trihydroxy-*ent*-kaurane (**562**)	*191, 336*	
	2β,6β,16α-Trihydroxy-*ent*-kaurane 2-*O*-β-D-glucoside (Creticoside C) (**563**)	*337*	
	2β,15α,16α,17-Tetrahydroxy-*ent*-kaurane (**574**)	*337*	
	2β,14β,15α,16α,17-Pentahydroxy-*ent*-kaurane (**577**)	*337*	
	2β,15α-Dihydroxy-*ent*-kaur-16-ene (**589**)	*334*	
	2β,15α-Dihydroxy-*ent*-kaur-16-ene 2-*O*-β-D-glucoside (Creticoside A) (**590**)	*335*	
	2β,6β,15α-Trihydroxy-*ent*-kaur-16-ene (**591**)	*337*	
	2β,6β,15α-Trihydroxy-*ent*-kaur-16-ene 2-*O*-β-D-glucoside (Creticoside E) (**592**)	*337*	
Pteris dactylina Hook.	2β,16α-Dihydroxy-*ent*-kaurane (**556**)	*191*	
	2β,16α-Dihydroxy-*ent*-kaurane 2-*O*-β-D-glucoside (Creticoside B) (**557**)	*191*	
	2β,15α-Dihydroxy-*ent*-kaur-16-ene (**589**)	*191*	
	2β,15α-Dihydroxy-*ent*-kaur-16-ene 2-*O*-β-D-glucoside (Creticoside A) (**590**)	*191*	
Pteris dispar L.	(16*R*)-11β-Hydroxy-15-oxo-*ent*-kauran-19-oic acid (**580**)	*340*	
	(16*R*)-11β-Hydroxy-15-oxo-*ent*-kauran-19-oic acid 19-β-D-glucoside (**581**)	*288*	
	(16*S*)-11β-Hydroxy-15-oxo-*ent*-kauran-19-oic acid (**582**)	*340*	
	(16*R*)-7β,9-Dihydroxy-15-oxo-*ent*-kauran-19,6β-olide (**585**)	*340*	
	11β-Hydroxy-15-oxo-*ent*-kaur-16-en-19-oic acid (**603**)	*340*	
	11β-Hydroxy-15-oxo-*ent*-kaur-16-en-19-oic acid 19-β-D-glucoside (Paniculoside III) (**604**)	*288*	
	7β,9-Dihydroxy-15-oxo-*ent*-kaur-16-en-19,6β-olide (**614**)	*340*	
Pteris livida Mett.	9-Hydroxy-15-oxo-*ent*-kaur-16-en-19-oic acid (Pterokaurene L_1) (**601**)	*192*	
	9-Hydroxy-15-oxo-*ent*-kaur-16-en-19-oic acid 19-β-D-glucoside (**602**)	*192*	

Table 17 (*continued*)

Plant source	Compound (structure number)	References	Comment
	11β-Hydroxy-15-oxo-*ent*-kaur-16-en-19-oic acid (**603**)	*192*	
	11β-Hydroxy-15-oxo-*ent*-kaur-16-en-19-oic acid 19-β-D-glucoside (Paniculoside III) (**604**)	*192*	
	6β,9-Dihydroxy-15-oxo-*ent*-kaur-16-en-19-oic acid 19-β-D-glucoside (**611**)	*192*	
	6β,11β-Dihydroxy-15-oxo-*ent*-kaur-16-en-19-oic acid 19-β-D-glucoside (**613**)	*192*	
Pteris longipes Don	11β,16β-Epoxy-*ent*-kauran-19-oic acid (Pterokaurane L$_5$) (**579**)	*339*	
	15-Oxo-*ent*-kaur-16-en-19-oic acid (**599**)	*339*	
	9-Hydroxy-*ent*-kaur-16-en-19-oic acid (Pterokaurene L$_3$) (**600**)	*339*	
	9-Hydroxy-15-oxo-*ent*-kaur-16-en-19-oic acid (Pterokaurene L$_1$) (**601**)	*339*	
	9,15β-Dihydroxy-*ent*-kaur-16-en-19-oic acid (Pterokaurene L$_2$) (**607**)	*339*	
	11β,15β-Dihydroxy-*ent*-kaur-16-en-19-oic acid (**608**)	*339*	
	12β,15β-Dihydroxy-*ent*-kaur-16-en-19-oic acid (Pterokaurene L$_4$) (**609**)	*339*	
Pteris multifida Poir.	2β,16α-Dihydroxy-*ent*-kaurane (**556**)	*191*	
	2β,16α-Dihydroxy-*ent*-kaurane 2-*O*-β-D-glucoside (Creticoside B) (**557**)	*191*	
	2β,15α-Dihydroxy-*ent*-kaur-16-ene (**589**)	*191*	
	2β,15α-Dihydroxy-*ent*-kaur-16-ene 2-*O*-β-D-glucoside (Creticoside A) (**590**)	*191*	
Pteris plumbaea Christ	2β,15α-Dihydroxy-*ent*-kaur-16-ene 2-*O*-β-D-glucoside (Creticoside A) (**590**)	*342*	
	2β,14β,15α-Trihydroxy-*ent*-kaur-16-ene (**593**)	*342*	
	2β,14β,15α-Trihydroxy-*ent*-kaur-16-ene 2-*O*-β-D-glucoside (**594**)	*342*	
	2β,6β,14β,15α-Tetrahydroxy-*ent*-kaur-16-ene (**595**)	*342*	
	2β,13,14β,15α-Tetrahydroxy-*ent*-kaur-16-ene (**596**)	*342*	
	2β,14β,15α,19-Tetrahydroxy-*ent*-kaur-16-ene (**597**)	*342*	

Table 17 (*continued*)

Plant source	Compound (structure number)	References	Comment
Pteris purpureorachis Copel.	9,11β-Epoxy-15-oxo-*ent*-atis-16-en-19-oic acid (**616**)	*344*	
	9,11β-Epoxy-15-oxo-*ent*-atis-16-en-19-oic acid 19-β-D-glucoside (**617**)	*344*	
	9,15β-Dihydroxy-*ent*-atis-16-en-19-oic acid (**618**)	*345*	
	9-Hydroxy-15-oxo-*ent*-atis-16-en-19-oic acid (**619**)	*345*	
	9-Hydroxy-15-oxo-*ent*-atis-16-en-19-oic acid 19-β-D-glucoside (**620**)	*345*	
Pteris ryukyuensis Tagawa	2β,16α,18-Trihydroxy-*ent*-kaurane (Pterokaurane R) (**564**)	*91*	
Pteris semipinnata L.	(16*R*)-11β-Hydroxy-15-oxo-*ent*-kauran-19-oic acid (**580**)	*265*	
	(16*R*)-11β-Hydroxy-15-oxo-*ent*-kauran-19-oic acid 19-β-D-glucoside (**581**)	*265*	
	(16*S*)-11β-Hydroxy-15-oxo-*ent*-kauran-19-oic acid (**582**)	*265*	
	(16*R*)-7β,9-Dihydroxy-15-oxo-*ent*-kauran-19,6β-olide (**585**)	*265*	
	11β-Hydroxy-15-oxo-*ent*-kaur-16-en-19-oic acid (**603**)	*265*	
	11β-Hydroxy-15-oxo-*ent*-kaur-16-en-19-oic acid 19-β-D-glucoside (Paniculoside III) (**604**)	*265*	
Pteris tremula R. Br.	11β-Hydroxy-15-oxo-*ent*-kaur-16-en-19-oic acid 19-β-D-glucoside (Paniculoside III) (**604**)	*191*	
	12β-Hydroxy-15-oxo-*ent*-kaur-16-en-19-oic acid 19-β-D-glucoside (**606**)	*191*	
Scypholepia hookeriana J. Sm. (= *Microlepia hookeriana* Pr.)	Hookeroside A (**545**)	*331*	
	Hookeroside B (**546**)	*331*	
	Hookeroside C (**547**)	*331*	
	Hookeroside D (**548**)	*331*	
Aspidiaceae			
Arachniodes maximowiczii Ohwi	13-Hydroxygeranyllinalool 13-*O*-(6'-*O*-β-L-fucosyl)-β-D-glucoside (**535**)	*256*	
	13-Hydroxygeranyllinalool 3,13-*O*-β-D-diglucoside (**536**)	*256*	
	ar-Maximic acid (**553**)	*256*	
	ar-Maximol (**554**)	*256*	

Table 17 (*continued*)

Plant source	Compound (structure number)	References	Comment
Dipteridaceae			
Dipteris conjugata Reinw.	16β,17-Dihydroxy-*ent*-kauran-19-oic acid (**583**)	*341*	
	16β,17,18-Trihydroxy-*ent*-kauran-19-oic acid (**584**)	*341*	
	16β,17-Dihydroxy-19-nor-*ent*-kauran-18-oic acid (**586**)	*341*	
Polypodiaceae			
Polypodium amamianum Tagawa	(13*S*)-13,14-Dihydroalepterolic acid (**540**)	*329*	
	(13*S*)-13,14-Dihydroalepterolic acid acetate (**541**)	*329*	

Table 18. *Distribution of Triterpenoids in the Filicopsida*

Plant source	Part used	Compound (structure number)	References	Comment
Schizaeaceae				
Lygodium flexuosum L.	W.	Hopan-30-ol (**663**)	*90*	
	W.	30-*p*-Coumaroyldryocrassol (**664'**)	*90*	
Lygodium smithianum Pr.	W.	Diploptene (**655**)	*363*	
Gleicheniaceae				
Dicranopteris linearis Und.		Fern-9(11)-ene (**696**)	*399*	
Gleichenia japonica Spr. (= *Diplopterygium glaucum* Nakai)	L.	Diplopterol (**659**)	*13*	
Plagiogyriaceae				
Plagiogyria formosana Nakai	L.	17β,21β-Epoxyhopane (**658**)	*379*	
	L.	Diplopterol (**659**)	*379*	
	L.	Hopan-30-ol (**663**)	*379*	
	L.	30-Acetoxyhopane (**664**)	*379*	
	L.	Hop-17(21)-ene ozonide A (**673**)	*379*	
	L.	Adiantone (**684**)	*379*	
	L.	21αH-Hopan-22-ol (**688**)	*379*	

Table 18 (continued)

Plant source	Part used	Compound (structure number)	References	Comment
	L.	Isoadiantone (**691**)	*379*	
	Cut.	Fern-9(11)-ene (**696**)	*379, 400*	a
	L.	Ferna-7,9(11)-diene (**699**)	*379*	
	L.	Fern-9(11)-en-12-one (**715**)	*379*	
	Cut.	21-Epifern-9(11)-ene (**719**)	*400*	b
Plagiogyria matsumureana Makino	L.	Fern-9(11)-ene (**696**)	*53*	
Cyatheaceae				
Alsophila spinulosa Tryon (= *Cyathea spinulosa* Wall., *C. fauriei* Copel., *C. taiwaniana* Nakai)	L.	Diplopterol (**659**)	*383*	
	L.	21αH-Hopan-29-ol (**689**)	*383*	
	L.	21αH-Hopan-29,17β-olide (**690**)	*383*	
	L.	Fern-9(11)-ene (**696**)	*13, 383*	
	L.	Filic-3-ene (**722**)	*13*	
	W.	Lupeol (**743**)	*408*	
Cyathea manniana Hook.	L. T.	Diploptene (**655**)	*363*	
	L. T.	Diplopterol (**659**)	*13*	
	L. T.	Fern-9(11)-ene (**696**)	*13, 363*	
	L. T.	Fern-7-ene (**697**)	*363*	
	L. T.	Filic-3-ene (**722**)	*13, 363*	
	L. T.	(24*R*)-Cyclolaudenol (**783**)	*13*	
Dicksoniaceae				
Cibotium barometz J. Sm.	L.	Hopan-28,22-olide (**672**)	*390*	
Pteridaceae				
Adiantum capillus-veneris L.		Adiantone (**684**)	*13*	
		21β-Hydroxyadiantone (**685**)	*13, 378*	
		Fern-7-ene (**697**)	*13*	
		Ferna-7,9(11)-diene (**699**)	*13*	
		Adiantoxide (**725**)	*13*	
Adiantum caudatum L.	W.	Adiantone (**684**)	*393*	
	W.	Isoadiantone (**691**)	*393*	
Adiantum flabellatum L.	f. F.	Hop-17(21)-ene (**657**)	*377*	
	f. F.	17β,21β-Epoxyhopane (**658**)	*377*	
	f. F.	Diplopterol (**659**)	*377*	
	f. F.	Hopan-17β-ol (**668**)	*377*	

Table 18 (*continued*)

Plant source	Part used	Compound (structure number)	References	Comment
	f. F.	Adiantone (**684**)	*377*	
	f. F.	21β-Hydroxyadiantone (**685**)	*377*	
	f. F.	Isoadiantol B (**692**)	*377*	
	f. F.	Neohop-13(18)-ene (**694**)	*377*	
	f. F.	Fern-9(11)-ene (**696**)	*377*	
	f. F.	Filic-3-ene (**722**)	*377*	
	f. F.	Tetrahymanol (**731**)	*377*	
Adiantum monochlamys Eaton	L.	Diploptene (**655**)	*13*	
	L.	Adiantone (**684**)	*13*	
	L.	21β-Hydroxyadiantone (**685**)	*13*	
	L.	Isoadiantol B (**692**)	*396*	
	L.	Neohop-12-ene (**693**)	*397*	
	L.	Neohop-13(18)-ene (**694**)	*397*	
	L.	Neohopa-11,13(18)-diene (**695**)	*397*	
	L.	Fern-9(11)-ene (**696**)	*397*	
	L.	Fern-7-ene (**697**)	*13*	
	L.	Fern-8-ene (**698**)	*13*	
	L.	Ferna-7,9(11)-diene (**699**)	*397*	
	L.	Adian-5-ene (**720**)	*13*	
	L.	Adian-5-ene ozonide (**721**)	*401*	
	L.	Filic-3-ene (**722**)	*13*	
	L.	Filic-3-en-6β-ol (**726**)	*396*	
	L.	Filic-3-en-25-ol (**727**)	*396*	
	L.	22β-Hydroxy-29-norgammaceran-21-one (**730**)	*13*	
	L.	Tetrahymanol (**731**)	*396*	
Adiantum pedatum L.	L.	Adiantone (**684**)	*13*	
	L.	21β-Hydroxyadiantone (**685**)	*395*	
	L.	Adipedatol (**686**)	*13*	
	L.	Neohop-12-ene (**693**)	*397*	
	L.	Neohop-13(18)-ene (**694**)	*397*	
	L.	Neohopa-11,13(18)-diene (**695**)	*397*	
	L.	Fern-9(11)-ene (**696**)	*13, 397*	
	L.	Fern-7-ene (**697**)	*13*	
	L.	Fern-8-ene (**698**)	*13*	

Table 18 (*continued*)

Plant source	Part used	Compound (structure number)	References	Comment
	L.	Ferna-7,9(11)-diene (**699**)	*397*	
	L.	Adian-5-ene (**720**)	*13*	
	L.	Filic-3-ene (**722**)	*13*	
	L.	Filic-3-en-23-al (**729**)	*13*	
Adiantum venustum Don		Adiantone (**684**)	*13, 394*	
		21β-Hydroxyadiantone (**685**)	*13*	
		Isoadiantone (**691**)	*394*	
		Filic-3-ene (**722**)	*394*	
Adiantum vogelii Mett.	W.	Diploptene (**655**)	*363*	
	W.	Hop-17(21)-ene (**657**)	*363*	
	W.	Fern-9(11)-ene (**696**)	*363*	
	W.	Fern-7-ene (**697**)	*363*	
	W.	Filic-3-ene (**722**)	*363*	
Cheilanthes longissima	L.	Fern-9(11)-en-3-one (**702**)	*194*	
Cheilanthes marantae Domin (=*Notholaena marantae* Desv.)	L.	Diplopterol (**659**)	*381*	
	L.	Hopan-6β,22-diol (**669**)	*381*	
	L.	Fern-9(11)-en-3β-ol (**703**)	*381*	
Notholaena candida var. *copelandii* Tryon	F.	6α-Acetoxy-16β,22-dihydroxyhopan-24-oic acid (**679**)	*138*	
Davalliaceae				
Araiostegia perdurans Copel.	R.	Diploptene (**655**)	*367*	
	R.	Fern-9(11)-ene (**696**)	*367*	
	R.	Davallic acid (**717**)	*367*	
	R.	24-Norferna-4(23),9(11)-diene (**718**)	*367*	
Davallia canariensis J. Sm.	R.	Diplopterol (**659**)	*380*	
Davallia divaricata Bl.	R.	Diploptene (**655**)	*367*	
	R.	Hop-21-ene (**656**)	*367*	
	R.	Neohop-12-ene (**693**)	*367*	
	R.	Fern-9(11)-ene (**696**)	*367*	
	R.	Davallic acid (**717**)	*13, 367*	
	R.	24-Norferna-4(23),9(11)-diene (**718**)	*367*	
Davallia griffithiana Hook.	R.	Diploptene (**655**)	*367*	
	R.	Fern-9(11)-ene (**696**)	*367*	
	R.	Davallic acid (**717**)	*367*	

Table 18 (*continued*)

Plant source	Part used	Compound (structure number)	References	Comment
Davallia solida Sw.	R.	Diploptene (**655**)	*367*	
	R.	Hop-17(21)-ene (**657**)	*367*	
	R.	Diplopterol (**659**)	*367*	
	R.	Hopan-29-ol (**661**)	*367*	
	R.	Neohop-13(18)-ene (**694**)	*367*	
	R.	Fern-9(11)-ene (**696**)	*367*	
	R.	Fern-7-ene (**697**)	*367*	
	R.	Ferna-7,18-diene (**700**)	*367*	
	R.	Ferna-9(11),18-diene (**701**)	*367*	
	R.	Fern-9(11)-en-19α-ol (**712**)	*367*	
	R.	Fern-7-en-19α-ol (**713**)	*367*	
	R.	Fern-9(11)-en-23-ol (**714**)	*367*	
	R.	Filic-3-ene (**722**)	*367*	
	R.	Filica-3,18-diene (**723**)	*367*	
	R.	Filica-3,18-20-triene (**724**)	*367*	
	R.	Filic-3-en-19α-ol (**728**)	*367*	
Humata pectinata Desv.	W.	Diploptene (**655**)	*372*	
	W.	Hop-21-ene (**656**)	*372*	
	W.	Diplopterol (**659**)	*372*	
	W.	Hopan-3β-ol (**665**)	*372*	
	W.	Hopan-3β-yl acetate (**666**)	*372*	
	W.	Neohop-12-ene (**693**)	*372*	
	W.	Neohop-13(18)-ene (**694**)	*372*	
Nephrolepis biserrata Schott	W.	Fern-9(11)-ene (**696**)	*363*	
Oleandra distenta Kze.	W.	Diploptene (**655**)	*363*	
	W.	Fern-9(11)-ene (**696**)	*363*	
Oleandra neriifolia Pr. (= *O. neriiformis* Cav.)		Hopan-29-ol (**661**)	*13, 385*	
	R.	29-Ethoxyhopane (**667**)	*389*	
	W.	Filic-3-ene (**722**)	*402*	
Oleandra pistillaris C. Chr.	W.	Cycloartenol (**769**)	*413*	
	W.	24-Methylenecycloartanol (**777**)	*413*	
	W.	Cycloeucalenol (**780**)	*413*	
	W.	24-Methylenelophenol (**782**)	*413*	
Oleandra wallichii Pr.	L. R.	Diploptene (**655**)	*371*	
	L. R.	Diplopterol (**659**)	*371*	

Table 18 (*continued*)

Plant source	Part used	Compound (structure number)	References	Comment
	L. R.	Hopan-29-yl acetate (**662**)	*371*	
	L. R.	Hopan-22,28-diol (**671**)	*371*	
	L. R.	Hopan-28,22-olide (**672**)	*371*	
	R.	Neohop-13(18)-ene (**694**)	*398*	
	R.	Neohopa-11,13(18)-diene (**695**)	*13, 398*	
	L. R.	Fern-9(11)-ene (**696**)	*371*	
	L. R.	Fern-7-ene (**697**)	*371*	
	L. R.	Fern-8-ene (**698**)	*371*	
	L. R.	Adian-5-ene (**720**)	*371*	
	f. L.	Adian-5-ene ozonide (**721**)	*401*	
	W.	Tetrahymanol (**731**)	*403, 404*	
	W.	Tetrahymanyl acetate (**732**)	*371, 403*	
Blechnaceae				
Blechnum spicant Wither.	W.	Diploptene (**655**)	*363*	
	W.	Fern-9(11)-ene (**696**)	*13, 363*	
	W.	Fern-7-ene (**697**)	*363*	
		(24*R*)-Cyclolaudenol (**783**)	*13*	
Stenochlaena palustris J. Sm. (=*Lomariopsis palustris* Mett.)	W.	Diploptene (**655**)	*363*	
	W.	Neohop-13(18)-ene (**694**)	*363*	
	W.	Fern-9(11)-ene (**696**)	*363*	
	W.	Fern-7-ene (**697**)	*363*	
	W.	Fern-8-ene (**698**)	*363*	
Woodwardia orientalis Sw.	R.	3β-Hydroxyhop-22(29)-en-23-oic acid (**676**)	*392*	
Aspidiaceae				
Arachniodes standishii Ohwi	L.	30-Acetoxyhopane (**664**)	*382*	
Ctenitis protensa Ching	W.	Fern-9(11)-ene (**696**)	*363*	
Diplazium esculentum Sw.	W.	Esculentic acid (**762**)	*410*	
Diplazium subsinuatum Tagawa (=*D. lanceum* Pr.)	L.	17,24-Dihydroxyhopan-28,22-olide (**680**)	*390*	
	L.	17-Hydroxy-24-*O*-β-D-glucosylhopan-28,22-olide (**681**)	*390*	
	L.	17-Hydroxy-24-*O*-[2-(α-L-arabinosyl)-β-D-glucosyl]-hopan-28,22-olide (**682**)	*390*	

Table 18 (*continued*)

Plant source	Part used	Compound (structure number)	References	Comment
	L.	17-Hydroxy-24-*O*-[2-(α-L-arabinosyl)-6-(β-D-glucosyl)-β-D-glucosyl]hopan-28,22-olide (**683**)	*390*	
Dryopteris concolor Kuhn	W.	Squalene (**627**)	*362*	
	W.	Diploptene (**655**)	*362*	
	W.	Diplopterol (**659**)	*362*	
	W.	Zeorin (**670**)	*362*	
	W.	Fern-9(11)-ene (**696**)	*362*	
	W.	Friedelin (**759**)	*362*	
Dryopteris crassirhizoma Nakai	L.	Diploptene (**655**)	*13*	
	L.	Diplopterol (**659**)	*382*	
	L.	Hopan-30-ol (**663**)	*382*	
	L.	30-Acetoxyhopane (**664**)	*382*	
	L.	Adiantone (**684**)	*382*	
	L.	Fern-9(11)-ene (**696**)	*13*	
	L.	Ferna-7,9(11)-diene (**699**)	*382*	
	L.	Fern-9(11)-en-12-one (**715**)	*382*	
Dryopteris crenata Kze. (=*Hypodematium crenatum* Kuhn)	W.	Diploptene (**655**)	*374*	
	W.	Fern-9(11)-ene (**696**)	*374*	
Dryopteris filix-mas Schott	W.	Neohop-13(18)-ene (**694**)	*363*	
	W.	Fern-9(11)-ene (**696**)	*363*	
	W.	Fern-7-ene (**697**)	*363*	
	W.	Fern-8-ene (**698**)	*363*	
		(24*R*)-Cyclolaudenol (**783**)	*13*	
Polystichum aculeatum Roth.	L.	Cycloartenol (**769**)	*414*	
	L.	24-Methylenecycloartanol (**777**)	*414*	
	L.	(24*R*)-Cyclolaudenol (**783**)	*414*	
	L.	(24*R*)-Cyclomargenol (**789**)	*420*	
Polystichum ovato-paleaceum Tagawa	f. L.	γ-Polypodatetraene (**764**)	*411*	
Polystichum polyblepharum Pr.	L.	30-Acetoxyhopane (**664**)	*382*	
	f. L.	γ-Polypodatetraene (**764**)	*411*	
Thelypteridaceae				
Cyclosorus striatus Ching	L.	Diploptene (**655**)	*369*	

Table 18 (*continued*)

Plant source	Part used	Compound (structure number)	References	Comment
Aspleniaceae				
Asplenium adiantum-nigrum L.	W.	Diploptene (**655**)	*363*	
	W.	Neohop-13(18)-ene (**694**)	*363*	
	W.	Fern-8-ene (**698**)	*363*	
		(24*R*)-Cyclolaudenol (**783**)	*13*	
Asplenium trichomanes L.	W.	Diploptene (**655**)	*363*	
		(24*R*)-Cyclolaudenol (**783**)	*13*	
Ceterach officinarum DC.	W.	Diploptene (**655**)	*13*	
		(24*R*)-Cyclolaudenol (**783**)	*13*	
Phyllitis scolopendrium Newm.	L.	Diploptene (**655**)	*363*	
	L.	Filic-3-ene (**722**)	*363*	
		(24*R*)-Cyclolaudenol (**783**)	*418*	
Cheilopleuriaceae				
Cheiropleuria bicuspis Pr.	L.	22,25-Dihydroxyhopan-1-one (**674**)	*391*	
	L.	Hopan-1α,11α,22-triol (**675**)	*391*	
	L.	Hopan-1α,11α,22,25-tetraol (**678**)	*391*	
Polypodiaceae				
Colysis elliptica Ching.	L.	Colysanoxide (**768**)	*412*	
Colysis pothifolia H. Ito	L.	α-Onoceradiene (**765**)	*412*	
	L.	Colysanoxide (**768**)	*412*	
Colysis shintenensis H. Ito		Colysanoxide (**768**)	*412*	GC-MS
Colysis simplicifrons Tagawa		Colysanoxide (**768**)	*412*	GC-MS
Colysis wrightii Ching		Colysanoxide (**768**)	*412*	GC-MS
Drynaria fortunei J. Sm.	R.	Diploptene (**655**)	*367*	
	R.	Fern-9(11)-ene (**696**)	*367*	
	R.	Fern-7-ene (**697**)	*367*	
	R.	Filic-3-ene (**722**)	*367*	
	R.	9,19-Cyclolanost-25-en-3β-yl acetate (**771**)	*367*	
	R.	24-Methylenecycloartanyl acetate (**778**)	*367*	
	R.	(24*R*)-Cyclolaudenyl acetate (**784**)	*367, 415*	
	R.	(24*R*)-Cyclomargenyl acetate (**790**)	*367, 415*	

Table 18 (*continued*)

Plant source	Part used	Compound (structure number)	References	Comment
Lemmaphyllum microphyllum Pr. var. *obovatum* C. Chr.	W.	Diploptene (**655**)	*364*	
	W.	Diplopterol (**659**)	*364*	
	W.	Zeorin (**670**)	*364*	
	W.	Neohop-13(18)-ene (**694**)	*364*	
	W.	Fern-9(11)-ene (**696**)	*364*	
	W.	Fern-7-ene (**697**)	*364*	
	W.	Filic-3-ene (**722**)	*364*	
	W.	Tetrahymanol (**731**)	*364*	
	f. W.	Dammara-20(21),24-diene (**733**)	*405*	
	f. W.	Tirucalla-7,24-diene (**736**)	*405*	
	f. W.	Eupha-7,24-diene (**737**)	*405*	
	f. W.	Bacchara-12,21-diene (**738**)	*405*	
	f. W.	Lemmaphylla-7,21-diene (**739**)	*405*	
	f. W.	Shiona-3,21-diene (**740**)	*405*	
	W.	Lup-20(29)-ene (**741**)	*364*	
	W.	Taraxer-14-ene (**751**)	*364*	
	W.	α-Onoceradiene (**765**)	*364*	
	W.	Onoceranoxide (**766**)	*364*	
	W.	Serratene (**767**)	*364*	
Lemmaphyllum microphyllum Pr. var. *microphyllum*	W.	Diploptene (**655**)	*364*	
	W.	Diplopterol (**659**)	*364*	
	W.	Zeorin (**670**)	*364*	
	W.	Neohop-13(18)-ene (**694**)	*364*	
	W.	Fern-9(11)-ene (**696**)	*364*	
	W.	Filic-3-ene (**722**)	*364*	
	W.	Tetrahymanol (**731**)	*364*	
	W.	Lup-20(29)-ene (**741**)	*364*	
	W.	19αH-Lup-20(29)-ene (**742**)	*407*	
	f. L.	α-Polypodatetraene (**763**)	*411*	
	W.	α-Onoceradiene (**765**)	*364*	
	W.	Serratene (**767**)	*364*	
Microsorium fortunei Ching	L.	Fern-9(11)-ene (**696**)	*94*	
	L.	24-Methylenecycloartanyl acetate (**778**)	*94*	
	L.	24-Methylenecycloartan-3-one (**779**)	*94*	

Table 18 (*continued*)

Plant source	Part used	Compound (structure number)	References	Comment
Microsorium normale Ching	L.	Lup-20(29)-ene (**741**)	*364*	
Microsorium punctatum Fée	L.	Fern-9(11)-ene (**696**)	*363*	
Phymatodes scolopendria Ching	W.	Diploptene (**655**)	*363*	
	W.	Hop-17(21)-ene (**657**)	*363*	
	W.	Neohop-13(18)-ene (**694**)	*363*	
	W.	Fern-9(11)-ene (**696**)	*363*	
	W.	Fern-7-ene (**697**)	*363*	
	W.	Fern-8-ene (**698**)	*363*	
Pleopeltis farinosa	L.	24-Methyldammara-12,25-diene (**735**)	*406*	
Polypodium amamianum Tagawa	R.	Diploptene (**655**)	*329*	
	R.	22-Acetoxyhopane (**660**)	*329*	
	R.	17α H-Trisnorhopan-21-one (**687**)	*329*	
	R.	Fern-7-ene (**697**)	*329*	
	R.	Germanic-18-ene (**744**)	*329*	
	R.	Germanicyl acetate (**745**)	*329*	
	R.	Olean-12-ene (**746**)	*329*	
	R.	Taraxer-14-ene (**751**)	*329*	
	R.	Taraxer-14-ene-7α-ol (**752**)	*329*	
	R.	Multiflor-7-ene (**754**)	*329*	
	R.	Multiflor-8-ene (**755**)	*329*	
	R.	Friedel-3-ene (**758**)	*329*	
	R.	2-Oxofriedel-3-ene (**760**)	*329*	
	R.	Cycloeucalenyl acetate (**781**)	*329*	
	R.	(24*R*)-Cyclolaudenyl acetate (**784**)	*329*	
	R.	(24*R*)-Cyclolaudenone (**785**)	*329*	
	R.	(24*R*)-Cyclomargenyl acetate (**790**)	*329*	
	R.	(24*R*)-Cyclomargenone (**791**)	*329*	
Polypodium amoenum Wall.	W.	Diploptene (**655**)	*370*	
	W.	Fern-9(11)-ene (**696**)	*370*	
Polypodium fauriei Christ	f. R.	Diploptene (**655**)	*376*	
	f. R.	Fern-7-ene (**697**)	*376*	

Table 18 (*continued*)

Plant source	Part used	Compound (structure number)	References	Comment
	f. R.	Fern-8-ene (**698**)	376	
	f. R.	(20 R)-Dammara-13(17),24-diene (**734**)	376	
	f. L.	α-Polypodatetraene (**763**)	411	
	f. R.	Serratene (**767**)	376	
Polypodium feuillei Bert. (= *Synammia feuillei* Copel.)	f. R.	Diploptene (**655**)	240	
	f. R.	22-Acetoxyhop-12-en-15-one (**677**)	240	
	f. R.	Fern-9(11)-ene (**696**)	240	
	f. R.	Serratene (**767**)	240	
Polypodium formosanum Baker	R.	Diploptene (**655**)	365	
	R.	Hop-21-ene (**656**)	365	
	R.	Hop-17(21)-ene (**657**)	365	
	R.	Diplopterol (**659**)	365	
	R.	Hopan-30-ol (**663**)	365	
	R.	30-Acetoxyhopane (**664**)	365	
	R.	Fern-7-ene (**697**)	365	
	R.	Fern-8-ene (**698**)	365	
	R.	Germanic-18-ene (**744**)	365	
	R.	Germanicyl acetate (**745**)	365	
	R.	Olean-12-ene (**746**)	365	
	R.	β-Amyrin acetate (**748**)	365	
	R.	Taraxer-14-ene (**751**)	365	
	R.	Taraxer-14-ene-16-one (**753**)	365	
	R.	Multiflor-7-ene (**754**)	365	
	R.	Multiflor-8-ene (**755**)	365	
	R.	Multiflor-9(11)-ene (**756**)	365	
	R.	Friedel-3-ene (**758**)	365	
	R.	(24 R)-Cyclolaudenol (**783**)	415, 419	
	R.	(24 R)-Cyclolaudenyl acetate (**784**)	415, 419	
	R.	(24 R)-Cyclolaudenone (**785**)	415, 419	
	R.	(24 R)-Cyclomargenol (**789**)	415, 419	
	R.	(24 R)-Cyclomargenyl acetate (**790**)	415, 419	
	R.	(24 R)-Cyclomargenone (**791**)	415, 419	

Table 18 (*continued*)

Plant source	Part used	Compound (structure number)	References	Comment
Polypodium fortunei Loew (=*Drynaria fortunei* J.Sm.)	R.	Cycloartanyl acetate (**773**)	367	
Polypodium glaucinum Mart. & Gal. (=*Phlebodium aureum* J. Sm.)	L.	Fern-9(11)-ene (**696**)	400	a
	L.	21-Epifern-9(11)-ene (**719**)	400	b
Polypodium juglandifolium Wild. (=*Arthromeris juglandifolia* J. Sm.)	W. R.	Hopan-30-ol (**663**)	384, 386 388	
	R.	30-Acetoxyhopane (**664**)	384, 386	
	W.	Fern-9(11)-ene (**696**)	388	
	R.	Fern-9(11)-en-6α-ol (**707**)	384, 386	
	W.	Fern-9(11)-en-6β-ol (**708**)	388	
	W.	Fern-9(11)-en-7α-ol (**709**)	388	
	W.	Fern-9(11)-en-7β-ol (**710**)	388	
	R.	Fern-9(11)-en-20α-ol (**711**)	384, 386	
	R.	Fern-9(11)-en-20-one (**716**)	386	
	W.	Filic-3-ene (**722**)	388	
	W.	(24 *R*)-Cyclolaudenol (**783**)	388	
	R.	24,24-Dimethylcycloart-25-en-3β-ol (**793**)	384	
	R.	24,24-Dimethylcycloart-25-en-3β-yl acetate (**794**)	384	
	R.	24,24-Dimethylcycloartan-3β-ol (**795**)	386	
	R.	4β-Desmethyl-24,24-dimethyl-9,19-cyclolanost-20-en-3β-ol (**796**)	386	
Polypodium leucotomos Poir. (=*Phlebodium decumanum* J. Sm.)	R.	Hopan-30-ol (**663**)	387	
	R.	Fern-9(11)-ene (**696**)	387	
Polypodium niponicum Mett.	R.	Diploptene (**655**)	365	
	R.	Hop-21-ene (**656**)	365	
	R.	Hop-17(21)-ene (**657**)	365	
	R.	17β,21β-Epoxyhopane (**658**)	365	
	R.	Diplopterol (**659**)	365	
	R.	Hopan-30-ol (**663**)	365	
	R.	30-Acetoxyhopane (**664**)	365	
	R.	17αH-Trisnorhopan-21-one (**687**)	365	

Table 18 (*continued*)

Plant source	Part used	Compound (structure number)	References	Comment
	R.	Neohop-13(18)-ene (**694**)	*365*	
	R.	Fern-7-ene (**697**)	*365*	
	R.	Fern-8-ene (**698**)	*365*	
	R.	Ferna-7,9(11)-diene (**699**)	*365*	
	R.	Germanic-18-ene (**744**)	*365*	
	R.	Germanicyl acetate (**745**)	*365*	
	R.	Olean-12-ene (**746**)	*365*	
	R.	Oleana-11,13(18)-diene (**747**)	*365*	
	R.	β-Amyrin acetate (**748**)	*365*	
	R.	Oleana-11,13(18)-dien-3β-yl acetate (**749**)	*365*	
	R.	Taraxer-14-ene (**751**)	*365*	
	R.	Taraxer-14-en-7α-ol (**752**)	*365*	
	R.	Taraxer-14-ene-16-one (**753**)	*365*	
	R.	Multiflor-7-ene (**754**)	*365*	
	R.	Multiflor-8-ene (**755**)	*365*	
	R.	Multiflor-9(11)-ene (**756**)	*365*	
	R.	Multiflor-7-en-3β-yl acetate (**757**)	*365*	
	R.	Friedel-3-ene (**758**)	*365*	
	R.	ψ-Taraxastene (**761**)	*365*	
	f. R.	Cycloartanyl acetate (**773**)	*415*	
	f. R.	31-Norcycloartanyl acetate (**775**)	*415*	
	f. R.	24-Methylenecycloartanyl acetate (**778**)	*415*	
	f. R.	Cycloeucalenyl acetate (**781**)	*415*	
	f. R.	(24R)-Cyclolaudenyl acetate (**784**)	*415*	
	f. R.	31-Norcyclolaudenyl acetate (**787**)	*415*	
	f. R.	(24R)-4α,24-Dimethyl-cholesta-7,25-dien-3β-yl acetate (**788**)	*415*	
	f. R.	(24R)-Cyclomargenyl acetate (**790**)	*415*	

Table 18 (*continued*)

Plant source	Part used	Compound (structure number)	References	Comment
	f. R.	(24R)-4α-Methyl-24-ethyl-cholesta-7,25-dien-3β-yl acetate (**792**)	*415*	
	f. R.	24,24-Dimethylcycloart-25-en-3β-yl acetate (**794**)	*415*	
Polypodium someyae Yatabe	f. R., f. L.	Diploptene (**655**)	*366*	
	f. R.	Hopan-30-ol (**663**)	*366*	GC-MS
	f. R.	30-Acetoxyhopane (**664**)	*366*	GC-MS
	f. R.	17αH-Trisnorhopan-21-one (**687**)	*366*	GC-MS
	f. R., f. L.	Fern-9(11)-ene (**696**)	*366*	
	f. L.	Fern-8-ene (**698**)	*366*	
	f. R.	Fern-9(11)-en-12-one (**715**)	*366*	GC-MS
	f. R., f. L.	Eupha-7,24-diene (**737**)	*366, 376*	
	f. R.	Cycloartenyl acetate (**770**)	*366*	GC-MS
	f. R.	Cycloartanyl acetate (**773**)	*366*	GC-MS
	f. R.	(24R)-Cyclolaudenyl acetate (**784**)	*366*	GC-MS
	f. R.	(24R)-Cyclomargenyl acetate (**790**)	*366*	GC-MS
Polypodium subpetiolatum Hook.	R.	Diploptene (**655**)	*373*	
	R.	Hop-17(21)-ene (**657**)	*373*	
	R.	Neohop-13(18)-ene (**694**)	*373*	
	R.	Fern-9(11)-ene (**696**)	*373*	
	R.	Fern-7-ene (**697**)	*373*	
	R.	Fern-9(11)-en-3β-ol (**703**)	*373*	
	R.	Fern-9(11)-en-3β-yl acetate (**704**)	*373*	
	R.	Fern-9(11)-en-3β-yl palmitate (**705**)	*373*	
	R.	3β-Methoxyfern-9(11)-ene (**706**)	*373*	
	R.	Serratene (**767**)	*373*	
Polypodium virginianum L.	R.	(20R)-Dammara-13(17),24-diene (**734**)	*376*	GC
	R.	Eupha-7,24-diene (**737**)	*376*	GC

Table 18 (*continued*)

Plant source	Part used	Compound (structure number)	References	Comment
Polypodium vulgare L.	R.	Diploptene (**655**)	*368, 375*	
	R.	Hop-17(21)-ene (**657**)	*375*	
	R.	17β,21β-Epoxyhopane (**658**)	*13, 378*	
	R.	Fern-9(11)-ene (**696**)	*13, 368*	
	R.	Fern-7-ene (**697**)	*375*	
	R.	21-Epifern-9(11)-ene (**719**)	*375*	
	R.	(20 R)-Dammara-13(17),24-diene (**734**)	*376*	GC
	R.	Eupha-7,24-diene (**737**)	*376*	GC
	R.	Serratene (**767**)	*13, 368, 375*	
	R.	Cycloartanol (**772**)	*13, 378*	
	R.	31-Norcycloartanol (**774**)	*13, 378, 417*	
	R.	Pollinastanol (**776**)	*416*	
	R.	(24 R)-Cyclolaudenol (**783**)	*13, 378, 417*	
	R.	31-Norcyclolaudenol (**786**)	*13, 378*	
Pseudodrynaria coronans Copel.	R.	Diploptene (**655**)	*367*	
	R.	Neohop-13(18)-ene (**694**)	*367*	
	R.	Fern-9(11)-ene (**696**)	*367*	
	R.	9,19-Cyclolanost-25-en-3β-yl acetate (**771**)	*367*	
	R.	24-Methylenecycloartanyl acetate (**778**)	*367*	
	R.	(24 R)-Cyclolaudenyl acetate (**784**)	*367, 415*	
	R.	(24 R)-Cyclomargenyl acetate (**790**)	*367, 415*	
Pyrrosia lingua Farw.	L.	Diploptene (**655**)	*13*	
Marsileaceae				
Marsilea diffusa Lepr.	W.	Diploptene (**655**)	*363*	
	W.	Fern-7-ene (**697**)	*363*	
Marsilea minuta L.	L.	Olean-12-en-2α,3β,16β,21β,22α,28-hexaol (**750**)	*409*	
Marsilea quadrifolia L.	W.	Diploptene (**655**)	*363*	
	W.	Hop-17(21)-ene (**657**)	*363*	

Table 18 (continued)

Plant source	Part used	Compound (structure number)	References	Comment
	W.	Fern-9(11)-ene (**696**)	*363*	
	W.	(24 R)-Cyclolaudenol (**783**)	*13*	
Marsilea polycarpa Hook.	W.	Diploptene (**655**)	*363*	

Abbreviation: Cut.=Epicuticular layer, F.=Farinas, f.=fresh, L.=Leaves, R.=Rhizomes, T.=Trunks, W.=Whole Plant
[a] Contaminated with **719**
[b] Contaminated with **696**

Table 19. *Distribution of Phytoecdysones in the Filicopsida*

Plant source	Compound (structure number)	References	Comment
Osmundaceae			
Osmunda asiatica Ohwi	Ponasterone A (**803**)	*430*	
	α-Ecdysone (**806**)	*430*	
	β-Ecdysone (**807**)	*430*	
Osmunda japonica Thunb.	Ponasterone A (**803**)	*430*	
	α-Ecdysone (**806**)	*430*	
	β-Ecdysone (**807**)	*430*	
Plenasium banksiifolium Pr.	Ponasterone A (**803**)	*432*	
	α-Ecdysone (**806**)	*209*	
	β-Ecdysone (**807**)	*209*	
Gleicheniaceae			
Gleichenia glauca Hook. (=*Hicriopteris glauca* St. John)	Ponasterone A (**803**)	*430, 431*	
Pteridaceae			
Acrostichum aureum L.	Ponasterone A (**803**)	*192*	
Cheilanthes mysorensis Wall.	Cheilanthone B (**816**)	*442*	
Cheilanthes tenuifolia Sw.	α-Ecdysone (**806**)	*437*	
	Cheilanthone A (**815**)	*437*	
	Cheilanthone B (**816**)	*437*	
Pteridium aquilinum Kuhn	Ponasterone A (**803**)	*433*	gametophytic tissue

Table 19 (*continued*)

Plant source	Compound (structure number)	References	Comment
	α-Ecdysone (**806**)	*430*	
	β-Ecdysone (**807**)	*430*	
Pteridium aquilinum Kuhn var. *latiusculum* Und.	Ponasterone A (**803**)	*430*	
	Ponasteroside A (**804**)	*430, 431, 435*	
	Pterosterone (**809**)	*430*	
Blechnaceae			
Blechnum amabile Makino	Ponasterone A (**803**)	*430*	
	β-Ecdysone (**807**)	*430*	
Blechnum niponicum Makino	Ponasterone A (**803**)	*430*	
	Shidasterone (**805**)	*430, 436*	
	β-Ecdysone (**807**)	*430*	
Blechnum vulcanicum Kuhn	2-Deoxy-3-epiecdysone (**802**)	*429*	
	α-Ecdysone (**806**)	*429*	
Woodwardia orientalis Sw.	Ponasterone A (**803**)	*434*	
	Inokosterone (**808**)	*434*	
Aspidiaceae			
Athyrium niponicum Hance	Ponasterone A (**803**)	*430*	
	β-Ecdysone (**807**)	*430*	
	Pterosterone (**809**)	*430*	
Athyrium yokoscense Christ	β-Ecdysone (**807**)	*430*	
Bolbitis subcordata Ching	β-Ecdysone (**807**)	*432*	
Diplazium donianum Tard.	Makisterone A (**812**)	*441*	
	Makisterone D (**813**)	*441*	
Lastrea japonica Copel. (= *Metathelypteris japonica* Ching)	β-Ecdysone (**807**)	*430*	
Lastrea thelypteris Bory (= *Thelypteris palustris* Schott)	Ponasterone A (**803**)	*430*	
	β-Ecdysone (**807**)	*430*	
	Pterosterone (**809**)	*430*	
Matteuccia struthiopteris Todaro	Ponasterone A (**803**)	*430*	
	β-Ecdysone (**807**)	*430*	
Onoclea sensibilis L.	Ponasterone A (**803**)	*430*	
	α-Ecdysone (**806**)	*431*	
	β-Ecdysone (**807**)	*430*	
	Pterosterone (**809**)	*430*	

Table 19 (continued)

Plant source	Compound (structure number)	References	Comment
Polypodiaceae			
Crypsinus hastatus Copel.	β-Ecdysone (**807**)	*430*	
Lemmaphyllum microphyllum Pr.	α-Ecdysone (**806**)	*430*	
	β-Ecdysone (**807**)	*430*	
	Pterosterone (**809**)	*430*	
	Lemmasterone (**814**)	*430*	
Neocheiropteris ensata Ching	α-Ecdysone (**806**)	*430*	
	β-Ecdysone (**807**)	*430*	
Phymatodes novae-zelandiae Pic. Ser.	α-Ecdysone (**806**)	*438*	
	β-Ecdysone (**807**)	*438*	
	Polypodine B (**810**)	*438*	
Phymatodes scolopendria Ching (= *Microsorium scolopendria* Copel.)	α-Ecdysone (**806**)	*55*	
	β-Ecdysone (**807**)	*55*	
Pleopeltis thunbergiana Kaulf.	β-Ecdysone (**807**)	*430*	
Polypodium aureum L. (= *Phlebodium aureum* J. Sm.)	Polypodaurein (**811**)	*440*	
Polypodium fauriei Christ (= *P. japonicum* Maxon)	β-Ecdysone (**807**)	*430*	rhizomes
Polypodium virginianum L.	α-Ecdysone (**806**)	*439*	
	β-Ecdysone (**807**)	*439*	
Polypodium vulgare L.	α-Ecdysone (**806**)	*430*	rhizomes
	β-Ecdysone (**807**)	*430*	rhizomes
	Polypodine B (**810**)	*430*	rhizomes

References

1. PICHI SERMOLLI, R.E.G.: Filicopsida. In: Encyclopedia Agraria Italiana **4**, p. 649. Rome: Ramo Editoriale degli Agricoltori. 1960.
2. BIERHORST, D.W.: Morphology of Vascular Plants. New York: Mac Millan. 1971.
3. CHRISTENSEN, C.: Filicinae. In: Manual of Pteridology (VERDOORN, F. ed.), p. 522. Nijhoff: The Hague. 1938.
4. CHING, R.C.: On Natural Classification of the Family "Polypodiaceae". Sunyatsenia **5**, 201 (1940).
5. COPELAND, E.B.: Genera Filicum, the Genera of Ferns. Waltham, Mass.: Chronica Botanica Inc. 1947.
6. HOLTTUM, R.E.: A Revised Classification of Leptosporangiate Ferns. J. Linn. Soc. (Bot.) **53**, 123 (1947).

7. REIMERS, H.: Pteridophyta. In: Engler's Syllabus der Pflanzenfamilien (MECHIOR, H., and E. WERDERMANN, eds.), 12th ed., **1**, p. 269. Berlin: Borntraeger. 1954.
8. ALSTON, A.H.G.: The Subdivision of the Polypodiaceae Taxons **5**, 23 (1956).
9. PICHI SERMOLLI, R.E.G.: a) The Higher Taxa of the Pteridophyta and Their Classification. In: Systematics of Today. Proceeding of a Symposium held at the University of Uppsala in Commemoration of the 250th Aniversary of the Birth of Carolus Linnaeus, **1958** (**6**), 70, Uppsala Univ. Arsskrift, 1958. b) A Provisional Catalogue of the Family Names of Living Pteridophytes. Webbia, **25**, 219 (1970).
10. PICHI SERMOLLI, R.E.G.: Historical Review of the Higher Classification of the Filicopsida. In: The Phylogeny and Classification of the Ferns (JERMY, A.C., J.A. GRABBE, and B.A. THOMAS, eds.), Supplement No. 1 to the Bot. J. Linn. Soc. **67**, 11, The Linnean Society of London, Acad. Press. 1973.
11. LÖVE, A., D. LÖVE, and R.E.G. PICHI SERMOLLI: Cytotaxonomical Atlas of the Pteridophyta. Vaduz: J. Cramer. 1977.
12. HEGNAUER, R.: Pterophyta. In: Chemotaxonomie der Pflanzen, **I**, p. 254. Basel: Birkhäuser Verlag. 1962.
13. BERTI, G., and F. BOTTARI: Constituents of Ferns. In: Progress in Phytochemistry (RHEINHOLD, L., and Y. LIWSCHITZ, eds.), **I**, p. 589. London: Interscience. 1968.
14. SWAIN, T., and G. COOPER-DRIVER: Biochemical Systematics in the Filicopsida. In: The Phylogeny and Classification of the Ferns (JERMY, A.C., J.A. CRABBE, and B.A. THOMAS, eds.), p. 111. London: Academic Press. 1973.
15. PENTTILÄ, A., and J. SUNDMAN: The Chemistry of *Dryopteris* Acylphloroglucinols. J. Pharm. Pharmac. **22**, 393 (1970).
16. WIDÉN, C.-J., G. VIDA, J. EUW, and T. REICHSTEIN: Die Phloroglucide von *Dryopteris villarii* (Bell.) Woynar und anderer Farne der Gattung *Dryopteris* sowie die mögliche Abstammung von *D. filix-mas* (L.) Schott. Helv. Chim. Acta **54**, 2824 (1971).
17. WIDÉN, C.-J., J. SARVELA, and D.M. BRITTON: On the Location and Distribution of Phloroglucinols (Filicin) in Ferns. Ann. Bot. Fennici **20**, 407 (1983).
18. EUW, J., M. LOUNASMAA, T. REICHSTEIN, and C.-J. WIDÉN: Chemotaxonomy in *Dryopteris* and Related Genera. Review and Evaluation of Analytical Methods. Studia Geobotanica (Trieste) **1**, 275 (1980).
19. HEGNAUER, R.: Pterophyta. In: Chemotaxonomie der Pflanzen, **VII**, p. 437. Basel: Birkhäuser Verlag. 1986.
20. LUCK, E.: Isolation of Filixic Acid from *Dryopteris filix-mas*. Liebigs Ann. Chem. **54**, 119 (1845).
21. LOUNASMAA, M., C.-J. WIDÉN, and T. REICHSTEIN: Massenspektren neuer Phloroglucide, insbesondere solcher mit Valerylseitenketten. Helv. Chim. Acta **56**, 1133 (1973).
22. WIDÉN, C.-J., R.B. FADEN, M. LOUNASMAA, G. VIDA, J. EUW, and T. REICHSTEIN: Die Phloroglucide von neun *Dryopteris*-Arten aus Kenya sowie der *D. oligodonta* PIC.-SERM. von den Canarischen Inseln. Helv. Chim. Acta **56**, 2125 (1973).
23. WIDÉN, C.-J., M. LOUNASMAA, and J. SARVELA: Phloroglucinol Derivatives of Eleven *Dryopteris* Species from Japan. Planta Medica **28**, 144 (1975).
24. EUW, J., T. REICHSTEIN, and C.-J. WIDÉN: The Phloroglucinols of *Dryopteris aitoniana* Pichi Serm. (Dryopteridaceae, Pteridophyta). Helv. Chim. Acta **68**, 1251 (1985).
25. WIDÉN, C.-J., and H.S. PURI: Phloroglucinol Derivatives in *Ctenitis apiciflora* and *C. nidus*. Planta Medica **36**, 343 (1979).
26. WIDÉN, C.-J., J. SARVELA, and K. IWATSUKI: Chemotaxonomic Studies on *Arachniodes* (Dryopteridaceae). I. Phloroglucinol Derivatives of Japanese Species. Bot. Mag. Tokyo **89**, 277 (1976).
27. WIDÉN, C.-J., A. HUURE, J. SARVELA, and K. IWATSUKI: Chemotaxonomic Studies

on *Arachniodes* (Dryopteridaceae) II. Phloroglucinol Derivatives and Taxonomic Evaluation. Bot. Mag. Tokyo **91**, 247 (1978).
28. WIDÉN, C.-J., S. MITSUTA, and K. IWATSUKI: Chemotaxonomic studies on *Arachniodes* (Dryopteridaceae) III. Phloroglucinol Derivatives of Putative Hybrids. Bot. Mag. Tokyo **94**, 127 (1981).
29. TANAKA, N., H. MAEHASHI, S. SAITO, T. MURAKAMI, Y. SAIKI, C.-M. CHEN, and Y. IITAKA: Chemical and Chemotaxonomical Studies of Ferns. XXXI. Chemical Studies on the Constituents of *Arachniodes standishii* Ohwi. Chem. Pharm. Bull. (Japan) **28**, 3070 (1980).
30. TANAKA, N., N. YAMAZAKI, K. HORI, T. MURAKAMI, Y. SAIKI, and C.-M. CHEN: Chemical and Chemotaxonomical Studies of Filices. XLVII. Chemical Studies on the Constituents of *Arachniodes nigrospinosa* (Ching) Ching, *A. festina* (Hance) Ching and *A. mutica* Ohwi. Chem. Pharm. Bull. (Japan) **32**, 1335 (1984).
31. BRITTON, D.M., and C.-J. WIDÉN: Chemotaxonomic Studies on *Dryopteris* from Quebec and Eastern North America. Canad. J. Bot. **52**, 627 (1974).
32. WIDÉN, C.-J., C.R. FRASER-JENKINS, M. LOUNASMAA, J. EUW, and T. REICHSTEIN: Die Phloroglucide von *Dryopteris caucasica* (A. Br.) Fraser-Jenkins et Corley. Helv. Chim. Acta **56**, 831 (1973).
33. HIKINO, H., C. KONNO, and T. TAKEMOTO: Structure of Pleoside from *Pleopeltis thunbergiana*. J. Pharmac. Soc. Japan **89**, 372 (1969).
34. NUMATA, A., T. KATSUNO, K. YAMAMOTO, T. NISHIDA, T. TAKEMURA, and K. SETO: Plant Constituents Biologically Active to Insects. IV. Antifeedants for the Larvae of the Yellow Butterfly, *Eurema hecabe mandarina*, in *Arachniodes standishii*. Chem. Pharm. Bull. (Japan) **32**, 325 (1984).
35. COŞKUN, M., A. SAKUSHIMA, S. NISHIBE, and S. HISADA: Phloroglucinol Derivatives of *Dryopteris abbreviata*. Chem. Pharm. Bull. (Japan) **30**, 4102 (1982).
36. COŞKUN, M., A. SAKUSHIMA, S. NISHIBE, S. HISADA, and N. TANKER: A Phloroglucinol Derivative of *Dryopteris abbreviata*. Phytochem. **21**, 1453 (1982).
37. WIDÉN, C.-J., M. LOUNASMAA, G. VIDA, and T. REICHSTEIN: Die Phloroglucide von drei *Dryopteris*-Arten von den Azoren sowie zwei Arten von Madeira und den Kanarischen Inseln zum Vergleich. Helv. Chim. Acta **58**, 880 (1975).
38. WIDÉN, C.-J., and D.M. BRITTON: A Chromatographic and Cytological Study of *Dryopteris filix-mas* and Related Taxa in North America. Canad. J. Botany **49**, 1589 (1971).
39. HISADA, S., K. SHIRAISHI, and I. INAGAKI: Phloroglucinol Derivatives of *Dryopteris dickinsii* and some Related Ferns. Phytochem. **11**, 2881 (1972).
40. HISADA, S., O. INOUE, and I. INAGAKI: A New Acylphloroglucinol of *Dryopteris gymnosora*. Phytochem. **13**, 655 (1974).
41. TRYON, R., C.-J. WIDÉN, and A. HUHTIKANGAS: Phloroglucinol Derivatives in *Dryopteris parallelogramma* and *D. patula*. Phytochem. **12**, 683 (1973).
42. WIDÉN, C.-J., J. EUW, and T. REICHSTEIN: Trispara-aspidin, ein neues Phloroglucid aus dem Farn *Dryopteris remota* (A. Br.) Hayek. Helv. Chim. Acta **53**, 2176 (1970).
43. HISADA, S., K. SHIRAISHI, and I. INAGAKI: Pharmaceutical Studies on Japanese Ferns Containing Phloroglucinol Derivative. (9). On the Constituents of *Dryopteris dickinsii*(1). J. Pharmac. Soc. Japan **92**, 1124 (1972).
44. HISADA, S., S. NISHIBE, O. INOUE, I. INAGAKI, and Y. OGIHARA: Acylphloroglucinols from the Rhizomes of *Dryopteris sieboldii*. Japanese J. Pharmacognosy **34**, 8 (1980).
45. NORO, Y., K. OKUDA, and H. SHIMADA: Dryocrassin, a New Acylphloroglucinol from *Dryopteris crassirhizoma*. Phytochem. **12**, 1491 (1973).
46. HERRMANN, K.: Hydroxyzimtsäuren und Hydroxybenzoesäuren enthaltende Naturstoffe in Pflanzen. In: Fortschr. Chem. organ. Naturstoffe (HERZ, W., H. GRISEBACH, and G.W. KIRBY, eds.), **35**, p. 73. Wien-New York: Springer-Verlag. 1978.

47. a) BOHM, B.A., and R.M. TRYON: Phenolic Compounds in Ferns. I. A Survey of some Ferns for Cinnamic Acid and Benzoic Acid Derivatives. Canad. J. Botany **45**, 585 (1967). b) VENKATARAMAIAH, C., V. VENKATARAMAIAH, K.V. RAMANA RAO, and S.V. PRASAD: Studies on Phenolic Acid Pattern in *Marsella quadrifolia* L. Comp. Physiol. Ecol. **6**, 302 (1981).
48. BOHM, B.A.: Phenolic Compounds in Ferns. III. An Examination of some Ferns for Caffeic Acid Derivatives. Phytochem. **7**, 1825 (1968).
49. GLASS, A.D.M., and B.A. BOHM: A Further Survey of Ferns for Cinnamic and Benzoic Acids. Phytochem. **8**, 629 (1969).
50. SAN FRANCISCO, M., and G. COOPER-DRIVER: Anti-microbial Activity of Phenolic Acids in *Pteridium aquilinum*. Amer. Fern J. **74**, 87 (1984).
51. HORI, K., T. SATAKE, H. YAMAGUCHI, Y. SAIKI, T. MURAKAMI, and C.-M. CHEN: Chemical and Chemotaxonomical Studies of Filices. LXXII. Chemical Studies on the Constituents of *Odontosoria gymnogrammoides* Christ. J. Pharmac. Soc. Japan **107**, 774 (1987).
52. MURAKAMI, T., N. TANAKA, T. KIMURA, T. NOGUCHI, Y. SAIKI, and C.-M. CHEN: Chemische und chemotaxonomische Untersuchungen der Pterophyten. IL. Chemische Untersuchungen der Inhaltsstoffe von *Plagiogyria euphlebia* (Kunze) Mett. Chem. Pharm. Bull. (Japan) **32**, 1808 (1984).
53. MURAKAMI, T., N. TANAKA, T. NOGUCHI, Y. SAIKI, and C.-M. CHEN: Chemische und chemotaxonomische Untersuchungen der Pterophyten. L. Chemische Untersuchungen der Inhaltsstoffe von *Plagiogyria matsumureana* Makino. Chem. Pharm. Bull. (Japan) **32**, 1815 (1984).
54. HASEGAWA, M., and M. TANEYAMA: Chicoric Acid from *Onychium japonicum* and Its Distribution in the Ferns. Bot. Mag. Tokyo **86**, 315 (1973).
55. MURAKAMI, T., N. TANAKA, T. SATAKE, H. WADA, T. KIMURA, T. SHIMADA, Y. SAIKI, and C.-M. CHEN: Several Simple Glycosides in Ferns. J. Pharmac. Soc. Japan. In preparation.
56. UENO, A., N. OGURI, K. HORI, Y. SAIKI, and T. HARADA: Pharmaceutical Studies on Ferns. XVIII. Chemical Components in Leaves of *Sphenomeris chusana* Copel. and *Cyathea fauriei* Copel. J. Pharmac. Soc. Japan **83**, 420 (1963).
57. SATAKE, T., T. MURAKAMI, Y. SAIKI, and C.-M. CHEN: Chemical and Chemotaxonomical Studies on Filices. XLIII. Chemical Studies on the Constituents of *Lindsaea javanensis* Bl., *L. japonica* (Bak.) Diels and *Tapeinidium pinnatum* (Cav.) C. Chr. Chem. Pharm. Bull. (Japan) **31**, 3865 (1983).
58. JIZBA, J., and V. HEROUT: Plant Substances. XXVI. Isolation of Constituents of Common Polypody Rhizomes (*Polypodium vulgare* L.). Collection Czechoslov. Chem. Commun. **32**, 2867 (1967).
59. IMPERATO, F.: New Phenolic Glycosides in the Fern *Adiantum capillus-veneris* L. Chem. and Ind. **1982**, 957.
60. − 1-Caffeyllaminaribiose, a New Hydroxycinnamic Acid-Sugar Derivative from *Asplenium adiantum-nigrum* L. Chem. and Ind. **1979**, 553.
61. KURAISHI, T., T. KIMURA, T. MURAKAMI, Y. SAIKI and C.-M. CHEN: Chemische und chemotaxonomische Untersuchungen der Pterophyten. XLVIII. Über die Zuckerester aus *Plagiogyria euphlebia* (Kunze) Mett. und *Microlepia speluncae* L. Chem. Pharm. Bull. (Japan) **32**, 1998 (1984).
62. TANAKA, N., S. NAGASE, K. WACHI, T. MURAKAMI, Y. SAIKI, and C.-M. CHEN: Chemische und chemotaxonomische Untersuchungen von Filices. XXX. Chemische Untersuchungen der Inhaltsstoffe von *Dennstaedtia scandens* (Blume) Moore. Chem. Pharm. Bull. (Japan) **28**, 2843 (1980).
63. IMPERATO, F.: New Sulphate Esters of Hydroxycinnamic Acid-Sugar Derivatives in Ferns. Chem. and Ind. **1981**, 691.

64. IMPERATO, F.: Sulphate Esters of Hydroxycinnamic Acid-Sugar Derivateives from *Adiantum capillus-veneris*. Phytochem. **21**, 2717 (1982).
65. COOPER-DRIVER, G., and T. SWAIN: Sulphate Esters of Caffeyl- and *p*-Coumarylglucose in Ferns. Phytochem. **14**, 2506 (1975).
66. IMPERATO, F.: Two New Phenolic Glycosides in *Asplenium septentrionale*. Amer. Fern J. **74**, 14 (1984).
67. TANAKA, N., T. NOGUCHI, K. KAWASHIMA, K. KURIHARA, T. MATSUDO, T. MURAKAMI, Y. SAIKI, and C.-M. CHEN: Chemical and Chemotaxonomical Studies of Filices. LXX. Chemical Studies on the Constituents of *Plagiogyria formosana*, *P. adnata*, *P. dunnii*, and *P. stenoptera*. J. Pharmac. Soc. Japan **107**, 586 (1987).
68. TANAKA, N., T. KIDO, T. MURAKAMI, Y. SAIKI, and C.-M. CHEN: Novel Lignans from the Blechnaceae. 107th Annual Meeting of the Pharmaceutical Society of Japan, Kyoto, Apr. 1987, Abstracts of Papers, p. 351.
69. FUKUOKA, M.: Chemical and Toxicological Studies on Bracken Fern, *Pteridium aquilinum* var. *latiusculum*. VI. Isolation of 5-*O*-Caffeoylshikimic Acid as an Antithiamine Factor. Chem. Pharm. Bull. (Japan) **30**, 3219 (1982).
70. SCHMID, H., and P. KARRER: Über wasserlösliche Inhaltsstoffe von *Papaver somniferum* L. Helv. Chim. Acta **28**, 722 (1945).
71. MURAKAMI, T., T. KIMURA, N. TANAKA, Y. SAIKI, and C.-M. CHEN: Chemische und chemotaxonomische Untersuchungen der Gattung *Pteris* und der verwandten Gattungen (Pteridaceae). XXIII. Ein neues Styrol-Glykosid aus *Cheilanthes kuhnii*. Phytochem. **19**, 471 (1980).
72. KURAISHI, T., Y. MITADERA, T. MURAKAMI, N. TANAKA, Y. SAIKI, and C.-M. CHEN: Chemical and Chemotaxonomical Studies on Filices. XLII. Chemical Studies on the Constituents of *Dicranopteris dichotoma* (Thunb.) Bernh. and *Microlepia obutusiloba* Hayata. J. Pharmac. Soc. Japan **103**, 679 (1983).
73. OJIKA, M., K. WAKAMATSU, H. NIWA, K. YAMADA and I. HIRONO: Isolation and Structures of Two New *p*-Hydroxystyrene Glycosides, Ptelatoside-A and Ptelatoside-B from Bracken, *Pteridium aquilinum* var. *latiusculum*, and Synthesis of Ptelatoside-A. Chemistry Letters **1984**, 397.
74. PRYCE, R.J.: Lunularic Acid, a Common Endogenous Growth Inhibitor of Liverworts. Planta **97**, 354 (1971).
75. – The Occurrence of Lunularic and Abscisic Acids in Plants. Phytochem. **11**, 1759 (1972).
76. WOLLENWEBER, E., and J. FAVRE-BONVIN: Novel Dihydrostilbene from Fronds of *Notholaena dealbata* and *Notholaena limitanea*. Phytochem. **18**, 1243 (1979).
77. GORHAM, J., and S.J. COUGHLAN: Inhibition of Photosynthesis by Stilbenoids. Phytochem. **19**, 2059 (1980).
78. EL-FERALY, F.S., S.F. CHEATHAM, and J.D. MCCHESNEY: Total Synthesis of Notholaenic Acid. J. Natural Products **48**, 293 (1985).
79. TANAKA, N., H. WADA, T. MURAKAMI, N. SAHASHI, and T. OHMOTO: Chemische und chemotaxonomische Untersuchungen der Pterophyten. LXIV. Chemische Untersuchungen der Inhaltsstoffe von *Sceptridium ternatum* var. *ternatum*. Chem. Pharm. Bull. (Japan) **34**, 3727 (1986).
80. MURAKAMI, T., N. TANAKA, H. WADA, K. HORI, T. SATAKE, Y. SAIKI, and C.-M. CHEN: Unpublished Results.
81. WOLLENWEBER, E.: Flavonoid Aglycones as Constituents of Epicuticular Layers on Ferns. In: The Plant Cuticle (Linn. Soc. Symp. Series No. 10) (CUTLER, D.F., K.F. ALVIN, and C.E. PRICE, eds.), p. 215. London: Academic Press. 1982.
82. SATAKE, T., T. MURAKAMI, Y. SAIKI, and C.-M. CHEN: Chemische und chemotaxonomische Untersuchungen der Gattung *Pteris* und der verwandten Gattungen (Pteri-

daceae) XIX. Chemische Untersuchungen der Inhaltsstoffe von *Pteris vittata* L. Chem. Pharm. Bull. (Japan) **26**, 1619 (1978).
83. GOTTLIEB, O.R.: Neolignans. In: Fortschr. Chem. organ. Naturstoffe (HERZ, W., H. GRISEBACH, and G.W. KIRBY, eds.), **35**, p. 1. Wien-New York: Springer-Verlag. 1978.
84. GUPTA, R.B., R.N. KHANNA, and N.N. SHARMA: Chemical Components of *Asplenium laciniatum*. Current Sci. (India) **45**, 44 (1976).
85. a) – – – A New Binaphthoquinone from *Asplenium laciniatum*. Indian J. Chem. **15B**, 394 (1977). b) GUPTA, R.B., R.N. KHANNA, and V.P. MANCHANDA: Synthesis of 3,3'-Bi(2-methyl-1,4-naphthoquinone), a Naturally Occurring Binaphthoquinone Isolated from *Asplenium laciniatum*. Indian J. Chem. **18B**, 217 (1979).
86. HORI, K., T. SATAKE, Y. SAIKI, T. MURAKAMI, and C.-M. CHEN: Chemical and Chemotaxonomical Studies of Filices. LXIX. The Novel Coumarins of *Macrothelypteris torresiana* Ching var. *calvata* Holtt. (= *M. oligophlebia* Ching). J. Pharmac. Soc. Japan **107**, 491 (1987).
87. ROHTAGI, B.K., R.B. GUPTA, and R.N. KHANNA: Chemical Constituents of *Asplenium indicum*. J. Natural Products **47**, 901 (1984).
88. THOMSON, R.H.: Naturally Occurring Quinones. 2nd. Edition, p. 201. London-New York: Academic Press. 1971.
89. WERBIN, H., and E.T. STROM: Photochemistry of Electron-Transport Quinones. I. Model Studies with 2-Methyl-1,4-naphthoquinone (Vitamin K_3). J. Am. Chem. Soc. **90**, 7296 (1968).
90. ACHARI, B., K. BASU, C.R. SAHA, and S.C. PAKRASHI: A New Triterpene Ester, an Anthraquinone and Other Constituents of the Fern *Lygodium flexuosum*. Planta Medica **52**, 330 (1986).
91. TANAKA, N., M. KUDO, T. TANIGUCHI, T. MURAKAMI, Y. SAIKI, and C.-M. CHEN: Chemische und chemotaxonomische Untersuchungen der Gattung *Pteris* und der verwandten Gattungen (Pteridaceae) XVIII. Chemische Untersuchungen der Inhaltsstoffe von *Pteris ryukyuensis* Tagawa und *Pteris longipinna* Hayata. Chem. Pharm. Bull. (Japan) **26**, 1339 (1978).
92. SATAKE, T., T. MURAKAMI, Y. SAIKI, and C.-M. CHEN: Chemische und chemotaxonomische Untersuchungen von Filices. XXVI. Chemische Untersuchungen der Inhaltsstoffe von *Lindsaea chienii* Ching. Chem. Pharm. Bull. (Japan) **28**, 1859 (1980).
93. – – – – Chemische und chemotaxonomische Untersuchungen der Gattung *Pteris* und der verwandten Gattungen (Pteridaceae) XX. Chemische Untersuchungen der Inhaltsstoffe von *Lindsaea ensifolia* Sw. Chem. Pharm. Bull. (Japan) **28**, 2600 (1978).
94. MURAKAMI, T., N. TANAKA, T. SATAKE, Y. SAIKI, and C.-M. CHEN: Chemical and Chemotaxonomical Studies on Filices. LVII. Chemical Studies on the Constituents of *Colysis hemionitidea* (Wall) Presl. and *Microsorium fortunei* (Moore) Ching. J. Pharmac. Soc. Japan **105**, 655 (1985).
95. SHIMADA, H., T. SAWADA, M. KOZUKA, and O. KOJIMA: A Constituent of Fern, *Lindsaea cultrata*. Japanese J. Pharmacognosy **22**, 37 (1968).
96. SUZUKI, K.: Über die Bestandteile von *Polypodium hastatum* Thunb. J. Pharmac. Soc. Japan **48**, 712 (1928).
97. ISHIKURA, N.: 3-Desoxyanthocyanin and Other Phenolics in the Water Fern Azolla. Bot. Mag. Tokyo **95**, 303 (1982).
98. FUKUSHIMA, S., T. NORO, Y. SAIKI, A. UENO, and Y. AKAHORI: Studies on the Constituents of *Leptorumohra miqueliana* H. Ito. I. The Structures of Leptorumolin and Leptorumol. J. Pharmac. Soc. Japan **88**, 1135 (1968).
99. MUKERJEE, S.K., S. RAYCHAUDHURI, and T.R. SESHADRI: New Syntheses of Leptorumol. Indian J. Chem. **7**, 1070 (1969).
100. MURAKAMI, T., T. KIDO, K. HORI, T. SATAKE, Y. SAIKI, and C.-M. CHEN: Chemical

and Chemotaxonomical Studies of Filices. LXVII. The Distribution of a Flavanone with a Modified B-Ring, Protofarrerol and Its Derivatives. J. Pharmac. Soc. Japan **107**, 416 (1987).
101. RICHARDSON, P.M.: The Taxonomic Significance of Xanthones in Ferns. Biochem. Syst. Ecol. **12**, 1 (1984).
102. UENO, A.: Pharmaceutical Studies on Ferns. XVI. Components of *Athyrium mesosorum* Makino. (I). J. Pharmac. Soc. Japan **82**, 1482 (1962).
103. – Pharmaceutical Studies on Ferns. XVII. Components of *Athyrium mesosorum* Makino. (2). J. Pharmac. Soc. Japan **82**, 1486 (1962).
104. RICHARDSON, P.M., and E. LORENZ-LIBURNAU: *C*-Glycosylxanthones in the Fern Genus *Athyrium*. Biochem. Syst. Ecol. **11**, 187 (1983).
105. MURAKAMI, T., N. TANAKA, H. WADA, Y. SAIKI, and C.-M. CHEN: Chemical and Chemotaxonomical Studies on Filices. LXIII. Xanthone Derivatives of *Hypodematium fauriei* Tagawa, *H. crenatum* Kuhn and *Gymnocarpium robertianum* Newm. (*G. jessoense* Koidz.). J. Pharmac. Soc. Japan **106**, 378 (1986).
106. RICHARDSON, P.M.: *C*-Glycosylxanthones in the Fern Genera *Davallia, Humata* and *Nephrolepis*. Phytochem. **22**, 309 (1983).
107. HAN, G., and M. WANG: Chemical Constituents of *Pyrrosia sheareri* (Bak.) Ching. Nanjing Yaoxueyuan Xuebao **15**, 40 (1984).
108. RICHARDSON, P.M., and E. THADDEUS: Mangiferin and Isomangiferin in *Acystopteris, Cystopteris, Gymnocarpium,* and *Woodsia*. J. Natural Products **46**, 747 (1983).
109. MARKHAM, K.R., and A.D. WOOLHOUSE: Dilatatin, the First Example of a *C*-Allosylated Natural Product. Phytochem. **22**, 2827 (1983).
110. SMITH, D.M., and J.B. HARBORNE: Xanthones in the Appalachian *Asplenium* Complex. Phytochem. **10**, 2117 (1971).
111. SMITH, D.M., and D.A. LEVIN: A Chromatographic Study of Reticulate Evolution in the Appalachian *Asplenium* Complex. Amer. J. Bot. **50**, 952 (1963).
112. RICHARDSON, P.M., and E. LORENZ-LIBURNAU: *C*-Glycosylxanthones in the *Asplenium adiantum-nigrum* Complex. Amer. Fern J. **72**, 103 (1982).
113. IMPERATO, F.: A Xanthone-*O*-Glycoside from *Asplenium adiantum-nigrum*. Phytochem. **19**, 2030 (1980).
114. TANAKA, T., T. SUEYASU, G. NONAKA, and I. NISHIOKA: Isolation and Characterization of Galloyl and *p*-Hydroxybenzoyl Esters of Benzophenone and Xanthone *C*-Glucosides from *Mangifera indica* L. Chem. Pharm. Bull. (Japan) **32**, 2676 (1984).
115. FUJITA, M., and T. INOUE: Further Studies on the Biosynthesis of Mangiferin in *Anemarrhena asphodeloides*: Hydroxylation of the Shikimate-Derived Ring. Phytochem. **20**, 2183 (1981).
116. MARKHAM, K.R., and J.W. WALLACE: *C*-Glycosylxanthone and Flavonoid Variation within the Filmy-Ferns (Hymenophyllaceae). Phytochem. **19**, 415 (1980).
117. BOHM, B.A.: Xanthones in the Fern *Ctenitis decomposita*. Phytochem. **14**, 287 (1975).
118. WALLACE, J.W., K.R. MARKHAM, D.E. GIANNASI, J.T. MICKEL, D.L. YOPP, L.D. GOMEZ, J.D. PITTILLO, and R. SOEDER: A Survey for 1,3,6,7-Tetrahydroxy-*C*-glycosylxanthones Emphasizing the "Primitive" Leptosporangiate Ferns and Their Allies. Amer. J. Bot. **69**, 356 (1982).
119. SCHEELE, C., and E. WOLLENWEBER: New Flavonoids from Cheilanthoid Ferns. J. Natural Products **50**, 181 (1987).
120. VOIRIN, B., and P. LEBRETON: Chemotaxonomic Investigation of Vascular Plants. The Presence of 6-Methylchrysin in the Fern, *Lonchitis tisserantii*. Bull. soc. chim. biol. (Paris) **49**, 1402 (1967).
121. WOLLENWEBER, E.: Einige Neufunde externer Flavonoide bei amerikanischen Farnen. Flora **168**, 138 (1979).

122. – Die Zusammensetzung des Flavonoid-Mehls bei einigen Farnen. Z. Pflanzenphysiol. **85**, 71 (1977).
123. – Flavonoid Exudations in Farinose Ferns. Phytochem. **15**, 2013 (1976).
124. – Unusual Flavanones from a Rare American Fern. Z. Naturforsch. **36c**, 604 (1981).
125. WOLLENWEBER, E., V.H. DIETZ, D. SCHILLO, and G. SCHILLING: A Series of Novel Flavanones from Fern Exudates. Z. Naturforsch. **35c**, 685 (1980).
126. SUNDER, R., K.N.N. AYENGAR, and S. RANGASWAMI: Crystalline Chemical Components of *Cheilanthes longissima*. Phytochem. **13**, 1610 (1974).
127. WOLLENWEBER, E., D.M. SMITH, and T. REEVES: Flavonoid Patterns and Chemical Races in the California Cloak-Fern, *Notholaena californica*. Stud. Org. Chem. **11** (Flavonoids Bioflavonoids), 221 (1981).
128. WOLLENWEBER, E.: Flavonoide Exkrete bei Goldfarnen und Silberfarnen. Z. Pflanzenphysiol. **78**, 344 (1976).
129. STAR, A.E., and T.J. MABRY: Flavonoid Frond Exudate from Two Jamaican Ferns, *Pityrogramma tartarea* and *P. calomelanos*. Phytochem. **10**, 2817 (1971).
130. WADA, H., H. FUJITA, T. MURAKAMI, Y. SAIKI, and C.-M. CHEN: Chemical and Chemotaxonomical Studies of Filices. LXXIII. New Flavonoids with Modified B-ring from the Genus *Pseudophegopteris* (Thelypteridaceae). Chem. Pharm. Bull. (Japan) **35**, 4757 (1987).
131. RANGASWAMI, S., and R.T. IYER: Flavonoids of *Cheilanthes farinosa*. Indian J. Chem. **7**, 526 (1969).
132. WOLLENWEBER, E., and V.H. DIETZ: Flavonoid Patterns in the Farina of Goldenback and Silverback Ferns. Biochem. Syst. Ecol. **8**, 21 (1980).
133. MURAKAMI, T., M. HAGIWARA, K. TANAKA, and C.-M. CHEN: Chemische Untersuchungen über die Inhaltsstoffe von *Helminthostachys zeylanica* (L) Hook. I. Chem. Pharm. Bull. (Japan) **21**, 1849 (1973).
134. WOLLENWEBER, E.: On the Occurrence of Acylated Flavonoid Aglycones. Phytochem. **24**, 1493 (1985).
135. – Flavonols from the Fronds of *Pityrogramma chrysoconica*. Phytochem. **11**, 425 (1972).
136. SMITH, D.: Flavonoid Analysis of *Pityrogramma triangularis* Complex. Bull. Torrey Bot. Club **107**, 134 (1980).
137. WOLLENWEBER, E., C. SCHEELE, and A.F. TRYON: Flavonoids and Spores of *Platyzoma microphyllum*, an Endemic Fern of Australia. Amer. Fern J. **77**, 23 (1987).
138. ARRIAGA-GINER, F.J., and E. WOLLENWEBER: 6α-Acetoxy-16β,22-dihydroxyhopan-24-oic Acid, a Triterpene from the Fern *Notholaena candida* var. *copelandii*. Phytochem. **25**, 735 (1986).
139. HITZ, C., K. MANN, and E. WOLLENWEBER: New Flavonoids from the Farina of *Pityrogramma* Species. Z. Naturforsch. **37c**, 337 (1982).
140. DIETZ, V.H., E. WOLLENWEBER, J. FAVRE-BONVIN, and D.M. SMITH: Two Flavonoids from the Frond Exudate of *Pityrogramma triangularis* var. *triangularis*. Phytochem. **20**, 1181 (1981).
141. WOLLENWEBER, E.: Exudate Flavonoids of Mexican Ferns as Chemotaxonomic Markers. Rev. Latinoamer Quim. **15**, 3 (1984).
142. WOLLENWEBER, E., J. FAVRE-BONVIN, and M. JAY: Nouveaux esters flavoniques naturels. Bull. Liaison Groupe Polyphénols **8**, 341 (1978).
143. – – – A Novel Type of Flavonoids. Flavonol Esters from Fern Exudates. Z. Naturforsch. **33c**, 831 (1978).
144. WOLLENWEBER, E., and G. YATSKIEVYCH: Flavonoid Esters from the Fern, *Notholaena neglecta*. J. Natural Products **45**, 216 (1982).
145. WOLLENWEBER, E., V.H. DIETZ, G. SCHILLING, J. FAVRE-BONVIN, and D.M. SMITH:

Flavonoids from Chemotypes of the Goldback Fern, *Pityrogramma triangularis*. Phytochem. **24**, 965 (1985).
146. SEIGLER, D.S., and E. WOLLENWEBER: Chemical Variation in *Notholaena standleyi*. Amer. J. Bot. **70**, 790 (1983).
147. STAR, A.E., H. RÖSLER, T.J. MABRY, and D.M. SMITH: Flavonoid and Ceroptin Pigments from Frond Exudates of *Pityrogramma triangularis*. Phytochem. **14**, 2275 (1975).
148. VOIRIN, B.: Recherches chimiotaxinomiques sur les plantes vasculaires. Distribution des flavonoïdes chez les Filicinées. C.R. Acad. Sci. Paris Ser. D **264**, 665 (1967).
149. IMPERATO, F.: Kaempferol 3-Sulphate in the Fern *Adiantum capillus-veneris*. Phytochem. **21**, 2158 (1982).
150. ERDTMAN, H., L. NOVOTNÝ, and M. ROMANUK: Flavonols from the Fern *Cheilanthes farinosa* (Forsk.) Kaulf. Tetrahedron, Suppl. **8**, 71 (1966).
151. MURAKAMI, T., M. HAGIWARA, K. TANAKA, and C.-M. CHEN: Chemische Untersuchungen über die Inhaltsstoffe von *Helminthostachys zeylanica* (L) Hook. II. Chem. Pharm. Bull. (Japan) **21**, 1851 (1973).
152. WOLLENWEBER, E., J. FAVRE-BONVIN, and P. LEBRETON: Ein Butyryl-Flavonol aus dem Mehl von *Notholaena affinis*. Phytochem. **17**, 1684 (1978).
153. VOIRIN, B., and M. JAY: Sur la présence de méthyl-3 quercétine chez *Asplenium viride*. Phytochem. **13**, 275 (1974).
154. JAY, M., J. FAVRE-BONVIN, and E. WOLLENWEBER: Dihydroxy-4',5 tétraméthoxy-2',3,7,8 flavone, et hydroxy-5 pentaméthoxy-2',3,4',7,8 flavone, deux nouveaux composés naturels isolés de *Notholaena affinis* (Ptéridophytes). Canad. J. Chem. **57**, 1901 (1979).
155. JAY, M., M.-R. VIRICEL, J. FAVRE-BONVIN, B. VOIRIN, and E. WOLLENWEBER: New Flavonol Acetates from the Frond Exudate of the Fern *Notholaena aschenborniana*. Z. Naturforsch. **37c**, 721 (1982).
156. JAY, M., J. FAVRE-BONVIN, B. VOIRIN, M.-R. VIRICEL, and E. WOLLENWEBER: A New Natural Flavone with a Tetrasubstituted B-Ring from the Fern *Notholaena aschenborniana*. Phytochem. **20**, 2307 (1981).
157. IINUMA, M., N. FANG, T. TANAKA, M. MIZUNO, T.J. MABRY, E. WOLLENWEBER, J. FAVRE-BONVIN, and B. VOIRIN: Revised Structure of a Flavonoid from the Fern *Notholaena aschenborniana*. Phytochem. **25**, 1257 (1986).
158. WOLLENWEBER, E., C. REHSE, and V.H. DIETZ: The Occurrence of Aurentiacin and Flavokawin B on *Pityrogramma triangularis* var. *pallida* and *Didymocarpus* Species. Phytochem. **20**, 1167 (1981).
159. WU, T.-S., C.-S. KUOH, S.-T. HO, M.-S. YANG, and K.-K. LEE: Flavanone and Other Constituents from *Onychium siliculosum*. Phytochem. **20**, 527 (1981).
160. WOLLENWEBER, E., J. WALTER, and G. SCHILLING: New Flavanones and Chalcones from the Farinose Frond Exudate of *Pityrogramma pallida*. Z. Pflanzenphysiol. **104**, 161 (1981).
161. WOLLENWEBER, E., V.H. DIETZ, C.D. MACNEILL, and G. SCHILLING: C-Methylflavanones as Farina on the Fronds of *Pityrogramma pallida*. Z. Pflanzenphysiol. **94**, 241 (1979).
162. STAR, A.E., T.J. MABRY, and D.M. SMITH: Triangularin, a New Chalcone from *Pityrogramma triangularis*. Phytochem. **17**, 586 (1978).
163. MURAKAMI, T., H. WADA, N. TANAKA, T. KIDO, H. IIDA, Y. SAIKI, and C.-M. CHEN: Chemical and Chemotaxonomical Studies of Filices. LXV. A Few New Flavonoid Glycosides. (2). J. Pharmac. Soc. Japan **106**, 982 (1986).
164. MOHRI, K., T. TAKEMOTO, and Y. KONDO: Studies on the Constituents of *Matteuccia orientalis* Trev. Structures of Two New Flavanones, Matteucin and Methoxymatteucin. J. Pharmac. Soc. Japan **102**, 310 (1982).

165. FUJISE, S., and T. NISHI: Studies on the Constituents of *Matteuccia orientalis* Trev. The Structure of Desmethoxymatteucinol. J. Chem. Soc. Japan **55**, 1020 (1934).
166. WADA, H., T. MURAKAMI, N. TANAKA, Y. SAIKI, and C.-M. CHEN: Chemical and Chemotaxonomical Studies of Filices. LXXIV. Hariganetin, a Novel Flavonoid with the Unusual A-ring and Other Flavonoids from *Wagneriopteris japonica* Loeve et Loeve. Chem. Pharm. Bull. (Japan). In preparation.
167. KISHIMOTO, Y.: Pharmaceutical Studies on the Ferns. IX. Flavonoids of *Cyrtomium* Species. (1). On the Flavonoid Aglycones. J. Pharmac. Soc. Japan **76**, 246 (1956).
168. – Pharmaceutical Studies on the Ferns. X. Flavonoids of *Cyrtomium* Species. (2). On the Flavonoid Glucosides. J. Pharmac. Soc. Japan **76**, 250 (1956).
169. – Pharmaceutical Studies on Ferns. XI. Flavonoids of *Cyrtomium* Species. (3). Constitution of Cyrtominetin and Cyrtopterinetin. Pharm. Bull. (Japan) **4**, 24 (1956).
170. MARKHAM, K.R., C. VILAIN, E. WOLLENWEBER, V.H. DIETZ, and G. SCHILLING: Isoceroptene, a Novel Polyphenol from *Pityrogramma triangularis*. Z. Naturforsch. **40**, 317 (1985).
171. OKUYAMA, T., Y. OHTA, and S. SHIBATA: The Constituents of *Osmunda* spp. (III). Studies on the Sporophyll of *Osmunda japonica*. Japanese J. Pharmacognosy **33**, 185 (1979).
172. WADA, H., T. SATAKE, T. MURAKAMI, T. KOJIMA, Y. SAIKI, and C.-M. CHEN: Chemische und chemotaxonomische Untersuchungen der Pterophyten. LIX. Chemische Untersuchungen der Inhaltsstoffe von *Alsophila spinulosa* Tryon. Chem. Pharm. Bull. (Japan) **33**, 4182 (1985).
173. WOLLENWEBER, E.: Chalkone und Dihydrochalkone als Mehlbestandteile bei Farnen (Gattungen *Cheilanthes* und *Notholaena*). Z. Naturforsch. **32c**, 1013 (1977).
174. – The Occurrence of Flavanones in the Farinose Exudate of the Fern *Onychium siliculosum*. Phytochem. **21**, 1462 (1982).
175. RAMAKRISHNAN, G., A. BANERJI, and M.S. CHADHA: Chalcones from *Onychium auratum*. Phytochem. **13**, 2317 (1974).
176. NILSSON, M.: Chalcones from the Fronds of *Pityrogramma chrysophylla* var. *heyderi*. Acta Chem. Scand. **15**, 211 (1961).
177. BOHM, B.A.: Phenolic Compounds in Ferns-II. Indirect Evidence for the Existence of 2′,6′-Dihydroxy-4,4′-dimethoxychalcone in *Pityrogramma calomelanos*. Phytochem. **7**, 1687 (1968).
178. WAGNER, H., O. SELIGMANN, M.V. CHARI, E. WOLLENWEBER, V.H. DIETZ, D.M.X. DONNELLY, M.J. MEEGAN, and B. O'DONNELL: Strukturell neuartige 4-Phenylbenzopyran-2-one aus *Pityrogramma calomelanos* (L.) Link. Tetrahedron Letters **1979**, 4269.
179. NILSSON, M.: Dihydrochalcones from the Fronds of *Pityrogramma chrysophylla* var. *marginata* Domin. Acta Chem. Scand. **15**, 154 (1961).
180. WOLLENWEBER, E., V.H. DIETZ, D.M. SMITH, and D.S. SEIGLER: A Novel C-Methylated Dihydrochalcone from *Pityrogramma triangularis* var. *viscosa*. Z. Naturforsch. **34c**, 876 (1979).
181. KARL, C., P.A. PEDERSEN, and G. MÜLLER: Dryopterin, ein neuartiges C_{17}-Flavan aus *Dryopteris filix-mas*. Z. Naturforsch. **36c**, 607 (1981).
182. TANAKA, N., Y. KOMAZAWA, K. OBARA, T. MURAKAMI, Y. SAIKI, and C.-M. CHEN: Chemische und chemotaxonomische Untersuchungen von Filices. XXVIII. Chemische Untersuchungen der Inhaltsstoffe von *Bolbitis subcordata* (Copel.) Ching. Chem. Pharm. Bull. (Japan) **28**, 1884 (1980).
183. TANAKA, N., T. MURAKAMI, Y. SAIKI, and C.-M. CHEN: Novel Trimeric Proanthocyanidins from *Arachniodes pseudoaristata* and *A. aristata*. 34th Annual Meeting of the Japanese Society of Pharmacognosy, Osaka, 1987, Abstracts of Papers. p. 142.
184. NORO, T., S. FUKUSHIMA, Y. SAIKI, A. UENO, and Y. AKAHORI: Studies on the

Constituents of *Leptorumohra miqueliana* H. Ito. II. The Structure of Protofarrerol. J. Pharmac. Soc. Japan **89**, 851 (1969).
185. DONNELLY, D.M.X., N. FUKUDA, E. WOLLENWEBER, J. POLONSKY, and T. PRANGÉ: A Dihydrocinnamoyl Neoflavanoid from *Pityrogramma calomelanos*. Phytochem. **26**, 1143 (1987).
186. IINUMA, M., K. HAMADA, M. MIZUNO, F. ASAI, and E. WOLLENWEBER: Complex Flavonoids from *Pityrogramma* Frond Exudates. Synthesis of Two Flavones with C-C-linked Dihydrocinnamoyl Substituents. Z. Naturforsch. **41c**, 681 (1986) and references cited therein.
187. DIETZ, V.H., E. WOLLENWEBER, J. FAVRE-BONVIN, and L.D. GÓMEZ P.: A Novel Class of Complex Flavonoids from the Frond Exudate of *Pityrogramma trifoliata*. Z. Naturforsch. **35c**, 36 (1980).
188. IINUMA, M., S. MATSUURA, and F. ASAI: Synthesis of 5,7-Dihydroxy-8-cinnamoyl-4-phenyldihydrocoumarins. Heterocycles **20**, 1923 (1983).
189. FAVRE-BONVIN, J., M. JAY, E. WOLLENWEBER, and V.H. DIETZ: Deux flavones extraites d'un exsudat de fougère (*Pityrogramma calomelanos* var. *aureoflava*). Phytochem. **19**, 2043 (1980).
190. AKABORI, Y.: Ph. D. Disertation, Tokyo Metropolitan University, 1976.
191. MURAKAMI, T., H. MAEHASHI, N. TANAKA, T. SATAKE, T. KURAISHI, Y. KOMAZAWA, Y. SAIKI, and C.-M. CHEN: Chemical and Chemotaxonomical Studies on Filices. LV. Studies on the Constituents of Several Species of *Pteris*. J. Pharmac. Soc. Japan **105**, 640 (1985).
192. TANAKA, N., T. MURAKAMI, Y. SAIKI, C.-M. CHEN, and L.D. GÓMEZ P.: Chemical and Chemotaxonomical Studies of Ferns. XXXVII. Chemical Studies on the Constituents of Costa Rican Ferns. (2). Chem. Pharm. Bull. (Japan) **29**, 3455 (1981).
193. UENO, A.: Pharmaceutical Studies on Ferns. XV. Flavonoids of *Phegopteris polypodioides* Fée. J. Pharmac. Soc. Japan **82**, 1479 (1962).
194. SUNDER, R., K.N.N. AYENGAR, and S. RANGASWAMI: Chemical Examination of *Cheilanthes longissima*. Indian J. Chem. **14B**, 599 (1976).
195. HIRAOKA, A.: Flavonoid Patterns in Athyriaceae and Dryopteridaceae. Biochem. Syst. Ecol. **6**, 171 (1978).
196. HIRAOKA, A., and M. MAEDA: A New Acylated Flavonol Glycoside from *Cyathea contaminans* Copel. and Its Distribution in the Pterophyta. Chem. Pharm. Bull. (Japan) **27**, 3130 (1979).
197. HIRAOKA, A., and M. HASEGAWA: Flavonoid Glycosides from Five *Cyathea* Species. Bot. Mag. Tokyo **88**, 127 (1975).
198. SOEDER, R.W., and M.S. BABB: Flavonoids in Tree Ferns. Phytochem. **11**, 3079 (1972).
199. WALLACE, J.W., D.L. YOPP, E. BESSON, and J. CHOPIN: Apigenin di-C-glycosylflavones of *Angiopteris* (Marattiales). Phytochem. **20**, 2701 (1981).
200. WALLACE, J.W., M. CHAPMAN, J.E. SULLIVAN, and T.N. BHARDWAJA: Polyphenolics of the Marsileaceae and Their Possible Phylogenetic Utility. Amer. J. Bot. **71**, 660 (1984).
201. WALLACE, J.W., D.T. STORY, E.BESSON, and J. CHOPIN: Violanthin and Isoviolanthin from the Marattiaceous Fern, *Angiopteris evecta*. Phytochem. **18**, 1077 (1979).
202. KARL, C., G. MÜLLER, and P.A. PEDERSEN: Ein neues Catechinglykosid aus *Polypodium vulgare*. Z. Naturforsch. **37c**, 148 (1982).
203. HASEGAWA, M., and Y. AKABORI: Flavonoid Pattern in Pteridaceae. I. Flavonoid Glycosides Obtained from the Fronds of *Adiantum aethiopicum* and *A. monochlamys*. Bot. Mag. Tokyo **81**, 469 (1968).
204. AKABORI, Y., and M. HASEGAWA: Flavonoid Pattern in the Pteridaceae. II. Flavonoid

Constituents in the Fronds of *Adiantum capillus-veneris* and *A. cuneatum*. Bot. Mag. Tokyo **82**, 294 (1969).
205. IMPERATO, F.: New Phenolic Glycoside in the Fern *Adiantum capillus-verneris* L. Chem. and Ind. **1982**, 957.
206. — New Sulphated Flavonol Glucosides in the Fern *Cystopteris fragilis* Bernh. Chem. and Ind. **1983**, 204.
207. MURAKAMI, T., H. WADA, N. TANAKA, T. KURAISHI, Y. SAIKI, and C.-M. CHEN: Chemical and Chemotaxonomical Studies on Filices. LVI. Studies on the Constituents of the Davalliaceous Ferns (1). J. Pharmac. Soc. Japan **105**, 649 (1985).
208. AKABORI, Y., and M. HASEGAWA: Flavonoid Pattern in the Pteridaceae. III. Flavonoid Constituents in the Fronds of *Dennstaedtia wilfordii*. Bot. Mag. Tokyo **83**, 263 (1970).
209. MURAKAMI, T., H. WADA, N. TANAKA, T. YAMAGISHI, Y. SAIKI, and C.-M. CHEN: Chemische und chemotaxonomische Untersuchungen von Filices. XXXII. Chemische Untersuchungen der Inhaltsstoffe von *Plenasium banksiifolium* (Pr.) Pr. Chem. Pharm. Bull. (Japan) **28**, 3137 (1980).
210. WADA, H., T. MURAKAMI, N. TANAKA, M. NAKAMURA, Y. SAIKI and C.-M. CHEN: Chemical and Chemotaxonomical Studies of Filices. LXVI. Chemical Studies on the Constituents of *Pseudocyclosorus subochthodes* Ching and *P. esquirolii* Ching. J. Pharmac. Soc. Japan **106**, 989 (1986).
211. TANAKA, N., T. SATAKE, A. TAKAHASHI, M. MOCHIZUKI, T. MURAKAMI, Y. SAIKI, J.-Z. YANG, and C.-M. CHEN: Chemical and Chemotaxonomical Studies of Ferns. XXXIX. Chemical Studies on the Constituents of *Pteris bella* Tagawa and *Pteridium aquilinum* subsp. *wightianum* (Wall) Shieh. Chem. Pharm. Bull. (Japan) **30**, 3640 (1982).
212. NAKABAYASHI, T.: The Isolation of Astragalin and Isoquercitrin from Bracken (*Pteridium aquilinum*). Bull. Agr. Chem. Soc. Japan **19**, 104 (1955).
213. MURAKAMI, T., T. SATAKE, C. HIRASAWA, Y. IKENO, Y. SAIKI, and C.-M. CHEN: Chemical and Chemotaxonomical Studies on Filices. XLVI. A Few New Flavonoidglycosides (1). J. Pharmac. Soc. Japan **104**, 142 (1984).
214. IMPERATO, F.: A New and Rare Flavonol Glucoside in the Fern *Asplenium filix-foemina* Bernh. Chem. and Ind. **1979**, 525.
215. — Two New Flavonol Glycosides from the Fern *Ceterach officinarum* Lam. et DC. Chem. and Ind. **1981**, 695.
216. OKUYAMA, T., K. HOSOYAMA, Y. HIRAGA, G. KURONO, and T. TAKEMOTO: The Constituents of *Osmunda* spp. II. A New Flavonol Glycoside of *Osmunda asiatica*. Chem. Pharm. Bull. (Japan) **26**, 3071 (1978).
217. TANAKA, N., T. SADA, T. MURAKAMI, Y. SAIKI, and C.-M. CHEN: Chemische und chemotaxonomische Untersuchungen der Pterophyten. XLV. Chemische Untersuchungen der Inhaltsstoffe von *Glaphyropteridopsis erubescens* (Wall.) Ching. Chem. Pharm. Bull. (Japan) **32**, 490 (1984).
218. IMPERATO, F.: Flavonol Glycosides from *Asplenium bulbiferum*. Phytochem. **24**, 2136 (1985).
219. HARBORNE, J.B., C.A. WILLIAMS, and D.M. SMITH: Species-Specific Kaempferol Derivatives in Ferns of the Appalachian *Asplenium* Complex. Biochem. Systematics **1**, 51 (1973).
220. IMPERATO, F.: Two New Kaempferol 3,7-Diglycosides and Kaempferitrin in the Fern *Asplenium trichomanes*. Experientia **35**, 1134 (1979).
221. WU, T.-S., M.-T. CHEN, C.-S. KUOH, and J.-J. YANG: Constituents of Formosan Folk Medicines. X. Chemical Constituents of the Rhizoma of *Onychium contiguum* (Wall.) Hope. J. Chinese Chem. Soc. (Taipei) **28**, 63 (1981).

222. IMPERATO, F.: A New Sulphated Flavonol Glycoside in the Fern *Asplenium fontanum* Bernh. Chem. and Ind. **1980**, 540.
223. SATAKE, T., T. MURAKAMI, Y. SAIKI, C.-M. CHEN, and L.D. GÓMEZ P.: Chemical and Chemotaxonomical Studies on Filices. LI. Chemical Studies on the Constituents of Costa Rican Ferns. (3). Chem. Pharm. Bull. (Japan) **32**, 4620 (1984).
224. KARL, C., P.A. PEDERSEN, and G. MÜLLER: Ein neues Kämpferolacylglycosid aus *Phyllitis scolopendrium*. Z. Naturforsch. **35c**, 826 (1980).
225. IMPERATO, F.: Two New Kaempferide 3,7-Diglycosides from the Fern *Asplenium bulbiferum*. Chem. and Ind. **1984**, 186.
226. – A New Kaempferide 3,7-Diglycoside from the Fern *Asplenium bulbiferum*. Chem. and Ind. **1984**, 667.
227. – An Unusual Glycosylation Pattern in a New Flavonoid from the Fern *Asplenium nidus*. Chem. and Ind. **1986**, 555.
228. WU, T.-S., and H. FURUKAWA: Flavonol Glycosides from *Humata pectinata*. Phytochem. **22**, 1061 (1983).
229. IMPERATO, F.: A New Sulphated Flavonol Glucoside in the Fern *Asplenium septentrionale*. Chem. and Ind. **1983**, 390.
230. – A New Acylated Flavonol Glycoside from the Fern *Adiantum capillus-veneris* L. Chem. and Ind. **1982**, 604.
231. TANAKA, N., T. MURAKAMI, Y. SAIKI, C.-M. CHEN, and L.D. GÓMEZ P.: Chemische und chemotaxonomische Untersuchungen der Gattung *Pteris* und der verwandten Gattungen (Pteridaceae). XXII. Chemische Untersuchungen von *Pteris grandifolia* L. Chem. Pharm. Bull. (Japan) **26**, 3580 (1978).
232. BHARDWAJ, K.R., S.D. LAL, and P.K. JAIWAL: Occurrence of Rutin in *Asplenium trichomanes* L. Current Sci. (India) **51**, 1036 (1982).
233. LAL, S.D., V.M. GUPTA, and R.K. GARG: Quercetin 3-Rutinoside and Naringenin 7-Rhamnoglucoside in *Marsilea sporocarps*. Current Sci. (India) **52**, 263 (1983).
234. IMPERATO, F.: A New Flavonol Triglycoside from the Fern *Cheilanthes fragrans*. Chem. and Ind. **1985**, 799.
235. MARKHAM, K.R., T.J. MABRY, and B. VOIRIN: 3-O-Methylquercetin 7-O-Diglucoside 4'-O-Glucoside from the Fern, *Ophioglossum vulgatum*. Phytochem. **8**, 469 (1969).
236. IMPERATO, F.: A New Flavonol 3,7-Diglycoside from the Fern *Cheilanthes fragrans*. Chem. and Ind. **1986**, 878.
237. – A Flavanone Glycoside from the Fronds of *Ceterach officinarum*. Phytochem. **22**, 312 (1983).
238. TANAKA, N., T. MURAKAMI, H.WADA, A.B. GUTIERREZ, Y. SAIKI, and C.-M. CHEN: Chemical and Chemotaxonomical Studies of Filices. LXI. Chemical Studies on the Constituents of *Pronephrium triphyllum* Hollt. Chem. Pharm. Bull. (Japan) **33**, 5231 (1985).
239. SRIVASTAVA, S.K., S.D. SRIVASTAVA, V.K. SAKSENA, and S.S. NIGAM: A Flavanone Glycoside from *Diplazium esculentum*. Phytochem. **20**, 862 (1981).
240. BHAKUNI, D.S., S. GNECCO, P.G. SAMMES, and M. SILVA: A New Triterpene and Catechin from *Polypodium feullei* Bertero. Rev. Latinoamer. Quim. **5**, 109 (1974).
241. WEINGES, K., and R. WILD: Die Konstitution des Polydins. Liebigs Ann. Chem. **734**, 46 (1970).
242. HARBORNE, J.B.: Comparative Biochemistry of Flavonoids. II. 3-Desoxyanthocyanins and Their Systematic Distribution in Ferns and Gesnerads. Phytochem. **5**, 589 (1966).
243. HOLST, R.W.: Antocyanins of *Azolla*. Amer. Fern J. **67**, 99 (1977).
244. HAUTEVILLE, M., J. CHOPIN, H. GEIGER, and L. SCHÜLER: Protogenkwanin 4'-Glucoside, a New Type of Natural Flavonoid with a Non Aromatic B-Ring. Tetrahedron Letters **21**, 1227 (1980).

245. WOLLENWEBER, E.: The Distribution and Chemical Constituents of the Farinose Exudates in Gymnogrammoid Ferns. Amer. Fern J. **68**, 13 (1978).
246. WAGNER, H.: Flavonoid-Glykoside. In: Progress in the Chemistry of Organic Natural Products (HERZ, W., H. GRISEBACH, and G.W. KIRBY, eds.), **31**, p. 153. Wien-New York: Springer. 1974.
247. HARBORNE, J.B., and C.A. WILLIAMS: Flavone and Flavonol Glycosides. In: The Flavonoids: Advances in Research (HARBORNE, J.B., and T.J. MABRY, eds.), p. 261. London-New York: Chapman and Hall. 1982.
248. STAHL, E., and W. SCHILD: Pharmazeutische Biologie 4. Drogenanalyse II: Inhaltsstoffe und Isolierungen. p. 438. Stuttgart- New York: Gustav Fischer Verlag. 1981.
249. COOPER-DRIVER, G.A.: The Role of Flavonoids and Related Compounds in Fern Systematics. Bull. Torrey Bot. Club **107**, 116 (1980).
250. BOHM, B.A.: The Minor Flavonoids. In: The Flavonoids: Advances in Research (HARBORNE, J.B., and T.J. MABRY, eds.), p. 384. London-New York: Chapman and Hall. 1982.
251. CZOCHANSKA, Z., L.Y. FOO, R.H. NEWMAN, and L.J. PORTER: Polymeric Proanthocyanidins. Stereochemistry, Structural Units, and Molecular Weight. J. Chem. Soc. Perkin I. **1980**, 2278.
252. VOIRIN, B.: Recherches chimiques, taxinomiques et physiologiques sur les flavonoides des Pteridophytes. Thése, Docteur-Science, L'Université de Lyon 1970.
253. BATE-SMITH, E.C., and T. SWAIN: New Leucoanthocyanins in Grasses. Nature **213**, 1033 (1967).
254. BATE-SMITH, E.C.: Luteoforol (3',4,4',5,7-Pentahydroxyflavan) in *Sorghum vulgare* L. Phytochem. **8**, 1803 (1969).
255. BATE-SMITH, E.C., and L.L. CREASEY: Luteoforol in Strawberry Leaves. Phytochem. **8**, 1811 (1969).
256. TANAKA, N., H. SAKAI, T. MURAKAMI, Y. SAIKI, C.-M. CHEN, and Y. IITAKA: Chemische und chemotaxonomische Untersuchungen der Pterophyten. LXII. Chemische Untersuchungen der Inhaltsstoffe von *Arachniodes maximowiczii* Ohwi. Chem. Pharm. Bull. (Japan) **34**, 1015 (1986).
257. HAYASHI, Y., M. NISHIZAWA, and T. SAKAN: Structure of Hypacrone, a Novel seco-Illudoid, Possible Biological Precursor of Pterosins in *Hypolepis punctata* Mett. Chemistry Letters **1973**, 63.
258. SAITO, K., T. NAGAO, K. KOYAMA, and S. NATORI: Mutagenic Compounds, Hypoloside A, B, and C, Isolated from *Hypolepis punctata* Mett. 107th Annual Meeting of the Pharmaceutical Society of Japan, Kyoto, Apr. 1987, Abstracts of Papers, p. 325.
259. FUKUOKA, M., M. KUROYANAGI, K. YOSHIHIRA, and S. NATORI: Chemical and Toxicological Studies on Bracken Fern, *Pteridium aquilinum* var. *latiusculum*. II. Structures of Pterosins, Sesquiterpenes Having 1-Indanone Skeleton. Chem. Pharm. Bull. (Japan) **26**, 2365 (1978).
260. HAYASHI, Y., M. NISHIZAWA, S. HARITA, and T. SAKAN: Structures and Syntheses of Hypolepin A, B and C, Sesquiterpenes from *Hypolepis punctata* Mett. Chemistry Letters **1972**, 375.
261. TANAKA, N., A. MASUDA, T. MURAKAMI, Y. SAIKI, and C.-M. CHEN: Chemical and Chemotaxonomical Studies of Filices. LXXIX. Illudalane-Type Sesquiterpenes from Pteridaceous Ferns and a *Plagiogyria* Fern. J. Pharmac. Soc. Japan. In preparation.
262. KURAISHI, T., T. MURAKAMI, T. TANIGUCHI, Y. KOBUKI, H. MAEHASHI, N. TANAKA, Y. SAIKI, and C.-M. CHEN: Chemical and Chemotaxonomical Studies of Ferns. LIV. Pterosin Derivatives of the Genus *Microlepia* (Pteridaceae). Chem. Pharm. Bull. (Japan) **33**, 2305 (1985).

263. BARDOUILLE, V., B.S. MOOTOO, K. HIROTSU, and J. CLARDY: Sesquiterpenes from *Pityrogramma calomelanos*. Phytochem. **17**, 275 (1978).
264. MURAKAMI, T., M. KUDO, S. TAGUCHI, N. TANAKA, Y. SAIKI, and C.-M. CHEN: Chemische und chemotaxonomische Untersuchungen der Gattung *Pteris* und der verwandten Gattungen (Pteridaceae) XVII. Weitere Inhaltsstoffe aus *Pteris inaequalis* BAKER var. *aequata* (Miq.) TAGAWA. Chem. Pharm. Bull. (Japan) **26**, 643 (1978).
265. AOYAMA, K., N. TANAKA, N. SUZUKI, T. MURAKAMI, Y. SAIKI, and C.-M. CHEN: Chemische und chemotaxonomische Untersuchungen der Gattung *Pteris* und der verwandten Gattungen (Pteridaceae). XVI. Neue Pterosin-Derivate aus *Pteris wallichiana* Agardh. und *P. semipinnata* L. Chem. Pharm. Bull. (Japan) **25**, 2461 (1977).
266. MURAKAMI, T., K. AOYAMA, N. TANAKA, and C.-M. CHEN: Chemische und chemotaxonomische Untersuchungen der Gattung *Pteris* und der verwandten Gattungen (Pteridaceae). X. Chemische Untersuchungen der Inhaltsstoffe von *Pteris wallichiana* Agardh. Chem. Pharm. Bull. (Japan) **24**, 173 (1976).
267. HIKINO, H., T. TAKAHASHI, and T. TAKEMOTO: Structure of Pteroside Z and D, Glycosides of *Pteridium aquilinum* var. *latiusculum*. Chem. Pharm. Bull. (Japan) **19**, 2424 (1971).
268. KUROYANAGI, M., M. FUKUOKA, K. YOSHIHIRA, and S. NATORI: Chemical and Toxicological Studies on Bracken Fern, *Pteridium aquilinum* var. *latiusculum*. III. Further Characterization of Pterosins and Pterosides, Sesquiterpenes and the Glucosides Having 1-Indanone Skeleton, from the Rhizomes. Chem. Pharm. Bull. (Japan) **27**, 592 (1979).
269. MURAKAMI, T., S. TAGUCHI, Y. NOMURA, N. TANAKA, T. SATAKE, Y. SAIKI, and C.-M. CHEN: Chemische und chemotaxonomische Untersuchungen der Gattung *Pteris* und der verwandten Gattungen (Pteridaceae). XII. Weitere Indan-1-on Derivate der Gattung *Pteris*. Chem. Pharm. Bull. (Japan) **24**, 1961 (1976).
270. MURAKAMI, T., S. TAGUCHI, and C.-M. CHEN: Chemische und chemotaxonomische Untersuchungen der Gattung *Pteris* und der verwandten Gattungen (Pteridaceae). XIV. Chemische Untersuchungen der Inhaltsstoffe von *Hypolepis punctata* (Thunb.) Mett. Chem. Pharm. Bull. (Japan) **24**, 2241 (1976).
271. MURAKAMI, T., H. WADA, N. TANAKA, Y. SAIKI, and C.-M. CHEN: Chemische und chemotaxonomische Untersuchungen von Filices. XXVII. Chemische Untersuchungen der Inhaltsstoffe von *Dennstaedtia wilfordii* (Moore) Christ. Chem. Pharm. Bull. (Japan) **28**, 1869 (1980).
272. MURAKAMI, T., T. SATAKE, K. NINOMIYA, H. IIDA, K. YAMAUCHI, N. TANAKA, Y. SAIKI, and C.-M. CHEN: Chemische und chemotaxonomische Untersuchungen von Filices. XXV. Pterosin-Derivate aus der Familie Pteridaceae. Phytochem. **19**, 1743 (1980).
273. BANERJI, A., G. RAMAKRISHNAN, and M.S. CHADHA: Onitin and Onitisin, New Phenolic Pterosins from the Fern *Onychium auratum*. Tetrahedron Letters **1974**, 1369.
274. MURAKAMI, T., K. OWASHI, N. TANAKA, T. SATAKE, and C.-M. CHEN: Chemische und chemotaxonomische Untersuchungen der Gattung *Pteris* und der verwandten Gattungen (Pteridaceae). VII. Chemische Untersuchungen der Inhaltsstoffe von *Dennstaedtia scabra* (Wall.) Moore. Chem. Pharm. Bull. (Japan) **23**, 1630 (1975).
275. HAYASHI, Y., M. NISHIZAWA, M. UEMURA, and T. SAKAN: Studies on the Sesquiterpenoid Constituents of *Hypolepis punctata* Mett. 19th Symposium on the Chemistry of Natural Products, Hiroshima, Oct. 1975, Symposium Papers, p. 76.
276. FUKUOKA, M., M. KUROYANAGI, M. TOHYAMA, K. YOSHIHIRA, and S. NATORI: Pterosins J, K, and L and Six Acylated Pterosins from Bracken, *Pteridium aquilinum* var. *latiusculum*. Chem. Pharm. Bull. (Japan) **20**, 2282 (1972).
277. KUROYANAGI, M., M. FUKUOKA, K. YOSHIHIRA, and S. NATORI: The Absolute Con-

figurations of Pterosins, 1-Indanone Derivatives from Bracken, *Pteridium aquilinum* var. *latiusculum*. Chem. Pharm. Bull. (Japan) **22**, 723 (1974).
278. NIWA, H., M. OJIKA, K. WAKAMATSU, K. YAMADA, I. HIRONO, and K. MATSUSHITA: Ptaquiloside, a Novel Norsesquiterpene Glucoside from Bracken, *Pteridium aquilinum* var. *latiusculum*. Tetrahedron Letters **24**, 4117 (1983).
279. NIWA, H., M. OJIKA, K. WAKAMATSU, K. YAMADA, S. OHBA, Y. SAITO, I. HIRONO, and K. MATSUSHITA: Stereochemistry of Ptaquiloside, a Novel Norsesquiterpene Glucoside from Bracken, *Pteridium aquilinum* var. *latiusculum*. Tetrahedron Letters **24**, 5371 (1983).
280. HOEVEN, J.C.M., and F.E. LEEUVEN: Isolation of a Mutagenic Fraction from Bracken. Mutation Res. **79**, 377 (1980).
281. HOEVEN, J.C.M., W.J. LAGERWEIJ, M.A. POSTHUMUS, A. VELDHUIZEN and H.A.J. HOLTERMAN: Aquilide A, a New Mutagenic Compound Isolated from Bracken Fern (*Pteridium aquilinum* (L.) Kuhn). Carcinogenesis **4**, 1587 (1983).
282. SAITO, K., T. NAGAO, E. HIRAYAMA, M. MATOBA, K. KOYAMA, S. NATORI, T. MURAKAMI, Y. SAIKI, and H. AGETA: Distribution of the Mutagenic and Carcinogenic Ptaquiloside-like Compounds in the Pteridaceous Ferns. 34th Annual Meeting of the Japanese Society of Pharmacognosy, Osaka, 1987, Abstracts of Papers, p. 105.
283. HIKINO, H., T. TAKAHASHI, S. ARIHARA, and T. TAKEMOTO: Structure of Pteroside B, Glycoside of *Pteridium aquilinum* var. *latiusculum*. Chem. Pharm. Bull. (Japan) **18**, 1488 (1970).
284. RONALDSON, J.W.: The Elucidation of the Structure of a Substituted Indanone by the Use of Tris(dipivalomethanato)europium (III). Chem. and Ind. **1972**, 764.
285. KOBAYASHI, A., H. EGAWA, K. KOSHIMIZU, and T. MITSUI: Antimicrobial Constituents in *Pteris inaequalis* Bak. Agric. Biol. Chem. **39**, 1851 (1975).
286. KUROYANAGI, M., M. FUKUOKA, K. YOSHIHIRA, and S. NATORI: Pterosin N and O, Phenylacetylpterosin C, and Pteroside P from Bracken, *Pteridium aquilinum* var. *latiusculum*. Chem. Pharm. Bull. (Japan) **22**, 2762 (1974).
287. MURAKAMI, T., N. TANAKA, K. TANAKA, and C.-M. CHEN: Chemische und chemotaxonomische Untersuchungen der Gattung *Pteris* und der verwandten Gattungen (Pteridaceae). V. Pterosin Q und Pterosid Q aus *Pteris oshimensis* Hieron. und *Histiopteris incisa* (Thunb.) J. Smith. Chem. Pharm. Bull. (Japan) **22**, 2758 (1974).
288. TANAKA, N., M. HATA, T. MURAKAMI, Y. SAIKI, and C.-M. CHEN: Chemische und chemotaxonomische Untersuchungen der Gattung *Pteris* und der verwandten Gattungen (Pteridaceae). XIII. Weitere Inhaltsstoffe von *Pteris dispar* Kunze. Chem. Pharm. Bull. (Japan) **24**, 1965 (1976).
289. MURAKAMI, T., N. TANAKA, T. TEZUKA, and C.-M. CHEN: Chemische und chemotaxonomische Untersuchungen der Gattung *Pteris* und der verwandten Gattungen (Pteridaceae). VIII. Chemische Untersuchungen der Inhaltsstoffe von *Pteris inaequalis* Baker var. *aequata* (Miq.) Tagawa. Chem. Pharm. Bull. (Japan) **23**, 1634 (1975).
290. WIJ, M., and S. RANGASWAMI: Indanone Derivatives from *Pteris wallichiana*. Indian J. Chem. **1977**, 16.
291. SENGUPTA, P., M. SEN, and S.K. NIYOGI: Isolation and Structure of Wallichoside, a Novel Pteroside from *Pteris wallichiana*. Phytochem. **15**, 995 (1976).
292. MURAKAMI, T., N. TANAKA, and C.-M. CHEN: Chemische und chemotaxonomische Untersuchungen der Gattung *Pteris* und der verwandten Gattungen (Pteridaceae). IX. Weitere Inhaltsstoffe aus *Pteris oshimensis* Hieron. Chem. Pharm. Bull. (Japan) **23**, 1890 (1975).
293. HASEGAWA, M., Y. AKABORI, and S. AKABORI: New Indanone Compounds from *Onychium japonicum*. Phytochem. **13**, 509 (1974).
294. AKABORI, S., Y. AKABORI, and M. HASEGAWA: Further Structural Studies of 1-Indan-

one Derivatives obtained from *Onychium japonicum*. Chem. Pharm. Bull. (Japan) **28**, 1311 (1980).
295. MURAKAMI, T., T. SATAKE, and C.-M. CHEN: Chemische und chemotaxonomische Untersuchungen der Gattung *Pteris* und der verwandten Gattungen (Pteridaceae). VI. Chemische Untersuchungen der Inhaltsstoffe von *Pteris kiuschiuensis* Hieron. Chem. Pharm. Bull. (Japan) **23**, 936 (1975).
296. SATAKE, T., T. MURAKAMI, N. YOKOTE, Y. SAIKI, and C.-M. CHEN: Chemical and Chemotaxonomical Studies on Filices. LVIII. Chemical Studies on the Constituents of *Monachosorum arakii* Tagawa (Pteridaceae). Chem. Pharm. Bull. (Japan) **33**, 4175 (1985).
297. HORI, K., T. SATAKE, M. YABUUCHI, Y. SAIKI, T. MURAKAMI, and C.-M. CHEN: Chemical and Chemotaxonomical Studies of Filices. LXVIII. The Distribution of Sesquiterpene Dimers 'Monachosorins' and Its Chemotaxonomic Implication. J. Pharmac. Soc. Japan **107**, 485 (1987).
298. HORI, K., T. SATAKE, Y. SAIKI, T. MURAKAMI, and C.-M. CHEN: A Dimeric Pterosin Glucoside from a Mexican Fern, *Dennstaedtia distenta* Moore. 34th Annual Meeting of the Japanese Society of Pharmacognosy, Osaka, 1987, Abstracts of Papers, p. 126.
299. TANAKA, N., T. KIMURA, T. MURAKAMI, Y. SAIKI, and C.-M. CHEN: Chemische und chemotaxonomische Untersuchungen von Filices. XXIX. Chemische Untersuchungen der Inhaltsstoffe von *Protowoodsia manchuriensis* (Hook.) Ching. Chem. Pharm. Bull (Japan) **28**, 2185 (1980).
300. MURAKAMI, T., T. KIMURA, H. WADA, N. TANAKA, Y. SAIKI, and C.-M. CHEN: Chemische und chemotaxonomische Untersuchungen von Filices. XXXV. Chemische Untersuchungen der Inhaltsstoffe von *Polystichum tripteron* (Kunze) Pr. Chem. Pharm. Bull. (Japan) **29**, 886 (1981).
301. BRIGGS, L.H., and M.D. SUTHERLAND: A Terpene-type Essential Oil from a Fern (*Paesia scaberula*). Nature **160**, 333 (1947).
302. YOSHIHIRA, K., M. FUKUOKA, M. KUROYANAGI, and S. NATORI: 1-Indanone Derivatives from Bracken, *Pteridium aquilinum* var. *latiusculum*. Chem. Pharm. Bull. (Japan) **19**, 1491 (1971).
303. SYRCHINA, A.I., O.N. GORENYSHEVA, A.A. SEMENOV, V.N. BIYUSHKIN, and T.I. MALINOVSKII: Isolation of Indanone from *Equisetum arvense* and Its Crystal and Molecular Structure. Khim. Prir. Soedin. **1978**, 508.
304. SEMENOV, A.A., A.I. SYRCHINA, O.N. GORENYSHEVA, V.N. BIYUSHKIN, and T.I. MALINOVSKY: Crystalline and Molecular Structure of Indanone from *Equisetum arvense* L. 11th International Symposium on the Chemistry of Natural Products, 1978, Symposium Papers, **2**, p. 375.
305. YOSHIHIRA, K., M. FUKUOKA, M. KUROYANAGI, and S. NATORI: Further Characterization of 1-Indanone Derivatives from Bracken, *Pteridium aquilinum* var. *latiusculum*. Chem. Pharm. Bull. (Japan) **20**, 426 (1972).
306. EVANS, I.A.: Bracken Carcinogenicity. In: Chemical Carcinogens, Second Edition (SEARLE, C.E. ed.), **2**, p. 1171. Washington, D.C.: Amer. Chemical Society. 1984.
307. CLARK, I.A., and C.K. DIMMOCK: The Toxicity of *Cheilanthes sieberi* to Cattle and Sheep. Australian Veterinary J. **47**, 149 (1971).
308. EVANS, I.A., and J. MASON: Carcinogenic Activity of Bracken. Nature **208**, 913 (1965).
309. PAMUKCU, A.M., and J.M. PRICE: Induction of Intestinal and Urinary Bladder Cancer in Rats by Feeding Bracken Fern (*Pteris aquilina*). J. Natl. Cancer Inst. **43**, 275 (1969).
310. HIRONO, I., C. SHIBUYA, K. FUSHIMI, and M. HAGA: Studies on Carcinogenic Properties of Bracken, *Pteridium aquilinum*. J. Natl. Cancer Inst. **45**, 179 (1970).
311. FUKUOKA, M., M. KUROYANAGI, K. YOSHIHIRA, S. NATORI, M. NAGAO, Y. TAKA-

HASHI, and T. SUGIMURA: Chemical and Toxicological Studies on Bracken Fern, *Pteridium aquilinum* var. *latiusculum*. IV. Surveys on Bracken Constituents by Mutagen Test. J. Pharm. Dyn. **1**, 324 (1978).
312. YOSHIHIRA, K., M. FUKUOKA, M. KUROYANAGI, S. NATORI, M. UMEDA, T. MOROHOSHI, M. ENOMOTO, and M. SAITO: Chemical and Toxicological Studies on Bracken Fern, *Pteridium aquilinum* var. *latiusculum*. I. Introduction, Extraction and Fractionation of Constituents, and Toxicological Studies Including Carcinogenicity Tests. Chem. Pharm. Bull. (Japan) **26**, 2346 (1978).
313. HIRONO, I.: Natural Carcinogenic Products of Plant Origin. CRC Critical Rev. Toxicol. **8**, 235 (1981).
314. EVANS, W.C., T. KORN, S. NATORI, K. YOSHIHIRA, and M. FUKUOKA: Chemical and Toxicological Studies on Bracken Fern, *Pteridium aquilinum* var. *latiusculum*. VIII. The Inability of Bracken Extracts Containing Pterosins to cause Cattle Bracken Poisoning. J. Pharm. Dyn. **6**, 938 (1983).
315. HIRONO, I., Y. KONO, K. TAKAHASHI, K. YAMADA, H. NIWA, M. OJIKA, H. KIGOSHI, K. NIIYAMA, and Y. UOSAKI: Reproduction of Acute Bracken Poisoning in a Calf with Ptaquiloside, a Bracken Constituent. Veterinary Record **115**, 375 (1984).
316. HIRONO, I., S. AISO, T. YAMAJI, H. MORI, K. YAMADA, H. NIWA, M. OJIKA, K. WAKAMATSU, H. KIGOSHI, K. NIIYAMA, and Y. UOSAKI: Carcinogenicity in Rats of Ptaquiloside Isolated from Bracken. Gann **75**, 833 (1984).
317. MATOBA, M., E. SAITO, K. SAITO, K. KOYAMA, S. NATORI, T. MATSUSHIMA, and M. TAKIMOTO: Assay of Ptaquiloside, the Carcinogenic Principle of Bracken, *Pteridium aquilinum* by Mutagenicity Testing in *Salmonella typhimurium* TA98. Mutagenesis. In press.
318. HIKINO, H., T. MIYASE, and T. TAKEMOTO: Biosynthesis of Pteroside B in *Pteridium aquilinum* var. *latiusculum*, Proof of the Sesquiterpenoid Origin of the Pterosides. Phytochem. **15**, 121 (1976).
319. AYER, W.A., and L.M. BROWNE: Terpenoid Metabolites of Mushrooms and Related Basidiomycetes. Tetrahedron, **37**, 2199 (1981).
320. TURNER, W.B., and D.C. ALDRIDGE: Terpenes and Steroids. In: Fungal Metabolites II, p. 225. London-New York: Academic Press. 1983.
321. HANSSEN, H.-P., E. SPRECHER, and W.-R. ABRAHAM: 6-Protoilludene, the Major Volatile Metabolite from *Ceratocystis piceaea* Liquid Cultures. Phytochem. **25**, 1979 (1986).
322. AYER, W.A., and R.H. MCCASKILL: The Cybrodins, a New Class of Sesquiterpenes. Canad. J. Chem. **59**, 2150 (1981).
323. NAMBUDIRY, M.E.N., and G.S. KRISHNA RAO: Studies in Terpenoids. Part XXX. Synthesis of Pterosin E, a Sesquiterpenoid from Bracken. J. Chem. Soc. Perkin I **1974**, 317.
324. MCMORRIS, T.C., M. LIU, and R.H. WHITE: Studies on the Pterosins and Other Indanones Related to the Illudins. Lloydia **40**, 221 (1977).
325. HAYASHI, Y., M. NISHIZAWA, and T. SAKAN: Interconversion of Pterosins, Illudoid Sesquiterpenes: Synthesis of Onitin (4-Hydroxypterosin Z) and ($\pm$)-Pterosin D. Chemistry Letters **1974**, 945.
326. – – – The Synthesis of Hypacrone, a Novel Seco-Illudoid Sesquiterpene from *Hypolepis punctata* Mett. Chemistry Letters **1975**, 387.
327. WOLLENWEBER, E., P. RÜEDI, and D.S. SEIGLER: Diterpenes of *Cheilantes argentea*, a Fern from Asia. Z. Naturforsch. **37c**, 1283 (1982).
328. KOYAMA, K., F. FUKE, J. KIMURA, and T. OKUYAMA: The Constituents of *Osmunda* spp. (I). Japanese J. Pharmacognosy **32**, 126 (1978).
329. AGETA, H., and Y. ARAI: Chmotaxonomy of Fern Plants. (I). *Polypodium amamianum* Tagawa. Japanese J. Pharmacognosy **38**, 46 (1984).

330. MISRA, R., R.C. PANDEY, and S. DEV: The Absolute Stereochemistry of Hardwickiic Acid and Its Congeners. Tetrahedron Letters **1968**, 2681.
331. KURAISHI, T., K. NINOMIYA, T. MURAKAMI, N. TANAKA, Y. SAIKI, and C.-M. CHEN: Chemische und chemotaxonomische Untersuchungen der Pterophyten. LII. Chemische Untersuchungen der Inhaltsstoffe von *Scypholepia hookeriana* J. Sm. Chem. Pharm. Bull. (Japan) **32**, 4883 (1984).
332. KURAISHI, T., H. MAEHASHI, T. MURAKAMI, Y. SAIKI, and C.-M. CHEN: Chemical and Chemotaxonomical Studies of Ferns. LX. Chemical Studies on the Constituents of *Microlepia tenera* Christ. J. Pharmac. Soc. Japan **105**, 937 (1985).
333. KURAISHI, T., T. TANIGUCHI, K. HORI, T. MURAKAMI, N. TANAKA, Y. SAIKI, and C.-M. CHEN: Chemische und chemotaxonomische Untersuchungen der Pterophyten. XLIV. Chemische Untersuchungen der Inhaltsstoffe von *Microlepia marginata* (Panzer) C. Chr. (2). Chem. Pharm. Bull. (Japan) **31**, 4409 (1983).
334. CHEN, C.-M., and T. MURAKAMI: Chemical and Chemotaxonomical Studies of the Genus *Pteris* and Related Genera (Pteridaceae). I. Chemical Studies on the Constituents of *Pteris cretica* L. Tetrahedron Letters **1971**, 1121.
335. – – Chemical and Chemotaxonomical Studies of the Genus *Pteris* and Related Genera (Pteridaceae). II. Structures of Creticosides A and B, Two New Diterpenoid Glucosides from *Pteris cretica* L. Chem. Pharm. Bull. (Japan) **19**, 1495 (1971).
336. – – Chemische und chemotaxonomische Untersuchungen der Gattung *Pteris* und der verwandten Gattungen. (Pteridaceae) III. Chemische Untersuchungen über die Inhaltsstoffe von *Pteris cretica* L. Chem. Pharm. Bull. (Japan) **21**, 455 (1973).
337. MURAKAMI, T., T. SATAKE, M. TEZUKA, K. TANAKA, F. TANAKA, and C.-M. CHEN: Chemische und chemotaxonomische Untersuchungen der Gattung *Pteris* und der verwandten Gattungen (Pteridaceae). IV. Chemische Untersuchungen der Inhaltsstoffe von *Pters cretica* L. Chem. Pharm. Bull. (Japan) **22**, 1686 (1974).
338. KURAISHI, T., T. TANIGUCHI, T. MURAKAMI, N. TANAKA, Y. SAIKI, und C.-M. CHEN: Chemische und chemotaxonomische Untersuchungen von Filices. XL. Chemische Untersuchungen der Inhaltsstoffe von *Microlepia marginata* (Panzer) C. Chr. Chem. Pharm. Bull. (Japan) **31**, 1494 (1983).
339. MURAKAMI, T., H. IIDA, N. TANAKA, Y. SAIKI, C.-M. CHEN, and Y. IITAKA: Chemische und chemotaxonomische Untersuchungen von Filices. XXXIII. Chemische Untersuchungen der Inhaltsstoffe von *Pters longipes* Don. Chem. Pharm. Bull. (Japan) **29**, 657 (1981).
340. MURAKAMI, T., N. TANAKA, M. HATA, Y. SAIKI, and C.-M. CHEN: Chemische und chemotaxonomische Untersuchungen der Gattung *Pteris* und der verwandten Gattungen (Pteridaceae). XI. Chemische Untersuchungen der Inhaltsstoffe von *Pteris dispar* Kunze. Chem. Pharm. Bull. (Japan) **24**, 549 (1976).
341. TANAKA, N., T. MURAKAMI, Y. SAIKI, and C.-M. CHEN: Chemical and Chemotaxonomical Studies of Filices. LIII. Chemical Studies on the Constituents of *Dipteris conjugata* Reinw. Chem. Pharm. Bull. (Japan) **33**, 152 (1985).
342. TANAKA, N., K. NAKATANI, T. MURAKAMI, Y. SAIKI, and C.-M. CHEN: Chemische und chemotaxonomische Untersuchungen der Gattung *Pteris* und der verwandten Gattungen (Pteridaceae). XXI. Chemische Untersuchungen der Inhaltsstoffe von *Pteris plumbea* Christ. Chem. Pharm. Bull. (Japan) **26**, 3260 (1978).
343. WOLLENWEBER, E., D. MARX, J. FAVRE-BONVIN, and C. BRASSY: *ent*-Kaurenoic Acid, a Diterpene as Frond Exudate on Ferns of the Genus *Notholaena*. Z. Naturforsch. **38c**, 146 (1983).
344. MURAKAMI, T., N. TANAKA, Y. KOMAZAWA, Y. SAIKI, and C.-M. CHEN: Chemische und chemotaxonomische Untersuchungen von Filices. XLI. Weitere Inhaltsstoffe von *Pteris purpureorachis* Copel. Chem. Pharm. Bull. (Japan) **31**, 1502 (1983).
345. TANAKA, N., T. MURAKAMI, Y. SAIKI, C.-M. CHEN, and Y. IITAKA: Chemische und

chemotaxonomische Untersuchungen von Filices. XXXIV. Chemische Untersuchungen der Inhaltsstoffe von *Pteris purpureorachis* Copel. Chem. Pharm. Bull. (Japan) **29**, 663 (1981).
346. NAKANISHI, K., M. ENDO, U. NÄF, and L.F. JOHNSON: Structure of the Antheridium-Inducing Factor of the Fern *Anemia phyllitidis*. J. Amer. Chem. Soc. **93**, 5579 (1971).
347. COREY, E.J., and A.G. MYERS: Total Synthesis of ($\pm$)-Antheridium-Inducing Factor- (A_{An}, 2) of the Fern *Anemia phyllitidis*. Clarification of Stereochemistry. J. Amer. Chem. Soc. **107**, 5574 (1985).
348. CHEN, C.-M., M.-Z. XU, X.-Y. HE, H.-Z. ZHOU, T. MURAKAMI, and Y. SAIKI: Chemical Studies on the Constituents of *Onychium japonicum* Kze. 100th Annual Metting of the Pharmaceutical Society of Japan, Tokyo, April 1980, Abstracts of Papers, p. 199.
349. TURNER, W.B.: Terpenes and Steroids. In: Fungal Metabolites, p. 238. London-New York: Acad. Press. 1983.
350. DÖPP, W.: Eine die Antheridienbildung bei Farnen fördernde Substanz in den Prothallien von *Pteridium aquilinum* (L.) Kuhn. Ber. dtsch. bot. Ges. **63**, 139 (1950).
351. NÄF, U., K. NAKANISHI, and M. ENDO: On the Physiology and Chemistry of Fern Antheridiogens. Botanical Review **41**, 315 (1975).
352. NÄF, U.: Control of Antheridium Formation in the Fern Species *Anemia phyllitides*. Nature, **184**, 798 (1959).
353. ENDO, M., and K. NAKANISHI: Isolation of the Antheridiogen of *Anemia phyllitidis*. Physiol. Plant. **26**, 183 (1972).
354. NÄF, U.: On the Control of Antheridium Formation in the Fern Species *Lygodium japonicum*. Soc. Exp. Biol. & Med. **105**, 82 (1960).
355. NÄF, U., J. SULLIVAN, and M. CUMMINS: New Antheridiogen from the Fern *Onoclea sensibilis*. Science, **163**, 1357 (1969).
356. TURNER, W.B., and D.C. ALDRIGE: Terpenes and Steroids. In: Fungal Metabolites, p. 288. London-New York: Acad. Press. 1971.
357. IYER, R.T., K.N.N. AYENGAR, and S. RANGASWAMI: Structure of Cheilarinosin, a New Sesterterpene from *Cheilanthes farinosa*. Indian J. Chem. **10**, 482 (1972).
358. KAMAYA, R., S. IKEGAMI, and H. AGETA: Fern Constituents. Sesterterpenoids from *Cheilanthes kuhnii*. 99th Annual Meeting of the Pharmaceutical Society of Japan, Sapporo, Aug. 1979, Abstracts of Papers, p. 187.
359. KHAN, H., and A. ZAMAN: Cheilanthatriol, a New Fundamental Type in Sesterterpenes. Tetrahedron Letters **1971**, 4443.
360. NOZOE, S., M. MORISAKI, K. TSUDA, Y. IITAKA, N. TAKAHASHI, S. TAMURA, K. ISHIBASHI, and M. SHIRASAKA: The Structure of Ophiobolin, a C_{25} Terpenoid Having a Novel Skeleton. J. Amer. Chem. Soc. **87**, 4968 (1965).
361. NOZOE, S., M. MORISAKI, K. FUKUSHIMA, and S. OKUDA: The Isolation of an Acyclic C_{25}-Isoprenoid Alcohol, Geranylnerolidol and a New Ophiobolin. Tetrahedron Letters **1968**, 4457.
362. AGETA, H., K. MASUDA, and Y. TANAKA: Fern Constituents. On the Origin of a Formosan Native Drug "Tie-yu-san" and its Triterpenoid Constituents. Japanese J. Pharmacognosy **35**, 259 (1981).
363. BOTTARI, F., A. MARSILI, I. MORELLI, and M. PACCHIANI: Aliphatic and Triterpenoid Hydrocarbons from Ferns. Phytochem. **11**, 2519 (1972).
364. AGETA, H., K. SHIOJIMA, and K. MASUDA: Fern Constituents. Onoceroid, α-Onoceradiene, Serratene and Onoceranoxide, Isolated from *Lemmaphyllum microphyllum* varieties. Chem. Pharm. Bull. (Japan) **30**, 2272 (1982).
365. AGETA, H., and Y. ARAI: Fern Constituents. Pentacyclic Triterpenoids Isolated from *Polypodium niponicum* and *P. formosanum*. Phytochem. **22**, 1801 (1983).

366. ARAI, Y., K. MASUDA, and H. AGETA: Chemotaxonomy of Fern Plants (II). *Polypodium someyae* Yatabe. Japanese J. Pharmacognosy **38**, 53 (1984).
367. TANAKA, Y., K. TOHARA, K. TERASAWA, M. SAWADA, and H. AGETA: Pharmacognostical Studies on "Ku-tsui-po" (II). Japanese J. Pharmacognosy **32**, 260 (1978).
368. BERTI, G., F. BOTTARI, A. MARSILI, I. MORELLI, and A. MANDELBAUM: The Isolation of Serratene from *Polypodium vulgare*. Chem. Commun. **1967**, 50.
369. EKWEOZOR, C.M., and J.I. OKUGUN: New C_{33} Aliphatic Ketone from *Cyclosorus-striatus*. Phytochem. **18**, 1395 (1979).
370. DASGUPTA, A., and H.N. KHASTGIR: Chemical Constituents of *Polypodium amoenum* Wall. J. Indian Chem. Soc. **55**, 198 (1978).
371. KAMAYA, R., G. WANG, and H. AGETA: Fern Constituents. Triterpenoids from *Oleandra wallichii*. 97th Annual Meeting of the Pharmaceutical Society of Japan, Tokyo, Apr. 1977, Abstracts of Papers, p. 211.
372. WU, T.-S., H. FURUKAWA, and C.-S. KUOH: Triterpenoids from *Humata pectinata*. J. Natural Products **45**, 721 (1982).
373. ANDERSON, C., F. FULLER, and W.W. EPSTEIN: Nonpolar Pentacyclic Triterpenes of the Medicinal Fern *Polypodium subpetiolatum*. J. Natural Products **42**, 168 (1979).
374. SENGUPTA, P., C.P. DUTTA, M. SEN, K. DAS, K. MIYAHARA, and T. KAWASAKI: Triterpene Hydrocarbon from *Dryopteris crenata* (Forsk.). Indian J. Chem. **22B**, 882 (1983).
375. BARTON, D.H.R., G. MELLOWS, and D.A. WIDDOWSON: Biosynthesis of Terpenes and Steroids. Part III. Squalene Cyclisation in the Biosynthesis of Terpenoids. The Biosynthesis of Fern-9-ene in *Polypodium vulgare* Linn. J. Chem. Soc. (C) **1971**, 110.
376. ARAI, Y., K. MASUDA, and H. AGETA: Fern Constituents: Eupha-7,24-diene and (20R)-Dammara-13(17),24-diene, Tetracyclic Triterpenoid Hydrocarbons Isolated from *Polypodium* Species. Chem. Pharm. Bull. (Japan) **30**, 4219 (1982).
377. SHIOJIMA, K., Y. ITO, and H. AGETA: Fern Constituents. A New Triterpenoid from the Fresh Fronds of *Adiantum flabellatum*. 107th Annual Meeting of the Pharmaceutical Society of Japan, Kyoto, Apr. 1987, Abstracts of Papers, p. 341.
378. BERTI, G.: Triterpnoids from Ferns. Corsi Semin. Chim. **11**, 66 (1968).
379. TANAKA, N., T. NOGUCHI, K. KAWASHIMA, K. KURIHARA, T. MATSUDO, T. MURAKAMI, Y. SAIKI, and C.-M. CHEN: Chemical and Chemotaxonomical Studies of Filices. LXX. Chemical Studies on the Constituents of *Plagiogyria formosana*, *P. adnata*, *P. dunnii* and *P. stenoptera*. J. Pharmac. Soc. Japan **107** (1987).
380. HUNECK, S.: Die Inhaltsstoffe von Davallia canariensis und *Gymnocarpium dryopteris*. Phytochem. **10**, 1935 (1971).
381. GONZALEZ, A.G., C. BETANCOR, R. HERNANDEZ, and J.A. SALAZAR: 6β,22-Dihydroxyhopane, a New Triterpene from the Fern *Cheilanthes marantae*. Phytochem. **15**, 1996 (1976).
382. AGETA, H., K. SHIOJIMA, Y. ARAI, T. KASAMA, and K. KAJII: Fern Constituents. Dryocrassol and Dryocrassyl Acetate Isolated from the Leaves of Aspidiaceous Fern. Tetrahedron Letters **1975**, 3297.
383. AGETA, H., and Y. ARAI: Fern Constituents. Triterpenoids from *Cyathea spinulosa* and *C. dealbata*. 98th Annual Meeting of the Pharmaceutical Society of Japan, Okayama, Apr. 1978, Abstracts of Papers, p. 306.
384. SUNDER, R., K.N.N. AYENGAR, and S. RANGASWAMI: Structures of Four New Triterpenes from the Rhizomes of *Polypodium juglandifolium*. J. Chem. Soc. Perkin Trans. I **1976**, 117.
385. PANDEY, G.N., and C.R. MITRA: Neriifoliol, a New Pentacyclic Triterpene Alcohol from *Oleandra neriifolia*. Tetrahedron Letters **1967**, 1353.

386. SUNDER, R., and S. RAGASWAMI: Further Triterpenoid Components of the Rhizomes of *Polypodium juglandifolium* H.B. Willd. Indian J. Chem. **15B**, 541 (1977).
387. HORVATH, A., J. DE SZÖCS, F. ALVARADO, and D.J.W. GRANT: Triterpenes from Rhizomes of *Polypodium leucotomos*. Phytochem. **14**, 1641 (1975).
388. RAY, T.K., A. DASGUPTA, A. GOSWAMI, D.R. MISRA, and H.N. KHASTGIR: Chemical Investigation on *Polypodium juglandifolium* Don. J. Indian Chem. Soc. **55**, 415 (1978).
389. GOSWAMI, A., A. DASGUPTA, A. NATH, T.K. ROY, and L.H.N. KHASTGIR: Reinvestigation on the Fern *Oleandra neriifolia*. Isolation of a New Triterpene 29-Ethoxyhopane. Tetrahedron Letters **1979**, 287.
390. TANAKA, N., K. YAMAUCHI, T. MURAKAMI, Y. SAIKI, and C.-M. CHEN: Chemische und chemotaxonomische Untersuchungen von Filices. XXXVIII. Chemische Untersuchungen der Inhaltsstoffe von *Diplazium subsinuatum* (Wall.) Tagawa. Chem. Pharm. Bull. (Japan) **30**, 3632 (1982).
391. TANAKA, N., H. WADA, M. KOJIMA, T. MURAKAMI, Y. SAIKI, C.-M. CHEN, and Y. IITAKA: Chemical and Chemotaxonomical Studies of Filices. LXXI. Chemical Studies on the Constituents of *Cheiropleuria bicuspis* (Bl.) Pr. Chem. Pharm. Bull. (Japan) **35**, 4016 (1987).
392. MURAKAMI, T., and C.-M. CHEN: Über die Bestandteile der Rhizome von *Woodwardia orientalis* Sw. Chem. Pharm. Bull. (Japan) **19**, 25 (1971).
393. SINGH, J., M.N.A. RAO, and S.G. HARDIKAR: Chemical Constituents of *Adiantum caudatum*. Indian J. Pharm. **37**, 64 (1975).
394. RANGASWAMI, S., and R.T. IYER: Chemical Examination of *Adiantum venustum*. Current Sci. (India) **36**, 88 (1967).
395. AGETA, H., and K. IWATA: Fern Constituents: Adipedatol, Filicenal and Other Triterpenoids Isolated from *Adiantum pedatum*. 10th Sympodium on the Chemistry of Natural Products, Tokyo, Oct. 1966, Symposium Papers, p. 253.
396. AGETA, H., K. IWATA, and T. KASAMA: Fern Constituents, Filicenols A and B, Tetrahymanol, and Isoadiantol B, Isolated from *Adiantum monochlamys*. 11th Symposium on the Chemistry of Natural Products, Kyoto, Oct. 1967, Symposium Papers, p. 306.
397. AGETA, H., K. SHIOJIMA, and Y. ARAI: Fern Constituents. Neohopene, Hopene-II, Neohopadiene, and Fernadiene Isolated from *Adiantum* Species. Chem. Commun. **1968**, 1105.
398. PANDEY, G.N., and C.R. MITRA: Triterpene Hydrocarbons from *Oleandra wallichii*. Tetrahedron Letters **1967**, 4683.
399. BOTTARI, F., A. MARSILI, I. MARELLI, M. PACCHIANI, and R. ULIVI: Constituents of *Dicranopteris linearis* var. *linearis*. Ann. chimie **61**, 814 (1971).
400. WOLLENWEBER, E., K.E. MALTERUD, and L.D. GÓMEZ P.: 9(11)-Fernene and Its 21-Epimer as an Epicuticular Layer on Ferns. Z. Naturforsch. **36c**, 896 (1981).
401. AGETA, H., K. SHIOJIMA, R. KAMAYA, and K. MASUDA: Fern Constituent. Naturally Occurring Adian-5-ene Ozonide in the Leaves of *Adiantum monochlamys* and *Oleandra wallichii*. Tetrahedron Letters **1978**, 899.
402. PANDEY, G.N., and C.R. MITRA: Constituents of *Oleandra neriifolia*. Phytochem. **8**, 1607 (1969).
403. – – Constituents of *Oleandra wallichii*. Phytochem. **8**, 327 (1969).
404. ZANDER, J.M., and E. CASPI: The Presence of Tetrahymanol in *Oleandra wallichii*. Phytochem. **8**, 2265 (1969).
405. MASUDA, K., K. SHIOJIMA, and H. AGETA: Fern Constituents. Six Tetracyclic Triterpenoid Hydrocarbons Having Different Carbon Skeletons, Isolated from *Lemmaphyllum microphyllum* var. *obovatum*. Chem. Pharm. Bull. (Japan) **31**, 2530 (1983).
406. WIJ, M., and S. RANGASWAMI: A Novel C_{31}-Triterpene from *Pleopeltis farinosa*. Indian J. Chem. **13**, 748 (1975).

407. MASUDA, K., K. SHIOJIMA, and H. AGETA: Fern Constituents. A New Triterpenoid Hydrocarbon, 19αH-lup-20(29)-ene, from *Lemmaphyllum microphyllum*. 107th Annual Meeting of the Pharmaceutical Society of Japan, Kyoto, Apr. 1987, Abstracts of Papers, p. 340.
408. MISRA, D.R., D.B. NASKAR, T.K. RAY, and H.N. KHASTGIR: Phytosterols in Plants. Phytochem. **12**, 1819 (1973).
409. CHAKRAVARTI, D., N.B.D. NATH, S.B. MAHATO, and R.N. CHAKRAVARTI: Structure of Marsileagenin A, a New Hexahydroxy Triterpene from *Marsilea minuta* Linn. Tetrahedron **31**, 1781 (1975).
410. TANDON, R., G.K. JAIN, R. PAL, and N.M. KHANNA: Esculentic Acid, a New Triterpene Acid from *Diplazium esculentum* (Retz) sq. ex. Schrad. Indian J. Chem. **19 B**, 819 (1980).
411. SHIOJIMA, K., Y. ARAI, K. MASUDA, T. KAMADA, and H. AGETA: Fern Constituents. Polypodatetraenes, Novel Bicyclic Triterpenoids, Isolated from Polypodiaceous and Aspidiaceous Plants. Tetrahedron Letters **1983**, 5733.
412. AGETA, H., K. MASUDA, M. INOUE, and T. ISHIDA: Fern Constituents. Colysanoxide, an Onoceroid Having a Novel Carbon Skeleton, Isolated from *Colysis* species. Tetrahedron Letters **1982**, 4349.
413. WAN, A.S.C., R.T. AEXEL, and H.J. NICHOLAS: Sterols and Triterpenes of *Oleandra pistillaris*. Phytochem. **11**, 2882 (1972).
414. LAONIGRO, G., M. ADINOLFI, G. BARONE, R. LANZETTA, and L. MANGONI: Constituents of Ferns. II. The 9β,19-Cyclolanostane Components of *Polypodium aculeatum* (L.) Roth. Gazz. chim. ital. **112**, 273 (1982).
415. AGETA, H., and Y. ARAI: Fern Constituents. Cycloartane Triterpenoids and Allied Compounds from *Polypodium formosanum* and *P. niponicum*. Phytochem. **23**, 2875 (1984).
416. DEVYS, M., A. ALCAIDE, F. PINTE, and M. BARBIER: Pollinastanol in the Fern, *Polypodium vulgare*, and Sarsaparilla, *Smilax medica*. C.R. Acad. Sci. Ser. D, **269**, 2033 (1969).
417. GHISALBERTI, E.L., N.J. DE SOUZA, H.H. REES, L.J.GOAD, and T.W. GOODWIN: Biosynthesis of Cyclolaudenol in *Polypodium vulgare*. J. Chem. Soc. (London) (D), 1401 (1969).
418. BERTI, G., F. BOTTARI, B. MAECHIA, A. MARSILI, and H. PIOTROWSKA: Cyclolanostanic Triterpenes Isolated from Ferns. Bull. soc. chim. France **1964**, 2359.
419. AGETA, H., and Y. ARAI: Fern Costituents. New Cycloartane Triterpenoids, (24 R)-Cyclolaudenyl Acetate and (24 R)-Cyclomargenyl Acetate, and their Corresponding Alcohols and Ketones, Isolated from *Polypodium formosanum*. Chemistry Letters **1982**, 881.
420. LAONIGRO, G., F. SIERVO, R. LANZETTA, M. ADINOLFI, and L. MANGONI: Constituents of Ferns. I. Polysthicol, a 24-Ethyl-4,4-dimethylphytosterol from *Polysticum aculeatum* (L.) Roth. Tetrahedron Letters **21**, 3109 (1980).
421. KARIYONE, T., and H. AGETA: Chemical Constituents of the Plants of Coniferae and Allied Orders. XXIII. Studies on Plant Waxes. 10. A Component from Leaflets of *Diplopterygium glaucum*. (2). J. Pharmac. Soc. Japan **79**, 105 (1959).
422. AGETA, H., K. IWATA, and Y. OHTAKE: A Fern Constituent: Diplopterol, a Triterpenoid Isolated form *Diplopterygium glaucum* Nakai. Chem. Pharm. Bull. (Japan). **11**, 407 (1963).
423. AGETA, H.: Chemical and Chemosystematic Studies on Fern Triterpenoids. Japan-China Symposium on Naturally Occurring Drugs Tokyo, Nov. 1986, Symposium Papers, p. 29.
424. SHIOJIMA, K., K. MASUDA, and H. AGETA: A Fern Constituent, Adian-5-ene Ozonide in the Leaves of *Adiantum monochlamys*, and Ozone-Oxidation Produts of Various Triterpenoid Monoenes of Hopane and Migrated Hopane Series. 21th Symposium

on the Chemistryl of Natural Products, Sapporo, Aug. 1978, Symposium Papers, p. 576.
425. TORSSELL, K.B.G.: Natural Product Chemistry, P. 197. Chichester: John Wiley & Sons Limited. 1983.
426. – Natural Product Chemistry, P. 206. Chichester: John Wiley & Sons Limited. 1983.
427. MANITTO, P.: Biosynthesis of Natural Products, P. 316. Chichester: Ellis Horwood Limited. 1981.
428. CZECZUGA, B.: Carotenoids in Sixty-six Representatives of the Pteridophyta. Biochem. Syst. Ecol. **13**, 221 (1985).
429. RUSSELL, G.B., D.R. GREENWOOD, G.A. LANE, J.W. BLUNT: 2-Deoxy-3-epiecdysone from the Fern *Blechnum vulcanicum*. Phytochem. **20**, 2407 (1981).
430. HIKINO, H., and Y. HIKINO: Arthropod Molting Hormones. In: Fortschr. Chem. organ. Naturstoffe (HERZ, W., H. GRISEBACH, A.I. SCOTT, eds.), **28**, p. 256. Wien-New York: Springer. 1970.
431. TAKEMOTO, T., T. OKUYAMA, H. JIN, T. ARAI, M. KAWAHARA, C. KONNO, S. NABETANI, S. ARIHARA, Y. HIKINO, and H. HIKINO: Isolation of Phytoecdysones from Japanese Ferns. I. Chem. Pharm. Bull. (Japan). **21**, 2336 (1973).
432. HIKINO, H., K. MOHRI, T. OKUYAMA, and K.-Y. YEN: Phytoecdysones from *Plenasium banksiaefolium* and *Bolbitis subcordata*. Planta Medica **31**, 71 (1977).
433. MCMORRIS, T.C., and B. VOELLER: Ecdysones from Gametophytic Tissues of a Fern. Phytochem. **10**, 3253 (1971).
434. TAKEMOTO, T., S. OGAWA, and Y. NISHIMOTO: Metamorphosis Hormones from *Woodwardia orientalis*. Japan **71**, 11, 667 (Cl. C 07d), 25 Mar 1971, Appl. 03 Oct 1968.
435. HIKINO, H., S. ARIHARA, and T. TAKEMOTO: Ponasteroside A, a Glydoside of Insect Metamorphosing Substrance from *Pteridium aquilinum* var. *latiusculum*. Structure and Absolute Configuration. Tetrahedron **25**, 3909 (1969).
436. HIKINO, H., T. OKUYAMA, S. ARIHARA, Y. HIKINO, T. TAKEMOTO, H. MORI, and K. SHIBATA: Shidasterone, an Insect Metamorphosing Substance from *Blechnum niponicum*. Structure. Chem. Pharm. Bull. (Japan). **23**, 1458 (1975).
437. FAUX, A., M.N. GALBRAITH, D.H.S. HORN, E.J. MIDDLETON and J.A. THOMSON: The Structures of Two Ecdysone Analogues, Cheilanthones A and B, from the Fern *Cheilanthes tenuifolia*. Chem. Commun. **1970**, 243.
438. RUSSELL, G.B.: Phytoecdysones from *Phymatodes novae-zelanidiae*. Phytochem. **11**, 1496 (1972).
439. HIKINO, H.: Steroids. XXVIII. Ecdysterone and Ecdysone from *Polypodium virginianum*. Lloydia **39**, 246 (1976).
440. JIZBA, J., L. DOLEJŠ, and V. HEROUT: Polypodoaurein, a New Phytoecdysone form *Polypodium aureum* L. Phytochem. **13**, 1915 (1974).
441. HIKINO, H., K. MOHRI, T. OKUYAMA, T. TAKEMOTO, and K.-Y. YEN: Steroids. XXX. Phytoecdysones from *Diplazium donianum*. Steroids **28**, 649 (1976).
442. IYER, R.T., K.N.N. AYENGAR, and S. RANGASWAMI: Occurrence of Cheilanthone-B in *Cheilanthes mysurensis*. Indian J. Chem. **11**, 1336 (1973).
443. JIZBA, J., L. DOLEJŠ, V. HEROUT, F. ŠORM, H.-W. FEHLHABER, G. SNATZKE, R. TSCHESCHE, and G. WULFF: Polypodosaponin, ein neuer Saponintyp aus *Polypodium vulgare* L. Chem. Ber. **104**, 837 (1971).
444. JIZBA, J., L. DOLEJŠ, V. HEROUT, and F. ŠORM: The Structure of Osladin – The Sweet Principle of the Rhizomes of *Polypodium vulgare* L. Tetrahedron Letters **1971**, 1329.
445. BUTENANDT, A., and P. KARLSON: Über die Isolierung eines Metamorphose-Hormones der Insekten in kristallisierter Form. Z. Naturforsch. **96**, 389 (1954).
446. NAKANISHI, K., M. KOREEDA, S. SASAKI, M.L. CHANG, and H.Y. HSU: Insect Hor-

mones. The Structure of Ponasterone A, an Insect-moulting Hormone from the Leaves of *Podocarpus nakaii* Hay. Chem. Commun. **1966**, 915.
447. TAKEMOTO, T., S. OGAWA, and N. NISHIMOTO: Isolation of the Moulting Hormones of Insects from *Achyranthis* Radix. J. Pharmac. Soc. Japan **87**, 325 (1967).
448. NAKANISHI, K.: The Ecdysones. Pure Appl. Chem. **25**, 167 (1971).
449. HIKINO, H., T. OKUYAMA, H. JIN, and T. TAKEMOTO: Screening of Japanese Ferns for Phytoecdysones. I. Chem. Pharm. Bull. (Japan) **21**, 2292 (1973).
450. YEN, K.-Y., L.-L. YANG, T. OKUYAMA, H. HIKINO, and T. TAKEMOTO: Screening of Formosan Ferns for Phytoecdysones. I. Chem. Pharm. Bull. (Japan) **22**, 805 (1974).
451. RUSSELL, G.B., and P.G. FENEMORE: Insect Molting Hormone Activity in some New Zealand Ferns. N.Z.J. Sci. **14**, 31 (1971).
452. OHTAKI, T., R.D. MILKMAN, and C.M. WILLIAMS: Dynamics of Ecdysone Secretion and Action in the Fleshfly *Sarcophaga peregrina*. Biol. Bull. **135**, 332 (1968).
453. IMAI, S., E. MURATA, S. FUJIOKA, and T. MATSUOKA: Structures of Stachysterones C and D. Chem. Commun. **1970**, 352.
454. SATO, Y., M. SAKAI, S. IMAI, and S. FUJIOKA: Ecdysone Activity of Plant Originated Molting Hormones Applied on the Body Surface of Lepidopterous Larvae. Appl. Ent. Zool. (Japan) **3**, 49 (1968).
455. IMAI, S., T. TOYOSATO, M. SAKAI, Y. SATO, S. FUJIOKA, E. MURATA, and M. GOTO: Screening Results of Plants for Phytoecdysones. Chem. Pharm. Bull. (Japan) **17**, 335 (1969).
456. ISAAC, R.E., H.H. REES, and T.W. GOODWIN: Isolation of 2-Deoxy-20-hydroxyecdysone and 3-Epi-2-deoxyecdysone from Eggs of the Desert Locust, *Schistocerca gregaria*, during Embryogenesis. J. Chem. Soc. Chem. Commun. **1981**, 418.
457. NUMATA, A., K. HOKIMOTO, T. TAKEMURA, T. KATSUNO, and K. YAMANOTO: Plant Constituents Biologically Active to Insects. V. Antifeedants for the Larvae of the Yellow Butterfly, *Eurema hecabe mandarina*, in *Osmunda japonica*. (1). Chem. Pharm. Bull. (Japan) **32**, 2815 (1984).
458. NUMATA, A., K. HOKIMOTO, T. TAKEMURA, and S. FUKUI: Feeding Inhibitors for the Larvae of the Yellow Butterfly, *Eurema hecabe mandarina* de l'Orza (Lepidoptera:Pieridae) in a Flowering Fern, *Osmunda japonica* Thunb. Appl. Entomol. Zool. (Japan) **18**, 129 (1983).
459. HOLLENBEAK, K.H., and M.E. KUEHNE: The Isolation and Structure Determination of the Fern Glycoside Osmundalin and the Synthesis of Its Aglycone Osmundalactone. Tetrahedron **30**, 2307 (1974).
460. HSEU, T.H.: Structure of Angiopteroside (4-*O*-β-D-Glucopyranosyl-L-*threo*-2-hexen-5-olide) Monohydrate, a Fern Glycoside from *Angiopteris lygodiifolia* Ros. Acta Crystallogr. **B37**, 2095 (1981).
461. CHEN, C.-M.: Unpublished Results.
462. NAKAMURA, H., K. WATANABE, and J. MIZUTANI: Organic Acids in Vegetable and Sansai (Taste Substances in Foods. Part V) Agric. Biol. Chem. **40**, A2 (1976).
463. EVANS, I.A., and M.A. OSMAN: Carcinogenicity of Bracken and Shikimic Acid. Nature **250**, 348 (1974).
464. POPP, M.: Chemical Composition of Australian Mangroves. II Low Molecular Weight Carbohydrates. Z. Pflanzenphysiol. **113**, 411 (1984).
465. SCHLENK, H., and J.L. GELLERMAN: Arachidonic, 5,11,14,17-Eicosatetraenoic and Related Acids in Plants-Identification of Unsaturated Fatty Acids. J. Amer. Oil Chem. Soc. **42**, 504 (1965).
466. SATO, N., and M. FURUYA: Isolation and Identification of Diacylglyceryl-*O*-4′-(*N*,*N*,*N*-trimethyl)-homoserine from the Fern *Adiantum capillus-veneris* L. Plant & Cell Physiol. **24**, 1113 (1983).

467. – – Distribution of Diacylglyceryltrimethylhomoserine in Selected Species of Vascular Plants. Phytochem. **23**, 1625 (1984).
468. VIRTANEN, A.I., and P. LINKO: The Occurrence of Free Ornithine and Its *N*-Acetyl Derivative in Plants. Acta Chem. Scand. **9**, 531 (1955).
469. MURAKAMI, N., and S.-I. HATANAKA: D-2-Aminopimelic Acid and *trans*-3,4-Dehydro-D-2-aminopimelic Acid from *Asplenium unilaterale*. Phytochem. **22**, 2735 (1983).
470. MURAKAMI, N., J. FURUKAWA, S. OKUDA, and S.-I. HATANAKA: Stereochemistry of 2-Aminopimelic Acid and Related Amino Acids in Three Species of *Asplenium*. Phytochem. **24**, 2291 (1985).
471. VIRTANEN, A.I., and A.-M. BERG: A New α-Aminodicarboxylic Acid, α-Aminopimelic Acid, in Green Plants. Acta Chem. Scand. **8**, 1085 (1954).
472. BERG, A.-M., and A.I. VIRTANEN: Additional Notes on α-Aminopimelic Acid in Green Plants. Acta Chem. Scand. **8**, 1725 (1954).
473. MEIER, L.K., and H. SØRENSEN: Diastereoisomeric 4-Substituted Acidic Amino Acids in Ferns. Phytochem. **18**, 1173 (1979).
474. VIRTANEN, A.I., E. UKSILA, and E.J. MATIKKALA: A New Type of Monoaminodicarboxylic Acid, γ-Hydroxy-α-aminopimelic Acid and Its Lactone in Green Plants. Acta Chem. Scand. **8**, 1091 (1954).
475. VIRTANEN, A.I., and A.-M. BERG: New Aminodicarboxylic acids and Corresponding α-Keto Acids in *Phyllitis scolopendrium*. Acta Chem. Scand. **9**, 553 (1955).
476. BLAKE, J., and L. FOWDEN: γ-Methyleneglutamic Acid and Related Compounds from Plants. Biochem. J. **92**, 136 (1964).
477. SOEDER, R.W.: γ-Hydroxy-γ-methylglutamic Acid in *Polystichum acrostichoides*. Phytochem. **12**, 2297 (1973).
478. STEWARD, F.C., R.H. WETMORE, and J.K. POLLARD: Nitrogen Components of the Shoot Apex of *Adiantum pedatum*. Amer. J. Botany **42**, 946 (1955).
479. GROBBELAAR, N., J.K. POLLARD, and F.C. STEWARD: Soluble Nitrogen Compounds in Plants. Nature **175**, 703 (1955).
480. HATANAKA, S.-I., Y. MUROOKA, K. SAITO, Y. ISHIDA, and Y. TAKEUCHI: *E*-2*(S)*-Amino-3-methyl-3-pentenoic Acid from *Coniogramme intermedia*. Phytochem. **21**, 453 (1982).
481. CORBIN, J.L., B.H. MARSH, and G.A. PETERS: *N*-γ-L-Glutamyl-β-D-aminophenylpropanoic Acid, a Dipeptide from the Aquatic Fern, *Azolla croliniana*. Phytochem. **25**, 527 (1986).
482. KOFOD, H., and R. EYJÓLFSSON: Cyanogenesis in Species of the Fern Gerna *Cystopteris* and *Davallia*. Phytochem. **8**, 1509 (1969).
483. EYJÓLFSSON, R.: Cyanogenic Plants. Dan. Tidsskr. Farm. **42**, 301 (1968).
484. KOFOD, H., and R. EYJÓLFSSON: The Isolation of the Cyanogenic Glycoside Prunasin from *Pteridium aquilinum* (L.) Kuhn. Tetrahedron letters **1966**, 1289.
485. BENNETT, W.D.: Isolation of the Cyanogenetic Glucoside Prunasin from Bracken Fern. Phytochem. **7**, 151 (1968).
486. KUROKI, G., P.A. LIZOTTE, and J.E. POULTON: Catabolism of (*R*)-Amygdalin and (*R*)-Vicianin by Partially Purified β-Glycosidases from *Prunus serotina* Ehrh. and *Davallia trichomanoids*. Z. Naturforsch. C.: Biosci. **39C**, 232 (1984).
487. SASAKI, S., H.C. CHIANG, K. HABAGUCHI, T. YAMADA, K. NAKANISHI, S. MATSUEDA, H.-Y. HSÜ, and W.-N. WU: Studies on the Constituents of Medical Plants in Taiwan. J. Pharmac. Soc. Japan. **86**, 869 (1966).
488. TAKATORI, K., S. NAKANO, S. NAGATA, K. OKUMURA, I. HIRONO, and M. SHIMIZU: Pterolactam, a New Compound Isolated from Bracken. Chem. Pharm. Bull. (Japan). **20**, 1087 (1972).

489. MINAMIKAWA, T., and S. YOSHIDA: Occurrence of Quinic Acid in the Ferns. Bot. Mag. Tokyo **85**, 153 (1972).
490. KINZEL, H., and A. WALLAND: Zum Vorkommen von Shikimisäure bei Moosen und Farnen. Z. Pflanzenphysiol. **54**, 371 (1966).
491. NICHOLS, B.W., and A.T. JAMES: Acyl Lipids and Fatty Acids of Photosynthetic Tissue. In: Progress in Phytochemistry (REINHOLD, L., and Y. LIWSCHITZ, eds.), **1**, p. 1. London-New York-Sydney: Interscience Publishers. 1968.
492. HARWOOD, J.L.: In: The Biochemistry of Plants. A Comprehensive Treatise (STUMPF, P.K., ed.), **4**, p. 1. New York: Academic Press. 1980.
493. LYTLE, T.F., J.S. LYTLE, and A. CARUSO: Hydrocarbons and Fatty Acids of Ferns. Phytochem. **15**, 965 (1976).
494. JAMIESON, G.R., and E.H. REID: The Fatty Acid Composition of Fern Lipids. Phytochem. **14**, 2229 (1975).
495. GEMMRICH, A.R.: Fatty Acid Composition of Fern Spore Lipids. Phytochem. **16**, 1044 (1977).
496. YAMANE, H., Y. SATO, N. TAKAHASHI, K. TAKENO, and M. FURUYA: Endogenous Inhibitors for Spore Germination in *Lygodium japonicum* and Their Inhibitory Effects on Pollen Germinations in *Camellia japonica* and *Camellia sinensis*. Agric. Biol. Chem. **44**, 1697 (1980).
497. SUGAI, T., and K. MORI: Both Enantiomers of 8-Hydroxyhexadecanoic Acid Inhibit the Spore Germination of *Lygodium japonicum*. Agric. Biol. Chem. **48**, 2155 (1984).
498. RADUNZ, A.: Über die Lipide der Pteridophyten, II. Die Fettsäuren einiger Lipide aus Blättern von *Dryopteris filix-mas*. Z. physiol. Chem. **349**, 303 (1968).
499. PETERSON, P.J.: Non-protein Amino Acid Distinctions between Aspleniaceae and Athyriaceae in New Zealand. New Zealand J. Botany **10**, 3 (1972).
500. TANAKA, M., S. NAKAMURA, K. NISIZAWA, and T. MIWA: Occurrence and Distribution of γ-Hydroxy-γ-methylglutamic Acid in Fern Plants. Bot. Mag. Tokyo **84**, 41 (1971).
501. HARPER, N.L., G.A. COOPER-DRIVER, and T. SWAIN: A Survey for Cyanogenesis in Ferns and Gymnosperms. Phytochem. **15**, 1764 (1976).
502. CONN, E.E.: Cyanogenic Glycosides. In: The Biochemistry of Plants. A Comprehensive Treatise (STUMPF, P.K., and E.E. CONN, eds.), **7**, Secondary Plant Products, p. 495. New York: Academic Press. 1981.
503. WALLACE, J.W., R.S. POZNER, and L.D. GOMEZ: A Phytochemical Approach to the Gleicheniaceae. Amer. J. Bot. **70**, 207 (1983).
504. MARKHAM, K.R., and D.R. GIVEN: The Flavonoids of Ferns in the Isolated Genera *Loxsoma* and *Loxsomopsis*. Biochem. Syst. Ecol. **7**, 91 (1979).
505. WALLACE, J.W., and K.R. MARKHAM: Flavonoids of the Primitive Ferns: *Stromatopteris, Schizaea, Gleichenia, Hymenophyllum,* and *Cardiomanes*. Amer. J. Bot. **65**, 965 (1978).
506. COOPER-DRIVER, G.: Chemical Evidence for Separating the Psilotaceae from the Filicales. Science **198**, 1260 (1977).
507. SEIGLER, D.S., and E. WOLLENWEBER: Chemical Variation in *Notholaena standleyi*. Amer. J. Bot. **70**, 790 (1983).
508. MURAKAMI, T.: Chemosystematics of Di- and Sesqui-terpenoids in Polypodiaceous Ferns. XIVth International Botanical Congress, Berlin (West), July 1987, Abstracts of Papers, p. 272.
509. DIELS, L.: Polypodiaceae. In: Die natürlichen Pflanzenfamilien (ENGLER, A., and K. PRANTL, eds.), **1**, (4), p. 139. Leipzig: Engelmann. 1899.
510. FURUKAWA, J., S. OKUDA, K. SAITO, and S.-I. HATANAKA: 3,4-Dihydroxy-2-hydroxymethylpyrrolidine from *Arachniodes standishii*. Phytochem. **24**, 593 (1985).

511. SWAIN, T.: The Importance of Flavonoids and Related Compounds in Fern Taxonomy and Ecology. Bull. Torrey Bot. Club **107**, 113 (1980).
512. MICKEL, J.T.: The Classification and Phylogenetic Position of the Dennstaedtiaceae. In: The Phylogeny and Classification of the Ferns (JERMY, A.C., J.A. CRABBE, and B.A. THOMAS, eds.), p. 135. London: Academic Press. 1973.
513. TRYON, R.M., and A.F. TRYON: Ferns and Allied Plants with Special Reference to Tropical America. p. 332. New York-Heidelberg-Berlin: Springer-Verlag. 1982.
514. COOPER-DRIVER, G., and T. SWAIN: Phenolic Chemotaxonomy and Phytogeography of *Adiantum*. Bot. J. Linn. Soc. **74**, 1 (1977).

(Received November 18, 1987)

Author Index

Page numbers printed in *italics* refer to References

Abraham, W.-R. *319*
Achari, B. *307*
Adinolfi, M. *324*
Aexel, R.T. *324*
Ageta, H. 72, *317, 319, 321, 322, 323, 324*
Aiso, S. *319*
Akabori, S. *317*
Akabori, Y. *312, 313, 317*
Akahori, Y. *307, 311*
Alcaide, A. *324*
Aldridge, D.C. *319, 321*
Alston, A.H.G. 2, *303*
Alvarado, F. *323*
Alvin, K.F. *306*
Anderson, C. *322*
Aoyama, K. *316*
Arai, T. *325*
Arai, Y. *319, 321, 322, 323, 324*
Arihara, S. *317, 325*
Arriaga-Giner, F.J. *309*
Asai, F. *312*
Ayengar, K.N.N. *309, 312, 321, 322, 325*
Ayer, W.A. *319*

Babb, M.S. *312*
Banerji, A. *311, 316*
Barbier, M. *324*
Bardouille, V. *316*
Barone, G. *324*
Barton, D.H.R. *322*
Basu, K. *307*
Bate-Smith, E.C. *315*
Bennett, W.D. *327*
Berg, A.-M. *327*
Berti, G. 2, 4, 5, 73, *303, 322, 324*
Besson, E. *312*
Betancor, C. *322*
Bhakuni, D.S. *314*
Bhardwaj, K.R. *314*

Bhardwaja, T.N. *312*
Bierhorst, D.W. *302*
Biyushkin, V.N. *318*
Blake, J. *327*
Blunt, J.W. *325*
Bohm, B.A. 35, *305, 308, 311, 315*
Bottari, F. 2, 4, 5, 73, *303, 321, 322, 323, 324*
Brassy, C. *320*
Briggs, L.H. *318*
Britton, D.M. *303, 304*
Browne, L.M. *319*
Butenandt, A. 90, *325*

Caruso, A. *328*
Caspi, E. *323*
Chadha, M.S. *311, 316*
Chakravarti, D. *324*
Chakravarti, R.N. *324*
Chang, M.L. *325*
Chapman, M. *312*
Chari, M.V. *311*
Cheatham, S.F. *306*
Chen, C.-M. *304, 305, 306, 307, 308, 309, 310, 311, 312, 313, 314, 315, 316, 317, 318, 320, 321, 322, 323, 326*
Chen, M.-T. *313*
Chiang, H.C. *327*
Ching, R.C. 2, *302*
Chopin, J. *312, 314*
Christensen, C. 2, *302*
Clardy, J. *316*
Clark, I.A. *318*
Conn, E.E. *328*
Cooper-Driver, G.A. 2, 4, 23, 30, *303, 305, 306, 315, 328, 329*
Copeland, E.B. 2, 3, 102, *302*
Corbin, J.L. *327*
Corey, E.J. *321*

Coşkun, M. *304*
Coughlan, S.J. *306*
Crabbe, J.A. *329*
Creasey, L.L. *315*
Cummins, M. *321*
Cutler, D.F. *306*
Czeczuga, B. 89, *325*
Czochanska, Z. *315*

Das, K. *322*
Dasgupta, A. *322, 323*
De Souza, N.J. *324*
De Szöcs, J. *323*
Dev, S. *320*
Devys, M. *324*
Diels, L. 102, *328*
Dietz, V.H. 101, *309, 310, 311, 312*
Dimmock, C.K. *318*
Dolejš, L. *325*
Donnelly, D.M.X. *311, 312*
Döpp, W. *321*
Dutta, C.P. *322*

Egawa, H. *317*
Ekweozor, C.M. *322*
El-Feraly, F.S. *306*
Endo, M. 70, *321*
Enomoto, M. *319*
Epstein, W.W. *322*
Erdtman, H. *310*
Euw, J. *303, 304*
Evans, I.A. 53, *318, 326*
Evans, W.C. *319*
Eyjólfsson, R. *327*

Faden, R.B. *303*
Fang, N. *310*
Faux, A. *325*
Favre-Bonvin, J. *306, 309, 310, 312, 320*
Fehlhaber, H.-W. *325*
Fenemore, P.G. *326*
Foo, L.Y. *315*
Fowden, L. *327*
Fraser-Jenkins, C.R. *304*
Fujioka, S. *326*
Fujise, S. *311*
Fujita, H. *309*
Fujita, M. *308*
Fuke, F. *319*
Fukuda, N. *312*
Fukui, S. *326*
Fukuoka, M. *306, 315, 316, 317, 318, 319*
Fukushima, K. *321*

Fukushima, S. *307, 311*
Fuller, F. *322*
Furukawa, H. *314, 322*
Furukawa, J. *327, 328*
Furuya, M. *326, 328*
Fushimi, K. *318*

Galbraith, M.N. *325*
Garg, R.K. *314*
Geiger, H. *314*
Gellerman, J.L. *326*
Gemmrich, A.R. *328*
Ghisalberti, E.L. *324*
Giannasi, D.E. *308*
Given, D.R. *328*
Glass, A.D.M. *305*
Gnecco, S. *314*
Goad, L.J. *324*
Gomez, L.D. *308, 328*
Gómez P., L.D. *312, 314, 323*
Gonzalez, A.G. *322*
Goodwin, T.W. *324, 326*
Gorenysheva, O.N. *318*
Gorham, J. *306*
Goswami, A. *323*
Goto, M. *326*
Gottlieb, O.R. *307*
Grabbe, J.A. *303*
Grant, D.J.W. *323*
Greenwood, D.R. *325*
Grisebach, H. *304, 307, 315, 325*
Grobbelaar, N. *327*
Gupta, R.B. *307*
Gupta, V.M. *314*
Gutierrez, A.B. *314*

Habaguchi, K. *327*
Haga, M. *318*
Hagiwara, M. *309, 310*
Hamada, K. *312*
Han, G. *308*
Hanssen, H.-P. *319*
Harada, T. *305*
Harborne, J.B. *308, 313, 314, 315*
Hardikar, S.G. *323*
Harita, S. *315*
Harper, N.L. *328*
Harwood, J.L. *328*
Hasegawa, M. *305, 312, 313, 317*
Hata, M. *317, 320*
Hatanaka, S.-I. *327, 328*
Hauteville, M. *314*
Hayashi, Y. *315, 316, 319*

He, X.-Y. *321*
Hegnauer, R. 2, *303*
Hernandez, R. *322*
Herout, V. *305, 325*
Herrmann, K. 12, *304*
Herz, W. *304, 307, 315, 325*
Hikino, H. 51, 91, *304, 316, 317, 319, 325, 326*
Hikino, Y. *325*
Hiraga, Y. *313*
Hiraoka, A. *312*
Hirasawa, C. *313*
Hirayama, E. *317*
Hirono, I. 53, *306, 317, 318, 319, 327*
Hirotsu, K. *316*
Hisada, S. *304*
Hitz, C. *309*
Ho, S.-T. *310*
Hoeven, J.C.M. 53, *317*
Hokimoto, K. *326*
Hollenbeak, K.H. *326*
Holst, R.W. *314*
Holterman, H.A.J. *317*
Holttum, R.E. 2, 3, *302*
Hori, K. *304, 305, 306, 307, 318, 320*
Horn, D.H.S. *325*
Horvath, A. *323*
Hosoyama, K. *313*
Hseu, T.H. *326*
Hsü, H.-Y. *325, 327*
Huhtikangas, A. *304*
Huneck, S. *322*
Huure, A. *303*

Iida, H. *310, 316, 320*
Iinuma, M. 39, *310, 312*
Iitaka, Y. *304, 315, 320, 321, 323*
Ikegami, S. *321*
Ikeno, Y. *313*
Imai, S. *326*
Imperato, F. *305, 306, 308, 310, 313, 314*
Inagaki, I. *304*
Inoue, M. *324*
Inoue, O. *304*
Inoue, T. *308*
Isaac, R.E. *326*
Ishibashi, K. *321*
Ishida, T. *324*
Ishida, Y. *327*
Ishikura, N. *307*
Ito, Y. *322*
Iwata, K. *323, 324*
Iwatsuki, K. *303, 304*

Iyer, R.T. *309, 321, 323, 325*

Jain, G.K. *324*
Jaiwal, P.K. *314*
James, A.T. *328*
Jamieson, G.R. *328*
Jay, M. *309, 310, 312*
Jermy, A.C. *303, 329*
Jin, H. *325, 326*
Jizba, J. *305, 325*
Johnson, R.F. *321*

Kajii, K. *322*
Kamada, T. *324*
Kamaya, R. *321, 322, 323*
Kariyone, T. *324*
Karl, C. *311, 312, 314*
Karlson, P. 90, *325*
Karrer, P. *306*
Kasama, T. *322, 323*
Katsuno, T. *304, 326*
Kawahara, M. *325*
Kawasaki, T. *322*
Kawashima, K. *306, 322*
Khan, H. *321*
Khanna, N.M. *324*
Khanna, R.N. *307*
Khastgir, H.N. *322, 323, 324*
Kido, T. *306, 307, 310*
Kigoshi, H. *319*
Kimura, J. *319*
Kimura, T. *305, 306, 318*
Kinzel, H. *328*
Kirby, G.W. *304, 307, 315*
Kishimoto, Y. *311*
Kobayashi, A. *317*
Kobuki, Y. *315*
Kofod, H. *327*
Kojima, M. *323*
Kojima, O. *307*
Kojima, T. *311*
Komazawa, Y. *311, 312, 320*
Kondo, Y. *310*
Konno, C. *304, 325*
Kono, Y. *319*
Koreeda, M. *325*
Korn, T. *319*
Koshimizu, K. *317*
Koyama, K. *315, 317, 319*
Kozuka, M. *307*
Krishna Rao, G.S. *319*
Kudo, M. *307, 316*
Kuehne, M.E. *326*

Kuoh, C.-S. *310, 313, 322*
Kuraishi, T. *305, 306, 312, 313, 315, 320*
Kurihara, K. *306, 322*
Kuroki, G. *327*
Kurono, G. *313*
Kuroyanagi, M. *315, 316, 317, 318, 319*

Lagerweij, W.J. *317*
Lal, S.D. *314*
Lane, G.A. *325*
Lanzetta, R. *324*
Laonigro, G. *324*
Lebreton, P. *308, 310*
Lee, K.-K. *310*
Leeuven, F.E. *53, 317*
Levin, D.A. *308*
Linko, P. *327*
Liu, M. *319*
Liwschitz, Y. *303, 328*
Lizotte, P.A. *327*
Lorenz-Liburnau, E. *308*
Lounasmaa, M. *303, 304*
Löve, A. *303*
Löve, D. *303*
Luck, E. *303*
Lytle, J.S. *328*
Lytle, T.F. *328*

Mabry, T.J. *309, 310, 314, 315*
MacNeill, C.D. *310*
Maechia, B. *324*
Maeda, M. *312*
Maehashi, H. *304, 312, 315, 320*
Mahato, S.B. *324*
Malinovskii, T.I. *318*
Malterud, K.E. *323*
Manchanda, V.P. *307*
Mandelbaum, A. *322*
Mangoni, L. *324*
Manitto, P. *325*
Mann, K. *309*
Marelli, I. *323*
Markham, K.R. *308, 311, 314, 328*
Marsh, B.H. *327*
Marsili, A. *321, 322, 323, 324*
Marx, D. *320*
Mason, J. *53, 318*
Masuda, A. *315*
Masuda, K. *321, 322, 323, 324*
Matikkala, E.J. *327*
Matoba, M. *317, 319*
Matsudo, T. *306, 322*
Matsueda, S. *327*

Matsuoka, T. *326*
Matsushima, T. *319*
Matsushita, K. *317*
Matsuura, S. *312*
McCaskill, R.H. *319*
McChesney, J.D. *306*
McMorris, T.C. *319, 325*
Mechior, H. *303*
Meegan, M.J. *311*
Meier, L.K. *327*
Mellows, G. *322*
Mickel, J.T. *308, 329*
Middleton, E.J. *325*
Milkman, R.D. *326*
Minamikawa, T. *328*
Misra, D.R. *323, 324*
Misra, R. *320*
Mitadera, Y. *306*
Mitra, C.R. *322, 323*
Mitsui, T. *317*
Mitsuta, S. *304*
Miwa, T. *328*
Miyahara, K. *322*
Miyase, T. *319*
Mizuno, M. *310, 312*
Mizutani, J. *326*
Mochizuki, M. *313*
Mohri, K. *310, 325*
Mootoo, B.S. *316*
Morelli, I. *321, 322*
Mori, H. *319, 325*
Mori, K. *328*
Morisaki, M. *321*
Morohoshi, T. *319*
Mukerjee, S.K. *307*
Müller, G. *311, 312, 314*
Murakami, N. *327*
Murakami, T. *4, 37, 102, 304, 305, 306, 307, 308, 309, 310, 311, 312, 313, 314, 315, 316, 317, 318, 320, 321, 322, 323, 328*
Murata, E. *326*
Murooka, Y. *327*
Myers, A.G. *321*

Nabetani, S. *325*
Näf, U. *70, 321*
Nagao, M. *318*
Nagao, T. *315, 317*
Nagase, S. *305*
Nagata, S. *327*
Nakabayashi, T. *313*
Nakamura, H. *326*

Nakamura, M. *313*
Nakamura, S. *328*
Nakanishi, K. 70, 91, *321, 325, 326, 327*
Nakano, S. *327*
Nakatani, K. *320*
Nambudiry, M.E.N. *319*
Naskar, D.B. *324*
Nath, A. *323*
Nath, N.B.D. *324*
Natori, S. 51, 54, *315, 316, 317, 318, 319*
Newman, R.H. *315*
Nicholas, H.J. *324*
Nichols, B.W. *328*
Nigam, S.S. *314*
Niiyama, K. *319*
Nilsson, M. *311*
Ninomiya, K. *316, 320*
Nishi, T. *311*
Nishibe, S. *304*
Nishida, T. *304*
Nishimoto, N. *326*
Nishimoto, Y. *325*
Nishioka, I. *308*
Nishizawa, M. *315, 316, 319*
Nisizawa, K. *328*
Niwa, H. *306, 317, 319*
Niyogi, S.K. *317*
Noguchi, T. *305, 306, 322*
Nomura, Y. *316*
Nonaka, G. *308*
Noro, T. *307, 311*
Noro, Y. *304*
Novotný, L. *310*
Nozoe, S. *321*
Numata, A. *304, 326*

Obara, K. *311*
O'Donnell, B. *311*
Ogawa, S. *325, 326*
Ogihara, Y. *304*
Oguri, N. *305*
Ohba, S. *317*
Ohmoto, T. *306*
Ohta, Y. *311*
Ohtake, Y. *324*
Ohtaki, T. *326*
Ojika, M. *306, 317, 319*
Okuda, K. *304*
Okuda, S. *321, 327, 328*
Okugun, J.I. *322*
Okumura, K. *327*
Okuyama, T. *311, 313, 319, 325, 326*
Osman, M.A. *326*

Owashi, K. *316*

Pacchiani, M. *321, 323*
Pakrashi, S.C. *307*
Pal, R. *324*
Pamukcu, A.M. 53, *318*
Pandey, G.N. *322, 323*
Pandey, R.C. *320*
Pedersen, P.A. *311, 312, 314*
Penttilä, A. 4, *303*
Peters, G.A. *327*
Peterson, P.J. *328*
Pichi Sermolli, R.E.G. 2, 3, *302, 303*
Pinte, F. *324*
Piotrowska, H. *324*
Pittillo, J.D. *308*
Pollard, J.K. *327*
Polonsky, J. *312*
Popp, M. *326*
Porter, L.J. *315*
Posthumus, M.A. *317*
Poulton, J.E. *327*
Pozner, R.S. *328*
Prangé, T. *312*
Prasad, S.V. *305*
Price, C.E. *306*
Price, J.M. 53, *318*
Pryce, R.J. *306*
Puri, H.S. *303*

Radunz, A. *328*
Ragaswami, S. *323*
Ramakrishnan, G. *311, 316*
Ramana Rao, K.V. *305*
Rangaswami, S. *309, 312, 317, 321, 322, 323, 325*
Rao, M.N.A. *323*
Ray, T.K. *323, 324*
Raychaudhuri, S. *307*
Rees, H.H. *324, 326*
Reeves, T. *309*
Rehse, C. *310*
Reichstein, T. *303, 304*
Reid, E.H. *328*
Reimers, H. 2, *303*
Rheinhold, L. *303, 328*
Richardson, P.M. 21, *308*
Rohtagi, B.K. *307*
Romanuk, M. *310*
Ronaldson, J.W. *317*
Rösler, H. *310*
Roy, T.K. *323*
Rüedi, P. *319*

Russell, G.B. *325, 326*

Sada, T. *313*
Saha, C.R. *307*
Sahashi, N. *306*
Saiki, Y. *304, 305, 306, 307, 308, 309, 310, 311, 312, 313, 314, 315, 316, 317, 318, 320, 321, 322, 323*
Saito, E. *319*
Saito, K. *315, 319, 327, 328*
Saito, M. *319*
Saito, S. *304*
Saito, Y. *317*
Sakai, H. *315*
Sakai, M. *326*
Sakan, T. *315, 316, 319*
Saksena, V.K. *314*
Sakushima, A. *304*
Salazar, J.A. *322*
Sammes, P.G. *314*
San Francisco, M. *305*
Sarvela, J. *303*
Sasaki, S. *325, 327*
Satake, T. *305, 306, 307, 311, 312, 313, 314, 316, 318, 320*
Sato, N. *326*
Sato, Y. *326, 328*
Sawada, M. *322*
Sawada, T. *307*
Scheele, C. *308, 309*
Schild, W. *315*
Schilling, G. *309, 310, 311*
Schillo, D. *309*
Schlenk, H. *326*
Schmid, H. *306*
Schüler, L. *314*
Scott, A.I. *325*
Searle, C.E. *318*
Seigler, D.S. *310, 311, 319, 328*
Seligmann, O. *311*
Semenov, A.A. *318*
Sen, M. *317, 322*
Sengupta, P. *317, 322*
Seshadri, T.R. *307*
Seto, K. *304*
Sharma, N.N. *307*
Shibata, K. *325*
Shibata, S. *311*
Shibuya, C. *318*
Shimada, H. *304, 307*
Shimada, T. *305*
Shimizu, M. *327*
Shiojima, K. *321, 322, 323, 324*

Shiraishi, K. *304*
Shirasaka, M. *321*
Siervo, F. *324*
Silva, M. *314*
Singh, J. *323*
Smith, D.M. *308, 309, 310, 311, 313*
Snatzke, G. *325*
Soeder, R.W. *308, 312, 327*
Sørensen, H. *327*
Šorm, F. *325*
Sprecher, E. *319*
Srivastava, S.D. *314*
Srivastava, S.K. *314*
Stahl, E. *315*
Star, A.E. *309, 310*
Steward, F.C. *327*
Story, D.T. *312*
Strom, E.T. *307*
Stumpf, P.K. *328*
Sueyasu, T. *308*
Sugai, T. *328*
Sugimura, T. *319*
Sullivan, J.E. *312, 321*
Sunder, R. *309, 312, 322, 323*
Sundman, J. *4, 303*
Sutherland, M.D. *318*
Suzuki, K. *307*
Suzuki, N. *316*
Swain, T. *2, 4, 23, 303, 306, 315, 328, 329*
Syrchina, A.I. *318*

Taguchi, S. *316*
Takahashi, A. *313*
Takahashi, K. *319*
Takahashi, N. *321, 328*
Takahashi, T. *316, 317*
Takahashi, Y. *318*
Takatori, K. *327*
Takemoto, T. *54, 304, 310, 313, 316, 317, 319, 325, 326*
Takemura, T. *304, 326*
Takeno, K. *328*
Takeuchi, Y. *327*
Takimoto, M. *319*
Tamura, S. *321*
Tanaka, F. *320*
Tanaka, K. *309, 310, 317, 320*
Tanaka, M. *328*
Tanaka, N. *304, 305, 306, 307, 308, 310, 311, 312, 313, 314, 315, 316, 317, 318, 320, 322, 323*
Tanaka, T. *310*
Tanaka, Y. *321, 322*

Author Index

Tandon, R. *324*
Taneyama, M. *305*
Taniguchi, T. *307, 315, 320*
Tanker, N. *304*
Terasawa, K. *322*
Tezuka, M. *320*
Tezuka, T. *317*
Thaddeus, E. *308*
Thomas, B.A. *303, 329*
Thomson, J.A. *325*
Thomson, R.H. *307*
Tohara, K. *322*
Tohyama, M. *316*
Torssell, K.B.G. *325*
Toyosato, T. *326*
Tryon, A.F. *309, 329*
Tryon, R.M. *304, 305, 329*
Tschesche, R. *325*
Tsuda, K. *321*
Turner, W.B. *319, 321*

Uemura, M. *316*
Ueno, A. *305, 307, 308, 311, 312*
Uksila, E. *327*
Ulivi, R. *323*
Umeda, M. *319*
Uosaki, Y. *319*

Veldhuizen, A. *317*
Venkataramaiah, C. *305*
Venkataramaiah, V. *305*
Verdoorn, F. *302*
Vida, G. *303, 304*
Vilain, C. *311*
Viricel, M.-R. *310*
Virtanen, A.I. *327*
Voeller, B. *325*
Voirin, B. *308, 310, 314, 315*

Wachi, K. *305*
Wada, H. *305, 306, 308, 309, 310, 311, 313, 314, 316, 318, 323*
Wagner, H. *311, 315*
Wakamatsu, K. *306, 317, 319*
Wallace, J.W. *308, 312, 328*
Walland, A. *328*
Walter, J. *310*
Wan, A.S.C. *324*

Wang, G. *322*
Wang, M. *308*
Watanabe, K. *326*
Weinges, K. *314*
Werbin, H. *307*
Werdermann, E. *303*
Wetmore, R.H. *327*
White, R.H. *319*
Widdowson, D.A. *322*
Widén, C.-J. *4, 6, 303, 304*
Wij, M. *317, 323*
Wild, R. *314*
Williams, C.A. *313, 315*
Williams, C.M. *326*
Wollenweber, E. 23, 101, *306, 308, 309, 310, 311, 312, 315, 319, 320, 323, 328*
Woolhouse, A.D. *308*
Wu, T.-S. *310, 313, 314, 322*
Wu, W.-N. *327*
Wulff, G. *325*

Xu, M.-Z. *321*

Yabuuchi, M. *318*
Yamada, K. 53, *306, 317, 319*
Yamada, T. *327*
Yamagishi, T. *313*
Yamaguchi, H. *305*
Yamaji, T. *319*
Yamamoto, K. *304*
Yamane, H. *328*
Yamanoto, K. *326*
Yamauchi, K. *316, 323*
Yamazaki, N. *304*
Yang, J.-J. *313*
Yang, J.-Z. *313*
Yang, L.-L. *326*
Yang, M.-S. *310*
Yatskievych, G. *309*
Yen, K.-Y. *325, 326*
Yokote, N. *318*
Yopp, D.L. *308, 312*
Yoshida, S. *328*
Yoshihira, K. *315, 316, 317, 318, 319*

Zaman, A. *321*
Zander, J.M. *323*
Zhou, H.-Z. *321*

Subject Index

Tables 2–19 on pages 104–302 are not considered
as entries into this Subject Index

Abbreviatin BB 7
Abbreviatin PB 7
Acacetin 24
2′-Acetoxy-3,5-dihydroxy-7,8-dimethoxy-flavanone 33
6α-Acetoxy-16β,22-dihydroxyhopan-24-oic acid 75
8-Acetoxy-3,5-dihydroxy-7,2′5′-trimethoxyflavone 28
22-Acetoxyhopane 74
30-Acetoxyhopane 74
22-Acetoxyhop-12-en-15-one 75
8-Acetoxy-5-hydroxy-7-methoxy-flavanone 31
8-Acetoxy-5-hydroxy-3,7,2′,3′,4′-pentamethoxyflavone 29
2-O-Acetyl-4-O-p-coumaroyl-D-glucose 14
6′-O-Acetylmangiferin 22
6′-O-Acetylmicrolepin 66
17-O-Acetylmicrolepin 66
6″-O-Acetylorientin 41
δ-N-Acetyl-L-ornithine 97, 98
(2S,3S)-Acetylpterosin C 58
Acetylpterosin Z 55
3″-O-Acetylquercitrin 45, 103
4″-O-Acetylquercitrin 45, 103
Acrophorus nodosus 6
Acrostichum speciosum 96
Actinopteridaceae 3
Acyclic diterpenes 62
Acylated glucosides 91
Acylphloroglucinols 2, 4, 5, 6, 12
Acystopteris japonica 24
Adianane 72, 73
Adian-5-ene 78, 80
Adian-5-ene ozonide 73, 78
Adiantaceae 3
Adiantone 75

Adiantoxide 79
Adiantum monochlamys 73
Adiantum sp. 30, 73, 101
Adiantum sulphureum 35
Adipedatol 76
Aemulin BB 7
Afzelin 42
Albaspidin 9
Albaspidin AA 8
Albaspidin BB 8
Albaspidin PP 8
Alepterolic acid 63
Alicyclic acids 95
Allopolyploids 12, 23
3-β-D-Allosyloxy-1-(2-hydroxy-4,6-dimethoxyphenyl)-butan-1-one 6
p-β-D-Allosyloxystyrene 16
C-Allosyl-1,3,6,7-tetrahydroxyxanthones 23
Alpinetin 30
Alsophila spinulosa 34, 100
Amentoflavone 100
Ames mutagenic test 54
β-Aminodiethyl ether of diphenylboric acid 29
E-(2S)-Amino-3-methyl-3-pentenoic acid 99
D-2-Aminopimelic acid 98
β-Amyrin acetate 82
Anemia phyllitidis 70, 71
Angiopteris lygodiifolia 94
Angiopteris sp. 101
Angiopteroside 94
3,6-Anhydro-2-deoxy-D-glucose 95, 96, 103
Anthelmintic activity 5
Antheridia 70, 71
Antheridiogen-An 71
Antheridiogens 70

Antheridogens 70
Antifeedants 94
Antimicrobial activity 17
Apigenin 24, 39, 100
Apigenin 7,4'-dimethyl ether 24
Apigenin 7-galactoside 39
Apigenin 7-*O*-β-D-glucoside 39
Apigenin 7-*O*-α-L-rhamnoside 39
Aquilide A 53, 54
Arachidonic acid 96, 97
Arachniodes festina 6
Arachniodes maximowiczii 50, 62, 64
Arachniodes mutica 61
Arachniodes nigrospinosa 6
Arachniodes sp. 6, 36
Arachniodes standishii 6, 21, 61
Arachnitannin 1 36, 37
Arachnitannin 2 36, 37
Arachnitannin 3 36, 37
Aromatic compounds 4
Ascomycetes 54
Asebogenin 36
Asebogenin 4-*O*-methyl ether 36
Aspidiaceae 3, 6, 21, 24, 30, 91, 102
Aspidin 8
Aspidin AA 8
Aspidin AB 8
Aspidin BB 8
Aspidinol 5
Aspleniaceae 3, 21, 30
Asplenium adiantum-nigrum 23
Asplenium montanum 23
Asplenium sp. 19, 97, 102
Asplenium wilfordii 19
Asplenoside 19
Astragalin 42
Athyriaceae 3, 101
Athyriol 21, 22, 23
Athyrium australe 97
Athyrium japonicum 97
Athyrium mesosorum 21, 22
Athyrium sp. 97
ent-Atisanes 70
ent-Atisane type diterpenes 70
Aurentiacin 35
Ayanin 28

Bacchara-12,21-diene 81
Baccharane 80, 85
Basidiomycetes 54
2'-*O*-Benzoylmangiferin 22
4'-*O*-Benzoylmangiferin 22
6'-*O*-Benzoylmangiferin 22

(2*R*)-Benzoylpterosin B 58
Biflavonoids 4, 34
3,3'-Bi-(2-methyl-1,4-naphthoquinone) 19
Biological activity 5, 54
Blechnaceae 3, 18
Blechnum niponicum 91
Blechnum vulcanicum 91
Bolbitis subcordata 37
Bone marrow damage 53
Brainea insignis 18
Brainic acid 18
Brainoside 43
B-type pterosins 52, 102
Butyrylfilicinic acid 5

Cadinanes 61
Caffeic acid 12
1-Caffeoylgalactose 6-sulphate 15
1-Caffeoylglucose 14
1-Caffeoylglucose 2-sulphate 15
1-Caffeoylglucose 3-sulphate 15
1-Caffeoylglucose 6-sulphate 15
1-Caffeoyllaminaribiose 14
Calomelanolactone 53, 58
Carbohydrates 95
3-Carboxyesculetin 20
Carcinogenicity 53
Cardamonin 35
Carotenoids 89, 90
Catechin 7-*O*-D-apioside 48
Catechins 36
Cattle bracken poisoning 53
Ceroptene 29, 35, 36, 101
Ceroptin 36
Ceterach sp. 30
Chalcones 35, 36
Cheilanthatriol 71
Cheilanthenediol 71
Cheilanthes argentea 29, 62
Cheilanthes kaulfussi 62
Cheilanthes kuhnii 16
Cheilanthes mysorensis 91
Cheilanthes sieberi 53
Cheilanthes sp. 23, 35, 71
Cheilanthes tenuifolia 91
Cheilanthone A 91, 93
Cheilanthone B 91, 93
Cheilarinosin 71
Cheiropleuria bicuspis 73
Cheiropleuriaceae 3, 73
Chicoric acid 13, 15
(2*S*)-6-(2-Chloroethyl)-2-hydroxymethyl-5,7-dimethyl-indan-1-one 58

Chlorogenic acid 16
Chloroplast 17
Christella sp. 30
Chromanones 21
Chromenes 20
Chromones 21
Chronic hematuria 53
Chrysin 24
Cibotium sp. 102
trans-Cinnamamide 99
Cochliobolus sp. 71
Colysane 84, 85
Colysanoxide 85, 86
Colysis hemionitidea 100
Colysis sp. 85
Combretol 29
N-Containing compounds 97
o-Coumaric acid 12, 13, 14
p-Coumaric acid 12
p-Coumaric acid 4-*O*-(2-*O*-methyl)-*β*-D-glucoside 14
Coumarin 13
Coumarins 20
4-*O*-*p*-Coumaroyl-D-glucose 13, 14
2-*O*-*p*-Coumaroyl-D-glucose 6-sulphate 14
30-*p*-Coumaroyldryocrassol 74
1-*p*-Coumaroylglucose 2-sulphate 15
1-*p*-Coumaroylglucose 3-sulphate 15
1-*p*-Coumaroylglucose 6-sulphate 15
Crude filicin 5
Cryptogrammaceae 3
Cryptogrammin 56
Cryptostrobin 30
β-Cryptoxanthin 89, 90
Crytomium sp. 30
Ctenitis apiciflora 6
Ctenitis clarkei 6
Ctenitis nidus 6
Ctenitis submarginalis 6
Culcitaceae 3
Cyanogenesis 97, 98
Cyanogenic compounds 4
Cyatheaceae 24, 91, 100
Cyathea dealbata 36
Cyathus bulleri 54
Cyathus sp. 71
Cyclitols 96
Cycloartane 86, 87
Cycloartanol 87
Cycloartanyl acetate 87
Cycloartenol 87
Cycloartenyl acetate 87
Cycloeucalenol 88

Cycloeucalenyl acetate 88
9,19-Cyclolanostane 87
9,19-Cyclolanost-25-en-3*β*-yl acetate 87
(24*R*)-Cyclolaudenol 88
(24*R*)-Cyclolaudenone 88
(24*R*)-Cyclolaudenyl acetate 88
(24*R*)-Cyclomargenol 87, 88
(24*R*)-Cyclomargenone 89
(24*R*)-Cyclomargenyl acetate 88
Cyrtominetin 32

D-1 38, 39
D-2a 38, 39
D-2b 38, 39
(20*R*)-Dammara-13(17),24-diene 81
Dammara-20(21),24-diene 81
Dammarane 80, 85
Dammarenyl cation 81
Dattelic acid 16
Davalliaceae 3, 21
Davallia trichomanoides 98
Davallic acid 78
trans-3,4-Dehydro-D-2-aminopimelic acid 98
Delphinidin 37
Dennstaedtiaceae 3
Dennstaedtia distenta 53, 102
Dennstaedtia scandens 52, 53, 102
Dennstaedtia sp. 30, 102
Dennstopterosin 55
3-Deoxyanthocyanidins 37
2-Deoxy-D-glucose 91, 95, 96, 103
2-Deoxy-D-glucoside 91
2-Deoxy-3-epiecdysone 91
2-Deoxy-3-*O*-methyl-D-glucose 95, 96, 103
Desaspidin AB 7
Desaspidin BB 7
Desaspidin PB 7
Desaspidinol 5
Desmethoxymatteucinol 30
4*β*-Desmethyl-24,24-dimethyl-9,19-cyclolanost-20-en-3*β*-ol 89
4-*O*-(1,2-Diacylglyceryl)-*N*,*N*,*N*-trimethylhomoserine 97
6,8-Di-*C*-arabinosylapigenin 41
Di-*C*-glycosylflavones 101
Dichranopteris dichotoma 16
Dicksoniaceae 3
Dicksonia sp. 102
1,4-Di-*O*-*p*-coumaroyl-*β*-D-glucose 14
Dicranopteris dichotoma 95
Dicranopteris sp. 101
(13*S*)-13,14-Dihydroalepterolic acid 63

(13S)-13,14-Dihydroalepterolic acid acetate 63
Dihydrochalcones 35, 36
Dihydrocinnamic acid 39
cis-Dihydro-dehydro-diconiferyl-alcohol 9-O-β-D-glucoside 17, 18
Dihydrostilbenes 17
3,4-Dihydroxybenzylalcohol 3-O-β-D-glucoside 12
2′,6′-Dihydroxy-4′,4-dimethoxy-chalcone 35, 36
5,4′-Dihydroxy-6,7-dimethoxy-flavanone 32
5,4′-Dihydroxy-7,8-dimethoxy-flavanone 32
9,15β-Dihydroxy-ent-atis-16-en-19-oic acid 70
2β,16α-Dihydroxy-ent-kaurane 66
16α,17-Dihydroxy-ent-kaurane 66
16β,17-Dihydroxy-ent-kaurane 66
16α,19-Dihydroxy-ent-kaurane 66
2β,16α-Dihydroxy-ent-kaurane 2-O-β-D-glucoside 66
16α,19-Dihydroxy-ent-kaurane 19-O-β-D-glucoside 66
16β,17-Dihydroxy-ent-kauran-19-oic acid 67
2β,13-Dihydroxy-ent-kaur-16-ene 68
2β,15α-Dihydroxy-ent-kaur-16-ene 68
2β,13-Dihydroxy-ent-kaur-16-ene 2-O-β-D-glucoside 68
2β,15α-Dihydroxy-ent-kaur-16-ene 2-O-β-D-glucoside 68
9,15β-Dihydroxy-ent-kaur-16-en-19-oic acid 69
11β,15β-Dihydroxy-ent-kaur-16-en-19-oic acid 69
12β,15β-Dihydroxy-ent-kaur-16-en-19-oic acid 69
3α,12α-Dihydroxy-ent-pimara-8(14),15-diene 63
17,24-Dihydroxyhopan-28,22-olide 75
22,25-Dihydroxyhopan-1-one 75
3,4-Dihydroxy-2-hydroxymethylpyrrolidine 100
2′,6′-Dihydroxy-4′-methoxy-chalcone 35
2′,6′-Dihydroxy-4′-methoxy-dihydrochalcone 36
5,7-Dihydroxy-3-methoxy-6,8-dimethylflavone 25
5,8-Dihydroxy-7-methoxyflavanone 31
2′,4′-Dihydroxy-6′-methoxy-5′-methylchalcone 35

16β,17-Dihydroxy-19-nor-ent-kauran-18-oic acid 68
(16R)-7β,9-Dihydroxy-15-oxo-ent-kauran-19,6β-olide 68
6β,9-Dihydroxy-15-oxo-ent-kaur-16-en-19-oic acid 69
6β,11β-Dihydroxy-15-oxo-ent-kaur-16-en-19-oic acid 69
6β,9-Dihydroxy-15-oxo-ent-kaur-16-en-19-oic acid 19-β-D-glucoside 69
6β,11β-Dihydroxy-15-oxo-ent-kaur-16-en-19-oic acid 19-β-D-glucoside 69
7β,9-Dihydroxy-15-oxo-ent-kaur-16-en-19,6β-olide 70
5,4′-Dihydroxy-3,7,8,2′-tetramethoxyflavone 28
5,3′-Dihydroxy-7,4′,5′-trimethoxyflavanone 33
5,4′-Dihydroxy-6,7,8-trimethoxyflavanone 33
5,4′-Dihydroxy-7,3′,5′-trimethoxyflavanone 33
5,6-Dihydroxy-7,8,4′-trimethoxyflavanone 32
Dilatatin 22, 23
3,3′-Dimeric 2-methyl-1,4-naphthoquinone 19
2,6-Dimethoxybenzoquinone 19
5,7-Dimethoxy-2-methylchromanone 21
(24R)-4α,24-Dimethylcholesta-7,25-dien-3β-yl acetate 88
24,24-Dimethylcycloartan-3β-ol 89
24,24-Dimethylcycloart-25-en-3β-ol 89
24,24-Dimethylcycloart-25-en-3β-yl acetate 89
4,6-Dimethyl-1-indanone derivatives 52
5,7-Dimethyl-1-indanone derivatives 52
Dimethylsciadinonate 63
Diphyllobothrium latum 5
Diplazium sp. 30
Diplazium subsinuatum 73
Diploids 23
Diploptene 73
Diplopterol 72, 74
Dipteridaceae 3
Dipteris conjugata 65
Distentoside 53, 61
Diterpenes 63, 64
Diterpenoids 4, 62, 71
Dryocrassin 11
Dryopteridaceae 3, 101
Dryopterin 36
(2,3-cis, 3,4-trans)-Dryopterin 37

Dryopterioideae 6
Dryopteris aitoniana 6
Dryopteris erythrosa 5
Dryopteris filix-mas 4, 36
Dryopteris schimperana 5
Dryopteris sp. 4, 5, 6, 12, 30

Ecdysis 91
α-Ecdysone 90, 91, 92
β-Ecdysone 91, 92
Ecdysones 90, 91
Elaphoglossaceae 3
($-$)-Epicatechin 3-O-β-D-alloside 49
($-$)-Epicatechin 3-O-(2-trans-cinnamoyl)-β-D-alloside 49
($-$)-Epicatechin 3-O-(3-trans-cinnamoyl)-β-D-alloside 49
21-Epifernane 72, 73
21-Epifern-9(11)-ene 78
8-Epiproliferic acid 18
$11\beta,16\beta$-Epoxy-*ent*-kauran-19-oic acid 67
$17\beta,21\beta$-Epoxyhopane 73
$9,11\beta$-Epoxy-15-oxo-*ent*-atis-16-en-19-oic acid 70
$9,11\beta$-Epoxy-15-oxo-*ent*-atis-16-en-19-oic acid 19-β-D-glucoside 70
Equisetum arvense 38, 51
Ergosta-4,6,8(14),22-tetraen-3-one 93
Eriodictyol 29, 32
Eriodictyol 7,3′-dimethyl ether 32
Eriodictyol 7-methyl ether 29, 32
(2S)-Eriodictyol 7-O-methyl ether 3′-O-β-D-glucoside 47
Eriodictyol 7,3′,4′-trimethyl ether 32
Eruberin A 37, 49
Eruberin B 37, 49
Esculentic acid 84
Esculetin 20
29-Ethoxyhopane 74
2-Ethyl-5,7-dimethoxychromanone 21
Eupha-7,24-diene 81
Euphane 80
Eurema hecabe mandarina 94
Eusporangiate ferns 2

Farina flavonoids 23, 35
Farnesyl pyrophosphate 54
Farrerol 31
Ferna-7,9(11)-diene 77
Ferna-7,18-diene 77
Ferna-9(11),18-diene 77
Fernane 72, 73
Fern-7-ene 77

Fern-8-ene 77
Fern-9(11)-ene 73, 76
Fern-7-en-19α-ol 78
Fern-9(11)-en-3β-ol 77
Fern-9(11)-en-6α-ol 77
Fern-9(11)-en-6β-ol 77
Fern-9(11)-en-7α-ol 77
Fern-9(11)-en-7β-ol 77
Fern-9(11)-en-19α-ol 78
Fern-9(11)-en-20α-ol 78
Fern-9(11)-en-23-ol 78
Fern-9(11)-en-3-one 77
Fern-9(11)-en-12-one 78
Fern-9(11)-en-20-one 78
Fern-9(11)-en-3β-yl acetate 77
Fern-9(11)-en-3β-yl palmitate 77
Ferulic acid 12
Feulledine 48
Filica-3,18-diene 79
Filicales 2
Filicane 72, 73
Filica-3,18,20-triene 79
Filic-3-en-23-al 79
Filic-3-ene 78
Filic-3-en-6β-ol 79
Filic-3-en-19α-ol 79
Filic-3-en-25-ol 79
Filicin 5
Filicopsida 2, 4, 100
Filixic acid 10, 11
Filixic acid ABA 10
Filixic acid ABB 10
Filixic acid BBB 10
Filixic acid PBB 10
Filixic acid PBP 10
Flavan-3-ol glycosides 36
Flavan-3-ols 36, 37
Flavan-4-ols 4, 37
Flavanone glycosides 30
Flavanones 29, 30, 33
Flavanon-3-ols 29, 33
Flavaspidic acid 8
Flavaspidic acid AB 8
Flavaspidic acid BB 8
Flavaspidic acid PB 8
Flavokawin B 35
Flavone-O-glucosides 101
Flavones 23, 24, 29
Flavonoids 4, 23, 30, 38
Flavonol 100
Flavonol 3-glycosides 100
Flavonols 23, 24, 29
Friedelane 80

Friedel-3-ene 83
Friedelin 83
Fumotoshidin A 64
Fumotoshidin B 64
Fumotoshidin C 64

Galactolipids 96
Galangin 25
Galangin 3,7-dimethyl ether 25
Galangin 5,7-dimethyl ether 25
Galangin methyl ether 102
Galangin 3-methyl ether 25
Gammacerane 72, 73
Genkwanin 24
Genkwanin 4′-O-D-galactoside 40
Genkwanin 4′-O-(3-O-β-D-glucosyl)-β-D-xyloside 40
Gentisic acid 12, 13
Germanicane 80
Germanic-18-ene 82
Germanicyl acetate 82
Gesnerin 50
Glaphyropteridopsis erubescens 37
Gleicheniaceae 100, 101
Gleichenia japonica 72
Gleichenia sp. 101
Glucocaffeic acid 14
2-O-(β-D-Glucopyranosyl)-D-galactose 24
D-Glucose 54, 98
β-Glucosidase 98
3-O-Glucosides 100, 101
6-(3′-Glucosylcaffeoyl)-esculetin 20
p-β-D-Glucosyloxystyrene 16
N-γ-L-Glutamyl-β-D-aminophenylpropanoic acid 99
O-Glycosides 100
C-Glycosylflavones 24, 100
C-Glycosylxanthones 23, 100
Gossypetin 8-acetate 7,4′-dimethyl ether 28
Gossypetin 8-acetate 3,7,3′-trimethyl ether 29
Gossypetin 8-butyrate 7,4′-dimethyl ether 28
Grammitidaceae 3
Granulocytopenia 53
Gymnocarpium robertianum 22, 23
Gymnocarposide 23

Haemorhage syndrome 53
Hariganetin 29, 33
Hegoflavone A 34, 100
Hegoflavone B 34, 100
Helminthiasis 5

Helminthosporium sp. 71
Helminthostachys sp. 30
Helminthostachys zeylanica 24, 29
Hemionitidaceae 3
Herbacetin 8-acetate 27
Herbacetin 8-acetate 7,4′-dimethyl ether 27
Herbacetin 8-acetate 7-methyl ether 27
Herbacetin 8-butyrate 27
Herbacetin 8-butyrate 7,4′-dimethyl ether 27
Herbacetin 8-butyrate 7-methyl ether 27
Herbacetin 7,4′-dimethyl ether 27
Herbacetin 7-methyl ether 27
Hesperetin 32
Hexa-albaspidin BBBBBB 6, 12
Hexaflavaspidic acid BBBBBB 6, 12
Hicriopteris sp. 101
Histiopteris incisa 52
Histiopteris sp. 102
Histiopterosin A 59
Histiopterosin B 58
Hookeroside A 63
Hookeroside B 63
Hookeroside C 63
Hookeroside D 63
Hopan-6β,22-diol 74
Hopan-22,28-diol 74
Hopane 72, 73, 85
Hopan-3β-ol 74
Hopan-17β-ol 74
21αH-Hopan-22-ol 76
Hopan-29-ol 74
21αH-Hopan-29-ol 76
Hopan-30-ol 74
Hopan-28,22-olide 74
21αH-Hopan-29,17β-olide 76
Hopan-1α,11α,22,25-tetraol 75
Hopan-1α,11α,22-triol 75
Hopan-3β-yl acetate 74
Hopan-29-yl acetate 74
Hop-17(21)-ene 73, 80
Hop-21-ene 73
Hop-22(29)-ene 73
Hop-17(21)-ene ozonide A 73, 75
Hopenyl 73
Humulene 54, 55
Hybrids 12
21β-Hydroxyadiantone 76
(2S)-4-Hydroxy-2-aminopimelic acid 98
17-Hydroxy-24-O-[2-(α-L-arabinosyl)-6-(β-D-glucosyl)-β-D-glucosyl] hopan-28,22-olide 75

Subject Index

17-Hydroxy-24-*O*-[2-(α-L-arabinosyl)-β-D-glucosyl]-hopan-28,22-olide 75
Hydroxyaromatic acids 2, 4, 12, 16
p-Hydroxybenzoic acid 12
Hydroxycinnamic acid 12
16α-Hydroxy-*ent*-kaurane 66
2β-Hydroxy-*ent*-kaurane 65, 103
16α-Hydroxy-*ent*-kauran-19-oic acid 67
9-Hydroxy-*ent*-kaur-16-en-19-oic acid 69
1-(1-Hydroxyethyl)-4-hydroxybenzene rutinoside 16
1-(1-Hydroxyethyl)-4-β-rutinosyloxybenzene 16
8-Hydroxygalangin 8-acetate 7-methyl ether 26
8-Hydroxygalangin 8-butyrate 7-methyl ether 26
13-Hydroxygeranyllinalool 3,13-*O*-β-D-diglucoside 62
13-Hydroxygeranyllinalool 13-*O*-(6′-*O*-β-L-fucosyl) β-D-glucoside 62
17-Hydroxy-24-*O*-β-D-glucosyl-hopan-28,22-olide 75
(*S*)-8-Hydroxyhexadecanoic acid 96, 97
(3*S*,5*S*)-3-Hydroxyhexan-5-olide 94
(4*R*,5*S*)-5-Hydroxyhexan-4-olide 94
(4*R*,5*S*)-5-Hydroxy-2-hexen-4-olide 94
Hydroxyhopane 72
3β-Hydroxyhop-22(29)-en-23-oic acid 75
6β-Hydroxyisodrimenin 62
7-Hydroxy-4-isopropyl-3-methoxy-6-methylcoumarin 20
7-Hydroxy-4-isopropyl-6-methylcoumarin 20
Hydroxymaltol 3-*O*-β-D-glucoside 95
Hydroxymaltol glycosides 95
5-Hydroxymaltol 5-*O*-α-L-rhamnoside 95
(6*R*,7*E*,9*R*)-9-Hydroxymegastigma-4,7-dien-3-one 9-*O*-β-D-glucoside 62
(2*S*)-4-Hydroxy-4-methylglutamic acid 97, 98
12-Hydroxynerolidol 62
4-Hydroxynicotinamide 99
α-Hydroxynitrile 98
22β-Hydroxy-29-norgammaceran-21-one 79
9-Hydroxy-15-oxo-*ent*-atis-16-en-19-oic acid 70
9-Hydroxy-15-oxo-*ent*-atis-16-en-19-oic acid 19-β-D-glucoside 70
(16*R*)-11β-Hydroxy-15-oxo-*ent*-kauran-19-oic acid 67

(16*S*)-11β-Hydroxy-15-oxo-*ent*-kauran-19-oic acid 67
(16*R*)-11β-Hydroxy-15-oxo-*ent*-kauran-19-oic acid 19-β-D-glucoside 67
9-Hydroxy-15-oxo-*ent*-kaur-16-en-19-oic acid 69
11β-Hydroxy-15-oxo-*ent*-kaur-16-en-19-oic acid 69
12β-Hydroxy-15-oxo-*ent*-kaur-16-en-19-oic acid 69
9-Hydroxy-15-oxo-*ent*-kaur-16-en-19-oic acid 19-β-D-glucoside 69
11β-Hydroxy-15-oxo-*ent*-kaur-16-en-19-oic acid 19-β-D-glucoside 69
12β-Hydroxy-15-oxo-*ent*-kaur-16-en-19-oic acid 19-β-D-glucoside 69
5-Hydroxy-3,7,8,2′,4′-pentamethoxyflavone 28
(2*S*,3*R*)-2-Hydroxypterosin C 59
(2*S*,3*S*)-11-Hydroxypterosin C 59
(3*R*)-Hydroxypterosin H 56
(2*S*,3*S*)-11-Hydroxypterosin T 60
p-Hydroxystyrene 16
p-Hydroxystyrene glycoside 16
p-Hydroxystyrene rutinoside 16
5-Hydroxy-6,7,8,4′-tetramethoxyflavanone 33
5-Hydroxy-7,3′,4′,5′-tetramethoxyflavanone 33
5-Hydroxy-6,7,4′-trimethoxyflavanone 32
5-Hydroxy-7,8,4′-trimethoxyflavanone 32
Hymenophyllaceae 21, 24, 91, 100, 101
Hymenophyllum dilatum 23
Hymenophyllum sp. 101
Hypacrone 54, 55
Hyperin 45
Hypodematium crenatum 23
Hypodematium fauriei 23
Hypolepidaceae 3
Hypolepis punctata 54
Hypolepis sp. 102
Hypoloside A 54, 55
Hypoloside B 54, 55
Hypoloside C 54, 55

Illudalane 52, 54, 55
Illudane 52, 54, 55
Illudin M 54, 55
Inokosterone 91, 92
Intestinal adenocarcinomas 53
Iriflophenone 3-*C*-β-D-glucoside 22, 23
Isoadiantol B 76
Isoadiantone 76

Iso-aspidin AB 8
Iso-aspidin BB 8
Isoathyriol 21, 22, 23
Isoceroptene 29, 33
(2R)-Isocrotonylpterosin B 58
Isodilatatin 22, 23
Isoginkgetin 34
Isognaphalin 26
Isognaphalin 8-acetate 26
Isognaphalin 8-butyrate 26
Isohistiopterosin A 60
Isohopane 72, 73
Isohopenyl 73
Isomangiferin 22, 23
Isoorientin 41
Isoorientin 2''-O-β-L-arabinoside 41
(1S,2S)-Isopteroside C 60
(2R)-Isopterosin B 60
(1S,2R)-Isopterosin C 60
Isopterosins 52
Isoquercitrin 45
Isosakuranetin 31
Isoschaftoside 41
Isoviolantin 41
Isovitexin 40
Izalpinin 25

Jamesonia scammanae 65
Jamesonin 57

Kaempferide 26
Kaempferide 3,7-diglucoside 44
Kaempferide 3-O-glucoside-7-O-rhamnoside 44
Kaempferide 3-rhamnoside-7-glucoside 44
Kaempferitin 43
Kaempferol 23, 24, 26, 100, 101
Kaempferol 3-O-(3-O-acetyl)-α-L-arabinoside-7-O-α-L-rhamnoside 43
Kaempferol 3-O-β-D-alloside 42
Kaempferol 7-arabinoside 42
Kaempferol 3-O-α-L-arabinoside-7-O-α-L-rhamnoside 43
Kaempferol 3-O-[3-O-(4-O-caffeoyl)-β-D-glucosyl]-β-D-glucoside-7-O-rhamnoside 44
Kaempferol 3,4'-diglucoside 43
Kaempferol 3,7-diglucoside 43
Kaempferol 3,4'-dimethyl ether 27
Kaempferol 7,4'-dimethyl ether 27
Kaempferol 3,4'-dimethyl ether 7-glucoside 44

Kaempferol 3,5-dimethyl ether 4'-O-β-D-glucoside 45
Kaempferol 3-O-α-D-galactoside 42
Kaempferol 3-O-β-D-galactoside 42
Kaempferol 3-O-β-gentiobioside 43
Kaempferol 3-O-gentiobioside-7,4'-diglucoside 44
Kaempferol 3-O-α-D-glucoside 42
Kaempferol 3-glucoside-7-galactoside 43
Kaempferol 3-glucuronide 42
Kaempferol 3-glycosides 100
Kaempferol 7-glycosides 100
Kaempferol 3-O-(6-O-malonyl)-D-galactoside 42
Kaempferol 3-(6-O-malonyl)-D-glucoside 42
Kaempferol methyl ether 101
Kaempferol 3-methyl ether 26
Kaempferol 5-methyl ether 26
Kaempferol 3-O-rhamnoglucosides 101
Kaempferol 3-O-rhamnoside-7-O-arabinoside 43
Kaempferol 3-O-rhamnoside-7-O-glucoside 43
Kaempferol 3-O-rhamnosides 101
Kaempferol 3-sophoroside 43
Kaempferol 3-O-sophorotrioside-7-O-glucoside 44
Kaempferol 3-sulfate 26
Kaempferol 3-O-(6'-O-sulfo)gentiobioside 43
Kaempferol 3-O-(3-O-sulfo)-β-D-glucoside 42
Kaempferol 3-O-(6-O-sulfo)-α-D-glucoside 42
Kaempferol 3-O-(6-O-sulfo)-β-D-glucoside 42
Kaempferol 3,7,4'-trimethyl ether 27
ent-Kauranes 65
ent-Kaurane type diterpenes 64, 65, 70
ent-Kauran-19-oic acids 103
ent-Kaur-15-en-19-oic acid 70
ent-Kaur-16-en-19-oic acid 65, 68
ent-Kaur-19-oic acid 65
Kolavenic acid 62, 63
Kumatakenin 27

ent-(E)-8(17),13-Labdadien-15-oic acid 63
ent-Labdane type diterpenes 62, 85
Lambertianic acid 63
Lariciresinol 9-O-β-D-glucoside 17, 18
Lastreopsis marginans 6

Lemmaphylla-7,21-diene 82
Lemmaphyllane 80
Lemmaphyllum microphyllum 85
Lemmasterone 93
Leptorumohra miqueliana 38, 102
Leptorumohra sp. 102
Leptorumol 21
Leptorumol 7-*O*-β-glucoside 21
Leptorumolin 21
Leptosporangiate ferns 2
Leucoanthocyanidins 37
Lignans 4, 17, 18
(3*S*)-Linalool (6′-*O*-β-L-fucosyl) β-D-glucoside 51
(3*S*)-Linalool β-D-glucoside 51
(3*S*)-Linalool glycosides 50
Lindsaeaceae 3
Lindsaea chienii 65
Lindsaea javanensis 65
Lindsaeic acid 20
Linoleic acid 96
Linolenic acid 96
Lipids 96, 97
Lomariopsidaceae 3
Loxogrammaceae 3
Loxsomaceae 100, 101
Loxsoma sp. 101
Loxsomopsis sp. 101
Lucenin-2 42
Lunularic acid 17
Lupane 80, 85
Lup-20(29)-ene 82
19αH-Lup-20(29)-ene 82
Lupeol 82
Lutein epoxide 89, 90
Luteolin 24, 25
Luteolin 7-*O*-β-D-glucoside 40
Luteolinidin 5-glucoside 50
Luteolin 7-methyl ether 25
Lygodium japonicum 71, 97

Makisterone A 93
Makisterone D 93
Malabaricane 84, 85
Maltol 95
Maltol β-D-glucoside 95
Mandelonitrile 98
Mangiferin 21, 22, 23
Marattiaceae 24, 91
Marattiales 2
Margaspidin BB 7
Marsileaceae 21, 24, 30, 81, 100, 101
Marsileagenin A 81, 83

Marsilea minuata 81
Marsilea sp. 30, 101
Matteucia sp. 30
Matteucin 30, 31
Matteucinol 30, 31
ar-Maximic acid 64
ar-Maximol 64
Melilotoside 13, 14
3β-Methoxyfern-9(11)-ene 77
8-Methoxykaempferol 3-*O*-D-glucoside 45
Methoxymatteucin 32
8-Methoxyquercetin 3-*O*-glucoside 46
2-Methylanthraquinone 19
24-Methyldammara-12,25-diene 81
Methyl 2-deoxy-D-gluconate 96
Methylene-bis-aspidinol 7
Methylene-bis-aspidinol BB 7
Methylenebisdesaspidinol BB 7
24-Methylenecycloartanol 87
24-Methylenecycloartan-3-one 88
24-Methylenecycloartanyl acetate 87
(2*S*)-4-Methylene-glutamic acid 99
24-Methylenelophenol 88
5-*O*-Methylleriodictyol 7-*O*-(4-*O*-D-xylosyl)-β-D-galactoside 48
(24*R*)-4α-Methyl-24-ethylcholesta-7,25-dien-3β-yl acetate 89
(2*S*,4*R*)-4-Methylglutamic acid 97, 98
Methylmonachosorin A 53, 61
Microlepia marginata 65
Microlepia tenera 63
Microlepin 65, 66
4-*epi*-Microlepin 65, 67
Microlepin acetates 65
4-*epi*-Microlepin 6′-rhamnoside 65
4-*epi*-Microlepin 6′-*O*-α-L-rhamnoside 67
Microsorium fortunei 100
Monachosorin A 53, 61, 102
Monachosorin B 53, 61, 102
Monachosorin B β-D-glucoside 53
Monachosorin C 53, 61, 102
Monachosorum arakii 52, 53, 102
Monachosorum flagellare 52, 53, 102
Monachosorum henryi 38, 53, 102
Monachosorum maximowiczii 53, 102
Monachosorum sp. 52, 53, 102
Monoaminodicarboxylic acids 97
Monosaccharides 96
Monoterpenoids 50, 51
Mukagolactone 52, 61
Multiflorane 80
Multiflor-7-ene 83
Multiflor-8-ene 83

Multiflor-9(11)-ene 83
Multiflor-7-en-3β-yl acetate 83
Myricetin 7-*O*-galactoside-3-*O*-glucoside 46
Myriopterosin 61

Naphthalenes 19
Naringenin 29, 31
Naringenin 7-*O*-(6-*O*-L-arabinosyl)-D-glucoside 47
Naringenin 7,4′-dimethyl ether 31
Naringin 47
Naturstoffreagenz A 29
Neoflavonoids 38, 39
Neohopa-11,13(18)-diene 76
Neohopane 72, 73
Neohop-12-ene 76
Neohop-13(18)-ene 76
Neosakuranetin 36
Nephrolepidaceae 3
Nephrolepis spp. 96
Neurocallis praestantissima 96, 103
Nicotiflorin 43
Nikkoshidin 45
Norathyriol 21, 22, 23
Norathyriol 1-*O*-β-D-quinovoside 22, 23
Norcarotenoids 89
31-Norcycloartanol 87
31-Norcycloartanyl acetate 87
31-Norcyclolaudenol 88
31-Norcyclolaudenyl acetate 88
24-Norferna-4(23),9(11)-diene 78
Norflavaspidic acid AB 7
Norpterosin C 52
(2*S*,3*S*)-Norpterosin C 60
Notholaena fendleri 29
Notholaena sp. 23, 24, 35, 65, 101
Notholaenic acid 17

Odontoside 12, 13
Odontosoria gymnogrammoides 12
Oleana-11,13(18)-diene 82
Oleana-11,13(18)-dien-3β-yl acetate 82
Oleanane 80, 85
Oleandraceae 3
Oleandra wallichii 73
Olean-12-ene 82
Oleic acid 96
Onitin 51, 54, 56
Onitin 14-*O*-β-D-alloside 56
Onitin 14-*O*-β-D-glucoside 56
Onitinoside 56
(2*R*)-Onitisin 57

(2*S*)-Onitisin 57
(2*R*)-Onitisin 14-*O*-β-D-glucoside 51, 57, 102
(2*S*)-Onitisin 14-*O*-β-D-glucoside 57
α-Onoceradiene 86
Onocerane 84, 85
Onoceranoxide 86
Onocleaceae 3, 71
Onoclea sensibilis 71
Onychiol B 71
Onychium japonicum 71
Onychium siliculosum 35
Onysilin 31
Ophiobolins 71
Ophioglossaceae 30, 91
Ophioglossales 2
Orientin 41
Orientin 2″-*O*-β-L-arabinoside 41
Orthodesaspidin BB 8
Osladin 91, 93
Osmundaceae 2, 91
Osmunda cinnamomea var. *asiatica* 24
Osmunda japonica 34, 94
Osmunda regalis var. *spectabilis* 94
(4*R*,5*S*)-Osmundalactone 94
Osmundalin 94
2,3-Oxidosqualene 81, 86
15-Oxo-*ent*-kaur-16-en-19-oic acid 69
2-Oxofriedel-3-ene 84
Ozone treatment 73

Pachypodol 28
Palmitic acid 96
(2*S*)-Palmitylpterosin A 56
(2*R*)-Palmitylpterosin B 58
(2*S*,3*S*)-Palmitylpterosin C 58
Papaver somniferum 16
Para-aspidin AB 8
Para-aspidin BB 8
Parkeriaceae 3, 3
Pashanone 35, 36
Penta-albaspidin BBBBB 6, 11
2β,14β,15α,16α,17-Pentahydroxy-*ent*-kaurane 67
Periplanetin 13
Persicogenin 32
Phegopolin 40
(2*S*,3*S*)-Phenylacetylpterosin C 58
Phloraspidinol BB 7
Phloraspin BB 7
Phloraspyrone 9
Phlorobutyrophenone 5
Phloroglucinol derivatives 4, 5

Phloroglucinols 4, 6
Phloropyrone 9
Phospholipids 96
Photosynthesis inhibiting activity 17
Phthiocol 19
Phyllocladene 71
Phymatodes scolopendria 13
Phytane 97
Phytoecdysones 4, 91
Phytosterols 86, 91
Phytotoxins 71
Picrorhizin 14
Pilloin 25
Pilularia sp. 101
ent-Pimaranes 65
ent-Pimarane type diterpenes 63, 64
Pinitol 96
Pinobanksin 3-cinnamate 33
Pinocembrin 30
Pinocembrin 5,7-dimethyl ether 30
Pinocembrin 7-*O*-β-D-glucoside 46
Pinocembrin 7-*O*-neohesperidoside 46
Pinostrobin 30
Pityrogramma calomelanos 38, 53
Pityrogramma calomelanos var. *aureoflava* 39
Pityrogramma sp. 23, 35, 38, 101
Pityrogramma sulphurea 38
Pityrogramma triangularis 101
Pityrogramma triangularis var. *pallida* 29
Pityrogramma triangularis var. *triangularis* 29, 35, 101
Pityrogramma trifoliata 38
Pityrogramma williamsii 38
Pityrogrammin 26
Plagiogyria formosana 73
Plagiogyria matsumureana 51, 102
Plagiogyria sp. 13, 102
Plagiogyrin A 13, 15
Plagiogyrin B 13, 15
Platyzoma microphyllum 35
Pleocnemia conjugata 6
Pleocnemia irregularis 6
Pleoside 6
Pollinastanol 87
Polybotrya caudata 6
Polydin 48
Polyhydroxysteroids 91
Polypodane 84, 85
α-Polypodatetraene 85
γ-Polypodatetraene 85
Polypodiaceae 3, 21, 24, 85, 91
Polypodiaceous ferns 2

Polypodine B 92
Polypodium amamianum 62, 81, 85
Polypodium fauriei 85
Polypodium formosanum 81, 85, 87
Polypodium niponicum 81, 85, 87
Polypodium someyae 85
Polypodium sp. 81, 85
Polypodium virginianum 85
Polypodium vulgare 24, 85, 91
Polypodoaurein 92
Polypodosaponin 93
Polysaccharides 4
Polystichum gemmiferum 13
Polystichum rigens 6
Polystichum tsus-simense 6
Ponasterone A 91
Ponasteroside A 92
Pristane 97
Proanthocyanidins 36, 37
Procyanidin 36
Prodelphinidin 36
Proliferic acid 18
ent-Proliferic acid 18
Pronephrium sp. 30
Pronephrium triphyllum 37
6-Propyl-3,4-dihydro-2*H*-pyran-2,4-dione 5
Protocatechuic acid 12
Protocatechuic acid 4-*O*-β-D-glucoside 14
Protofarrerol 38, 102
Protofarrerol 7-*O*-β-D-glucoside 50
Protogenkwanin 38, 50
Protogenkwanin 4'-*O*-(2-*O*-acetyl)-β-D-glucoside 50
Protogenkwanin 4'-*O*-(6-*O*-acetyl)-β-D-glucoside 50
Protogenkwanin 4'-*O*-β-D-glucoside 38, 50
Protogenkwanone 38
Protoilludane 54, 55
Protosterol 86
(*R*)-Prunasin 98, 99
Prunin 47
Pseudocyclosorus sp. 29, 30
Pseudophegopteris sp. 38
Psilotaceae 100
Psilotum nudum 97
Ptaquiloside 53, 54, 55, 58
Ptelatoside A 16
Ptelatoside B 16
Pteridaceae 3, 24, 30, 65, 102
Pteridium aquilinum 70, 98
Pteridium aquilinum var. *latiusculum* 51
Pteridophytes 97

Pteris altissima 65
Pteris cretica 65, 103
Pteris cretica L. 54
Pteris dactylina 65
Pteris dispar 65
Pteris ensiformis 96, 103
Pteris excelsa 96, 103
Pteris fauriei 103
Pteris formosana 96, 103
Pteris grandifolia 103
Pteris inaequalis var. *aequata* 91
Pteris livida 65, 103
Pteris longipes 65
Pteris longipinna 20
Pteris multifida 65
Pteris plumbea 65
Pteris purpureorachis 70
Pteris ryukyuensis 65
Pteris semipinnata 52
Pteris sp. 64, 102, 103
Pteris tremula 65, 103
Pteris vittata 17, 103
Pteris wallichiana 52, 53
(1R,2R,3R)-Pterisol C 60
Pterisol C O-β-D-glucoside 52
(1R,2R,3R)-Pterisol C 1-O-β-D-glucoside 60
Pterochromene L_1 20
Pterochromene L_2 20
Pterochromene L_3 20
Pterochromene L_4 20
Pteroflavonoloside 42
Pterolactam 100
Pterolactone A 57
Pterolactone A 3-O-(4'-p-coumaroyl)-β-D-glucoside 57
Pterolactone A 3-O-β-D-glucoside 57
Pterolactone B 57
(2S)-Pteroside A 56
Pteroside B 51, 54
(2R)-Pteroside B 58
(2S)-Pteroside B 58
(2S)-Pteroside K 56
(2R)-Pteroside M 59
(2S)-Pteroside P 59
(2S,3S)-Pteroside T 59
(2S,3S)-Pteroside U 60
(3R)-Pteroside W 57
(3R)-Pteroside X 57
Pteroside Z 55
Pterosides 52, 102
Pterosin A 52
(2S)-Pterosin A 56

Pterosin B 51, 52, 53, 54, 55
(2R)-Pterosin B 58
(2S)-Pterosin B 58
Pterosin C 54
(2R,3R)-Pterosin C 58
(2R,3S)-Pterosin C 59
(2S,3R)-Pterosin C 58
(2S,3S)-Pterosin C 58
(2S,3S)-Pterosin C 3-O-α-L-arabinoside 58
(2S,3S)-Pterosin C 3-O-β-D-glucoside 58
(2R,3R)-Pterosin C 14-O-β-D-glucoside 58
(2R,3S)-Pterosin C 14-O-β-D-glucoside 59
(2S,3R)-Pterosin C 14-O-β-D-glucoside 58
Pterosin D 54
(3R)-Pterosin D 56
(3S)-Pterosin D 55
(3R)-Pterosin D 3-O-α-L-arabinoside 56
(3R)-Pterosin D 3-O-β-D-glucoside 56
(3R)-Pterosin D 14-O-β-D-glucoside 56
(3S)-Pterosin D 14-O-β-D-glucoside 55
Pterosin E 54
(2R)-Pterosin E 58
Pterosin F 54
(2R)-Pterosin F 58
(2S)-Pterosin G 59
Pterosin H 54, 55
Pterosin I 54, 55
(2S,3S)-Pterosin J 59
(2S)-Pterosin K 56
(2R,3R)-Pterosin L 56
(2S,3R)-Pterosin L 57
(2R,3R)-Pterosin L 3-O-α-L-arabinoside 56
(2R,3R)-Pterosin L 14-O-β-D-glucoside 56
(2S,3R)-Pterosin L 14-O-β-D-glucoside 57
(2R)-Pterosin M 59
Pterosin N 58
(2R)-Pterosin O 58
(2S)-Pterosin P 59
(2S,3S)-Pterosin Q 60
(2S,3S)-Pterosin Q 3-O-α-L-arabinoside 60
(2S,3S)-Pterosin Q 3-O-β-D-glucoside 60
Pterosin R 56
(2S,3S)-Pterosin S 59
(2S,3S)-Pterosin S 3-O-(4'-O-caffeoyl)-β-D-glucoside 59
(2S,3S)-Pterosin S 3-O-β-D-glucoside 59
(2S,3S)-Pterosin S 14-O-β-D-glucoside 59
(2S,3S)-Pterosin T 59
(2S,3S)-Pterosin U 60
(2S)-Pterosin V 56
(3R)-Pterosin W 57
(3R)-Pterosin X 57
(2S,3R)-Pterosin Y 57

Pterosin Z 54, 55
Pterosins 52, 55, 61, 102, 103
Pterosterone 92
Pterozonium sp. 35
α-Pyrones 94
γ-Pyrones 94, 95

Quercetin 23, 24, 28, 100
Quercetin 3-*O*-diglucosides 101
Quercetin 3,7-dimethyl ether 28
Quercetin 7,3′-dimethyl ether 28
Quercetin 3-*O*-β-gentiobioside 46
Quercetin 3-*O*-(6-malonyl)-D-galactoside 45
Quercetin 3-methyl ether 28
Quercetin 3-*O*-rhamnoglucosides 101
Quercetin 3-*O*-α-L-rhamnoside-7-*O*-β-D-glucoside 45
Quercetin 3-*O*-rhamnosides 101
Quercetin 3-*O*-(3-*O*-sulfo)-glucoside 45
Quercetin 3,7,3′,4′-tetramethyl ether 28
Quercetin 3-*O*-triglucosides 101
Quercitrin 45, 103
Querciturone 45
Quinic acid 95
Quinones 19

Regnellidium sp. 101
Rhamnocitrin 26
3-*O*-Rhamnosides 100
Rhodoxanthin 89, 90
ent-Rosane type diterpenes 64
Rosmarinic acid 15
Rumohra adiantiformis 6
Rutin 46, 101
p-β-Rutinosyloxystyrene 16
Ryomenin 61, 62

Saccharose 91
Sakuranetin 31
Salicylic acid 12, 13
Sapogenol 81
Saponins 81
Sarcophaga test 91
Sceptridium japonicum 17
Sceptridium ternatum 17
Schaftoside 41
Schizaeaceae 71, 91, 100
Sciadopitysin 34
Scullkapflavone-I 24
Scutellarein 6,7-dimethyl ether 25
Scutellarein 6,7,4′-trimethyl ether 25
Scypholepia hookeriana 63

Seco-illudanes 52
Sequoyitol 96
Serratane 84, 85
Serratene 86
Sesquiterpenes 52, 54, 61
Sesquiterpenoids 4, 51, 62
Sesterterpenes 71
Sesterterpenoids 71
(2*S*,3*R*)-Setulosopteroside 60
(2*S*,3*R*)-Setulosopterosin 60
Shidasterone 91, 92
Shikimic acid 18, 95
Shiona-3,21-diene 82
Shionane 80
Sinapic acid 12, 14
Sinopteridaceae 3
β-Sitosterol 91
β-Sitosterol 2-deoxy-β-D-glucoside 94
β-Sitosterol 6′-*O*-palmityl-β-D-glucoside 94
Spelosin 57
Spelosin 3-*O*-α-L-arabinoside 57
Spore germination 71
Squalene 72, 73, 80, 84, 85
Stachysterone D 91
Stachyuraceae 91
Stachyurus praecox 91
Steroids 50, 90, 94
Stichersus sp. 101
Stigmastan-3β,5α,6β-triol 94
Strobochrysin 24
Strobopinin 29, 30
Strobopinin 5,7-dimethyl ether 30
(2*S*)-Strobopinin 7-*O*-β-D-glucoside 47
Strobopinin 5-methyl ether 30
Strobopinin 7-methyl ether 30
Stromatopteridaceae 100
Stromatopteris sp. 101
Styrol glycosides 16
Sugar esters 4
Sulfonolipids 96
Syringic acid 12, 13

T-1 38, 39
T-2 38, 39
T-3 38, 39
Taenitidaceae 3
Taraxastane 80
ψ-Taraxastene 84
Taraxerane 80
Taraxer-14-ene 83
Taraxer-14-en-7α-ol 83
Taraxer-14-en-16-one 83
Tectarioideae 6

Tectoquinone 19
Teneroside 63
Ternatin 17
Terpenoids 50
Tetra-albaspidin BBBB 11
Tetraflavaspidic acid BBBB 11
Tetrahydroprotogenkwanin 38
Tetrahydroprotogenkwanone 38
$2\beta,15\alpha,16\alpha,17$-Tetrahydroxy-*ent*-kaurane 67
$12\beta,16\alpha,17,19$-Tetrahydroxy-*ent*-kaurane 67
$12\beta,16\alpha,17,19$-Tetrahydroxy-*ent*-kaurane 19-*O*-β-D-glucoside 67
$2\beta,6\beta,14\beta,15\alpha$-Tetrahydroxy-*ent*-kaur-16-ene 68
$2\beta,13,14\beta,15\alpha$-Tetrahydroxy-*ent*-kaur-16-ene 68
$2\beta,14\beta,15\alpha,19$-Tetrahydroxy-*ent*-kaur-16-ene 68
1,3,7,8-Tetrahydroxyxanthone 1-*O*-β-laminaribioside 22, 23
1,3,6,7-Tetrahydroxyxanthone 1-*O*-β-D-quinovoside 23
Tetrahymanol 79
Tetrahymanyl acetate 79
(*E*)-1-(2,3,4,6-Tetramethoxyphenyl)but-2-en-1-one 6
(*E*)-1-(2,3,4,6-Tetramethoxyphenyl)pent-2-en-1-one 6
4′,4‴,7,7″-Tetra-*O*-methylamentoflavone 34
Thelypteridaceae 3, 30, 95
Thelypteris sp. 30
Thrombocytopenia 53
Thyrsopteridaceae 3
Tirucalla-7,24-diene 81
Tirucallane 80
Triangularin 35
Tricetin 8-*C*-glucoside 42
Tricetin *C*-glycoside 24
Trichomanes sp. 101
Trichothecium roseum L. 64
Trichothecium spp. 64
2′,4′,6′-Trihydroxychalcone 35
(2*R*,3*S*,4*S*)-3,4,7-Trihydroxy-5,4′-dimethoxy-6,8-dimethyl-flavan 37
3,5,2′-Trihydroxy-7,8-dimethoxyflavanone 33
5,3′,4′-Trihydroxy-7,5′-dimethoxyflavanone 33
$2\beta,6\beta,16\alpha$-Trihydroxy-*ent*-kaurane 66
$2\beta,16\alpha,18$-Trihydroxy-*ent*-kaurane 66

$12\beta,16\alpha,19$-Trihydroxy-*ent*-kaurane 66
$16\alpha,17,19$-Trihydroxy-*ent*-kaurane 66
$2\beta,6\beta,16\alpha$-Trihydroxy-*ent*-kaurane 2-*O*-β-D-glucoside 66
$12\beta,16\alpha,19$-Trihydroxy-*ent*-kaurane 19-*O*-β-D-glucoside 66
$16\alpha,17,19$-Trihydroxy-*ent*-kaurane 19-*O*-β-D-glucoside 66
$16\beta,17,18$-Trihydroxy-*ent*-kauran-19-oic acid 67
$2\beta,6\beta,15\alpha$-Trihydroxy-*ent*-kaur-16-ene 68
$2\beta,14\beta,15\alpha$-Trihydroxy-*ent*-kaur-16-ene 68
$2\beta,6\beta,15\alpha$-Trihydroxy-*ent*-kaur-16-ene 2-*O*-β-D-glucoside 68
$2\beta,14\beta,15\alpha$-Trihydroxy-*ent*-kaur-16-ene 2-*O*-β-D-glucoside 68
2′,6′,4-Trihydroxy-4′-methoxy-3′-methyldihydrochalcone 36
5,2′,4′-Trihydroxy-3,7,8,5′-tetramethoxyflavone 29
3,5,8-Trihydroxy-7,2′,3′-trimethoxyflavone 28
3,5,8-Trihydroxy-7,2′,5′-trimethoxyflavone 28
Trimeric proanthocyanidins 4
(*E*)-1-(2,4,6-Trimethoxyphenyl)but-2-en-1-one 6
Triphyllin A 37, 49
Triphyllin B 37, 49
Triphyllin C 47
Trisabbreviatin BBB 9
Trisaemulin BAB 9
Trisaemulin BBB 9
Trisaspidin BBB 10
Trisdesaspidin BBB 9
Trisflavaspidic acid BBB 9
17αH-Trisnorhopan-21-one 76
Trispara-aspidin BBB 10
Triterpenes 72, 73, 80, 81, 84, 86
Triterpenoids 4, 72, 79, 84, 86, 89
Two-dimensional thin-layer chromatography 54

Ugonin A 24, 25
Ugonin B 24, 25
Ugonin C 24, 27
Ugonin D 29, 31
Uracil 99, 100
Uridine 99, 100
Urinary bladder tumor 53
Ursane 80

n-Valeryl 5

Vanillic acid 12
Vanillic acid 4-*O*-*β*-D-(2-*O*-methyl)glucoside 14
Velutin 25
Vicenin-1 41
Vicenin-2 41
Vicenin-3 41
(*R*)-Vicianin 98, 99
Vicianose 98
Violantin 41
Violaxanthin 89, 90
Vitamin K_3 19
Vitexin 40
Vittariaceae 3

Wagneriopteris japonica 30
Wagneriopteris nipponica 24
Wagneriopteris sp. 30
Woodsiaceae 3

X-1 39
X-2 39
Xanthones 4, 21, 22, 23

Zeaxanthin 89, 90
Zeorin 74
Z-type pterosins 52, 102

Composition: Universitätsdruckerei H. Stürtz AG, D-8700 Würzburg
Printed by novographic, Ing. W. Schmid, A-1238 Wien

Fortschritte der Chemie organischer Naturstoffe

Progress in the Chemistry of Organic Natural Products

Volume 53:

1988. 72 figures. VIII, 311 pages. Cloth DM 275,–, öS 1930,–.
ISBN 3-211-82074-4

Contents: L. F. Alves: Chemical Ecology and the Social Behavior of Animals – T. Nomura: Phenolic Compounds of the Mulberry Tree and Related Plants – A. Chimiak and M. J. Milewska: N-Hydroxyamino Acids and Their Derivatives.

Volume 52:

1987. 65 figures. VIII, 224 pages. Cloth DM 210,–, öS 1470,–.
ISBN 3-211-81989-4

Contents: U. Weiss, L. Merlini, and G. Nasini: Naturally Occurring Perylenequinones. – H. Achenbach: The Pigments of the Flexirubin-Type. A Novel Class of Natural Products. – T. Goto: Structure, Stability and Color Variation of Natural Anthocyanins. – P. Bhattacharyya and D. P. Chakraborty: Carbazole Alkaloids.

Volume 51:

1987. VII, 317 pages. Cloth DM 280,–, öS 1960,–.
ISBN 3-211-81972-X

Contents: M. Gill and W. Steglich: Pigments of Fungi (Macromycetes).

Volume 50:

1986. 71 figures. IX, 261 pages. Cloth DM 210,–, öS 1470,–.
ISBN 3-211-81969-X

Contents: L. Jaenicke and F.-J. Marner: The Irones and Their Precursors. – M. Lounasmaa and P. Somersalo: The Condylocarpine Group of Indole Alkaloids. – U. Séquin: The Antibiotics of the Pluramycin Group ($4H$-Anthra[1,2-*b*]pyran Antibiotics). – R. M. Wenger: Cyclosporine and Analogues – Isolation and Synthesis – Mechanism of Action and Structural Requirements for Pharmacological Activity. – H. Inouye and S. Uesato: Biosynthesis of Iridoids and Secoiridoids.

Volume 49:

1986. VIII, 400 pages. Cloth DM 290,—, öS 2030,—. ISBN 3-211-81910-X

Contents: R. A. Hill: Naturally Occurring Isocoumarins. — R. Wijnsma and R. Verpoorte: Anthraquinones in the Rubiaceae. — H. Chr. Krebs: Recent Developments in the Field of Marine Natural Products with Emphasis on Biologically Active Compounds.

Volume 48:

1985. 33 figures. IX, 285 pages. Cloth DM 220,—, öS 1540,—.
ISBN 3-211-81886-3

Contents: P. S. Steyn and R. Vleggaar: Tremorgenic Mycotoxins. — R. E. Moore: Structure of Palytoxin. — P. Crews and S. Naylor: Sesterterpenes: An Emerging Group of Metabolites from Marine and Terrestrial Organisms.

Volume 47:

1985. 16 figures. VIII, 290 pages. Cloth DM 198,—, öS 1390,—.
ISBN 3-211-81864-2

Contents: R. Southgate and S. Elson: Naturally Occurring β-Lactams. — I. Howe and M. Jarman: New Techniques for the Mass Spectrometry of Natural Products. — P. G. McDougal and N. R. Schmuff: Chemical Synthesis of the Trichothecenes. — J. Polonsky: Quassinoid Bitter Principles II.

All Volumes and Cumulative Index 1—20 available

Price reduction for subscribers: 10%

Special reduced price (20% reduction) for the complete Series Vols. 1—53 incl. the Cumulative Index to Vols. 1—20

Springer-Verlag Wien New York

Mölkerbastei 5, A-1011 Wien
175 Fifth Avenue, New York, NY 10010, U.S.A.
Heidelberger Platz 3, D-1000 Berlin 33
37-3, Hongo 3-chome, Bunkyo-ku, Tokyo 113, Japan

RAYMOND H. FOGLER LIBRARY
DATE DUE